Introduction to Computer-Intensive Methods of Data Analysis in Biology

生物学のための計算統計学

―― 最尤法, ブートストラップ, 無作為化法

Derek A. Roff 著
野間口眞太郎 訳

共立出版

Introduction to Computer-Intensive Methods of Data Analysis in Biology
By Derek A. Roff

© Cambridge University Press 2006

This Publication is in copyright. Subject to statutory exception and to the provisions of relevant collective licensing agreements, no reproduction of any part may take place without the written permission of Cambridge University Press.

Japanese language edition published by KYORITSU SHUPPAN Co., Ltd

訳者まえがき

　この本は，カリフォルニア州立大学リバーサイド校の Derek A. Roff 教授によって書かれた「Introduction to Computer-Intensive Methods of Data Analysis in Biology」の日本語訳の本である．コンピュータに再サンプリングなどの比較的面倒な計算を行わせることで，データ解析を行う統計学の解説本である．最近，日本でもこのような「計算統計学」の本が多く出版されるようになったが，生態学などの生物学研究の解析例を取り上げて解説した本は，おそらく最初ではないかと思われる．この分野のデータ解析に興味を持たれる方には，ぜひ参考にして頂ければ幸いである．

　私事になるが，私は，最近，統計学に関する日本語訳書を出版している．2007年に Grafen 博士と Hails 博士の「一般線形モデルによる生物科学のための現代統計学」（共立出版）を共訳で出版し，2009年に McCarthy 博士の「生態学のためのベイズ法」（共立出版）を出版した．この順番でいくと，本書が3冊目になる．私を知る人は，私が統計学者ではなく，昆虫と淡水魚を材料にする行動生態学者であることはよくご存知であろう．日本生態学会の大会で「統計学に転向するのか」と言われたこともあるが，もちろんそうではなく，また統計学がそう簡単に素人の「転入」を許すほど簡単な学問ではないことはよくわかっている．ただ統計学が，多くの「素人」生物学研究者にとって，データ解析をするときに必要な知識と技術を与えてくれる学問であることは確かであり，そこに私のような一介の行動生態学の研究者が，このような統計学の解説本を出版する余地があると考えている．つまり統計学の専門書というよりも，利用者側として「翻訳」した解説本の提供である．その意味でこの本は外れていないと思っている．というのも，実は，この本の著者である Roff 教授も統計学者ではなく，コオロギの量的形質遺伝に関する研究で有名な生物学者である．よってこの本は，生物学者としての視点

から，最近のコンピュータによる統計手法を解説した利用者側の本であるといってよい．

　本書のテーマである「計算統計学」の本を出版したいという思いは，実は，1冊目の訳本の出版を準備している頃からおぼろげながら私の中にあった．というのも，最近のコンピュータを用いた統計解析法の発達は目覚ましく，私が学生時代に学んだ古典的なパラメトリック法一辺倒からすっかり様変わりしてしまったという印象があったからである．ジャックナイフ法，ブートストラップ法，無作為化法など新しい統計解析法が出現し，多くの生物学の雑誌に掲載される研究で実際に使われ始めてきていた．それにも関わらず，生物学での解析例を基にした，日本語の適切な解説書がほとんどないことは，かなり気になっていたのである．本書で紹介する統計手法を実際に使ったことのある方は実感できると思われるが，これらの方法は，応用範囲が非常に広く，利用者の使い勝手を許す柔軟性を持った方法である．例えば，私自身の研究でいうと，亜社会性ベニツチカメムシにおいて，親の給餌量と幼虫が巣に留まる期間の長さの間に有意な相関を検出するために，無作為化検定を使ったことがある．というのも幼虫の成長とともに給餌量が増えるため，両変数に独立性を仮定できず，通常の相関分析を利用できなかったからである．このように「計算統計学」は，古典的な統計学では扱えない事例に大きな威力を発揮する統計手法であるといえる．それは見方を変えると，これまで古典的統計手法が厳格に要求する仮定を満たさない研究でも，これらの手法により統計的に正しい結論を下すことができる場合があるということを意味している．これは現場の研究者にとって，大変都合のいいことであろう．

　軽く目を通して頂ければ説明の必要もないが，本文は，その進行として，各章毎にまず簡単な数学的説明があり，さらに実際の研究におけるこれらの統計手法の利用例の紹介，その後まとめ，練習問題と続いている．またデータ解析に用いたプログラムコードも，出力文章として付録に載せている．しかし原著者が，序文で紹介しているように，そのMSWord版をウェブサイトに掲載しているので，それをダウンロードして使った方が便利であろう．本書で使われるパッケージソフトウェアは，S-PLUSというかなり高価なものであるが，幸い，Rとほとんど言語は共通しているので，一部を除き，そのままR上で走らせることができるはずである．

　翻訳にあたっては，なるべく平易な日本語になるように翻訳したつもりであるが，分かりにくい部分もあるかもしれない．日本語のミスや分かり難さはすべて翻訳者である私に責任がある．いずれ，私の研究室のホームページに本書の正誤

リストや追加情報を掲載するつもりである．正直に言うと，本書の翻訳には骨が折れた．数式や図表に誤植と思われる単純なミスが多く，著者や引用原著にあたりながら修正をおこなったが，本当に些細なものは勝手ではあるが私の責任で訂正した．後日，正誤リストを原著者には送るつもりである．機会があれば，原著と比較してみると，修正部分がお分かり頂けると思う．また，追加情報や考慮して欲しい情報を「訳者注」として残したので，参照して頂きたい．

最後に，今回の翻訳書の出版に協力頂いたすべての方々に対して感謝を述べたい．特に，翻訳の許可を与えて頂いたRoff教授には心からお礼を申し上げる．Roff教授の好意無しには，この本の出版は実現しなかったことは言うまでもない．また毎回のことであるが，英語の文章を正しく理解するために，妻であるLisa Filippi博士の助けは欠かせなかった．感謝申し上げる．

2011年1月　　　　　　　　　　　　　　　　　　　　　　　　　野間口　眞太郎

序文

　コンピュータが使いやすくなったことは，生物学のデータ解析に革命を引き起こした．それまでは，1元配置分散分析のような「単純な」解析でも，膨大な時間を使って計算しなければならなかった．また統計理論はますます高度になり，典型的な計算手段を遥かに凌駕するものになってきていた．このような状況を解決したのが，コンピュータの進歩，とくにパソコンと統計ソフトウェアパッケージの出現である．その結果，一般の人間でも様々な統計手法を利用できるようになった．

　統計手法における多くの発明は，一連の仮定を前提としたものである．それらの仮定は，その解析手法を扱いやすくするために組み込まれたものに他ならない（例えば，多くのパラメトリック法が前提とする正規性の仮定）．しかし，現在，色々な例においてこのような仮定を省くことができるようになった．解析を簡単にするために着せられていた拘束衣を脱ぎ捨て，なおかつ厳密さを失わない統計方法を使うことができる時代に入ったのである．このような方法は，一般に，「計算統計学」的方法と呼ばれている．というのも，それらは普通，コンピュータだけが実行可能な広範な数量的技法を必要とするからである．現在の統計ソフトウェアパッケージでは，これらの方法はまだかなり制約的であり，多くの場合，「ポインターを当ててクリック」すればいいという簡単な操作だけでは済まない状況にある．そこでこの本では，計算統計学的な方法の主なものを紹介し，読者がこれらの方法を理解し，可能な限りその手法に慣れてもらうことを目的としている．本文では，それらの技法の簡単な数学的説明に加え，生物学における応用例，そしてS-PLUSという統計ソフトウェアパッケージの使い方について解説を与えている．読者には，少なくとも統計学の基本的知識を持ち，分散分析，線形回帰，多項回帰，χ^2検定のような手法に慣れていることが期待される．この本の付録で与

えたプログラムコードの入力作業を軽減するために，以下のウエッブサイトでそれらをダウンロードできるようにしている：

http://www.biology.ucr.edu/people/faculty/Roff.html

生物学のための計算統計学
Introduction to Computer-Intensive Methods of Data Analysis in Biology

　データ解析に対する最新技法への手引き書は，生物科学の大学生・院生や研究者に大いに役立つものである．最近のブートストラップ法，モンテカルロ法，ベイズ法などのコンピュータを用いる方法は，データ解析を扱いやすくするために設定された煩雑な仮定に束縛されない統計手法である．これらの新しい計算統計学的方法は，最近の統計ソフトウェアパッケージで常時簡単に使えるわけではなく，しばしば詳しい道案内を必要とする．よって，この本の目的は，比較的やさしい説明をとおして，これらの方法の主なものを紹介することである．広範な生物学研究からの実際のデータを用いた応用例が与えられている．また，統計ソフトウェアパッケージであるS-PLUSに対する一連の解説も，各章の練習問題とその解答をとおして提供されている．

　著者のDerek A. Roff博士は，カリフォルニア州立大学リバーサイド校の生物学科の教授である．

目　次

訳者まえがき	*iii*
序文	*vii*

第1章　計算統計学的方法へ向けて　　*1*
　　計算統計学的データ解析法とは何か？ *1*
　　なぜ計算統計学的方法か？ *2*
　　なぜ S-PLUS か？ *7*
　　さらに読みたい方へ *8*

第2章　最尤法　　*9*
　　はじめに *9*
　　点推定 *10*
　　区間推定 *29*
　　仮説検定 *34*
　　まとめ *40*
　　さらに読んでほしい文献 *41*
　　練習問題 *42*
　　2章で使われた記号のリスト *44*

第3章　ジャックナイフ法　　*47*
　　はじめに *47*
　　ジャックナイフ法：一般的な手順 *47*
　　ジャックナイフ法の利用例 *49*

まとめ	69
さらに読んでほしい文献	70
練習問題	70
3章で使われた記号のリスト	72

第4章　ブートストラップ法　73

はじめに	73
点推定	74
区間推定	75
仮説検定	82
ブートストラップ法の利用例	83
まとめ	107
さらに読んでほしい文献	108
練習問題	109
4章で使われた記号のリスト	111

第5章　無作為化法とモンテカルロ法　113

はじめに	113
無作為化法――仮説検定のための一般的考察	114
無作為化法―区間推定	118
無作為化検定を説明する例	124
モンテカルロ法：2つの実例	155
逐次回帰を検定する	157
一般化モンテカルロ検定	158
群集を成立させる法則	162
まとめ	168
さらに読んでほしい文献	169
練習問題	169
5章で使われた記号のリスト	172

第6章　回帰法　175

はじめに	175
交差検定と逐次回帰	176
局所平滑化関数	182

一般化加法モデル	*194*
樹木モデル	*199*
まとめ	*217*
さらに読んでほしい文献	*220*
練習問題	*221*
6章で使われた記号のリスト	*226*

第7章　ベイズ法　*227*

はじめに	*227*
ベイズの定理の導出	*228*
2つの簡単なベイズモデル	*230*
事前分布の決定	*232*
ベイズ解析のさらなる例	*238*
まとめ	*254*
さらに読んでほしい文献	*255*
練習問題	*255*
7章で使われた記号のリスト	*258*

引用文献　*259*

付録A　この本で使われるS-PLUS法の概要　*271*

データ格納法	*271*

付録B　この本で使用するS-PLUSのサブルーチンの簡単な説明　*279*

付録C　この本で使われるS-PLUSのプログラムコード　*285*

C.2.1	閾値モデルに対する母数値を計算する	*285*
C.2.2	簡単なロジスティック曲線の母数推定	*286*
C.2.3	子のデータから，閾値形質の遺伝率に対する信頼区間の上限値と下限値を見つける	*287*
C.2.4	ボン・ベルタランフィの式で，t_0と分散に条件を与えた場合の母数$L_{\max}$とkに対する95％信頼区間	*288*
C.2.5	S-PLUSのダイアログボックスを使って，ボン・ベルタランフィモデルを適合させるときの出力	*289*
C.2.6	単一ロジスティック曲線の母数の推定と逸脱度の計算	*290*

- C.2.7 nlmin 作業ルーチンを使って，ボン・ベルタランフィモデルの 3 母数式と 2 母数式を比較する 291
- C.2.8 ロジスティックモデルの 1 母数式（= 一定比率）と 2 母数式を比較する 292
- C.2.9 2 つのボン・ベルタランフィ成長曲線（雄と雌）を，nlmin 関数を使って比較する 295
- C.2.10 2 つのボン・ベルタランフィ成長曲線（雄と雌）を，nls 関数を使って比較する 296
- C.2.11 $\theta_3(=t_0)$ に関連してボン・ベルタランフィ成長曲線を比較する．他の母数の中で雌雄間の違いを仮定する 298
- C.3.1 1000 個の反復データセットを使った，分散のジャックナイフ解析：各データセットは，標準正規分布 $N(0,1)$ から無作為に採られた 10 個の観測値を持つ 300
- C.3.2 ジャックナイフ法による 2 つのデータセットの分散の違いを検定する 301
- C.3.3 両親が同じである兄弟姉妹のデータに対する遺伝分散共分散の疑似値を推定する 302
- C.3.4 量的遺伝学アルゴリズムに従って，2 つの遺伝形質に関するデータセットをシミュレートする 304
- C.3.5 作業ルーチン「jackknife」を使って，同父母家族形式に対する遺伝率を推定するプログラムコード 306
- C.3.6 ボン・ベルタランフィ関数に従うデータの発生 307
- C.3.7 C.3.6 で示したプログラムコードによって発生させたボン・ベルタランフィ曲線式のデータに対する，母数値のジャックナイフ推定 307
- C.3.8 ジャックナイフ法と最尤法（MLE）を使ったボン・ベルタランフィ関数の母数推定の解析 309
- C.3.9 統計モデルを使って，あるいは観測データセットをブートストラップすることによって，データセットをボン・ベルタランフィ関数から無作為に発生させる 311
- C.4.1 正規分布から無作為に 30 個の値を発生させ，そのブートストラップ値を 1000 個発生させ，基本統計量を求めるためのプログラムコード 312

C.4.2 　平均値を推定するブートストラップ法を検定するための，$N(0,1)$ からサイズ 30 の標本を 500 個発生させるプログラムコード *313*

C.4.3 　不均等性の指標であるジニ係数をブートストラップするためのプログラムコード *314*

C.4.4 　誤差が正規分布あるいはガンマ分布に従うような線形回帰のためのデータを発生させ，最小 2 乗法，ジャックナイフ法，ブートストラップ法を用いて母数を推定するためのプログラムコード *315*

C.4.5 　線形回帰のための 1000 個のデータセットをシミュレートし，最小 2 乗法で解析し，95％被覆確率で検定するためのプログラムコード *318*

C.4.6 　ボン・ベルタランフィ成長曲線に従うデータを発生させ，母数の最小 2 乗推定値をブートストラップすることによってモデルを適合させるためのプログラムコード *319*

C.4.7 　ボン・ベルタランフィ成長関数の標本を複数発生させ，ブートストラップ法によって適合させるためのプログラムコード . . *320*

C.5.1 　2 つの平均の差に関する無作為化検定 *322*

C.5.2 　無作為化検定を行うために S-PLUS のブートストラップ作業ルーチンを使う *323*

C.5.3 　2 つの平均の差に対する無作為化検定のために必要な標本サイズを推定する *324*

C.5.4 　ジャッカルのデータについて，信頼区間の上位値と下位値を決める確率の推定 *325*

C.5.5 　3 つの近似法を用いた標準誤差（SE）の推定 *326*

C.5.6 　アリを摂食するデータにおける 1 元配置分散分析の無作為化法 *328*

C.5.7 　S-PLUS の「by」作業ルーチンを使った 1 元配置分散分析の無作為化法 *329*

C.5.8 　2 元配置分散分析の無作為化検定 *330*

C.5.9 　分散の均一性に対するルベーン検定 *332*

C.5.10 　無作為化による χ^2 分割表解析 *333*

C.5.11 　発生させたデータにおける線形回帰の切片と傾きに対する無作為化解析 *334*

C.5.12 図5.12に示された, distance 行列と difference 行列を作成するためのプログラムコード *336*

C.5.13 マンテル検定 *337*

C.6.1 データセットの10％を検査データセットとして使った, 2つの重回帰式に対する交差検定 *338*

C.6.2 loess 作業ルーチンを用いて平滑化関数を適合させるプログラムコード. プロットを発生させるプログラムコードは与えられるが, その出力は示されない *339*

C.6.3 loess 関数を適合させるときの10分割交差検定のプログラムコード *340*

C.6.4 多変量データに対して loess 曲線を適合させるプログラムコード *342*

C.6.5 密度データを使って適合させた2つの loess 平面の比較 . . . *343*

C.6.6 プロットを発生させ, 図6.7に示したチャップマン・リチャードの方程式の曲線を適合させるプログラムコード. 適合性の検定も与えられている. 出力文はあるが, プロットは示されない . *344*

C.6.7 回帰木を作成し, 交差検定を行うプログラムコード *346*

C.6.8 与えられた回帰木に対して無作為化検定を行うための関数 . . *348*

C.7.1 平均と分散の事前分布および1つの観測値 x を基にした, 正規分布の平均に対する事後確率の計算 *349*

C.7.2 2値データに対するベイズ解析 *351*

C.7.3 標識再捕データに対する連続ベイズ解析 *352*

付録 D　練習問題の解答　　*353*

2章の解答 *353*

3章の解答 *361*

4章の解答 *372*

5章の解答 *381*

6章の解答 *388*

7章の解答 *403*

索　引　　*407*

第1章
計算統計学的方法へ向けて

計算統計学的データ解析法とは何か？

　この本の目的から，計算統計学的方法を，コンピュータ無しには簡単に計算できないような反復過程を伴う統計方法として定義することにする．最初に検討する手法は，最尤推定である．これは，初等統計学コースで教えられる多くのパラメトリック統計学の基礎となるものであるが，最大尤度による方法自体の導出はたぶん実際にはほとんど与えられないはずである．例えば，最小2乗法は最大尤度の原理によって正当化される．平均，分散，線形回帰分析における推定量のような簡単な場合は，解析的に解くことが可能である．しかし非線形回帰分析の母数推定のようなもっと複雑な場合は，適切な母数の定義に最尤法を使うことができるけれども，その解は数値的な方法によって求めるしかない．多くのコンピュータ統計パッケージは，現在，最尤法によってモデルを適合させるための機能をもっている．ただし，モデルに関しては，普通，利用者自身が作る必要がある（ロジスティック回帰だけは例外である）．

　この本で議論されるその他の方法は，最尤法と同じくらい長い歴史をもっているかもしれないが，最尤法ほど広く利用されてきたわけではない．それは，主にコンピュータの助けがないと，計算に時間がかかりすぎるからであろう．たとえ処理速度の速いコンピュータが助けてくれたとしても，計算統計学的方法を実行するとき，その計算に数時間から数日を要することもある．よって，適切な手法の選択が必要なのである．計算統計学的方法は万能薬ではない．イギリスのことわざに，「雌豚の耳から絹の財布はできない（素材が悪ければ良いものはできない）」とあるが，統計解析にも当てはまる．計算統計学的方法を使って人ができること

表 1.1 この本で議論される技法の概略.

方法	章	母数推定	仮説検定	制限
最尤法	2	肯	肯	特定の統計モデルと一般に大標本を仮定する.
ジャックナイフ	3	肯	肯	統計的特性は理論から一般的には導かれない. 有効性はシミュレーションによって利用毎に検査されるべき.
ブートストラップ	4	肯	可能[a]	統計的特性は理論から一般的には導かれない. 有効性はシミュレーションによって利用毎に検査されるべき. まさに計算統計学的方法.
無作為化法	5	可能	肯	1つの母数のみの違いを仮定する. 複雑な問題様式は「直接」無作為化検定には合わない.
モンテカルロ法	5	可能	肯	検定は普通, 特定の問題専用である. 検定の設定をめぐってかなりの論争がおこるかもしれない.
交差検定	6	肯	肯	一般的に, 回帰問題に制限される. 主にモデルを区別する手法である.
局所平滑化関数と一般化加法モデル	6	肯	肯	関数の係数は簡単には理解できない. 予測変数が2つ以上になると, 視覚的理解も困難になる.
樹木モデル	6	肯	肯	多くの予測変数と複雑な相互作用があるとき有効である. ただし2分岐を仮定する.
ベイズ法	7	肯	肯	事前確率分布を仮定し, 多くの場合, 特定の問題専用である.

[a]「可能」:実行可能であるが, この目的に対して理想的ではない.

は,「伝統的」方法でうまくいかない状況でも行わなければならない統計解析である. どんな研究においても, 実験計画をたてるとき, まず伝統的方法に基づくやり方を追求する方向で大きな努力を払うべきであると, 覚えておくことは重要である. なぜなら, それらの方法は, 既成の統計プログラムの下で, 理解しやすい統計的な理論を持ち, また実行もしやすいからである. しかし, 否応なく, これらの方法の仮定が満たされない状況があるかもしれない. 次の節では, この本で議論される計算統計学的方法の効用を解説するために, いくつかの例を紹介する. 表 1.1 にそれらの方法の概略と制約について情報をまとめている.

なぜ計算統計学的方法か？

応答変数(従属変数)と1つ以上の説明変数(独立変数)の関係を調べるときの普通の方法は, 線形重回帰である. 実際の関係が線形である限り(これ以外に

も，2〜3の基準を満たす必要があるが，それらについては後で考えよう），この
やり方は正しい．しかし図 1.1 にあるような関係に出会ったとしよう．それは明
らかに非線形で，とても線形形式に変換することもできなければ，多項関数に適
合させることもできそうにない．実は，図 1.1 の関係は多くの動物種に典型的な
繁殖率関数（fecundity function）である．それは，普通，次のような 4 つの母数
(M, k, t_0, b) をもったモデル式で表すことができる．

$$F(x) = M(1 - e^{-k(x-t_0)})e^{-bx} \qquad (1.1)$$

最大尤度（2 章）の原理を使うと，4 つの母数の「最良」の推定値は残差平方和
を最小にするものであることが簡単に示される．しかし適切な母数値のセットを
解析的に求めることはできないが，数値的には可能である．たいていの統計パッ
ケージはそのためのプロトコルを与えている（S-PLUS のプログラムコードにつ
いては，図 1.1 のキャプションを参照せよ）．

　場合によっては，データを十分に記述する「単純」な関数は存在しないかもし
れない．上の例でも，観測値を眺めても直ちにその式が頭に浮かぶものではない．
そのような状況で，曲線を適合させる別の方法は，6 章で説明される局所的な平
滑化関数を使うことである．それは，曲線を連続的かつ滑らかに保ちながら，そ
の曲線をデータに対して区分的に適合させる方法である．ショウジョウバエの繁
殖率データに対する 2 つの適合曲線が，図 1.2 に示されている．loess 法[*1]による
適合曲線は立方スプライン[*2]よりも滑らかであり，若齢での繁殖率を抑制する傾
向を表している．一方，立方スプラインは中間齢や老齢で「過適合」を起こして
いるようである．にもかかわらず，適当な関数がないとき，これらの方法は曲線
や曲面の形を表現するのに大変有効であることは明らかである．さらに，データ
を十分に記述するためにはどれくらい複雑でなければならないかを調べるための
仮説検定に，これらの方法を利用することも可能である．

　進化的研究や生態学的研究で最も重要な母数は，文字 r で記号化される個体群
増加率である．齢構成をもつ個体群では，r の値は次のようなオイラーの式から
推定される．

$$1 = \sum_{x=0}^{\infty} e^{-rx} l_x m_x \qquad (1.2)$$

ただし，x は齢，l_x は x 齢までの生存率，m_x は x 齢での繁殖率（出生雌の数）で

[*1]　（著者注）二次多項式を使った局所的な重み付け回帰によって平滑化するもの．
[*2]　（著者注）平滑化スプラインの中でもっとも一般的に使用される．

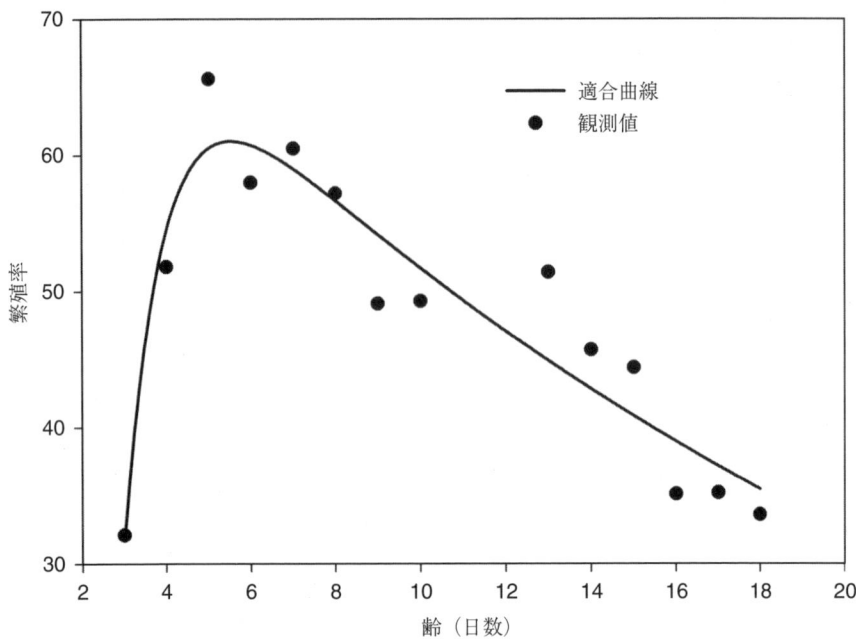

図 1.1 キイロショウジョウバエにおける日齢の関数としての繁殖率.
式 $F(x) = M(1-e^{k(x-t_0)})e^{-bx}$ を最尤法で適合させている.データは McMillan *et al.* (1970) からのものである.

齢 (x)	3	4	5	6	7	8	9	10	13	14	15	16
F	32.1	51.8	65.6	58	60.5	57.2	49.1	49.3	51.4	45.7	44.4	35.1
	17	18										
	35.2	33.6										

適合のための S-PLUS のプログラムコード:
```
# Data contained in data file D
# Initialise parameter values
   Thetas <- c(M=1, k=1, t0=1, b=.04)
# Fit model
   Model <- nls(D[,2]~M*(1-exp(-k*(D[,1]-t0)))*exp(-b*D[,1]), start=Thetas)
# Print results
   summary(Model)
```

出力
```
Parameters:
        Value     Std. Error    t value
   M  82.9723000  7.52193000   11.03070
   k   0.9960840  0.36527300    2.72696
   t0  2.4179600  0.22578200   10.70930
   b   0.0472321  0.00749811    6.29920
```

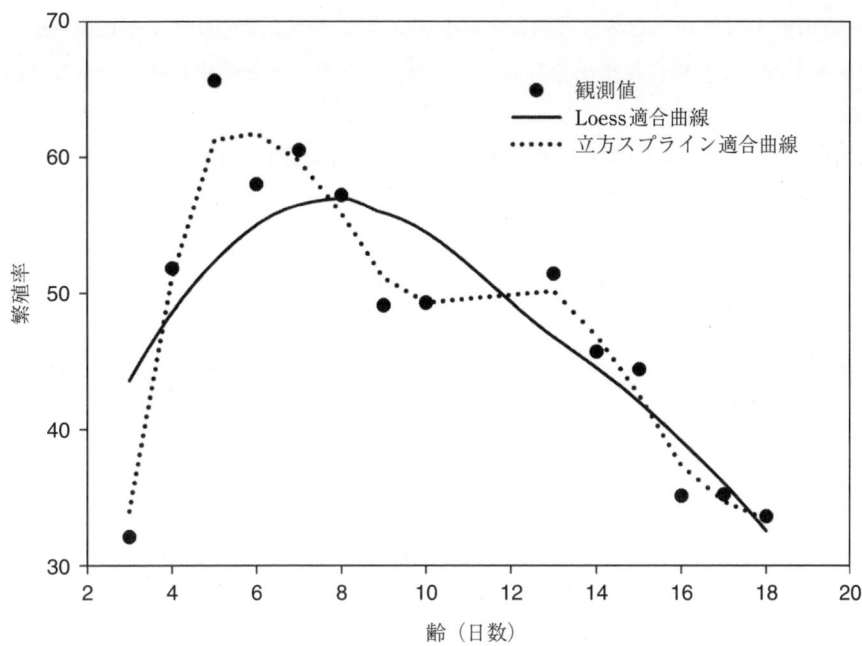

図 1.2 キイロショウジョウバエにおける日齢の関数としての繁殖率. 2つの局所平滑化関数で適合させている. データは図 1.1 と同じである.

適合のための S-PLUS のプログラムコード：

```
# Data contained in file D. First plot observations # Plot points
   plot (D[,1], D[,2])
   Loess.model <- loess(D[,2]~D[,1], span=1, degree=2) # Fit loess model
# Calculate predicted curve for Loess model
   x.limits <- seq(min(D[,1]), max(D[,1]), length=50 # Set range of x
   P.Loess <- predict.loess(Loess.model, x.limits, se.fit=T) # Prediction
   lines(x.limits, P.Loess$fit) # Plot loess prediction
   Cubic.spline <- smooth.spline(D[,1], D[,2]) # Fit cubic spline model
   lines(Cubic.spline) # Plot cubic spline curve
```

ある. 生存率と繁殖率のベクトルが与えられると, 上の式は数値的に解くことができ, r を求められる. しかし, 母数の推定値を得たとしても, その推定値についての95％信頼区間のような変動の推定値が分からなければ, 一般的にはあまり役に立たない. この問題には2つの計算統計学的解決法が存在する. それはジャックナイフ法（3章）とブートストラップ法（4章）である. ジャックナイフ法は, データセットから1つの観測値（この例では1頭の動物個体）を除いた $n-1$ 個の観測値を逐次採集し, それらからなる n 個（元の観測値の数）のデータセッ

トを用意するやり方である．一方ブートストラップ法は，元のデータセットから（反復を許して）無作為抽出を行い，多くのデータセットを発生させるやり方である．そして，まず各データセットにおいて r の値が求められ，その後，各方法はこれらの値のセットから r の推定値と求めたい信頼区間を抽出することができるのである．

最も重要な計算統計学的方法は，5 章で議論される無作為化による仮説検定方法である．この方法は，検定の仮定が成り立たないとき，χ^2 分割表検定のような標準的な検定に置き換えることができる．無作為化検定の基本的なアイデアは，観測値を「処理」群に無作為に配置し，検定統計量を求めることである．そして，この過程を何度も（たいてい千回は）反復し，「差はない」という帰無仮説の下で無作為化されたデータセットからの統計量の値が，観測データセットからの値を超えてしまう回数の割合によって，確率を推定する．この過程を説明するために，商業的に重要な魚種であるニシンダマシ (shad) の個体群における遺伝変異の調査を取り上げることにしよう．

ニシンダマシ個体群の地理的変異を調べるために，14 河川から捕獲した計 244 頭の個体よりミトコンドリア DNA のデータが採集された．この標本サイズは，当時，非常に大きな努力を払った末に実現できたものであった．10 個のミトコンドリアハプロタイプが，62 ％の個体で単一タイプとして検出された．この結果はほとんどすべてのセル（分割表での区画）でデータ点の頻度は 5 個よりも少ないということにつながった（140 個のセルの内，66 ％でデータ点の頻度の期待値は 1 個よりも少なく，期待値が 5 個を超えるセルはわずか 9 ％しかなかった）．χ^2 検定のためのコクラン定理に従うと，セルを結合させる必要があった．これは遺伝子型を，もっとも高頻度のクラスとそれ以外を結合したクラスの 2 つのカテゴリーにすることを意味した．結合されたデータセットに対して χ^2 を計算すると，それは 22.96 であった．この値は 5 ％水準でその臨界値 (22.36) をわずかに超えるものであった．一方，結合されていないデータに対する χ^2 値は 236.5 と推定され，これは自由度 117 の χ^2 分布において高い有意性を示した（$p < 0.001$）．しかし後者の場合，多くのセルでデータ点の頻度が非常に少ないために，この結果は疑わしいものであった．これに対して，Roff and Bentzen (1989) は，セルを結合して情報量を減らすことなく，そのまま無作為化検定（5 章）を試みた．これは，χ^2 の観測値が，河川間での遺伝子頻度は均一であるという帰無仮説の下で期待される値よりも有意に大きいかどうかを検定するものであった．そしてこの解析によって，結合されないデータでも，χ^2 の期待値がその観測値以上の値となる確率

は1000分の1よりも小さいことが示された．よって，遺伝子頻度の河川間での変動性は，有意水準の境界付近にあるのではなく，非常に高い有意性をもっていることが明らかとなった．

この本で解説される主な手法は，頻度主義学派に従ったものであり，それは「k個の母数$(\theta_1, \theta_2, \ldots, \theta_k)$セットが与えられたとき，$n$個のデータ$(x_1, x_2, \ldots, x_n)$セットを観測する確率はいくらか？」という問題を考えるものである．7章では，ベイズ主義的観点によってこの前提を逆転させる．つまり「n個のデータ$(x_1, x_2, \ldots, x_n)$セットが与えられたとき，k個の母数$(\theta_1, \theta_2, \ldots, \theta_k)$セットが生じる確率はいくらか？」という問題を考えることになる．この前提の「逆転」は，管理運営上の決定を行うときにとりわけ重要になる．たとえば，個体群成長における間引きの効果を解析したいとしよう．この場合，解きたい問題は，「ある間引き（つまりx）を実際に行ったとき，個体群の増加率が1よりも小さくなる（つまり，個体群が減少する（θ））確率はいくらか？」ということである．もしこの確率が大きいならば，間引き率を低くする必要があるかもしれない．ベイズ解析では，母数値に関して確率的な言明を行うことに第一の目的がある．しかし，ジェームス-スタイン推定量の場合のように，推定値を改善することにも利用できる．ベイズ解析では，一般的に，事後分布を推定するために計算統計学的な方法が必要である．

なぜS-PLUSか？

現在，データの統計解析に使われる数多くのコンピュータ統計パッケージが存在する．それらは，特別な状況がない限りそれまで可能でなかった一連の手法を標準装備している．そのため，多くの統計パッケージでいくつかの計算統計学的方法が使えるが，たいていの場合，柔軟性を欠いているため制限された利用に止まっている．よく知られた統計パッケージの中でも，SASとS-PLUSはこの本で解説されるような解析を行うための必要なプログラミング能力を有するものである．ここでは，3つの理由からS-PLUSを採用しよう．その1番目の理由は，この言語が読者にとって慣れたプログラム言語と構造的に類似していることである（たとえば，BASICやFORTRANである．ただ，S-PLUSがオブジェクト指向型である点で，これらの2つの言語とは異なっている）．この本では，プログラムコードを書くとき，他の言語に移せるような構造を維持しようと試みた．これは，ときにS-PLUSにしては必要以上にループ機能が多用される理由となっている．

しかし，それはプログラムコードを読みやすくし，計算時間の増加という些細なコストを凌駕する利点をもたらしていると信じている．S-PLUS を選んだ 2 番目の理由は，巷に公開された R というバージョンが存在することである．ウェッブサイト (http://www.r-project.org/) を引用すると，「R は統計計算とグラフィックスのための言語であり，かつ環境である．それはベル研究所（前身は AT&T，今は Lucent Technologies 所属となっている）において John Chambers と彼の同僚達によって開発された S 言語／環境に類似する GNU プロジェクト[*3]である．R は異なる処理系をもつ S 言語であると考えることもできる．いくつかの重要な違いが存在するが，S で書かれたプログラムコードのほとんどは R においてもそのまま走らせることができる」とある．この本で書かれたプログラムも，少数の例外を除いて，R でも走るはずである．しかし，ユーザーの使い易さを考えると，R よりも S-PLUS の方が絶対に優れているだろう．S-PLUS を選んだ 3 番目の理由は，学生であれば，現在，以下のサイトから限られた期間だけその無料版を手に入れることができるからである：

http://elms03.e-academy.com/splus

■ さらに読みたい方へ

　S-PLUS の学習曲線はかなり急上昇するものである．そのための優れた教科書がいくつもあるが，ここでは次のような本を推薦する：

Spector, P. (1994). *An Introduction to S and S-PLUS.* Belmont, California: Duxbury Press.
Krause, A. and Olson, M. (2002). *The Basics of S-PLUS.* New York: Springer.
Crawley, M. J. (2002). *Statistical Computing: An Introduction to Data Analysis using S-PLUS.* UK: Wiley and Sons.
Venables, W. N. and Ripley, B. D. (2002). *Modern Applied Statistics with S.* New York: Springer.

この本で使われるプログラム言語の概要は，付録に紹介されている．

[*3] （訳者注）GNU's Not Unix の略．Unix に似た フリーソフトウェアのオペレーティングシステム，GNU システムの開発を目的とするプロジェクトである．

第2章
最尤法

はじめに

1つの母数 θ を持つモデルがあり，それは数値 y で表される事象の結果を予測するものであるとしよう．またその母数には θ_1 と θ_2 という2種類の値しかないとする．ただし，θ_1 は確率 p_1 で数値 y が発生することを予測し，θ_2 は確率 p_2 で数値 y が発生することを予測するものとする．2種類の θ 値のうちどちらの方が，真の θ 値の推定値として良いであろうか？このとき，観測されるべきものを実際に観測する確率がもっとも高くなるような母数値が，θ の真の値にもっとも近いはずであると考えるのは妥当であろう．たとえば，もし p_1 が 0.9 で p_2 が 0.1 であるならば，θ 値として θ_1 が選ばれるべきである．なぜなら，θ_2 をもつモデルは y を観測しそうではないということを予測するが，θ_1 をもつモデルは y をまさに観測しそうであるということを予測するからである．この考えを，母数値の関数 $\varphi(\theta_i) = p_i$ のように予測モデルを書くことによって，もっと多くの θ 値に拡張することができる．そのとき i は θ の特定の値の指示変数を表す．もっと一般的には，その添字 i を捨てて，$\varphi(\theta) = p$ のように書き，θ がいかなる値でもとることができるようにするのが普通である．そして，**最大尤度の原理**（principle of maximum likelihood）によって，もっとも大きな確率 p をもつ θ 値が選ばれることになる．

最尤推定法（MLEとよく略される）の重要な要素は，観測事象の尤度（likelihood）を発生させるのに使われる確率関数も定義することである．もっとも頻繁に使われる確率関数は，**正規分布**（normal distribution）や**2項分布**（binomial distribution）である．

この章では，次の3つのことを考えることにする：

(1) **点推定**（point estimation）．k 個の未知の母数 $\theta_1, \theta_2, \ldots, \theta_k$ をもつある統計モデルがあるとしよう．これらの母数の推定値 $\hat{\theta}_1, \hat{\theta}_2, \ldots, \hat{\theta}_k$ を求めるには，どのように最尤法を使えばよいだろうか？
(2) **区間推定**（interval estimation）．推定値セット $\hat{\theta}_1, \hat{\theta}_2, \ldots, \hat{\theta}_k$ がわかっただけでは，わずかな利点しかない．なぜならこれらの推定値が真の値に近いのかあるいは遠いのかについては何も分からないからである．よって，点推定値とともに，通常 95％確率による信頼領域も推定しなければならない．
(3) **仮説検定**（hypothesis testing）．多くの例で，母数値についての仮説を検定することに興味が持たれるだろう．たとえば，2 つのデータセットがあるとき，それらは共通な平均をもつという仮説を検定したいかもしれない．そのようなとき最大尤度は，異なる母数値を比較したり，異なる統計モデルを比較する仕組みを与えてくれる．

点推定

なぜ平均か？

多くの統計的推定の背景にある分布は正規分布である（図 2.1）．この分布の下で，ある値 x を観測する確率は次で与えられる：

$$\varphi(x) = \frac{1}{\sigma\sqrt{2\pi}} e^{-\frac{1}{2}\left(\frac{x-\mu}{\sigma}\right)^2} \tag{2.1}$$

このとき $\varphi(x)$ は x の**確率密度関数**（probability density function）と呼ばれるものである．この関数は，左右対称で，2 つの母数，μ と σ によって決定される．初めて統計学の授業コースをとる学生は誰でも，この 2 つの母数が「平均」と「標準偏差」であることを知ることになる．平均は中心付近を表す測度であり，標準偏差は分布の広がりを表す測度である（図 2.1）．普通，μ は次のような**算術平均**（arithmetic average）として推定される：

$$\hat{\mu} = \frac{1}{n}\sum_{i=1}^{n} x_i \tag{2.2}$$

ただし，n は観測値の個数であり，x_i は i 番目の観測値である．μ の頭に「ˆ」（"ハット"と読む）が付いているのは，これが真の μ 値の推定値であることを示している．これは母数の推定値を表すときの一般的なやり方である．しかしこの本で平均を表す場合，記号 $\bar{x}$ を使うことも多いだろう．

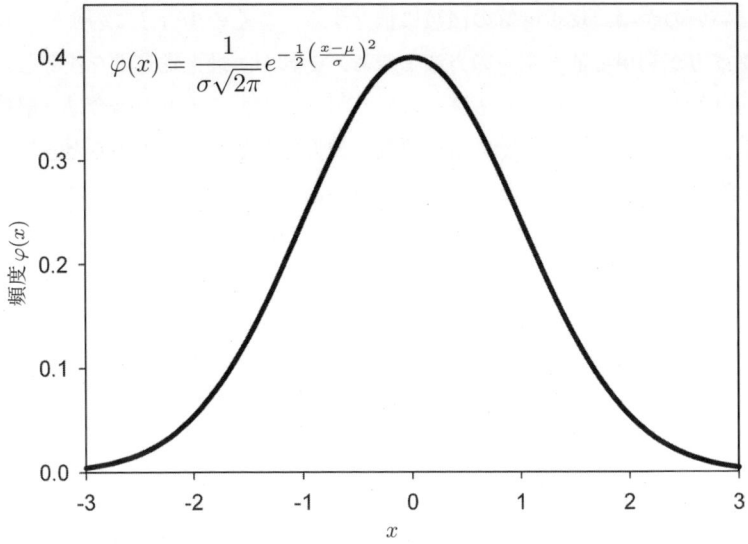

図 2.1 $\mu = 0$ と $\sigma = 1$ を持つ正規分布.

　中心付近を表す測度は実際には 3 つある．それは，算術平均，**最頻値**（mode, もっとも高頻度に現れる値），**中央値**（median, 標本を等しく半分に分ける値）である．μ の推定値としてなぜ算術平均を使うのだろうか？ μ の好ましい推定値として算術平均を使う理由は，実は算術平均が μ の最尤推定値であるという事実に基づいている．n 個の観測値 $x_1, x_2, x_3, \ldots, x_n$ をもつ標本があるとしよう．この数列を観測する確率は，正規確率密度関数を仮定すると次のようになる：

$$L = \varphi(x_1)\varphi(x_2)\varphi(x_3)\ldots\varphi(x_i)\ldots\varphi(x_n) = \prod_{i=1}^{n} \varphi(x_i) \tag{2.3}$$

ただし，L はこの特定の数列を観測する尤度である．この観測値セットの順列の可能なすべての場合を考えることもできるが，明らかに，最終的な答えを変えることはないだろう．よって，表記上の都合からも，そのような些細な複雑さは無視することにしよう．確率密度関数の式を使って書くと次のようになる：

$$L = \prod_{i=1}^{n} \varphi(x_i) = \prod_{i=1}^{n} \frac{1}{\sigma\sqrt{2\pi}} e^{-\frac{1}{2}\left(\frac{x-\mu}{\sigma}\right)^2} \tag{2.4}$$

　では，最大尤度の原理に従って，尤度 L を最大にするような μ を見つけることにしよう．この値を見つけるには，単に $\hat{\mu}$ を変動させ，尤度を求めればよい．そして，L が最大となる $\hat{\mu}$ の値を決めればいいのである．「最良」の値にどれくらい近

づけばいいのかは，反復計算の回数に依存する．多くの場合，このように数値解析的やり方が利用可能な唯一の方法となる．これが，最尤推定量を決めるために計算統計学的方法が必要となる理由に他ならないが，この例の場合は，解析的な計算手法で正確な解に到達できる．関数の最大値や最小値を求めるときに，その関数の導関数を0に等しいとしたことを思い出して欲しい．また，このような積の形式にある関数の導関数を求めるのは非常に面倒であるが，そのようなとき尤度の対数をとると簡単になる．対数変換しても極点の位置は変化しないので，この処理は結論を変えるものではない．よって，自然対数をとると，

$$\ln(L) = n\ln\left(\frac{1}{\sigma\sqrt{2\pi}}\right) - \sum_{i=1}^{n}\frac{1}{2}\left(\frac{x_i - \mu}{\sigma}\right)^2 \tag{2.5}$$

となる．μ で微分すると．

$$\frac{d\ln(L)}{d\mu} = 0 + \sum_{i=1}^{n}\left(\frac{1}{2}\right)\left(\frac{2}{\sigma^2}\right)(x_i - \mu) = \sum_{i=1}^{n}\frac{1}{\sigma^2}(x_i - \mu) \tag{2.6}$$

となる．この導関数を0に等しいとおくと，

$$\frac{d\ln(L)}{d\mu} = 0, \quad \text{つまり} \frac{1}{\sigma^2}\sum_{i=1}^{n}(x_i - \mu) = 0 \tag{2.7}$$

となり，代数的に単純な整理をすると，次の式が得られる：

$$\mu = \frac{1}{n}\sum_{i=1}^{n}x_i \tag{2.8}$$

これは，まさに算術平均である（σ は関係しないことに注意しておこう）．この時点で，読者は μ は正確に算術平均に等しいのではないかと思うかもしれない．にもかかわらず，この本ではこれまで算術平均は μ の推定値（つまり $\hat{\mu}$）に過ぎないと主張してきた．この食い違いの原因は，尤度関数がまるで正確な代数的関係を表すかのように扱われてきたからである．もし μ が算術平均に等しいと設定されたならば，様々な限定的標本として観測された数列に対する実際の確率が常に最大になるということはあり得ない話だろう．極端に少ない標本を想定してみよう．つまり，1個の観測値をもつ標本である．上の導出に従うと，母数 μ はいつも標本値に等しいことになってしまう．これは明らかにおかしい．標本の中の観測値の数が増えるにつれてどのようなことが起こるか考えてみよう．n が大きくなるにつれて，算術平均と μ の差は小さくなる．極限では，n が無限大であるとき算術平均は μ に等しくなる（つまり，$n \to \infty$ のとき $\hat{\mu} \to \mu$）．これがこの問題

が生じる原因である．つまり，上で導かれた式は，標本サイズが非常に大きいことを暗に仮定しているものであり，一方小さい標本の場合，標本平均は μ の推定量（つまり $\hat{\mu}$ あるいは $\bar{x}$ である．どちらを表記するかは好みによる）に過ぎないということなのである．これは大変重要な結論である．なぜなら，標本サイズを無視してはいけないことを意味するからである．次の節の「区間推定」でこの問題を再び扱うことにしよう．

前の例では，2つの母数 μ と σ のうち μ だけに注目した．このとき母数 σ は**局外母数**（nuisance parameter）[*1]と呼ばれるものである．なぜなら，解析に含まれていたとしても，依然として分からないままの量であり，せいぜい推定を不確実にするぐらいのことだからである．この例の平均の推定では，最後に局外母数は除外され，何ら関わりをもたなかった．しかし，たいていの場合それではすまない．というのも多くの場合，両者を組み合わせて推定をしなければならない問題を抱えるからである．よって次の課題は，正規分布の2番目の母数，つまり標準偏差 σ あるいはその平方である分散 σ^2 に対する最良の推定量を導くことであり，そのために最大尤度を再び使えばよい．

正規標本の対数尤度 $\ln(L)$ が式 (2.5) であったことを思い出してみよう：

$$n\ln\left(\frac{1}{\sigma\sqrt{2\pi}}\right) - \sum_{i=1}^{n} \frac{1}{2}\left(\frac{x_i - \mu}{\sigma}\right)^2$$

この式を微分するために展開すると，

$$\ln(L) = -n\ln(\sigma) - n\ln(\sqrt{2\pi}) - \sum_{i=1}^{n} \frac{1}{2}\left(\frac{x_i - \mu}{\sigma}\right)^2 \tag{2.9}$$

となる．以前のように，$\ln(L)$ を σ で微分して，それを 0 とおくと，

$$\frac{d\ln(L)}{d\sigma} = -\frac{n}{\sigma} + \sum_{i=1}^{n} \frac{2(x_i-\mu)^2}{2\sigma^3} = \frac{1}{\sigma}\left(-n + \sum_{i=1}^{n} \frac{(x_i-\mu)^2}{\sigma^2}\right) = 0$$

$$\text{つまり} \quad \frac{\sum_{i=1}^{n}(x_i-\mu)^2}{\sigma^2} = n \tag{2.10}$$

となる．これを整理すると，次の式が得られる：

$$\sigma^2 = \frac{1}{n}\sum_{i=1}^{n}(x_i-\mu)^2 \tag{2.11}$$

[*1] （訳者注）この語には，他に「攪乱母数」などの訳があるが，ここではこの訳を採用した．関係しないわけではないが直接興味はない母数という意味である．

これは，普通に知られている分散の式である．前と同じように，この式の左辺は，n が大きくなったときだけ真の値に近づくような推定量 $\hat{\sigma}^2$ として見なされるべきである．悩ましいことであるが，分散を推定するためには平均の正確な値を知らなければならない．しかしそれは分からない．よってこの場合の局外母数である μ は，不便なことに，σ の推定式の中に未知数として存在し続けるばかりである．ではどうすべきだろうか？対処の可能性の1つは，平均の推定値を μ の代わりに使うことである．それは $\hat{\sigma}^2 \approx (1/n)\sum_{i=1}^{n}(x_i - \hat{\mu})^2$ を与えることになる．n が無限大でない限り，$\hat{\mu}$ は正確に μ に等しくはないということは分かっているので，この推定値は近似値として見なされるべきである．事実，小標本の場合，それは偏った推定値となる．幸い，この偏りは式を次のように書くことによって容易に除去できる：

$$\hat{\sigma}^2 = \frac{1}{n-1}\sum_{i=1}^{n}(x_i - \hat{\mu})^2 \tag{2.12}$$

多くの場合，対数尤度関数を解いて，このように単純な1母数式を導くことはできない．にもかかわらず，尤度を最大にする点推定値の組み合わせを求める，つまり一連の最尤推定値を求める場合には，数値解析的な方法を取らなければならない．

これら2つの例から，平均と標準偏差に対して「標準の」公式を使うことは，最大尤度の観点から「分布が正規分布であるとき」に適切であるということが分かる．もし分布が正規分布でなかった場合，平均や標準偏差に対して「近似的には」その公式を使うことはあるかもしれないが，それらが真の確率密度関数を背景とした各母数の正確な推定値である保証はない．

なぜ最小2乗法がよく使われるのか？

「最小2乗法」は統計学初等コース全般をとおして使われる方法である．たとえば，それは線形回帰や分散分析の推定作業における方法的基盤を与える．実は，正規分布の平均や分散に対する推定量と同じように，最小2乗法の利用も最大尤度との関連で正当化することができる．これを説明するために，次のように簡単な直線回帰式を考えてみよう（図2.2）：

$$y = \theta_1 + \theta_2 x + \varepsilon \tag{2.13}$$

母数 θ_1 は切片で，母数 θ_2 は傾きである．それらは，よく α や β とも表記され，それらの推定値はそれぞれ a や b と表記される．記号の混乱が増えるのを避ける

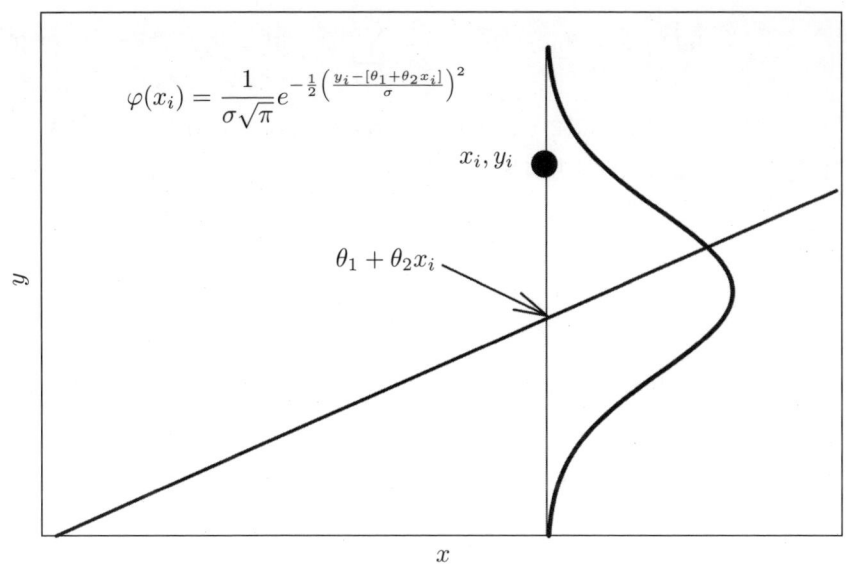

図 2.2 ある回帰直線.
直線は式 $y = \theta_1 + \theta_2 x$ で表される. 直線に沿った各点では, データは正規分布 $N(\theta_1 + \theta_2 x, \sigma)$ に従う.

ために（とくに，α や β は，第 1 種の過誤や第 2 種の過誤の文脈でも使われるので），ここでは推定されるべき母数の一般的な記号として「θ」を使うことにしよう．ただし，そのときどきで母数に別の記号を用いることが通例であるかどうかには留意する．ε の項は線形回帰の基本的な仮定からきている．つまり，直線の周りの誤差は平均 0（つまり $\mu = 0$）で，まだ決めていない標準偏差（σ）をもつ正規分布に従うというものである．平均 μ，標準偏差 σ をもつ正規分布を $N(\mu, \sigma)$ と表記すると，この例では，ε が従う分布は $N(0, \sigma)$ であるということになる．この表記を利用すると，y が従う分布は $N(\theta_1 + \theta_2 x, \sigma)$ となる．これは，y が平均 $\theta_1 + \theta_2 x$（直線の y 値）と標準偏差 σ をもつ正規分布に従う変数であるという意味になる（図 2.2）．ここで y の特定の値 y_i を観測する確率は次のようにおくことができる：

$$\varphi(y_i) = \frac{1}{\sigma\sqrt{2\pi}} e^{-\frac{1}{2}\left(\frac{y_i - [\theta_1 + \theta_2 x_i]}{\sigma}\right)^2} \tag{2.14}$$

標本として数列 $y_1, y_2, y_3, \ldots, y_i, \ldots, y_n$ を観測する確率あるいはその尤度は，

$$L = \prod_{i=1}^{n} \varphi(y_i) = \prod_{i=1}^{n} \frac{1}{\sigma\sqrt{2\pi}} e^{-\frac{1}{2}\left(\frac{y_i - [\theta_1 + \theta_2 x_i]}{\sigma}\right)^2} \tag{2.15}$$

となる．一般に自然対数をとると便利なので，前と同様にすると，

$$\ln(L) = -n\ln(\sigma\sqrt{2\pi}) - \frac{1}{2\sigma^2}\sum_{i=1}^{n}(y_i - [\theta_1 + \theta_2 x_i])^2 \qquad (2.16)$$

である．最大尤度の原理に従うと，θ_1 と θ_2 の最良の推定値は対数尤度を最大にするものである．これらは平方和 $SS = \sum_{i=1}^{n}(y_i - [\theta_1 + \theta_2 x_i])^2$ が最小になるときの値であろう．これが**最小 2 乗法**（least squares procedure）である．正規分布の平均を推定するときと同様に，回帰直線の周りの分散は傾き（θ_2）と切片（θ_1）の推定作業には組み込まれないということに注意しておこう．念のために，最小 2 乗法によって推定式の計算を行い，2 つの推定量を求めてみよう．そのために 2 つの微分を行わなければならない．1 つは θ_1 に関するもので，もう 1 つは θ_2 に関するものである．

$$\begin{aligned}\frac{\mathrm{d}SS}{\mathrm{d}\theta_1} &= -2\sum_{i-1}^{n}(y_i - [\theta_1 + \theta_2 x_i]) \\ \frac{\mathrm{d}SS}{\mathrm{d}\theta_2} &= -2\sum_{i-1}^{n}(y_i - [\theta_1 + \theta_2 x_i])x_i\end{aligned} \qquad (2.17)$$

これらを 0 に等しいとおき，$\sum_{i=1}^{n}\theta_1 = n\theta_1$ であることに注意すると，以下のような式が同時に得られる：

$$\begin{aligned}\sum_{i=1}^{n} y_i &= \theta_1 n + \theta_2 \sum_{i=1}^{n} x_i \\ \sum_{i=1}^{n} x_i y_i &= \theta_1 \sum_{i=1}^{n} x_i + \theta_2 \sum_{i=1}^{n} x_i^2\end{aligned} \qquad (2.18)$$

1 番目の式に $\sum_{i=1}^{n} x_i$ を掛け，2 番目の式に n を掛けて両者の差を取ると，次のような θ_2 の推定量が得られる：

$$\hat{\theta}_2 = \frac{\sum_{i=1}^{n}(x_i - \bar{x})(y_i - \bar{y})}{\sum_{i=1}^{n}(x_i - \bar{x})^2} \qquad (2.19)$$

この推定量は x と y の算術平均の関数になっていることに注意しておこう（ここでは，よく使われる $\bar{x}$ のような「バー」表記を用いたが，$\hat{\mu}_x$ や $\hat{\mu}_y$ のように表記してもよい）．θ_1 を求めるためには，同様に 2 式を計算に用いてもよいが，あるいはもっと簡単に，$\theta_1 = \bar{y} - \theta_2\bar{x}$ の関係を利用してもよい．これらの式は同じデータを使って求められるので，2 つの母数の推定値は互いに独立ではないという事実がわかる．これは同一のモデルから得られる複数の推定値に対して一般的な事実であり，普通は問題ではない．しかし，体重に対する繁殖率の回帰をいくつか

の異なる個体群ごとに同様に推定する場合を想定してみよう．そのとき，$\hat{\theta}_1$ と $\hat{\theta}_2$ の相関が計算され，両者の間に有意な相関が見つかったとしよう．解析者は，それに対して何か生物学的に意味のある原因を当てはめようとする誘惑にかられるかもしれない．しかし，それはたぶん人為的に生じた統計計算上の相関関係でしかない．

さらに最小 2 乗法について

最尤法は，直線単回帰の母数を推定するために最小 2 乗法が妥当であることを示した．さらにこの例では，2 つの母数の正確な推定式を求めることができた．この節では，誤差構造についての仮定に依存して複数母数の最小 2 乗解が存在するような，もっと難しい例を紹介しよう．

魚などの多くの生物では，一生を通して連続的に成長するが，成長率は齢とともに低下するものである（図 2.3）．このような振る舞いを示す成長曲線は，ボン・

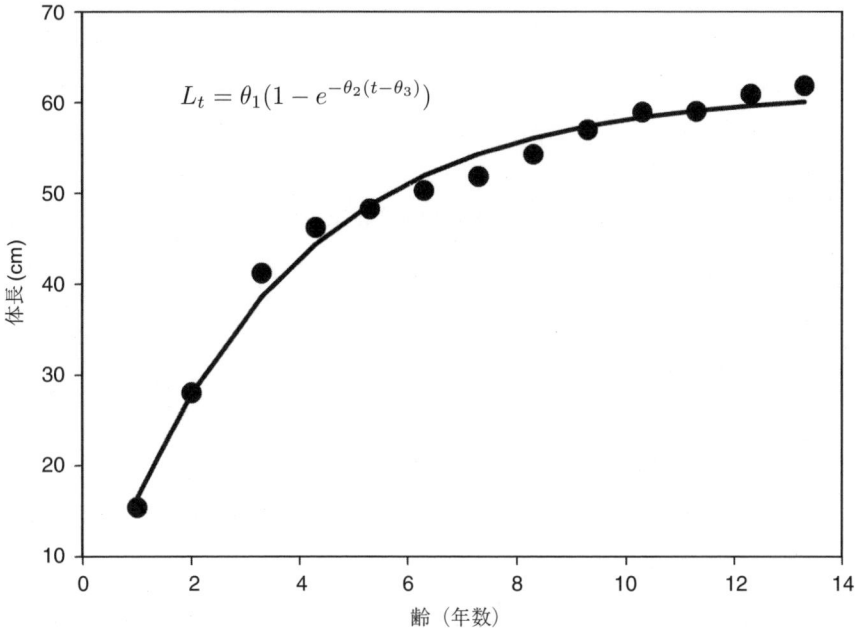

図 2.3 タラ科の食用魚パシフィックヘイクの雌における各齢での平均体長プロット．ボン・ベルタランフィ曲線で推定された（Kimura 1980 からのデータ）．

齢	1.0	2.0	3.3	4.3	5.3	6.3	7.3	8.3	9.3	10.3	11.3	12.3	13.3
体長	15.4	28.0	41.2	46.2	48.2	50.3	51.8	54.3	57.0	58.9	59.0	60.9	61.8

ベルタランフィ（von Bertalanffy）の成長曲線として知られている（しかし，ボン・ベルタランフィがその曲線の導出に実際に用いた生理的な基礎情報は間違いであったと言われている）．この成長曲線に従う場合，誤差要因や変動要因をすべて無視すると，齢 t における体長は次の関係式で表される：

$$l_t = \theta_1(1 - e^{-\theta_2(t-\theta_3)}) \tag{2.20}$$

ただし，θ_1 は平衡体長（一般に L_∞ で表記される），θ_2 は成長率（一般に k で表記される），θ_3 は体長が 0 であるときの仮定的な齢（一般に t_0 で表記される）を表す．齢 t_i, t_{i+1} での体長 l_t, l_{t+1} を使って，上の式を変形すると，

$$l_{t+1} = \theta_1(1 - e^{-\theta_2}) + e^{-\theta_2} l_t \tag{2.21}$$

が得られる．この式は，θ_1 と θ_2 を推定するのに，回帰の方法が使えることを示唆している．l_t に対する l_{t+1} の回帰直線の傾きの自然対数値が $-\theta_2$ の推定値に等しく，切片は $\theta_1(1 - e^{-\theta_2})$ の推定値である．この方法は Ford-Walford 法として知られており，母数値の優れた初期推定値を与えるものである（θ_3 を除いて）．この方法の統計的問題点は，各齢における体長の従属変数値（l_{t+1}）が次の独立変数値（l_t）に推移的に当てはめられることである．これは線形回帰の基本的仮定に違反している[*2]．

では，ボン・ベルタランフィ式の母数の推定値を求めるために，最尤法をどのように使えばいいのだろうか（式 (2.20)）？最尤法を使うには，まず正規的に分布する誤差項である ε をどのように組み込むかを決めなければならない．そのもっとも簡単なやり方は，線形回帰モデルと同じ様式で次のようにその式に付け加えることである（別のモデルは Kimura 1980 を参照せよ）：

$$l_t = \theta_1(1 - e^{-\theta_2(t-\theta_3)}) + \varepsilon \tag{2.22}$$

前説で議論した対数尤度関数を使うと，

$$\ln(L) = -n \ln(\sigma\sqrt{2\pi}) - \frac{1}{2\sigma^2} \sum_{t=1}^n (l_t - \theta_1[1 - e^{-\theta_2(t-\theta_3)}])^2 \tag{2.23}$$

となる．線形回帰モデルのときのように，観測値 l_t と予測値 $\theta_1[1 - e^{-\theta_2(t-\theta_3)}]$ の差の 2 乗が最小になるとき，対数尤度関数が最大になることは容易に分かるで

[*2] （訳者注）例えば，l_t の各値は独立に発生せずその 1 つ前の値に依存して決まる．

あろう．そのときが最小2乗解である．分散 σ^2 が一定であると仮定すると，その後2つのシナリオが考えられる．1番目は，直線回帰モデルで仮定したように，個々の観測値 l_t の分布が $N(0, \sigma)$ であると仮定することである．2番目は，平均値に注目して，ある齢での平均体長の分布が $N(0, \sigma)$ であると仮定することである．どちらのシナリオでも，最小2乗法を使って母数を推定することができる．しかし，1番目では個体の値を使い，2番目では平均値を使うことになる．上の計算では分散は除外された．σ^2 に関する対数尤度関数（式 (2.23)）を偏微分し，それを0とおくという通常の方法で，分散の最尤推定量を求めることができる．読者がこの計算をすると，次が求められるはずである：

$$\hat{\sigma}^2 = \sum_{t=1}^{n} \left(l_t - \hat{\theta}_1[1 - e^{-\hat{\theta}_2(t-\hat{\theta}_3)}]\right)^2 / n \tag{2.24}$$

これは最良の適合モデル（最尤モデル）の平均平方 (mean sum of squares) である．しかし，前に議論した正規分布の分散推定量と同じように，上の推定値は別の推定母数を含むために真の値から偏っている．この偏りを修正するためには，n ではなく n から推定済みの母数の個数を引いた数（この場合 $n-3$）で平方和を割ればよい．

線形回帰モデルとは異なり，上のモデルが解析的に解かれることはない．よって数値計算的な方法に頼らざるを得ない．幸い，各統計パッケージは実質的には最小2乗法を使って非線形適合を行う手段をもっている．図2.3に示された曲線はグラフ作成用ソフトウェアである SigmaPlot の「回帰ウィザード」を使って得られたものである．この作業を行うにあたって，式 (2.20) ではうまくいかなかったが，式の構造は変えないものの，一部を $l_t = \theta_1(1 - e^{-\theta_2 t + \theta_3'})$ のように変えると（母数 θ_3' は積 $\theta_2 \theta_3$ である）作業はうまくいき，図2.3にあるような適合曲線が得られた．統計パッケージである SYSTAT でも非線形曲線を適合させる作業で同様な問題が生じたが，S-PLUS では問題はなかった（ダイアログボックスかコマンドを使って式を適合させることができる：`nls(LENGTH~b1*(1-exp(-b2*(AGE-b3))), data=D, start=list(b1=50, b2=.1, b3=.1)))`．改良した式を使って，S-PLUL から得られた母数推定値は SigmaPlot から得られたものと同じであった．これは，計算が収束できた場合，両統計パッケージは同じ解に至ることを示している．保証はできないが，両者の解はいつも同等なものである．一方，SYSTAT の場合，式から θ_3 を完全に除かない限り計算が収束することはなかった．θ_3 は非常に小さい値 (-0.057) なので，式から除外してもほとんど影響を及ぼさないけれども，3つ

の解析から引き出されるメッセージは，異なる統計パッケージの働きは異なるということであり（統計パッケージの能力ランキングが，この1例だけで判断できると言うつもりはない），さらに式を適合させるためのわずかな変更でも，解に至るための作業能力に対して大きな影響を与えるということである．

最小2乗推定に関連した最尤法の一般化

k 個の母数を持ち（たとえば，線形回帰モデルでは母数は2個で，ボン・ベルタランフィ関数では母数は3個である），さらに独立な変数 x を持つ モデルを $y = \varphi(\theta_1, \theta_2, \ldots, \theta_k, x)$ とする．誤差項 ε が $N(0, \sigma)$ に従い，観測値 y_i は次のような式で予測されるとしよう：

$$y_i = y = \varphi(\theta_1, \theta_2, \ldots, \theta_k, x_i) + \varepsilon \tag{2.25}$$

これの対数尤度関数は，

$$\ln(L) = -n \ln(\sigma \sqrt{2\pi}) - \frac{1}{2\sigma^2} \sum_{i=1}^{n} (y_i - \varphi(\theta_1, \theta_2, \ldots, \theta_k, x_i))^2 \tag{2.26}$$

となる．k 個の母数の最尤推定値は，観測値と予測値の間の差の平方和を最小にすることによって得られる．つまり，

$$\text{minimize} \sum_{i=1}^{n} (\text{Observed value} - \text{Predicted value})^2 \tag{2.27}$$

である（たとえば，練習問題 2.5 を参照せよ）．しかし，予測値の変動はどのように分布するかということについて既に仮定をもっていることを思い出してほしい．上の仮定では，残差は平均 0，分散 σ^2 の正規分布に従うということであった．線形回帰分析では，この仮定が成り立つかどうかを検査することが標準的な作業であり，同じやり方が一般的な場合でも当てはまる．

正規性からの離脱

最尤法の基本的仮定はデータが既知の分布に従うということである．その分布が正規分布である必要はない．2つの選択結果が存在する状況を考えてみよう．たとえば，ある配偶者選択の実験において，雌が2つの対象を選べる状況にある場合や（2つの異なる歌が再生され，雌鳥の選択結果が記録される），あるいは遺伝学研究で，ある遺伝子座に2つの対立遺伝子が存在する場合である．1番目の対象が選ばれる確率を p とし，2番目の対象が選ばれる確率を $1-p$ とする．2

つのうちのどちらかが選ばれる状況では，結果の分布は 2 項確率関数（binomial probability function）に従う．n 回の試行のうち r 回だけ 1 番目の対象が選ばれる確率あるいは尤度は次のように表される:

$$L = \frac{n!}{r!(n-r)!} p^r (1-p)^{n-r} \tag{2.28}$$

もっと扱いやすい式にするために，自然対数をとると，

$$\ln(L) = \ln\left(\frac{n!}{r!(n-r)!}\right) + r\ln(p) + (n-r)\ln(1-p) \tag{2.29}$$

となる．p の最尤推定値を求めるために，L を p に関して微分してそれを 0 とおくと，次が得られる:

$$\begin{aligned}\frac{d\ln(L)}{dp} &= \frac{r}{p} - \frac{n-r}{1-p} \\ \frac{d\ln(L)}{dp} &= 0 \text{ のとき，} \quad \frac{r}{p} = \frac{n-r}{1-p} \\ \text{つまり} \quad \hat{p} &= \frac{r}{n}\end{aligned} \tag{2.30}$$

これは直感的にも分かりやすい推定値である．最後の式で p の代わりに $\hat{p}$ が使われていることに注意しておこう．これらの推定値は標本サイズが増加すると真の値に近づくことを覚えておくことは大変重要である．

多重尤度：2 項分布と最尤法の利用による遺伝率の推定

遺伝率とは，遺伝子の相加的な効果を基に子が親に似る程度を表す母数である．それは，個体群に選択が働いたとき，体重のような量的に変動する形質がどれくらい変化するかを予測するのに使われる．「育種家の式」(breeder's equation) として知られている予測式は $R = \theta S$ である．ここで R は選択反応（個体群平均値についての世代間の差），θ は遺伝率（普通は h^2 で表記されるが，ここでは θ を使うことにする），S は選択差（親世代における選択前後の平均値の差）である．遺伝率は，ある世代が選択を受けた後に，育種家の式を配置し直し $\theta = R/S$ とすることによって推定される[*3]．一般に信頼のおける推定値を求めるには，選択を受けた 1 世代のデータだけでは不十分であるが，ここでは明確さを優先させる目的のためこの問題は無視することにしよう．

閾値形質 (threshold traits) として知られる一連の形質がある．それらは 2 値形質として発現する特徴をもつが，育種実験ではそれらが多くの遺伝子の動向に

[*3] （訳者注）これはいわゆる実現遺伝率 (realized heritability) と呼ばれるものにあたる．

$$p = \frac{1}{\sigma\sqrt{2\pi}} \int_T^\infty e^{-\frac{1}{2}\left(\frac{x-\mu}{\sigma}\right)^2} dx$$

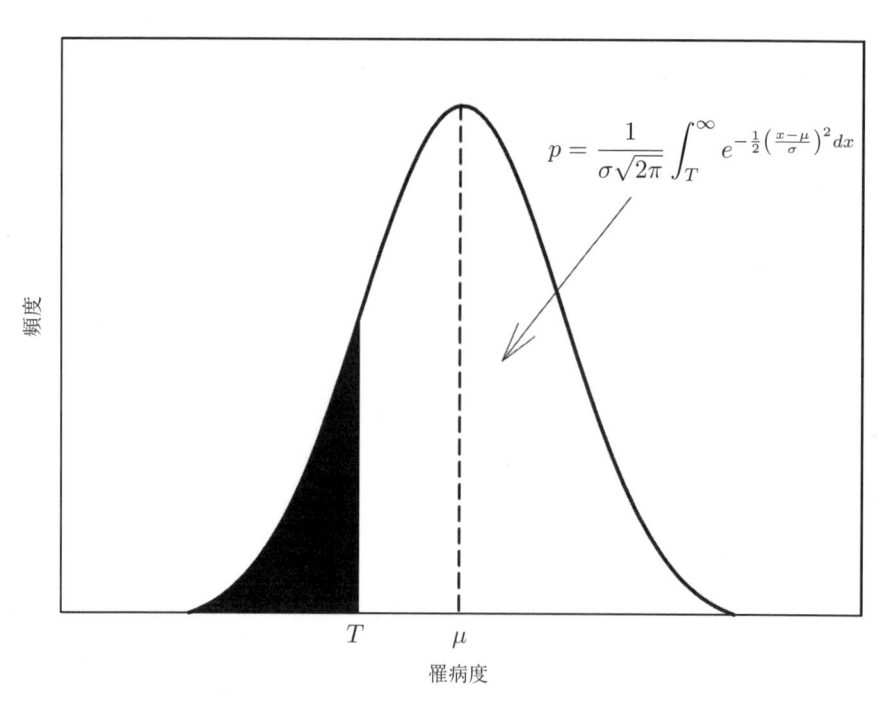

図 2.4 閾値モデルの説明.
罹病度と呼ばれる隠れた形質は正規的に分布する．閾値 T よりも上にくる個体はある形態を示し，その閾値よりも下にくる個体は別の形態を示す．

よって決定されることが示されている．閾値形質の例としては，ヒツジの双子対単子，精神分裂症のようなある種の病気，サケの「ジャック化」現象（小サイズでの早熟），ある種の昆虫の翅の2型やツノの2型などが挙げられる．これらの形質における量的遺伝様式として閾値モデルが提出されてきた．このモデルに従うと，「罹病度」[*4] (liability) と名付けられた連続的に分布する形質と感受閾値が存在することになる．もし罹病度の値が閾値よりも上ならばある型が発現し，閾値よりも下ならば別の型が発現するというものである（図 2.4）．罹病度が正規分布に従うとき，それが閾値よりも上の値をとる比率 p は次で与えられる：

$$p = \frac{1}{\sigma\sqrt{2\pi}} \int_T^\infty e^{-\frac{1}{2}\left(\frac{x-\mu}{\sigma}\right)^2} dx \tag{2.31}$$

ここでは，罹病度が従う分布は $N(\mu, \sigma)$ で T は閾値である．上の式で，$\sigma = 1$，$T = 0$ とおいても一般性を失うことはないだろう．そうすることで，求めるべき母数を平均罹病度（μ）の1つだけにすることができる．もし $p = 0.5$ ならば，平

[*4] （訳者注）あるいは易罹病性とも訳されるが，べつに病気の形質に限定されるわけではない．

均罹病度は0に等しくなる．一方，$p = 0.8$ ならば，平均罹病度は0.84になる[*5]．では，指定された型だけ（たとえば，翅の2型をもつ種では有翅型だけ）親として採用するという選択を，この閾値形質に働かせる場合を考えてみよう．閾値よりも上に位置するような個体を任意に指定することができる．この場合，これらの個体の平均罹病度は次のような途切れた正規分布の平均となる[*6]：

$$\mu + \frac{e^{-\frac{1}{2}\mu^2}}{p\sqrt{2\pi}} = \mu + \frac{\varphi(0)}{p}$$

親世代で選抜型の個体数を r_0，標本サイズを n_0 とすると，式 (2.28) で与えられた2項分布の公式を使って尤度を表すことができる．それを L_0 としよう．

育種家の式を使って，子の世代での平均罹病度を予測すると次のようになる[*7]：

$$\mu_1 = \mu_0(1-\theta) + \theta\left(\mu_0 + \frac{\varphi(0)}{p}\right) \tag{2.32}$$

そして，これからさらに選抜型の予測比率を求めることができる．選択実験から，各世代における選抜型の比率は観測できるけれども，推定したい母数である罹病度の遺伝率や平均罹病度は直接観測することはできない．よって，推定すべき2つの母数があることになる．1つは目当ての母数（遺伝率 θ）でもう一つは局外母数（最初の個体群の平均罹病度 μ_0）である．親世代のときのように，子の観測標本 n_1 の中で観測された選抜型個体数 r_1 の尤度は2項分布の例（式 (2.28)）として与えられる．これの尤度を L_1 としよう．よって今，2つの尤度 L_0, L_1 をもったことになる．2つを合わせた尤度 L_{01} は単に両尤度の積をとればよい（対数尤度の和）．よって，$\ln(L_{01})$ を最大にする μ_0 と θ の組み合わせを求めればよいことになる．

最初の標本として計100個体のうち，選抜型を50個体観測したとしよう．次の世代のためにこれら選抜型を親として用い，子100個体からなる標本から選抜型68個体の子を得たとする．つまり，$r_0 = 50$, $n_0 = 100$, $r_1 = 68$, $n_1 = 100$ である．p と θ の推定値はS-PLUSの作業ルーチン「nlminb」を使って得ることができる．この作業ルーチンは母数値に範囲があってもよい．この場合，各母数

[*5] （訳者注）標準正規分布表で確かめられる．

[*6] （訳者注）途切れた正規分布の確率密度関数は $f(x) = 0$ ($x < 0$ のとき)，$\frac{1}{p}\frac{1}{\sqrt{2\pi}}e^{-\frac{1}{2}(x-\mu)^2}$ ($x \geq 0$ のとき) とおける．その平均は $E(x) = \int_0^\infty x f(x) \mathrm{d}x = \frac{1}{p\sqrt{2\pi}}\int_0^\infty x e^{-\frac{1}{2}(x-\mu)^2}\mathrm{d}x$ となり，後は簡単な定積分を行えば次式が得られる．

[*7] （訳者注）親世代とその子世代の平均罹病度をそれぞれ μ_0, μ_1 とすると，$S = \left(\mu_0 + \frac{\varphi(0)}{p}\right) - \mu_0$, $R = \mu_1 - \mu_0$ となる．これらを育種家の式 $R = \theta S$ に代入し整理すると次式が得られる

は 0 から 1 の範囲で推定される（範囲を決めずに最小化する関数「nlmin」を使うことも可能であるが，探索作業ルーチンが負の母数値を取ると，それが原因で作業ルーチン「qnorm」にエラーが生じるので警告が発せられる）．多くの統計パッケージは関数の最大値ではなく最小値をとる傾向があるので，負にした対数尤度関数を使うとよい．尤度関数の定数は推定値に影響を与えないので，解析から除いた方が簡単である．p と θ を推定するための S-PLUS のプログラムコードは付録 C.2.1 に載せている．

　子の世代の選抜型の個体数を発生させた遺伝率は 0.6 であった（これが，実際に使われた $r_1 = 68$ という個体数を期待数として与える遺伝率である）．S-PLUS の出力を示しておくと，p は 0.5000000（単に r_0/n_0 である），遺伝率（θ あるいは h^2）は 0.5861732 であった．

ロジスティック回帰：2 項式と回帰の結合

　ある事象が起こる確率が変数 x の関数であると考えてみよう．たとえば，殺虫剤によって死んだヒラタコクヌストモドキ（*Tribolium confusum*）の比率は，虫が浴びた薬用量とともに増加すると期待される（図 2.5）．研究者は，この関係を単純な相加的モデル $p = \theta_1 + \theta_2 x$ を使って表したいと考えるかもしれない．しかしこのモデルの問題は，p が 0～1 という限定範囲に収まらないという点であり，また図示された例で見られるように曲線の形は S 字型になるはずであるという点である．この曲線の形は，上限と下限を持つことが自然な様式のようである（それが唯一の可能性であるわけではないが）．よって，適合させるモデルを，p が下限として 0 を持ち，上限として 1 を持つものであるとしよう．このような要求を満たすモデルは，次に示したロジスティック式である：

$$p_i = \frac{e^{\theta_1 + \theta_2 x_i}}{1 + e^{\theta_1 \theta_2 x_i}} \tag{2.33}$$

この式は変換によって次のように線形に直すことができる：

$$\ln\left(\frac{p_i}{1-p_i}\right) = \theta_1 + \theta_2 x_i \tag{2.34}$$

この式の左辺はロジット（logit）と呼ばれる，「ロジスティックユニット（logistic unit）」という言葉を短縮したものである．また，「ログオッズ（log odds）」とも呼ばれている．この式 (2.34) によって，データを粗くグラフに表し，生データから母数値を推定しようとするときの手段が簡単になる．しかし母数を推定するには明らかに最尤法を使うのが好ましい．対数尤度関数を得るために，まず式

$$p_i = \frac{e^{\theta_1+\theta_2 x_i}}{1+e^{\theta_1+\theta_2 x_i}}$$

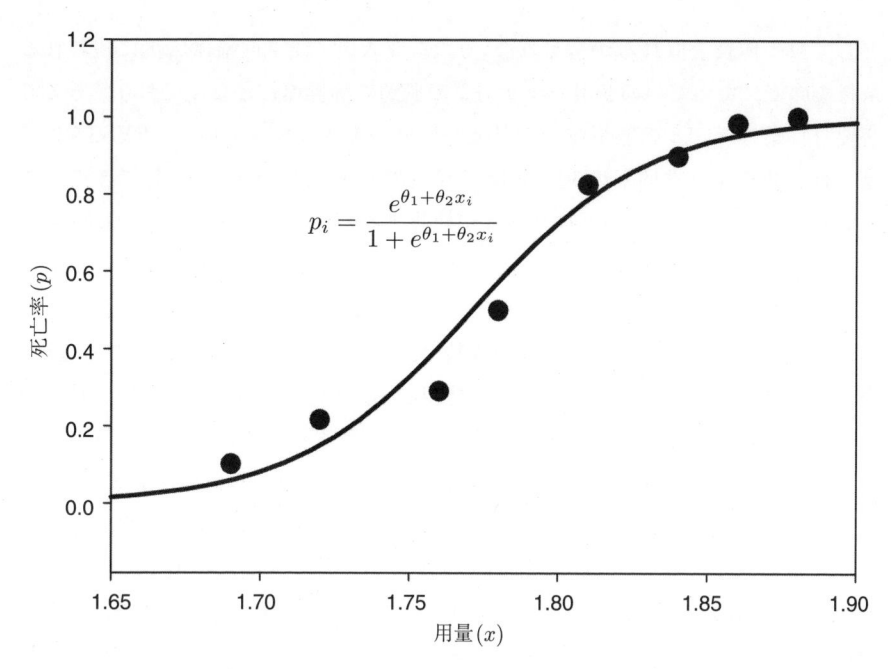

図 2.5 殺虫剤ガセウス・カーボン・ディサルファイドの用量とヒラタコクヌストモドキの死亡率のプロット．
実線は適合曲線を表す（プログラム分については付録 C.2.2 を参照せよ．データは Bliss 1935 以後，Dobson 1983 からのものである）．

用量	1.69	1.72	1.76	1.78	1.81	1.84	1.86	1.88
総数	59	60	62	56	63	59	62	60
死亡数	6	13	18	28	52	53	61	60

(2.29) を次のように変形してみる：

$$\ln(L) = \ln\left(\frac{n!}{r!(n-r)!}\right) + n\ln(1-p) + r\ln\left(\frac{p}{1-p}\right) \quad (2.35)$$

よって，ロジスティック式の対数尤度関数は，

$$\ln(L) = \sum_{i=1}^{N}\left[\ln\left(\frac{n_i!}{r_i!(n_i-r_i)!}\right) - n_i\ln(1+e^{\theta_1+\theta_2 x_i}) + r_i(\theta_1+\theta_2 x_i)\right] \quad (2.36)$$

となる．ここでは N 個の観測値があるので $\sum$ の記号が必要である．i 番目の観測は n_i 回の「試行」のうち r_i 回「成功」したことを表す（たとえば，n_i 頭の虫が殺虫剤の i 用量を暴露したとき，r_i 頭が死んだと考えればよい）．母数 θ_1 と θ_2 の推定値は，$\ln(L)$ を最小にすることによって得られる．ロジスティック回帰では説明変数が 2 つ以上あってもよい（たとえば，殺虫剤の例では，2 番目の変数

として虫の体長を取れるかもしれない）．ロジスティック回帰は広汎に使われる解析なので，たいていの統計パッケージで個別の解析項目となっており，そこで必要な作業はモデルの線形成分を与えれば済むようになっている（SYSTATでは，ロジスティック回帰のダイアログボックスは「ロジット」の名で与えられている）．しかし，多くのプログラムが期待するのは，データがカテゴリカルな従属変数をもち，さらに個体あたり1データ行をもつような形式にあることである．ヒラタコクヌストモドキのデータでいうと，もし生きれば0，死ねば1と個体を記号化することになる．もし複数の説明変数があるときには（たとえば，薬剤の用量と虫の体長），この記号化は便利な方法であるが，この例では基本的にはそれら説明変数に対する局外母数に興味があるわけではない．データは表の形式のままで，解析を続けてもよいが，対数尤度関数を指定する必要がある．多くのプログラムは最大化よりも最小化という作業を装備しているので，対数尤度は負にして使う必要がある．SYSTATでは，LOSS関数を最小にするための関数が呼び出される．$\sum_{i=1}^{N}\ln(n_i!/(r_i!(n_i-r_i)!))$の項は定数なので，最小化の作業を行うときには除去できる．SYSTATでは，人がモデル関数（たとえば，DEATHS=SAMPLE*exp(b1+b2*DOSE)/(1+exp(b1+b2*DOSE))．このとき，DEATHSはr_i，SAMPLEはn_i，DOSEはx_i，b1とb2はそれぞれθ_1, θ_2である）とLOSS関数（たとえば，LOSS=-(DEATHS*(b1+b2*DOSE)-SAMPLE*LOG(1+exp(b1+b2*DOSE))))）を作り，ダイアログボックスの中でそれらを実行させなければならない．一方，S-PLUSでは，関数を書いて非線形の最小化作業ルーチンを実行すればよい（そのプログラムコードについては付録C.2.2を参照せよ．また，0か1の2値データを基に一般線形モデルの作業ルーチン「glm」を使う別の方法のプログラムコードについては，付録C.2.8を参照せよ）．

2項分布から多項分布へ

選択対象が2つではなく，3つ以上である場合も多い（たとえば，1つの遺伝子座に3つ以上の対立遺伝子）．そのような場合の分布は多項分布と呼ばれている．動物の齢を区別した標本のような，一連のカテゴリーを含む標本があったとしよう．このような標本の尤度を多項分布を用いて表すと，

$$L = \frac{n!}{x_1 x_2 \ldots x_k} p_1^{x_1} p_2^{x_2} \ldots p_k^{x_k} = \frac{n!}{\prod_{i=1}^{k} x_i} \prod_{i=1}^{k} p_i^{x_i} \qquad (2.37)$$

となる．ここで，x_iはi番目のカテゴリー（たとえば，齢クラス）に所属する観測

値の数であり，p_i は i 番目のクラスの真の比率である．このとき対数尤度関数は，

$$\ln(L) = \ln(n!) - \sum_{i=1}^{k} \ln(x_i) + \sum_{i=1}^{k} x_i \ln(p_i) \qquad (2.38)$$

である．最尤推定値 $(\hat{p}_1, \hat{p}_2, \ldots, \hat{p}_k)$ を求めるために，式 (2.38) を微分し，それを 0 とおけばよいが，もっと簡単なやり方として次のような方法を用いてもよい．ある個体が齢クラス i に所属する確率は p_i なので，その個体が齢クラス i に所属しない確率は $1 - p_i$ である．このことから，単純 2 項分布を使うことができる．つまり齢クラス i を 0，それを除いた他のすべての齢クラスを 1 と記号化できる．よってこれまでの議論から齢クラス i の最尤推定量は単に x_i/n であることがわかる．

個体群母数を推定するためにシミュレーションと最尤法を組み合わせる

ズキンアザラシ（hooded seal）は商業目的で捕獲されている．そのため，特定の捕獲戦略が個体群の増加率に対してどのような影響を与えるかを予測できるようになると，それは基本的に重要である．その解析を行うために，次のような 5 つの個体群母数が必要であった：

(1) 予測の開始年（1945 年）に生まれた子アザラシの数
(2) 自然における瞬間死亡率 M（つまり，各年の生存確率は e^{-M} である）
(3) 4 歳，5 歳，6 歳の雌のうち繁殖する雌の比率（雌は 3 歳以前は繁殖せず，7 歳ではすべて繁殖する）

ズキンアザラシで利用できるデータは，1972 年から 1978 年まで取られた各年の齢分布であった．Jacobson (1984) はズキンアザラシの個体群動態のシミュレーションモデルを作成した．それは 1945 年から 1986 年までの齢分布を発生させるものであった．ここでは 1972 年を考えてみよう．というのも，この年の場合，齢分布の観測データが存在するからである．シミュレーションモデルを基に予測齢分布と観測された齢分布を使って対数尤度関数を作ることができる．それは，

$$\ln(L_{1972}) = \ln(n_{1972}!) - \sum_{i=1}^{k} \ln(x_{i,\,1972}) + \sum_{i=1}^{k} x_{i,\,1972} \ln(p_{i,\,1972}) \qquad (2.39)$$

となる．ただし，n_{1972} は 1972 年の標本でのアザラシの数であり，$x_{i,1972}$ はその標本中の齢クラス i に所属するアザラシの数である．また $p_{i,1972}$ は Jacobson (1984) がシミュレーションモデルで予測した齢クラス i の数の比率である．式

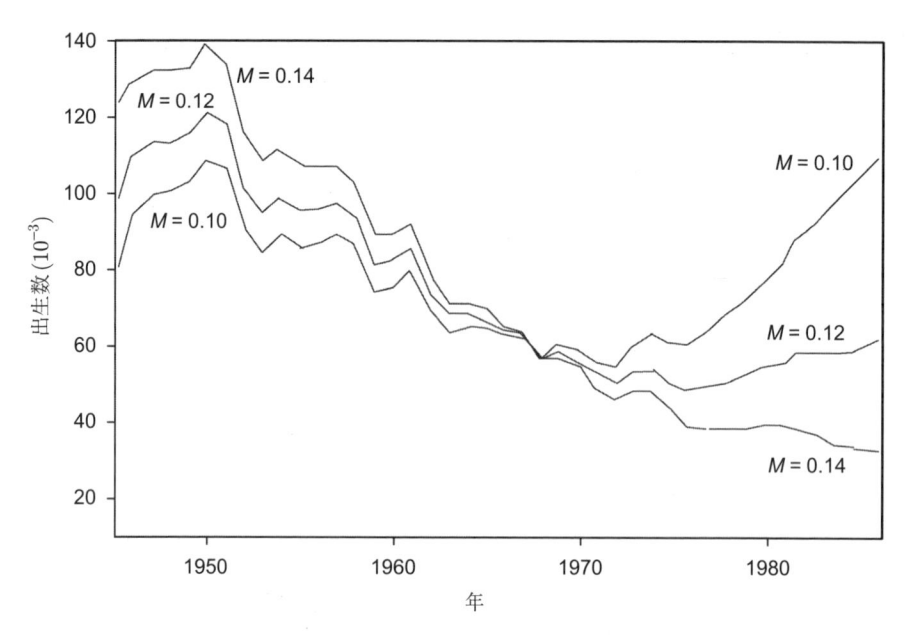

図 2.6 北極海グリーンランド沖（West Ice）に生息するズキンアザラシの子の 1945 年から 1986 年までの予測出生数.
予測は自然瞬間死亡率（M）と初期出生数の 3 つの組合せに対して行われた．それらは事実上，同じ最大尤度を持ったものである（表 2.1）．Jacobsen (1984) から再引用した．

(2.39) の右辺の最初の 2 つの項は定数であるので，対数尤度関数を最大にするには，3 番目の項である $\sum_{i=1}^{k} x_{i,1972} \ln(p_{i,1972})$ を最大にすればよい．5 つの未知の母数値の様々な組み合わせの下でシミュレーションを走らせると[*8]，その都度，尤度値が発生するだろう．その中で，対数尤度を最大にするものが好ましい母数値の組み合わせである．

以前に注意したように，尤度は積の形式をとるので，1972 年から 1978 年までのすべての年を通した尤度は $L_{1972-1978} = L_{1972} L_{1973} \ldots L_{1978}$ であり，この式の $\sum_{j=1972}^{1978} \sum_{i=1}^{k} x_{i,j} \ln(p_{i,j})$ の部分を最大にする個体群母数のセットが好ましいものになる．

上のような設定は一般原理としては正しいものであるが，実行するには問題がありそうである．なぜなら，予測開始年の子アザラシの出生数と自然瞬間死亡率の色々な組み合わせが，ほとんど同一の齢分布を生み出している反面，子アザラシの予測出生数を大きく変動させているからである（図 2.6，表 2.1）．この理由

[*8] （訳者注）母数値の各組み合わせに対して予測齢分布（p_i）が決定され，それが尤度関数に入れられる．

表 2.1 5つの母数の最尤推定値（1945年の子アザラシの出生数，自然瞬間死亡率，4, 5, 6歳の繁殖雌の増加率）．
各齢の繁殖雌の増殖率の値に変化はあまりない反面，子アザラシの出生数と自然瞬間死亡率の間に正の相関が現れていることに注目しよう．

| 1945年の子の出生数 | 自然瞬間死亡率 | 繁殖雌率 | | | 対数尤度 |
		4歳	5歳	6歳	
64350	0.08	0.40	0.74	0.98	-8308
79250	0.10	0.40	0.74	0.97	-8306
98900	0.12	0.41	0.75	0.96	-8304
125500	0.14	0.42	0.75	0.95	-8302
162500	0.16	0.42	0.74	0.94	-8301

は，個体群サイズそのものが制限されていないためであると考えられる．つまり観測された齢分布の変動は，予測開始年（1945年）の子アザラシの出生数（個体群サイズに関連する）と自然瞬間死亡率の同調した変化（前者が高いとき後者も高く，前者が低いとき後者も低い）でモデル化されたようである（表2.1）．よって尤度値の変化も，予測開始年の子アザラシの出生数（1945年）と自然瞬間死亡率の正の相関関係に同調してしまっている．まずいことに，子アザラシの出生数における将来の予測軌道は，増加するもの（よって捕獲率は持続可能である）から減少するもの（よって捕獲率は持続可能でない）まで非常に大きく変化している．推定値に制約を加えるには，前半（たとえば，1945年から1960年）か後半（たとえば，1975年から1985年）に少なくとも1つの子アザラシの出生数の推定値が必要である．ただし，1965年周辺の推定値では，すべての軌道が1点に収束しているので役に立たないであろう．この例では，最尤法は良い母数推定値を導くことはできなかったが，データが持つ問題点を浮き彫りにしており，必要な情報を示してくれることが分かった．

区間推定

方法その1：網羅的な方法

　推定値を求めたとしても，その推定値の信頼性の程度が分からなければあまり役に立たない．通常，その信頼性を測るものは95％信頼区間である．では最尤推定値の信頼区間はどのように求めればよいのだろうか？単一変数 θ に対してプロットされた尤度関数を考えよう．このとき尤度は，この尤度を発生させる特定の θ 値に対する相対的な支持の度合いを表すことになる．よって，たとえば，もし

θ_i での尤度が 0.1 で，θ_j での尤度が 0.05 であるならば，θ_i は θ_j よりも 2 倍支持されるということがいえる．θ の分布をそれと x 軸で囲まれた面積で割ると，その面積が 1 に等しい分布が得られる．その分布の下側面積が 0.025 と 0.975 のところの 2 つの θ 値によって囲まれた範囲が 95％信頼範囲であると考えてよい．たとえば，平均の信頼限界を推定したいとしよう．μ のある値，つまり μ_j の尤度が

$$L(\mu_j) = \prod_{i=1}^{n} \frac{1}{\sigma\sqrt{2\pi}} e^{-\frac{1}{2}\left[\frac{x_i-\mu_j}{\sigma}\right]^2} \tag{2.40}$$

で与えられているとする[*9]．σ は μ_j のどんな値に対しても一定なので，どんな値を選んで当てはめてもよい（最も簡単な 1 を採用しよう）．同様に，$\sqrt{2\pi}$ は定数なので，尤度の計算では省いてもよい．よって，尤度関数は次のように変形できる：

$$L^*(\mu_j) = \prod_{i=1}^{n} e^{-\frac{1}{2}(x_i-\mu_j)^2} \tag{2.41}$$

この場合の尤度分布の広い範囲に散らばる一連の $L^*(\mu_j)$ 値を計算してみよう（これは試行錯誤によって行うしかないが，分布の狭い範囲ではなく非常に広い範囲にまたがる $L^*(\mu_j)$ 値セットを求めた方がよい）．そのために，事前に指定した個数の，互いに等距離にある母数値，$\mu_1, \mu_2, \ldots, \mu_N$ を使って，この計算を繰り返すことになる[*10]．ここで μ_1 は最も小さな値であり，μ_N は最も大きな値である．そして各 $L^*(\mu_j)$ をすべての値の和で割ることによって次が得られる：

$$L_S^*(\mu_j) = \frac{L^*(\mu_j)}{\sum_{i=1}^{N} L^*(\mu_i)} \tag{2.42}$$

次は，上の式の累積和，$L_{\text{cum}, k} = \sum_{j=1}^{k} L_S^*(\mu_j)$ の計算である．ここでの k は 1 から N までの整数である．すると，信頼区間の下限値は $L_{\text{cum}, k} = 0.025$ であるときの μ 値であり，上限値は $L_{\text{cum}, k} = 0.975$ であるときの μ 値であるということになる．

上記の方法は数値的に繰り返し計算を行ったものであるが，尤度の実際の分布について仮定を設けていないという点では厳密である．よって母数が複数個あったとしても，これを拡張して使うことができる．たとえば推定すべき 2 つの母数 (θ_1, θ_2) があったとすると，両方の母数を変動させ，2 変量の信頼範囲を求めることになる．

[*9] （訳者注）ここでは，正規分布からの大きさ n の標本における区間推定を考えている．

[*10] （訳者注）各計算では，N_j 値の 1 個と標本の測定値 n 個が使われる．

方法その2：対数尤度比法

大きな標本の場合，対数尤度関数の標本分布が近似的に次を満たすことを利用することもできる：

$$2(LL(\hat{\theta}_1, \hat{\theta}_2, \ldots, \hat{\theta}_k) - LL(\theta_1, \theta_2, \ldots, \theta_k)) \sim \chi_k^2 \qquad (2.43)$$

ここで，$LL(\hat{\theta}_1, \hat{\theta}_2, \ldots, \hat{\theta}_k)$ は最尤推定値における尤度であり，$LL(\theta_1, \theta_2, \ldots, \theta_k)$ は真の母数値における尤度である．信頼範囲は，$LL(\hat{\theta}_1, \hat{\theta}_2, \ldots, \hat{\theta}_k)$ から $\chi_{k,\,0.05}^2/2$ 単位距離だけ離れたところにある対数尤度値を与える一連の母数値群によって近似される[*11]．たとえば1つの母数しかないモデルの場合は，$\frac{1}{2}\chi_{1,\,0.05}^2 = 1.92$ のときの対数尤度値を与える2つの母数値の間が信頼範囲となる．このやり方を説明するために，前に議論した閾値形質の遺伝率を推定する問題を考えてみよう．話を簡単にするために，初期比率は $0.5\ (= p)$ とし，信頼限界を求めたい母数は $\theta(= h^2)$ だけであるとする．信頼区間の上限値と下限値を求めるために，次のような簡単なやり方をとることにする（S-PLUS のプログラムコードについては付録 C.2.3 を参照せよ）：

ステップ1：θ の最尤推定値 $(= \hat{\theta})$ を見つける．

ステップ2：対数尤度（つまり $LL(\hat{\theta})$）を計算する．

ステップ3：θ_i をその範囲（たとえば，$0.01 - 0.99$）から繰り返し取り出し，その各 θ_i に対して $LL(\theta_i)$ を計算する．

ステップ4：Diff $= LL(\hat{\theta}) - LL(\theta_i) - 0.5\chi_{1,\,0.05}^2$ を計算する．

ステップ5：Diff が 0 に等しいときの θ_i の値を見つける．2つの値が見つかるはずである．それらはちょうど信頼限界の上限値と下限値にあたる．これらの値は図 2.7 に示されるようにグラフ的に見ることもできるし，付録 C.2.3 で示されたプログラムコードを使って数値的に求めることもできる（練習問題 2.8 も参照せよ）．

ボン・ベルタランフィの式の場合，4つの母数（3つの θ と1つの σ）が存在する．3つ以上の母数では信頼範囲を視覚的に表すことはできない．ボン・ベルタランフィの関数式において，次のように母数2個の場合を図示してみよう（そのプログラムコードは付録 C.2.4 にある）．もっとも関心のある2つの母数が平衡体長 θ_1，成長率 θ_2 であるとしよう．

[*11]（訳者注）ここで $\chi_{k,\,0.05}^2$ は自由度 k の χ^2 分布における上側確率 $\alpha = 0.05$ での臨界値を表す．

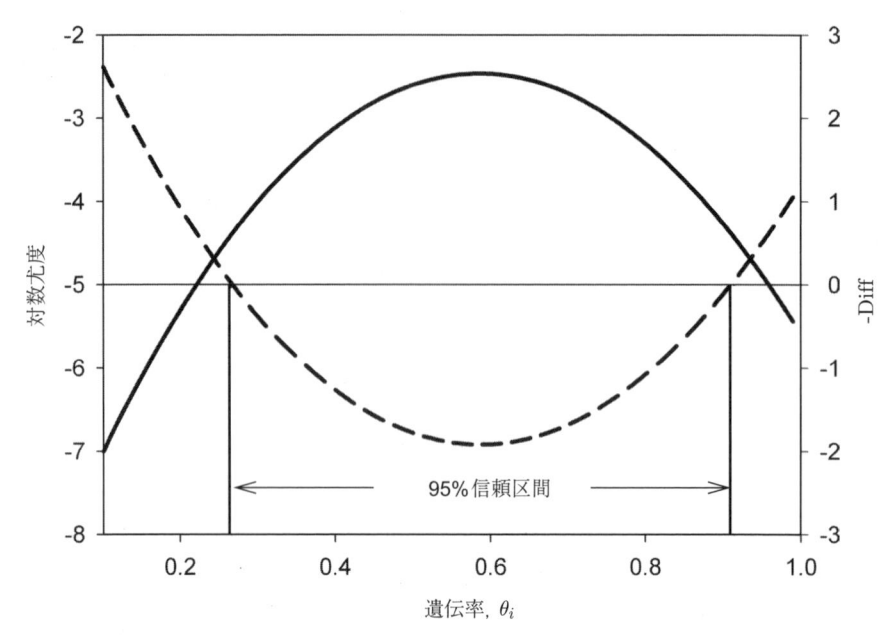

図 2.7 遺伝率に対する対数尤度のプロット．
破線は Diff $= LL(\hat{\theta}) - LL(\hat{\theta}_i) - 0.5\chi_1^2$ の負の値を表す．ただし，$\hat{\theta}_i$ は遺伝率の推定値である．
Diff $= 0$ のときのその値は，95％信頼区間の上限値と下限値を表す．

ステップ1：4つの母数の最尤推定値を見つける．それらを**全域最尤推定値**（global MLEs）と呼ぶことにする．

ステップ2：関心のある2つの母数（θ_1 と θ_2）の値を適当な範囲から繰り返し取り出す．

ステップ3：他の2つの母数値を全域最尤推定値のときのままにして，繰り返し取り出した θ_1 と θ_2 の各値を対数尤度関数に入れることでその関数値 $LL(\theta_1, \theta_2, \hat{\theta}_3, \hat{\sigma}))$ を求める．

ステップ4：$2(LL(\hat{\theta}_1, \hat{\theta}_2, \hat{\theta}_3, \hat{\sigma}) - LL(\theta_1, \theta_2, \hat{\theta}_3, \hat{\sigma})) - \chi_{2, 0.05}^2$ を計算する．ここで，$\chi_{2, 0.05}^2 = 5.991$ は 95％限界点での χ^2 の臨界値である．

ステップ5：数値計算の手法を使って，上式が0に等しいときの θ_1 と θ_2 の直交平面が切り取る断面の輪郭線を描く．この曲線が95％信頼範囲を決めるものである（図 2.8）．

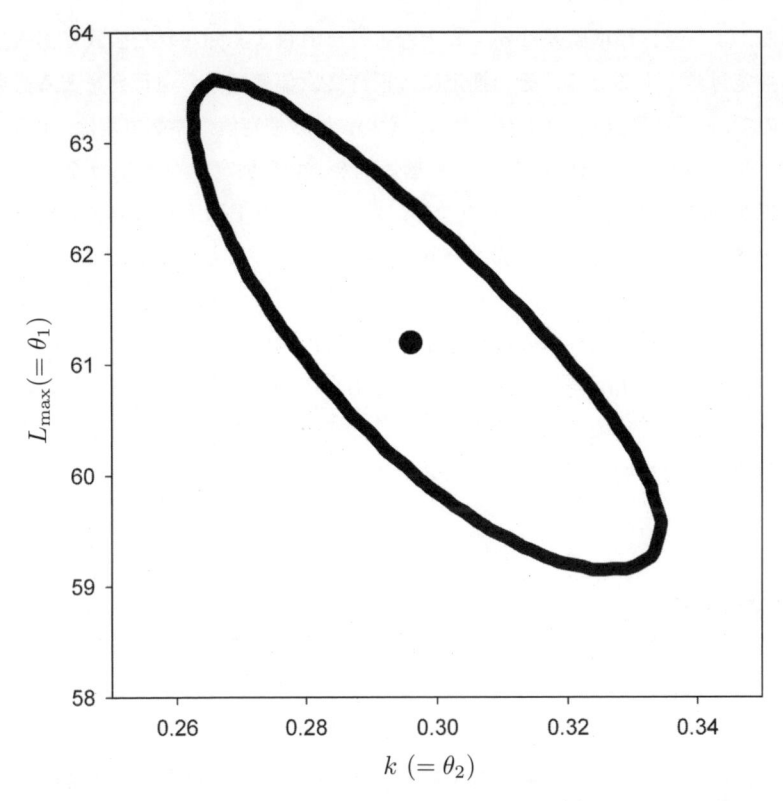

図 2.8 推定値 $L_{\max}(=\theta_1)$ と $k(=\theta_2)$ に対する 95 %信頼限界値の楕円曲線.これは $t_0(=\theta_3)$ と σ についての条件下で求められた.真ん中の点は両者の最尤推定値のセットである.楕円曲線を推定するためのデータ行列は,付録 C.2.4 のプログラムコードによって作られた.

方法その 3：標準誤差を使う方法

母数値の変動を査定するための簡単で近似的な方法は,推定値の標準誤差を調べることである.95 %信頼限界はおおよそ ±2 標準誤差である.母数の分散は,対数尤度関数の最尤点に関する期待 2 次導関数を逆数にし,さらにそれを負にしたものに近似的に等しい.つまり,

$$\sigma_\theta^2 = -\left[\mathrm{E}\left(\frac{\partial^2 LL}{\partial \theta^2}\right)\right]^{-1} \tag{2.44}$$

である.たとえば正規分布の平均の場合,その平均の分散は（式 (2.6) の導関数をとることによって得られる），

$$\sigma_\mu^2 = -\left(\sum_{i=1}^n -\frac{1}{\sigma^2}\right)^{-1} = \frac{\sigma^2}{n} \tag{2.45}$$

である．よって，標準誤差は $\sigma/\sqrt{n}$ となる．これはよく知られた公式である．複数の推定母数があるとき，その推定には期待 2 次偏導関数の逆行列をとる必要があるので，さらに巧妙なやり方になる．幸い，母数推定値の標準誤差は，通常，統計パッケージで出力される．また，帰無仮説 $\theta = 0$ を検定するため，t 値の近似値として $\hat{\theta}/\hat{\sigma}_\theta$ も計算されるかもしれない．たとえば，S-PLUS を使って，データにボン・ベルタランフィの成長関数を適合させた場合の出力を付録 C.2.5 に示している．その出力には，標準誤差に加えて，相関行列も含まれている．これは，母数推定値の独立性を調べるのに都合がよい．この例の場合，母数 k ($=\theta_2$) は両母数 L_∞ ($=\theta_1$), t_0 ($=\theta_3$) と高い相関をもっている．よって，L_∞ と k は互いに独立に変動しているとは考えにくい．このことは，2 変量の区間として求めた輪郭曲線を見ても明らかである（図 2.8）．

仮説検定

モデルを適合させるとき答えなければならない 2 つの基本的問題がある．1 つ目は「モデルはデータにあまり適合していないのではないか？」であり，2 つ目は「母数の数が少ない場合よりも多い場合の方が，モデルはデータの変動をよく説明するだろうか？」である．前節で紹介したカイ 2 乗分布を使ってこれらを考えてみよう．

モデルの適合性を検定する

モデルの十分性は，観測値と同じ個数の母数を持ちデータを完全に記述するモデルと関連させることで定義される．このようなモデルは**最高モデル**（maximal model），あるいは**飽和モデル**（saturated model）といわれる．たとえば，次のような平均に対する対数尤度関数を考えてみよう：

$$\ln(L) = n\ln\left(\frac{1}{\sigma\sqrt{2\pi}}\right) - \sum_{i=1}^{n}\frac{1}{2}\left(\frac{x_i - \mu}{\sigma}\right)^2 \qquad (2.46)$$

飽和モデルでは，n 個の母数が存在する．つまり，各観測値がそれ自身に対応する平均（$\mu_i = x_i$）を持っているとする．よって，このモデルに対する対数尤度関数は，

$$\ln(L) = LL_{\text{Sat}} = n\ln\left(\frac{1}{\sigma\sqrt{2\pi}}\right) \qquad (2.47)$$

となる．もっと一般的に，n個の観測値を持つ飽和モデルの対数尤度関数をLL_{Sat}，最尤推定値の対数尤度関数をLL_{MLE}とすると，

$$D = 2(LL_{\text{Sat}} - LL_{\text{MLE}}) \sim \chi^2_{n-k} \tag{2.48}$$

が得られる．ただし，kは最尤推定された母数の数であり，Dは尺度化された逸脱度（scaled deviance），あるいは単に逸脱度（deviance）といわれるものである．もし最尤モデルがデータによく適合するならば，Dはχ^2_{n-k}の臨界値よりも小さくなるであろう．

ボン・ベルタランフィ関数の場合でDを説明すると，

$$D = \frac{2}{2\sigma^2} \sum_{t=1}^{n} \left(l_t - \hat{\theta}_1 \left[1 - e^{-\hat{\theta}_2(t-\hat{\theta}_3)} \right] \right)^2 \sim \chi^2_{n-3} \tag{2.49}$$

となる．σ^2は不明なので，適合性の悪さ（lack of fit）を検定するために直接Dを使うことはできない．年齢あたり1つの観測値しか無いという現データセットでは，これ以上先には進めない．もちろん，適合することでどれくらいの変動が説明されるかを査定するために，残差平方和（residual sum of square）を調べることは常に可能である．

年齢あたりの観測値が複数ある場合には，Draper and Smith (1981) が示唆した方法を使って適合性の悪さを近似的に検定することができる．そのためには，まさに線形モデルで行ったように，残差平方和を純誤差成分（pure error component, SS_{PE}）と適合性の悪さ成分（lack of fit component, SS_{LOF}）に分割する方法を用いればよい．

$$\begin{aligned} SS_{\text{PE}} &= \sum_{t=1}^{n} (m_t - 1)\hat{\sigma}_t^2 \\ SS_{\text{LOF}} &= SS(\hat{\theta}_1, \hat{\theta}_2, \hat{\theta}_3) - SS_{\text{PE}} \end{aligned} \tag{2.50}$$

ここで，m_tはt齢群における観測値の数であり，$\hat{\sigma}_t^2$はt齢群内部での分散の推定値である．また，$SS(\hat{\theta}_1, \hat{\theta}_2, \hat{\theta}_3)$は最尤推定量での残差平方和である．適合性の悪さがないという帰無仮説の下では次が成り立つ：

$$\frac{SS_{\text{LOF}}/(n-3)}{SS_{\text{PE}}/(N-n)} \sim F_{n-3,\,N-n} \tag{2.51}$$

となる．Nは全標本サイズ（$= \sum_{t=1}^{n} m_t$）である．あるモデルが競合する他のモデルよりもデータに良く適合していたとしても，もしこの式の左辺で計算される

$F_{n-3, N-n}$ の値がその臨界値よりも大きければ，モデルはあまり適合していないと考えることになる．

2値データに対するモデルの場合，一般的に，もっと都合の良い状況が考えられる．たとえば，ロジスティックモデルの場合，D は次のように表される（Dobson 1987, p. 77）：

$$D = 2 \sum_{i=1}^{N} \left[\text{Obs}_i \ln \left(\frac{\text{Obs}_i}{\text{Exp}_i} \right) \right] \sim \chi^2_{N-k} \quad (2.52)$$

ただし，Obs_i は i 番目のカテゴリーにおける観測頻度であり（つまり，r_i と $n_i - r_i$），Exp_i は期待頻度である．また，$N-k$ は自由度であり，これはカテゴリー群数から推定母数の数を引いた数に等しい．ヒラタコクヌストモドキのデータの場合，$N=8$ と $k=2$ となるので臨界値 $\chi^2_{N-k,\,0.05} = 12.59$ となる．D の推定値は 13.66 であるので，これはモデルがデータにあまりよく適合していないことを意味している．しかし，視覚的には適合はかなり十分であるように見える（図 2.5，付録 C.2.6 の S-PLUS コードを参照せよ）．また，一定比率の単純なモデル[*12]よりは明らかによく適合しているように見える（次の節でこの問題は議論する）．期待値が 0 に等しいとき，D は定義されないので（ln(0) は定義されない），この例では，この問題を避けるために非常に小さな数が 0 の代わりに入力された（付録 C.2.6）．しかしまだ問題が存在するということは，標本サイズが小さすぎるか，モデルが十分でないことを示すかもしれない．

モデルを比較する

同じ構造をもつが，母数の個数は異なるモデルを考えてみよう．たとえば，ボン・ベルタランフィ関数の場合，θ_3 を含むモデルと θ_3 を除いたモデルを比較したいかもしれない．

$$l_t = \theta_1 (1 - e^{-\theta_2 (t - \theta_3)}) \quad \text{vs.} \quad l_t = \theta_1 (1 - e^{-\theta_2 t}) \quad (2.53)$$

両者を比較するために，逸脱度のカイ 2 乗統計量を使ってみよう．これらの 2 つのモデルの逸脱度は，

$$\begin{aligned} D_{n-3} &= \frac{1}{\sigma^2} \sum_{t=1}^{n} \left(l_t - \hat{\theta}_{F,1} \left[1 - e^{-\hat{\theta}_{F,2}(t - \hat{\theta}_{F,3})} \right] \right)^2 \sim \chi^2_{n-3} \\ D_{n-2} &= \frac{1}{\sigma^2} \sum_{t=1}^{n} \left(l_t - \hat{\theta}_{R,1} \left[1 - e^{-\hat{\theta}_{R,2} t} \right] \right)^2 \sim \chi^2_{n-2} \end{aligned} \quad (2.54)$$

[*12] （訳者注）式 (2.33) において，$\theta_2 = 0$ により，比率 p_i が一定である場合である．

となる．ただし，添字の F と R はそれぞれ「完全モデル（full model）」と「削減モデル（reduced model）」であることを表す．カイ 2 乗統計量のさらなる性質より，$D_{n-2} - D_{n-3} \sim \chi_1^2$ となる．しかしまだ，局外母数 σ^2 が存在するという問題がある．そこで次のような比で表される F 統計量をとることによって，この局外母数を消去することができる．

$$\frac{D_{n-2} - D_{n-3}}{D_{n-3}/(n-3)} \sim F_{1,\,n-3} \tag{2.55}$$

最尤推定値を残差平方和の最小化によって求めるモデルでは，2 つのモデルを比較するために次のような一般公式を用いることができる：

$$\frac{(SS_R - SS_F)/(F - R)}{SS_F/(n - F)} \sim F_{F-R,\,n-F} \tag{2.56}$$

ここで，SS_F は F 個の母数を持つ完全モデルの残差平方和であり，SS_R は母数を R 個に減らした（$F > R$）削減モデルの残差平方和である．付録 C.2.7 に，ボン・ベルタランフィモデルにおける母数が 3 個の場合と 2 個の場合を比較するプログラムコードを与えている．その解析では，3 つの母数を持つモデルが 2 つの母数を持つモデルよりもよく適合しているわけではないことが示された（$F_{1,\,10} = 0.09$, $P = 0.767$）．これは，付録 C.2.5 に与えた $\theta_3(t_0)$ の標準誤差によっても確かめられる．

最尤推定値を最小 2 乗法によって求めるわけではないモデルに対しては，次のように逸脱度を直接使ってもよい：

$$\frac{D_R - D_F}{F - R} \sim \chi_{F-R}^2 \tag{2.57}$$

たとえば，ロジスティックモデルの適合で，比率が定数であるものと比較したいとしよう．後者のモデルは θ_2 が 0 であるロジスティックモデル（つまり，$p_i = e^{\theta_1}/(1 + e^{\theta_1})$）と同等である．それは母数が 1 個であるモデルと考えてよい（これらのモデルを比較するプログラムコードについては付録 C.2.8 を参照せよ）．2 個の母数を持つモデルの逸脱度は 13.63 であり，1 個の母数を持つモデルの逸脱度は 287.22 であった．よって，$(D_1 - D_2)/(2 - 1) = 273.59$ である．これを $\chi_{1,\,0.05}^2 = 3.84$ と比較して，明らかに，両モデルの適合度には差があり 2 母数モデルの方が有意に良く適合していることを示している（$P < 0.0001$）．

いくつかの標本を比較したいと思うかもしれない．たとえば，2 つの別の母集団からの平均が同じ統計的母集団からのものであると考えてよいかという問題で

ある（つまり，$\mu_1 = \mu_2$ という帰無仮説と $\mu_1 \neq \mu_2$ という対立仮説である）．これは概念的にも数学的にも，次のような1母数モデルと2母数モデルを比較することと同等である：

$$\begin{aligned} \text{One parameter model} \quad & \mu_i = \mu \\ \text{Two parameter model} \quad & \mu_i = \mu + d_i\theta \end{aligned} \tag{2.58}$$

ただし d_i は「ダミー」変数で，母集団1のとき0，母集団2のとき1となる．統計量 μ は平方和を最小にすることによって推定され，そして2つのモデルを比較するために，式 (2.56) を使うことができる．2つの逸脱度は

$$\begin{aligned} D_1 &= \frac{1}{\sigma^2} \sum_{j=1}^{2} \sum_{j=1}^{n} (x_{ij} - \bar{x})^2 = \sigma^2 SS_1 \\ D_2 &= \frac{1}{\sigma^2} \sum_{j=1}^{2} \sum_{j=1}^{n} (x_{ij} - \bar{x}_j)^2 = \sigma^2 SS_2 \end{aligned} \tag{2.59}$$

である．簡単にするため，標本サイズは等しいとしよう．2母数モデルでは $2n$ 個のデータ点と2個の母数がある．よって「$n-F$」は $2n-2$ に等しい．そこで次のように F 統計量を使って，2母数モデルが1母数モデルよりも有意に変動を説明するという仮説（つまり，2母数モデルの方がデータによく適合するという仮説）を検定することになる：

$$\frac{D_1 - D_2}{D_1/(2n-2)} = \frac{SS_1 - SS_2}{S_1/(2n-2)} \sim F_{1,\,2n-2} \tag{2.60}$$

これが，一元配置分散分析で使われる計算であることに疑いはないであろう．

複数の母数を持つ2つの関数を比較する例はもっと複雑である．ボン・ベルタランフィ関数を用いて適合させた2つの成長曲線を比較する問題を考えてみよう（図2.9）．その2つの成長曲線とはそれぞれ雄と雌に対するものである．成長曲線が異なったものになるためには，雌雄の母集団間で，その関数の母数3個がすべて異なっていてもよいし，母数1個だけが異なっていてもよい．では，雌雄の母集団間で母数3個がすべて異なるというモデルが，どの母数も異ならないというモデルよりもデータによく適合するという仮説を検定したいとしよう．これは上と同じようなやり方で進めることができる（付録 C.2.9 は適合関数「nlmin」を使って作られたプログラムコードである．また付録 C.2.10 は補助関数「nls」を使って作られたプログラムコードである．後者は最小2乗法を使って関数を適合させるものである．両方法とも同じ結果を与える．両方法が示された理由は，いくつ

$$L_t = \theta_1 \left(1 - e^{-\theta_2 (t - \theta_3)}\right)$$

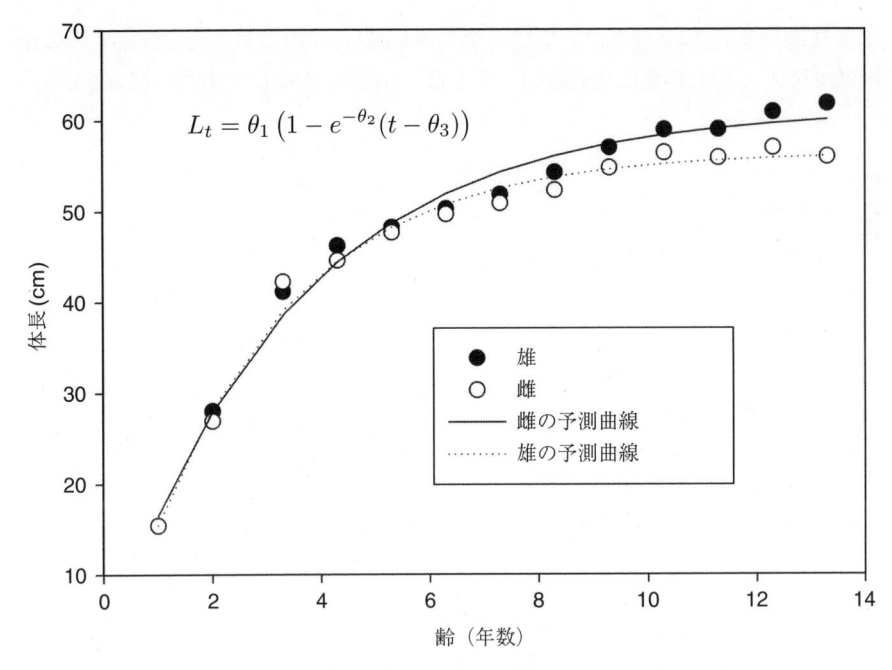

図 2.9 パシフィックヘイクの雄と雌における各齢での平均体長のプロット．ボン・ベルタランフィ曲線を適合モデルとして推定した．Kimura（1980）からのデータを修正した．

齢	1.0	2.0	3.3	4.3	5.3	6.3	7.3	8.3	9.3	10.3	11.3	12.3	13.3
雌	15.4	28.0	41.2	46.2	48.2	50.3	51.8	54.3	57.0	58.9	59.0	60.9	61.8
雄	15.4	26.9	42.2	44.6	47.6	49.7	50.9	52.3	54.8	56.4	55.9	57.0	56.0

かのプログラム経路を経て同じ検定が行えることを説明するためである．ただ面白いことに，「nlmin」ではダミー変数を持つ関数を適合させることができなかった）．まず第1に，2つの標本に対して別々に曲線を適合させ，結合された平方和を求めてみよう．第2に，結合させたデータに対して1つの曲線を適合させてみよう．第3に，式 (2.60) を適用してみよう．この例のデータセットに対しては，$F_{3,20} = 4.7$, $P = 0.01$ であった．これは3個の母数すべてが異なるモデルが，共通母数を持つモデルよりも好ましいものであることを示している．ただこれは，共通な母数を1個だけあるいは2個持つモデルがデータに同様にうまく適合しないということを意味する訳ではない．前の解析から，母数 $\theta_3 (= t_0)$ は雌雄の母集団間で異ならないかもしれない．よって，θ_3 を除いた残りの2母数について性を区別するダミー変数を組み込んだ削減モデルと完全モデルを比較するのがよいだろう．削減モデルは4つの母数を持ち，完全モデルは6個の母数を持つことにな

る（付録 C.2.11 のプログラムコードを参照せよ）．その結果，完全モデルの方が削減モデルよりも有意に良いということはなかった（$F_{2,22} = 0.48, P = 0.63$）．

まとめ

(1) 最尤法では，一連の観測値に対して確率，あるいは尤度（L）を当てはめることができる．その尤度は，1 個あるいはそれ以上の推定されるべき母数，$\theta_1, \theta_2, \ldots$ を持つ関数である．観測データを得る確率を最大にするときの母数値は最尤推定値である．そのとき，たいていの場合，対数尤度を用いるのがもっとも便利である．

(2) 多くの場合，確率分布として基本的に正規分布が用いられる．そのとき最尤推定値は，残差平方和を最小にすることによって与られる．つまり，$\sum_{i=1}^{n}(\text{Observed value} - \text{Predicted value})^2$ を最小にすればよい．別のよくある状況は，発生結果が 2 つであることから（たとえば，生と死）ロジスティックモデルを基に尤度が取られる場合である．

(3) 信頼限界を推定するときの最も普通に使われる 2 つの方法は，対数尤度比を使う方法と標準誤差を使う方法である．前者は次のような 5 つの過程を伴う：

ステップ 1：θ の最尤推定値を求める．

ステップ 2：対数尤度を計算する（つまり，$LL(\hat{\theta})$ を計算する）．

ステップ 3：θ 値をある範囲から繰り返し取り出し，その各値に対して $LL(\theta)$ を計算する．

ステップ 4：$\text{Diff} = LL(\hat{\theta}) - LL(\theta) - 0.5\chi^2_{1,0.05}$ を計算する．

ステップ 5：Diff が 0 に等しいときの θ の値を求める．そのとき信頼限界の上限値と下限値に対応して 2 つの値が求まるだろう．

(4) 母数値の変動を査定する 2 番目の方法は，推定値の標準誤差を調べることである．95 ％信頼限界はおよそ標準誤差の ±2 倍である．母数の分散は，対数尤度関数の最尤点に関する期待 2 次導関数を逆数にし，さらにそれを負にしたものに近似的に等しい：$\sigma^2_\theta = -(E[\partial^2 LL/\partial \theta^2])^{-1}$．複数の母数を推定するとき，期待 2 次偏導関数の行列の逆行列を使って分散共分散行列

をとる必要がある．

(5) モデルがどれくらいデータと一致しているかを調べるために，n 個のデータにそれぞれ等しい母数値を持つ飽和モデルの対数尤度 LL_{Sat}，そして母数に最尤推定値を当てた場合の対数尤度 LL_{MLE} を定義する．飽和モデルは，結局，対数尤度値が元の尤度関数の定数成分に等しいものになる（たとえば，正規分布の場合，それは $-n\ln(\sigma\sqrt{2\pi})$ となる）．そして，$D = 2(LL_{\text{Sat}} - LL_{\text{MLE}}) \sim \chi^2_{n-k}$ が成り立つ．ただし k は推定母数の個数であり，D は尺度化された逸脱度（あるいは単に逸脱度）と呼ばれるものである．もしモデルがデータによく適合するならば，D は χ^2_{n-k} の臨界値よりも小さくなる．

(6) 同じ構造を持つけれども母数の数が違うような 2 つのモデルを比較するために，F 統計量や χ^2 統計量を利用することができる．平方和を最小にすることによって最尤推定値が求められるモデルの場合，2 つのモデルを比較する一般公式は次のようなものである：

$$\frac{(SS_R - SS_F)/(F - R)}{SS_F/(n - F)} \sim F_{F-R,\,n-F}$$

それ以外のモデルの場合は，逸脱度を直接使った次のような一般式が用いられる：

$$\frac{D_R - D_F}{F - R} \sim \chi^2_{F-R}$$

さらに読んでほしい文献

Cox, D. R. and Hinkley, D. V. (1974). *Theoretical Statistics*. London: Chapman and Hall.

Cox, D. R. and Snell, E. J. (1989). *Analysis of Binary Data*. London: Chapman and Hall.

Dobson, A. J. (1983). *An Introduction to Statistical Modelling*. London: Chapman and Hall.

Eliason, S. R. (1993). *Maximum Likelihood Estimation*. Newburry Park: Sage Productions.

Kimura, D. K. (1980). Likelihood methods for the von Bertalanffy growth curve. *Fishery Bulletin*, **77**, 765-76.

Stuart, A., Ord, K. and Arnold, S. (1999). *Kendall's Advanced Theory of Statistics: Classical Inference and the Linear Model.* Vol. 2A. London: Arnold.

■ 練習問題

(2.1) 下に与えられた 10 個の x 値が $\sigma = 1$ の正規分布から採集されたと仮定して，-3 から $+3$ まで 0.1 刻みの x 値で対数尤度値をプロットせよ．そのプロット点の中での μ の最尤推定値を求め，それと x の算術平均値を比較せよ．

$-0.793 \quad 0.794 \quad -0.892 \quad 0.112 \quad 1.371 \quad 1.417 \quad 1.167 \quad -0.531 \quad 0.921 \quad -0.577$

ヒント：S-PLUS を使うときには，`mean, seq, length, for, max, plot` などの作業ルーチンを用いよ．

(2.2) $(1/n)\sum_{i=1}^{n}(x_i - \bar{x})^2$ は σ^2 の偏った推定量であり，$(1/(n-1))\sum_{i=1}^{n}(x_i - \bar{x})^2$ が σ^2 の不偏推定量であることを示せ．ヒント：証明を簡単にするために $\mu = 0$ としても，その一般性は失われない．

(2.3) 空間に散在する点に関するデータ（稀な生物個体の分布）に対してよく使われる分布はポアソン分布である．その確率密度関数は $p(r) = e^{-\theta}(\theta^r/r!)$ である．ここで，$p(r)$ はある事象が r 回起こる（たとえば，i 番目のサンプリング単位に r_i 個体が含まれる）確率である．さて，θ の最尤推定値は（カウントされた全個体数 $\sum_{i=1}^{m} r_i$）／（サンプリング単位の全数 m）で表されることを示せ．

(2.4) 誤差項として同じ確率分布を用いて，20 個の回帰直線：$y = \hat{\theta}_1 + \hat{\theta}_2 x$ を発生させ，$\hat{\theta}_1$ と $\hat{\theta}_2$ の相関を推定せよ．ただし，真の値として $\theta_1 = 0$, $\theta_2 = 1$ とし，また誤差項は $N(0,1)$ に従うとし，x は 1 から 10 までの 10 個の整数値を取る（つまり，$x = 1, 2, 3, \ldots, 10$）ものとする．プログラムコードのためのヒント：`for, seq, rnorm, lm, cor, test` などの作業ルーチンを用いよ．

(2.5) 多くの生物における卵生産は 3 角形を描くように変化する．まず齢とともに増加し，その後減少する様式である．McMillan *et al.* (1970) は，ショウジョウバエにおいてその様式を記述するために，関数：$y = \theta_1(1 - e^{-\theta_2(x - \theta_3)})e^{-\theta_4 x}$ を当てはめた．ここで y は日齢 x での産卵数である．誤差成分は正規分布に従う

と仮定して（ボン・ベルタランフィ関数で議論したように），下のデータセットに対するこの関数の4つの最尤推定値を推定せよ．

日齢	1.5	3	4	5	6	7	8	11	14
産卵数	21.6	63.7	61.6	59.9	53.8	55.5	50.8	31.5	24.4

(2.6) 雌に雄タイプAとBのどちらかを選ばせる配偶選択実験が2セット行われた．1セット目では標本サイズは n_1 で雄タイプAが r_1 回選ばれ，2セット目では標本サイズは n_2 で雄タイプAが r_2 回選ばれた．これらのデータより，1回の試行で雄タイプAが選ばれる確率 p の最尤推定値は $\frac{1}{2}[r_1/n_1 + r_2/n_2]$ ではなく，$(r_1 + r_2)(n_1 + n_2)$ であることを示せ．

(2.7) 練習問題 (2.1) で $N(0,1)$ から取られた10個のデータ点から，網羅的な方法を使ってその平均の95％信頼区間を求めよ．その結果を通常の方法で求めたもの（つまり，$\pm t^*\text{SE} = \pm 2.262^*\text{SE}$）と比較せよ．尤度分布の母数値は，0.01刻みで -2 から 2 までの範囲を検討せよ．プログラムコードのためのヒント：rnorm, mean, var, seq, length, prod, for, sum, cumsum などの作業ルーチンを用いよ．

(2.8) 前問で使った同じデータにおいて，今度は対数尤度比法を用いて平均の95％信頼区間を求めよ．ヒント：付録C.2.3を調べよ．

(2.9) ボン・ベルタランフィ関数：$l_t = \theta(1 - e^{-k(t-t_0)})$ を考える．ただし，l_t は齢 t のときの体長で，k と k_0 は既知の定数，θ は推定すべき未知の母数値であるとする．θ の標準誤差の最尤推定量が，$\sigma(\sum_{t=1}^{n}(1 - e^{-k(t-t_0)})^{-\frac{1}{2}}$ であることを示せ．

(2.10) 以下のような齢ごとの平均体長は，魚類のある種で測定されたものである．

齢	1	2	3	4	5	6	7	8	9	10
体長	23.61	43.10	57.54	68.24	76.16	82.03	86.38	89.60	91.99	93.76

上のデータより，練習問題 (2.7) と同じようにボン・ベルタランフィ成長曲線を仮定し，S-PLUSの「nls」作業ルーチンを用いて θ と局外母数 σ^2 を推定せよ．ただし $k = 0.3$ かつ $t_0 = 0.05$ とする．また，練習問題 (2.7) の結果から θ の標準誤差を推定せよ（σ^2 は本文で記述されたように推定される）．

(2.11) 下の表はキイロショウジョウバエ (*Drosophila Melanogaster*) の第2系統における産卵数データを示している．これらのデータに関数：$y = \theta_1(1-e^{-\theta_2(x-\theta_3)})e^{-\theta_4 x}$ を適合させよ．そして帰無仮説：$\theta_3 = 0$ を検定せよ．

日齢	1	2	3	4	5	6	7	8	9	10	11	12	13	14
産卵数	54.8	73.5	78	71.4	75.6	73.2	65.4	61.9	61.7	60.1	55.1	50.4	44.3	42.3

2章で使われた記号のリスト

記号は下付きにされることもある．

ε	Error term	誤差項
θ	Parameter to be estimated	推定されるべき母数
$\hat{\theta}$	Estimate of θ	θ の推定値
$\varphi(\theta)$	Function of θ	θ の関数
σ	Standard deviation	標準偏差
σ^2	Variance	分散
μ	Mean	平均
$\hat{\mu}$	Estimate of μ	μ の推定値
π	Pi $(=3.14\ldots)$	円周率
D	Deviance	逸脱度
F	Number of parameters tin the full model	完全モデルの母数の数
L	Likelihood	尤度
LL	Log-Likelihood	対数尤度
L_∞	Asymptotic length (von Bertalanffy equation)	平衡体長（ボン・ベルタランフィの式）
MLE	Maximum likelihood estimate(s)	最尤推定値
N	Total number of observations $(=\sum_{i=1}^n m_i)$	観測総数
$N(\mu, \sigma)$	Normal distribution with mean μ and stndard deviation σ	平均 μ と標準偏差 σ をもつ正規分布
P	Probability	確率
R	Response to selection or number of parameters in reduced model	選択反応，あるいは削減モデルの母数の数
S	Selection differential	選択差
SS	Residual sums of squares	残差平方和
T	Threshold value in heritability model	遺伝率モデルの閾値
d	Dummy variable	ダミー変数
h^2	Heritability	遺伝率
k	Number of parameters or growth rate (von Bertalanffy equation)	母数の数，あるいは成長率（ボン・ベルタランフィの式）
l	Length (von Bertalanffy eqquation)	体長（ボン・ベルタランフィの式）
m	Number of observations in a subgroup	部分群での観測数
n	Number of observations or number of subgroups	観測数，あるいは部分群数
p	Probability	確率
$\hat{p}$	Estimate of p	p の推定値

r	Number of "successes" in a set of binomial trials	一連の 2 項試行における成功数
t	Age (von Bertalanffy eqquation)	齢（ボン・ベルタランフィの式）
t_0	Hypothetical length at age 0 (von Bertalanffy eqquation)	0 齢での仮の体長（ボン・ベルタランフィの式）
x	Observed value	観測値
$\bar{x}$	Mean value of x	x の平均値
y	Observed value (typically a function of x)	観測値（普通，x の関数）
$\bar{y}$	Mean of y	y の平均

第3章
ジャックナイフ法

はじめに

　ジャックナイフ法は，推定値の偏りを除去する方法として，Quenouille (1949) によって発明されたものである．Tukey (1958) は，Quenouille の方法が推定値の平均と分散を推定するときのノンパラメトリックな方法として使えることを提案し，そして，その方法が万能の統計技法であることを示すために「ジャックナイフ法」と名付けた．その後，母数の推定に対して標準的な方法が不十分である場合，ジャックナイフ法は大きな威力を発揮することが証明されてきた．しかし，この方法には必ず仮定が必要であり，理論解析あるいは数値解析から正当化されない限り，この方法を使うべきではないということは始めに認識しておかなければならない．この章では，ジャックナイフ法の解説を行うことにする．まず一般理論を紹介し，そして生物学の文献から拾ってきたいくつかの例を使って，この方法を説明する．

ジャックナイフ法：一般的な手順

点推定

　ある母数 θ を推定したいとしよう．ジャックナイフ法を使ってこれを行うためには，まず，適当なアルゴリズム（たとえば，回帰直線の係数を推定しようする場合，そのアルゴリズムは最小2乗回帰法であろう）に従って θ を推定することになる．この推定値を $\hat{\theta}$ としよう．次に，データセットから1つのデータを除去す

る．この除去されるデータは1つの観測値でも，あるいは1つの観測値群であってもよい（たとえば，各家族が m 個体を擁するような n 家族に対する遺伝的解析では，1個体というよりも1家族がデータセットから除去されることになる）．残った $n-1$ 個の観測値を使って，θ を推定する作業を再度やってみる．そしてそこで得られる推定値を $\hat{\theta}_{-1}$ とおく．そして疑似値（pseudovalue）と呼ばれる統計量を計算することができる．それは，

$$S_1 = n\hat{\theta} - (n-1)\hat{\theta}_{-1} \tag{3.1}$$

である．

そして，データセットに除去した観測値を戻してから今度は別の観測値を除去し，次の疑似値（S_2）を計算する．すべての各観測値が除去され，最初のデータ数と同じ n 個の疑似値が計算されるまでこの作業を繰り返す．このとき，ジャックナイフ推定値 $\tilde{\theta}$ は次のような疑似値の平均値として与えられる：

$$\tilde{\theta} = \frac{1}{n}\sum_{i=1}^{n} S_i = n\hat{\theta} - \frac{n-1}{n}\sum_{i=1}^{n} \hat{\theta}_{-i} \tag{3.2}$$

上は1データ除去のジャックナイフ法（delete-one jackknaife）と呼ばれる方法である．毎回，2個以上の観測値を除去する場合，高次のジャックナイフ推定ということになるが，これはあまり使われることはない．そこでここでは，1データ除去のジャックナイフ法に限定して議論することにして，それを単にジャックナイフ法と呼ぶことにしよう．

区間推定

θ の標準誤差の推定は，次のように疑似値の標準誤差によって与えられる：

$$\mathrm{SE}(\tilde{\theta}) = \sqrt{\frac{1}{n(n-1)}\sum_{i=1}^{n}(S_i - \tilde{\theta})^2} \tag{3.3}$$

疑似値が正規分布に従うと仮定すると，θ の信頼限界は次のように計算できる：

$$\tilde{\theta} \pm t_{\alpha/2,\ n-1}\mathrm{SE}(\tilde{\theta}) \tag{3.4}$$

ここで，$t_{\alpha/2,\ n-1}$ は，自由度 $n-1$ の t 分布における確率 $\alpha/2$ での臨界値である．

仮説検定

ジャックナイフ法を用いた仮説検定は，疑似値が正規分布に従うという仮定を基にして行われる．2標本の場合，t 分布あるいは分散分析を利用することができ

る．3標本以上の場合，分散分析が適当であろう．たとえば，下で説明するように，個体群の増加率rを推定するためにジャックナイフ法を使うことができる（記号rは文献の中で定常的に使われているので，ここでもθの代わりにこの記号を用いる方がよいだろう）．ジャックナイフ法による推定を行った複数の個体群について，それらの個体群間に推定値の違いがあるかどうかを知りたいとしよう．疑似値の一元配置ANOVAを行えばよい．疑似値の解析においてとくに便利なことは，その解析の中でいくつかの独立な変数を導入することができるという点である．この例では，増加率はそれぞれの地理的地点において複数の種に対して推定されたかもしれない．すると，個体群の違い，種の違い，両者の交互作用に関して効果が存在するかどうかを問うことができる．

ジャックナイフ法を用いて複数の母数を同時に推定してもよい．次に議論する例は，分散共分散行列の成分の推定である．個別の推定値に対して何度も検定を繰り返すのではなく，疑似値の多変量分散分析を使うことができる．要するに，ジャックナイフ法は，推定と仮説検定に対して潜在的に高い柔軟性と一般性をもつのである．

ジャックナイフ法の利用例

平均のジャックナイフ

ジャックナイフの原理をもっと十分に理解するために，平均$\bar{x}$のジャックナイフ推定値における疑似値を調べることにしよう．i番目の観測値を除去すると次が得られる：

$$S_i = n\bar{x} - (n-1)\hat{\theta}_{-i} \tag{3.5}$$

では，i番目の観測値を除去した後の平均値は，

$$\hat{\theta}_{-i} = \frac{1}{n-1}\left(\sum_{j=1}^{n} x_j - x_i\right) \tag{3.6}$$

である．これを整理すると，

$$x_i = \sum_{j=1}^{n} x_j - (n-1)\hat{\theta}_{-i} \tag{3.7}$$

となる．しかし，

$$\sum_{j=1}^{n} x_j = n\bar{x} \tag{3.8}$$

であるので，疑似値は

$$x_i = n\bar{x} - (n-1)\hat{\theta}_{-i} = S_i \tag{3.9}$$

となる．

よってここでは，i 番目の観測値が，平均と i 番目を除いた残りから復元された．しかし，x_i は除去されたものそのものであるから，驚くこともないと読者は思うかもしれない．しかし，もし i 番目の観測値と $\tilde{\theta}_{-i}$ の間に単純な線形関係がなければこうはいかない．よってジャックナイフ法とは，基本的に推定問題を正規分布の平均と分散の推定問題に変換するものである．そのための確立された方法が使われる．重要なのは，変換が実際に有効であるように保証されなければならないことである．それは理論的に正当化される場合もあるかもしれない．しかし多くの場合，その方法を検査するには，シミュレーションモデルの利用に頼ることが必要であろう．このように推定を極端に単純化することがこの方法の強みである．

分散成分

遺伝学的研究などでよくある解析目的は，分散成分の推定である．この推定に対する，ジャックナイフ法の使用を正当化するためには，次のような 3 つの質問に答えなければならない．1 番目は「ジャックナイフ法は分散の正しい推定値を与えてくれるか？」であり，2 番目は「推定される 95％信頼区間については，真の値は全体の 2.5％で上限より上にあり，2.5％で下限より下に存在するということが正しいか？」であり，3 番目は「疑似値は仮説検定で使えるのか？」である．

分散の信頼限界に対するジャックナイフ推定は正確ではないと示されることがあるかもしれないが，少なくとも大きな標本サイズの場合，対数変換をするとジャックナイフ推定は適切な信頼限界を与えることが分かっている (Miller 1974; Manly 1997)．小さな標本サイズの場合に適切かどうかは，シミュレーションによって決定するしかない．変数変換の問題を検討する前に，変換しなかった場合の統計量に対するジャックナイフ推定の問題を検討してみよう．今や多くの統計パッケージは，除去すべきデータとして各行を配置したデータ行列に対して，1 データ除去のジャックナイフ法を実行するための作業ルーチンを備えている（除去単位が複数行にわたる場合のジャックナイフの問題は以下で解説される）．付録 C.3.1 は，標本当たり 10 個の観測値がある場合の，S-PLUS におけるプログラムコー

ドを示している．最初のコード行群は，平均 0，標準偏差 1 をもつ正規分布から無作為抽出した 10 個の値を 1000 セットを生み出す．これらのデータは各列が 1 つの標本を表す行列 **X** に格納されることになる．2 番目のコード行群は，これらの反復セットを通して，推定された分散のジャックナイフ平均とその標準誤差 (SE) を繰り返し計算し，その都度その結果を行列「`Output`」に格納する．最後のコード行群は，各標本の信頼限界の上限値と下限値を計算し，真の値がその区間の外にある場合がどれくらいあるかを決定する．ジャックナイフ推定値のその平均 1.009637 は，当然，真の分散の不偏推定値である．しかし，信頼限界は正確ではない．上位信頼限界はすべての場合の 2.5％ で真の値よりも小さいことが期待されるが，ジャックナイフ法によって推定された上位限界は，全反復の 13.3％ で真の値よりも小さい．よってジャックナイフ法によって推定された上位限界値は，正しい場合よりも小さすぎることになる．一方，下位信頼限界はすべての場合の 2.5％ で真の値よりも大きくなるべきであるが，ジャックナイフ法によって推定された下位限界は，全反復の 0.1％ で真の値よりも大きい．よって，ジャックナイフ法によって推定された信頼区間は狭すぎるものであり (95％ ではなく 86.6％ である)，また下方にずれることが分かる．

対数変換の効果を検査するためには，3 つのコード行を変更する必要がある．つまり，「`var(x)`」を「`log(var(x))`」に置き換え，推定値 1 に対してその限界を検査するのではなく，0 に対して検査する (なぜなら $\log(1)=0$)．結果は前より良好で，上限値と下限値の百分位数がそれぞれ 1.5％ と 95.5％ になる (本当は 2.5％ と 97.5％ になって欲しいところである)．よって，正確な値は全反復の 93.4％ に含まれることになるが，両限界値は対称的ではない．この計算は，推定手法の性能分析の結果が全領域に渡って単純なものではなく，上限値と下限値の両方を実際に検査すべきであるという大変重要な点を説明している．

上記の例から，ジャックナイフ法は分散の不偏推定値を与えると考えてもよいようである．ここでは，2 つの分散が等しいとする帰無仮説を前提にして両者の違いを検定するのに，この方法が使えるかどうかを考えてみよう (付録 C.3.2 にそのプログラムコードがある)．第 1 種の過誤の確率を 5％ とすると，2 つの標本を同じ集団から採ることにすれば，両分散の違いは全反復の 5％ 未満で有意になるはずである．実際には，両分散が有意に違う場合の百分率は 3.5％ であった[*1]．これは

[*1] (訳者注) 同じ正規分布から 2 つの標本を繰り返し採集し，その都度それぞれから疑似値を計算し，両者の差が有意である場合の頻度の百分率を求めることになる．ただし，疑似値は正規分布に従うと仮定されるので，検定には t 検定が使われる．

期待される5％に近いが，依然とそれとは有意に異なっている（$\chi^2 = 4.737$，自由度 [df] $= 1$, $P = 0.03$）．対数変換を用いると，同様な場合の百分率は 6.3％となり，期待される5％との違いは境界領域にあるが有意ではなくなる（$\chi^2 = 3.558$, df $= 1$, $P = 0.0593$）．データ変換を行わない場合，検定は保守的すぎるものである．一方，データ変換を行う場合，実践的な目的であれば検定は十分満足できるものであるが，有意性の厳密な判定としてはすこし緩すぎるかもしれない．

では，ジャックナイフ法がもっと有効な仕事をする例に話を移すことにしよう．それは分散共分散行列における変動の推定と検定である．分散共分散行列の推定はとくに進化生物学者にとって興味ある課題である．なぜなら複数の形質の進化を予測するためには，2つの行列が必要だからである．2章で議論したように，ある単一形質における選択反応 R は $R = h^2 S$ で与えられる．このとき，h^2 はその形質の遺伝率で，S は選択差である（親世代の平均形質値と，同じ親世代で次世代の生産に貢献した個体における平均形質値との差）．遺伝率は全表現型分散に対する相加遺伝分散の割合である．つまり $h^2 = \sigma_A^2/\sigma_P^2$ である．2つの形質にかかる選択は，単一の形質に直接かかる選択ばかりでなく，両方の形質の発現に影響を及ぼす遺伝子の結果に対する間接的な選択についても考慮しなければならない．この後者の選択は形質間の相関した反応を作り出す．行列の形式を使うと，2つの形質における選択反応 (R_1, R_2) は次のように書ける：

$$\begin{pmatrix} R_1 \\ R_2 \end{pmatrix} = \begin{pmatrix} \sigma_{A11}^2 & \sigma_{A12} \\ \sigma_{A21} & \sigma_{A22}^2 \end{pmatrix} \begin{pmatrix} \sigma_{P11}^2 & \sigma_{P12} \\ \sigma_{P21} & \sigma_{P22}^2 \end{pmatrix}^{-1} \begin{pmatrix} S_1 \\ S_2 \end{pmatrix} \quad (3.10)$$

この式の最初の行列は相加遺伝分散（右下がりの対角方向）とその共分散（右上がりの対角方向）で出来ており，2番目の行列は表現型分散とその共分散から出来ている．3形質以上の場合への拡張はすぐに可能であろう．上の式は簡略的に **R** = **GP**$^{-1}$**S** のようにも書ける．ここで **G** は遺伝分散共分散行列であり，**P** は表現型分散共分散行列である．進化的反応を予測するには，これらの分散や共分散の推定値が必要だけでなく，反応予測値の信頼限界を設定するためそれらの標準誤差も必要である．Knapp et al. (1989) は，単一形質における選択反応（つまり $R = h^2 S$）を予測するときのジャックナイフ法の有用性を調べた．そこではシミュレートによって発生させた家族データセットを使い，まず遺伝率を推定するために，選択反応をすべての家族から予測した（遺伝率の推定は次の節で議論する）．そして各家族を丸ごと順番に除去することによって，選択反応に対する疑似値を求め，それによって遺伝率を再計算した．それから選択反応の疑似値を計

算するのに使った予測反応を再計算した．この例では，除去の基本単位が個々の観測値ではなく観測値群であることに注目しよう．何が除去の単位であるかを注意深く考えることは重要である．というのも間違って単位を取ると，間違った標準誤差が生じるだろうからである．この場合シミュレートした家族は同父母による家族であった（つまり，各家族は1個体の父親と1個体の母親によって構成され，他の家族とは関係を持たない．これとは対照的に，異母家族では父親は複数の雌と配偶するため，異母家族の中に同父母家族が生じることになる）．データ変換をしない場合とする場合で解析が行われた．予測選択反応値についての信頼範囲（80％と95％が検討された）は，両方とも，通常の被覆確率[*2]による範囲と有意な違いはなかった．選択に対する多変量的反応を解析した例はこれまで知らないが，単一形質における解析結果は，そのような拡張した解析に興味を向かわせるものであろう．

　普通，検討される問題は，2つ以上の分散共分散行列が同じであるかどうかである．遺伝分散共分散行列つまりG行列は，選択や遺伝子浮動（つまり小集団における遺伝子の無作為抽出によって生ずる変異）の働きの違いで，集団間で異なるものになるはずである．このような差を検出するためのいくつかの方法が提出されてきた [Roff (1997, 2000) による総説がある]．ジャックナイフ法も利用可能な方法の1つである (Roff, 2002)．表3.1 にある方法は以下のようなものである．各群に対してG行列を計算する．その計算にはふつう標準的な統計方法が使われる．次に，1つの標本単位を除去し（たとえば，同父母家族だけの解析計画であれば1つの家族の標本を除去することになるし，異母家族を含む解析計画であれば同じ父親を持つ家族単位の標本を除去することになる）．そしてジャックナイフ法の通常の手順に従って疑似値を計算する．表3.1 で示されているように，最終的なデータ行列は，各列が共分散（分散も含まれる．なぜなら分散は変数のそれ自身に対する共分散であるからである）の疑似値で構成され，各行が各家族の標本を除去したときの結果となるように配列される．よってi行j列の値は，除去されたi番目の家族の標本に対するj番目の共分散の疑似値となる．この方法はS-PLUS の中で簡単に実行することができる．グループ分けの変数（この例では「FAMILY」である）はカテゴリカル変数である．そうすることで，その変数を記号変数としてもっともうまくプログラムコードに組み込むことができることを覚えておくことが重要である．さもないとそれを間違って連続変数として解析に組

[*2]　（訳者注）信頼区間内に真の母数値が含まれる確率．通常 95 ％である．

表 3.1 2種 (GF, GP) における同父母家族の実験に対する疑似値の出力データ標本のファイル. 2つの形質, 腿節長, 頭幅長の分散と共分散が示されている. 最初の標本 (GF) では, 43家族, すなわち 43 の疑似値が各共分散成分として存在し, 2番目の標本では, 39家族, すなわち 39 の疑似値が存在する.

	疑似値			
	分散		共分散	
除去家族[a]	腿節長	頭幅長	腿節 × 頭幅	種
1	1.1621	0.1588	0.4342	GF
2	-0.0157	-0.0241	-0.0627	GF
·	0.1549	0.0174	0.0564	GF
·	·	·	·	·
43	1.0667	0.2455	0.5204	GF
1	-0.0760	-0.0113	-0.0267	GP
2	0.5166	0.2222	0.3307	GP
3	0.0987	0.1981	·	GP
·	·	·	·	·
39	-0.1624	-0.0419	-0.0708	GP
種での平均[b](SE)	0.17(0.06)	0.04(0.01)	0.07(0.03)	GF
	0.23(0.07)	0.05(0.01)	0.09(0.03)	GP

Roff (2002) を基に作成された.
[a] i 番目の疑似値 S_i は $S_i = n\hat{\theta} - (n-1)\hat{\theta}_{-i}$ として求められた. $\hat{\theta}$ はデータセット全体を使って計算された統計量であり, $\hat{\theta}_{-i}$ はデータセット全体から i 番目のデータ点 (ここでは 1 家族分のデータ) を除去した統計量であり, n は標本サイズである (家族数: $n = 43$ あるいは 39).
[b] ジャックナイフ推定値 $\tilde{\theta}$ は $\tilde{\theta} = \sum_{i=1}^{n} S_i/n$ として求められた. また標準誤差 SE は
$SE = \sqrt{[\sum(S_i - \tilde{\theta})^2]/[n(n-1)]}$ として求められた. ジャックナイフからの平均は, データセット全体 ($n = 43$ あるいは 39) を使って求められる平均と同じであった (小数第2位まで). MANOVA 解析による結果は以下のとおりである.

変動因	平方和 (SS)	自由度 (df)	平均平方 (MS)	F	P
単変量 F 検定					
腿節長	0.083	1	0.083	0.454	0.502
誤差	14.617	80	0.183		
頭幅長	0.010	1	0.010	0.310	0.579
誤差	2.650	80	0.033		
腿節 × 頭幅	0.003	1	0.003	0.418	0.520
誤差	0.575	80	0.007		
統計量	値	F 統計量	自由度 (df)	P	
多変量検定統計量					
Wilkes' λ	0.985	0.391	3.78	0.760	
Pillai trace	0.015	0.391	3.78	0.760	
Hotelling-Lawley trace	0.015	0.391	3.78	0.760	

単変量検定も多変量検定もどちらも有意な差を示さなかった.

み込んでしまうことがあるかもしれない (これはいくつかの統計パッケージでは本当に起こる問題であり, このようなとき従うべきよいルールは記号変数をカテ

ゴリカル変数として指定することである）．除去する基本データがデータ群であるとき，ジャックナイフ推定における一般的な作業行程は次のようなものである：

(1) 各データ群に記号変数を割り当てる．たとえば，データに3つの家族が含まれるならば，それらに1, 2, 3の記号を当てることができる．このことによって，それらは数値変数としてではなく記号変数として指定される（よってA，B，Cの方がよいだろう）．記号化は続き数字である必要はなく，1, 7, 3でも問題ない．
(2) 完全データセットに対する統計量を計算する．
(3) 1つのデータ群を除去したセットに対して上と同じ計算を，すべてのデータ群が1回は除去されるまで繰り返す．「Group.Designator」と呼ばれるベクトルの形式を持ち，群指示数を付帯したデータ群がn群あるとしよう．そのデータは「DATA」と呼ばれるファイル（S-PLUSにおけるデータフレーム）に格納されており，群指示数は「Group」とラベルされた列にある．1つのデータ群を除いたデータを「Data.minus.one」と呼ぶことにしよう．S-PLUSの簡単なプログラムコードは次のようなものである：

```
for (i in 1:n)
{
Ith.Group <- Group.Designator [i]
Data.minus.one <- Data [Data$Group!=Ith.Group, ]
Insert Lines that calculate and store the pseudovalue
}
```

遺伝分散共分散行列の推定のためのプログラムコードは付録C.3.3にある．2つ以上のデータセットに対する疑似値のセットが計算されたので，遺伝分散共分散行列の間で有意な違いが存在するかどうか，またそれらが環境変数等の他の要因と統計的に関係して変動するかどうかを調べることができる．これらの方法を説明するために，ヨコエビ目の *Gammarus minus* のデータを検討してみよう．

Gammarus minus はアメリカ合衆国の中東域一帯のカルスト地域に生息するヨコエビ目の普通種である．Fong (1989) と Jernigan *et al.* (1994) はウェストバージニア州の次の4つの個体群における **G** 行列を比較した：(1) ベネディクト洞窟からの集団，(2) ベネディクト洞窟由来のデイビス湧水地からの集団，(3) オレゴン洞窟からの集団，(4) オレゴン洞窟由来のオレゴン湧水地からの集団．洞窟とそれに関連した湧水地は同一な水系にあり，それが地域毎に別の2つ水系を

表 3.2 ヨコエビ目 *Gammarus minus* の 4 つの個体群の **G** 行列における，生息場所（洞窟か湧水地）と水系の影響を調べるための 2 元配置 MANOVA．Roff (2002) より引用．

	Wilkes' λ	F の近似値	自由度 (df)	P
生息場所	0.538	3.770	36.158	< 0.0005
水系	0.671	2.154	36.158	0.001
生息場所 × 水系	0.766	1.341	36.158	0.114

なし，また洞窟からの集団は洞窟内の水路に棲む個体群から採集されたと考えられる．このとき解析には 8 つの形態形質が使われた：全長の指標測定値（頭部サイズ），目の構造における 3 つの測定値，触角の長さにおける 4 つの測定値．全長に関しては集団間でさほど違いはなかったが，洞窟集団からの個体は，湧水集団からの個体よりも，個眼 (ommatidia) の数が少なく，目が小さく，触角の構成成分が大きいことが分かった．これらの違いは洞窟個体群における適応進化的変化の仮説と整合するものである．つまり選択は接触感覚器官を発達させ，視覚感覚器官を退化させているようである．

遺伝相関に関して，Fong (1989) は 2 カ所の洞窟集団の間と，2 カ所の湧水集団の間で有意な相関を見つけたが，同じ水系の異なる個体群の間では有意な相関を見つけられなかった．この結果は，遺伝相関がその履歴様式（共通祖先）よりも生息場所様式（洞窟あるいは湧水地）に関連していることを示唆している．この仮説を検討するには，4 個体群において計算した **G** 行列の疑似値セットを使って，2 元配置 MANOVA を行えばよい．

もし比較される集団が体長において極端に異なっているならば，単に尺度効果の影響で集団間の **G** 行列に違いが生じる可能性がある．この解析では，そのような表現型的な分散における大きな差を小さくするために，すべての変数は対数尺度に変換された．2 元配置 MANOVA は，生息場所の違いと水系の違いの効果が高い有意性を持つことを示したが，交互作用は有意ではなかった（表 3.2）．どの形質の共分散が変動に最も貢献するのかを決定するためには，単変量の検定結果を検討すればよい．ただし，多重検定であるため，個別比較における有意性水準は上昇してしまうことを心に留めておく必要がある．単変量検定は，特殊な共分散を単離するというよりも，変動に決まった徴候があるかどうかを知るために使われるべきである．解析の結果，生息場所様式に関連した違いにおいて明らかな傾向が出ており，概して目の長さあるいは触角の構成成分を含む共分散が「有意」であった（$P < 0.05$，表 3.3）．対照的に，水系の違いの効果に関係する単変量検定ではわずか 3 つの「有意」な結果しか得られなかった．それらはすべて目の長

表 3.3 ヨコエビ目 *Gammarus minus* における **G** 行列成分の単変量検定．生息場所に関連する確率は上に，水系に関連する確率は下に配置されている．0.05 より小さな確率は太字で示されている．

		Head	Ommat	Eyel.	EyeW	Ped1	Ped2	Flag2	Nf1
Head	場所	0.679	0.236	0.055	0.396	**0.045**	0.051	0.150	0.285
	水系	0.370	0.744	0.209	0.776	0.302	0.237	0.373	0.593
Ommat	場所		0.151	0.457	0.797	0.168	0.320	0.361	0.351
	水系		0.577	0.087	0.122	0.124	0.367	0.594	0.929
Eyel.	場所			0.562	**0.029**	**0.016**	**0.012**	**0.020**	**0.021**
	水系			**0.008**	**0.048**	**0.023**	0.062	0.162	0.292
EyeW	場所				**0.000**	0.801	0.789	0.888	0.998
	水系				0.271	0.087	0.143	0.416	0.831
Ped1	場所					**0.011**	**0.007**	**0.02**	**0.029**
	水系					0.085	0.103	0.258	0.418
Ped2	場所						**0.011**	**0.021**	**0.030**
	水系						0.143	0.277	0.436
Flag2	場所							**0.011**	**0.021**
	水系							0.565	0.749
Nf1	場所								0.141
	水系								0.928

Roff（2002）より引用．
Head＝頭副長，Ommat＝複眼を構成する個眼の数，Eyel.＝目の長さ，EyeW＝目の幅，Ped1＝第1触角の肉茎の長さ，Ped2＝第2触角の肉茎の長さ，Flag2＝第2触角の鞭節の長さ，Nf1＝第1触角の鞭節の数．

さを伴う共分散であった．このような生息場所様式と水系の間の違いは，同じ水系の中での個体群の違いよりも，生息場所間で非常に大きな違いが生じていることを示している．これらの結果は，遺伝的変動が形成されるとき *G. minus* の履歴様式よりも生息場所様式の方が重要であるとの Fong の結論を支持するものである．

　上の例は，分散共分散行列における変動の問題を検討する方法として，ジャックナイフ法の利用を解説している．しかし依然と，それが妥当な方法であるかどうかには証明が必要である．つまりジャックナイフ-MANOVA 法では，2 つの **G** 行列に違いはないという帰無モデルを基にすると，両者が異なるという場合が 5％未満の確率で生じるようになっていなければならない．これを検証するために，同一の共分散（しかし形質間では異なる）を持つ 2 集団を発生させ（そのシミュレーションについては付録 C.3.4 を参照せよ），それらをジャックナイフ-MANOVA 分析にかけてみることにした．標本サイズはおおよそ通例どおりで（Begin *et al.* 2004 で用いられたもの），家族当たり 10 子を持つ同父母家族 50 組の集団が標本として用いられた．遺伝率および遺伝相関の実際値は帰無仮説の下では統計的に両

集団で異なることはないはずである．つまり帰無仮説の下では，すべてのシミュレーションのうち有意な違いを示す場合は5％未満であるべきである．まず母数値としていくつかの値が用いられたが，それらのすべてが同じ結果を与えたので，確率を推定するためにそれらのデータが結合された．その結果，2100回のシミュレーションのうち4.7％の場合が有意であった．これは予測される5％と有意に違ってはいない（$\chi^2 = 0.49, df = 1, P = 0.48$）．よって，少なくともこのデータセットで，第1種の過誤という点では，ジャックナイフ-MANOVA法は妥当であるように見える．もっと少数の標本でこの方法を使うと，うまく行かないのかどうかを決定したり，また検出力はどれくらいかを決定するためには，さらなるシミュレーションが必要であろう．

比の推定：分散と共分散

比の推定はジャックナイフ法が非常に有効となる特別な分野である．Arvesen and Schmitz（1970）は分散成分比の推定，とくにF統計量に対するジャックナイフ法の利用を研究した．彼らは，理論とシミュレーションの両方から，もし推定値を対数変換するならば，この解析にジャックナイフ法を利用できることを示した．さらにこの結果を拡張して，遺伝率の標準誤差もジャックナイフ法を使って推定できることを示唆した．ただし，再び彼らは推定値に変換を施すべきであるという提案を繰り返した．Arvesen and Schmitz（1970）は，自分らの論文の最後で，遺伝相関の推定を考えた．彼らはそのための適当な変換を決めることはできなかったが，フィッシャーのz変換が適当ではないかと示唆している．一方，Knapp et al.（1989）とSimons and Roff（1994）は，遺伝率の平均と分散の推定におけるジャックナイフ法の有効性を検査した（付録C.3.4はSimons and Roff（1994）のモデルを説明している）．

前に説明したように，同父母家族の遺伝解析の場合，ジャックナイフ法は個体に対してではなく家族に対して適用すべきである．しかし，これは解析を実行するとき，技術的な困難さを伴う．その対処法の1つは，付録C.3.3で概説されているように，ジャックナイフ法を「手動で」（つまり作業ルーチン「jackknife」を使わないで）実行することである．またそれとは別の方法でデータの各行に個別の家族をあて，各列にその家族内の個体をあてるようにするものがある．たとえば，家族当たり5個体を持つ家族20組のデータセットを考えてみよう．データ行列は20行と10列で構成される．列に関して，前半の5列は家族コードを含み，後半の5列はデータを含む．このデータセットは，その後，2つの列データセット

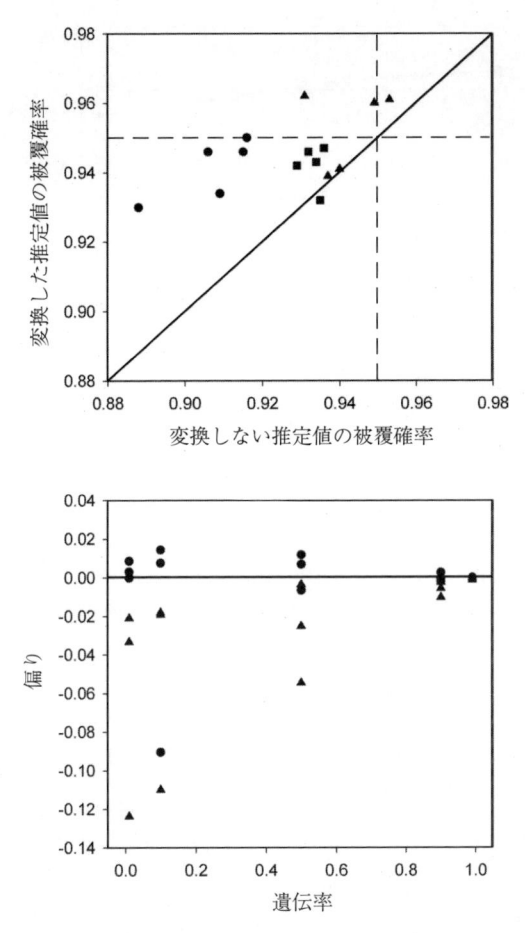

図 3.1 同父母家族における遺伝率のジャックナイフ推定に対するシミュレーション解析.
上の図は,ジャックナイフ法によって推定された 95 %信頼限界内に遺伝率の真の値が含まれる確率(coverage:被覆確率)を表す(各標本あたり,● = 20 家族,■ = 60 家族,▲ = 100 家族).下の図は,真の遺伝率の関数として示されるその推定値の偏りを表す(● = 変換されない場合,▲ = 変換された場合).Knapp *et al.* (1989) からのデータ.

に変換することができる.そこでは 1 番目の列は家族コードで構成され,2 番目の列はデータで構成されることになる.この例のプログラムコードは付録 C.3.5 で説明している.

Knapp *et al.* (1989) によると,遺伝率のジャックナイフ推定において,変換は,変換しない場合よりもいくぶん真の値に近い信頼区間を与えるようである(図 3.1).図 3.1 では,変換を用いない場合,推定の性能は家族の数が増えるとともに改善されていくことがわかる(図での最小の標本サイズは,通常,推奨される標本

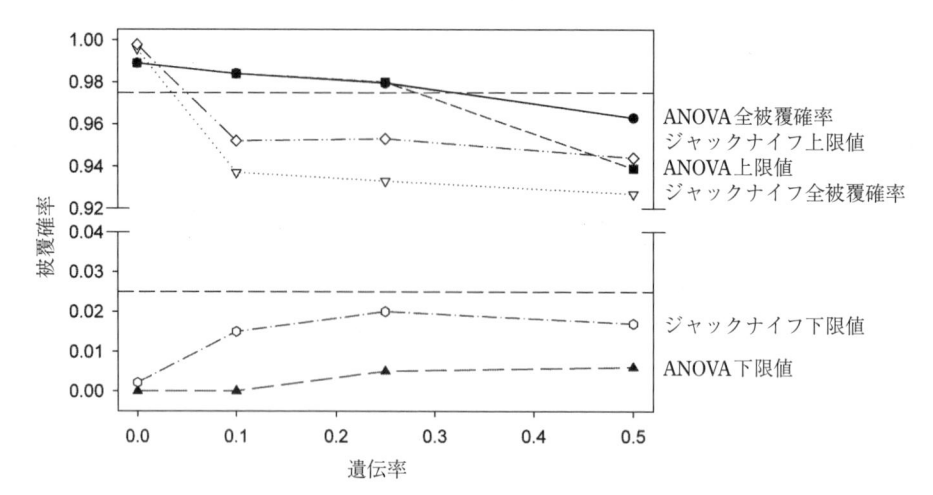

図 3.2 パラメトリック推定量（ANOVA），あるいはジャックナイフ法によって推定された遺伝率の 95％信頼限界の比較．

全被覆確率は 0.95 になるべきであり，上位限界値は確率 0.975 のところに（上方の図の破線），下位限界値は確率 0.025 のところに（下方の図の破線）あるべきである．Simons and Roff (1994) からのデータ．

サイズよりも小さいものである）．この結果と対照的であるが，推定値の偏りに関しては，変換しない場合の性能は，変換する場合よりも良好である（図 3.1）．その偏りは，遺伝率が 0.2 よりも小さいときにはとくに良くない．全体的に見て，もし十分な数の家族が使えるならば変換した推定量の方が良さそうである．Simons and Roff (1994) は，標準誤差について，変換されない推定量を使ってジャックナイフ法の性能と近似的なパラメトリック推定とを比較した．その結果，ジャックナイフ推定値の方が，ANOVA 推定値よりも真の遺伝率に近かったが，その差は僅かだった（小数第 3 位の違い）．しかし，被覆確率には実質的な差があり，ジャックナイフ推定値の方が概して望ましい 95％に近い全被覆確率（full coverage）を与えた（図 3.2）．さらに，パラメトリック推定はジャックナイフ法の場合よりも一貫して小さな下限値を与え，それは望ましい 0.025 より小さい下限値であった．それとは反対に，ジャックナイフ推定値はパラメトリック推定の場合よりも一貫して小さな上限値を与えた．

Roff and Preziosi (1994) は表現形相関と遺伝相関の推定に対してジャックナイフ法を検査し，この方法が母数値の推定と 95％信頼限界の設定に優れた結果を与えることを示した．

比の推定：生態学的指数

　生態学者は，よく生態学的指数を使って個体群の過程や状態を説明する．そのために，複数の指数が使われることは珍しくないが，また同様に，それらの指数の統計学的特性がはっきりしていないことも珍しくない．そのようなとき，ジャックナイフ法がこれらの指数やその標準誤差の推定方法を与えることもあるかもしれないが，それを当然と考えるべきではない．1例として，ニッチ重複の測定量を考えることにする．同所的に分布し，n種類の資源を利用する2種のニッチ重複を計算したいとしよう．一方の種によるi番目の資源の利用割合はp_iで（利用されるすべての資源に対する比率），他方の種による利用割合はq_iである．これまで提出された生態学的指数は次の4つがある：

(1)　群集係数 (C_1)：$C_1 = \sum_{i=1}^{n} \min(p_i, q_i)$
(2)　森下の指数 (C_2)：$C_2 = 2\sum_{i=1}^{n} p_i q_i / (\sum_{i=1}^{n} p_i^2 + \sum_{i=1}^{n} q_i^2)$
(3)　ホーンの指数 (C_3)：$C_3 = (\sum_{i=1}^{n}(p_i + q_i)\log(p_i + q_i) - \sum_{i=1}^{n} p_i \log p_i - \sum_{i=1}^{n} q_i \log q_i)/2\log 2$
(4)　ユークリッド距離 (C_4)：$C_4 = 1 - \sqrt{\sum_{i=1}^{n}(p_i - q_i)^2 / 2}$

　Mueller and Altenberg (1985) はジャックナイフ法とデルタ法を比較した．後者は，普通，期待値とその分散を近似するために使われる解析的方法である (Lynch and Walsh [1998, pp. 807-21] に詳しく解説されている)．Mueller and Altenberg (1985) は，これら2つの方法を比較するために (次章のブートストラップも含めて)，いくつかの異なるシミュレーションを行った．まず彼らは2つの資源カテゴリーを考えた (つまり，種1は一方の資源をp_1の確率で利用し，他方の資源を$1-p_1$の確率で利用する．一方，種2は前者の資源をq_1の確率で利用し，後者の資源を$1-q_1$の確率で利用する)．2種の資源利用確率に対して，25通りの異なるペアーの組み合わせが設定された ($p_1 = 0.1, 0.2, 0.3, 0.4, 0.5$ と $q_1 = 0.15, 0.35, 0.55, 0.75, 0.95$ の組み合わせ)．各組み合わせに対し200回の反復が以下のようなプロトコルで実行された：(1) n個の観測値を持つ標本 ($n = 20, 60, 200$) が採集され，それからp_1とq_1が計算された；(2) ジャックナイフ法とデルタ法をそれぞれ使って，推定値とその信頼領域を求めた．そこでは2つの問題が検討された．その1つ目は，どちらの方法が偏りや標準誤差を小さくし，真の値により近い推定値を与えるかである．2つ目は，これらの方法が役に立つかである．「良い方の」推定量であることが，十分なあるいは受容できる推定量であるとは限らない．

　すべての場合で，ジャックナイフ法がデルタ法より小さな偏りを与え，正確な

表 3.4 本文にある複数の資源カテゴリーの場合のニッチ重複の指数における解析のまとめ．Mueller and Altenberg (1985) からのデータ．

生態学的指数	偏り (%)		被覆確率 [a]	
	デルタ法	ジャックナイフ法	デルタ法	ジャックナイフ法
C_1	19.5	6.5	0.85	0.93
C_2	16.4	2.6	0.91	0.87
C_3	22.1	3.5	0.61	0.92
C_4	8.0	0.4	0.86	0.93

[a] 推定された 95 %信頼区間に真の値が含まれる場合の割合

信頼領域を与えた．2種に対してもっと多くの資源カテゴリーを設定した場合も同様な結果が得られた（たとえば，10 の資源カテゴリーがあるとき p のセットが 0.1, 0.1, 0.1, 0.1, 0.1, 0.1, 0.1, 0.1, 0.1, 0.1 で，q のセットが 0.4, 0.3, 0.1, 0.1, 0.05, 0.01, 0.01, 0.01, 0.01 である）．ジャックナイフ法の結果はデルタ法の場合よりも良好ではあったが，依然とその信頼区間の被覆確率は必要とされるものよりいくぶん小さいものであった（表 3.4）．

比の推定：個体群母数

生態学と進化学の両方に重要な母数は個体群の内的自然増加率 r である．密度依存性がなく内部構造のない個体群では（あるいは安定齢分布を持つ個体群では），個体群成長は指数関数的増加となり，式 $N_t = N_0 e^{rt}$ で表されるものとなる．ただし N_t は時刻 t での個体群密度である．個体群成長に密度依存性がある場合，成長率が密度とともに低下する項を導入することが必要となる．そのような公式の 1 つはロジスティック型成長式 $N_t = K/(1 + e^{c-rt})$ である．このとき K は環境収容力（carrying capacity）であり，c は定数である．両モデルにおいて，母数 r は中心的な役割を果たす．齢構造をもつ個体群から r を推定するには，以下のオイラーの式を解かなければならない：

$$1 = \sum_{i=0}^{\Omega} e^{-ri} l_i m_i \tag{3.11}$$

このとき Ω は最終齢で，l_i は齢 i までの生存率である．また m_i は雌が齢 i で生む子の数である．式 (3.11) は数値計算によって解くことはできるが，信頼限界を推定することは困難である．Meyer *et al.* (1986) はそれを推定する方法としてジャックナイフ法を提案し，2 つの仮説上の異なる個体群をシミュレーションによって発生させることによって，その方法の有効性を検証した．シミュレートし

表 3.5 コンピュータでシミュレーションによって発生させたミジンコ類の 2 つの仮説上の個体群から採集された 5 頭の雌の生活史.下線のある値は次の時期には死んでしまった個体である.

| | 産子数 | | | | | | | | | |
| | 仮説上の個体群 1 | | | | | 仮説上の個体群 2 | | | | |
齢	1	2	3	4	5	1	2	3	4	5
1	0	0	0	0	0	0	0	0	0	0
2	0	0	0	0	0	0	0	0	0	0
3	0	0	0	0	0	0	0	0	0	0
4	0	0	0	0	0	0	0	0	0	0
5	0	0	0	0	0	0	0	0	0	0
6	0	0	0	0	0	0	0	0	0	0
7	0	0	12	0	0	0	0	0	0	<u>0</u>
8	4	0	0	0	0	10	<u>0</u>	0	11	
9	0	0	10	0	12	0		8	0	
10	11	8	0	8	0	0		0	7	
11	0	0	9	0	0	<u>10</u>		<u>0</u>	0	
12	9	0	0	9	12				0	
13	0	11	8	0	0				<u>8</u>	
14	0	0	0	0	0					
15	15	0	9	14	10					
⋮	⋮	⋮	⋮	⋮	⋮					
28	0	0	0	10	0					

Meyer *et al.* (1986) を改変

た 1 つ目の個体群ではすべての個体は 28 歳で死亡し,それまでの死亡率は 0 であるとした.一方,2 つ目の個体群には比較的厳しい死亡率を与えた.雌は,以下のような規則に従って子供を産んだ(クローン種が想定されるときには,雄と雌は区別されない):(1) 7 歳未満は繁殖しない;(2) 産子期間は 2 日か 3 日である(各個体群は等しい確率);(3) 産子数は平均値 10 子と分散係数 0.25 の正規分布に従う.各個体群は 100 個体からなり,そこから 10 頭の雌を無作為に採集し,式 (3.11) を使って内的自然増加率 r を推定した.そのときジャックナイフ推定は標本から各雌を繰り返し除去することによって行われた.各個体群に対して,この過程を 1000 回反復した.長命の個体群の場合,真の母数値は 0.374 で,ジャックナイフ推定値の平均と同じであった.ジャックナイフ法で推定された 95%信頼区間に対して,反復の 94.4%が真の値を含んでいた.同様に,短命の個体群の場合もすぐれた結果が得られた.たとえば,r のジャックナイフ推定値の平均は 0.311 となり真の値 0.313 とほぼ同じであった.また,推定された 95%信頼区間では,反復の 96.5%が真の値を含んでいた.

2標本の比と積を推定する

生態学では，2つの標本からの変数の比や積を統計量とする場合がある．たとえば，個体群成長率は2時点での個体群密度の比で表される．その推定値と信頼区間を発生させるためにジャックナイフ法を使うことができる．しかし，2つの異なる標本があるので，通常とは異なるやり方をしなければならない．それは**重み付けジャックナイフ推定量**（weighted jackknife estimator）といわれるものである．標本 X と Y からの2つの確率変数の真の比を θ_R とし，その推定値を $\hat{\theta}_R$ としよう．また n_X と n_Y をそれぞれ X と Y における観測値の数とする．重み付けジャックナイフ法では，まず標本 X から1つの観測値の除去を繰り返し疑似値を計算することから始まる．それは，

$$S_{Xi} = \hat{\theta}_R - \frac{n_X + n_Y}{n_X}(n_X - 1)(\hat{\theta}_{-Xi} - \hat{\theta}_R) \tag{3.12}$$

である．ただし，$\hat{\theta}_{-Xi}$ は，標本 X から i 番目の観測値が除去されたときに得られる θ_R の推定値である．同様に，標本 Y から1つの観測値を繰り返し除去することによって得られる疑似値を計算することができる．j 番目の観測値を除去したときに得られる疑似値を S_{Yj} としよう．これで，計 $n_X + n_Y$ 個の疑似値が得られたことになる（n_X は S_X の数であり，n_Y は S_Y の数である）．簡単にするために，疑似値を S_i として，i は1から $N(= n_X + n_Y)$ までの整数としよう．θ_R のジャックナイフ推定値は S_i の平均である．これは代数的には次のような式と等しい：

$$\tilde{\theta}_R = n_Y \hat{\theta}_R - \frac{(n_Y - 1)}{n_Y} \sum_{j=1}^{n_Y} S_{Yj} \tag{3.13}$$

一方，標準誤差のジャックナイフ推定値は，

$$\mathrm{SE}(\tilde{\theta}_R) = \sqrt{\frac{1}{N(N-2)} \sum_{i=1}^{N}(S_i - \tilde{\theta}_R)^2} \tag{3.14}$$

である．通常の標準誤差の推定値の場合とは異なり，分母に1ではなく2がくることに注意しよう（式 (3.3)）．ジャックナイフ法を使って比や積の推定を行う方法をさらに知りたければ，Buonaccorsi and Liebhold (1988) を参照するとよい．

非線形モデルの母数を推定する

前章では，最尤法を使って，ボン・ベルタランフィの式のような非線形モデルにおける母数推定の問題に取り組んだ．この最尤法に代るもう1つの方法がジャッ

クナイフ法である．では，このような問題に対するジャックナイフ法の利用を説明するために，ボン・ベルタランフィの式を次のようにすこし簡単な形にして考えることにしよう：

$$l_t = \theta_1(1 - e^{-\theta_2 t}) \tag{3.15}$$

ただし l_t は齢 t のときの体長である（最初の体長が0に設定できるという仮定を基に，式を簡単にしている）．適切なデータを造るために，5つの齢段階（1, 2, 3, 4, 5齢）を持つ個体群をシミュレーションによって発生させ，これらの個体群の各齢群から5個体を採集した．そのとき t 齢群の i 個体の体長は式 $l_{t,i} = l_t + \varepsilon_{t,i}$ によって表すことにした．ただし $\varepsilon_{t,i}$ はその個体だけの確率変数である（この解析のプログラムコードについては付録C.3.6を参照せよ）．このとき真の値として，$\theta_1 = 100$, $\theta_2 = 1$ を指定した．また次のような平均0を持つ3つの誤差分布を採用した：(1) 平均0，標準偏差10の正規分布（これは付録C.3.6で示したものの1つである）．この誤差分布は最尤法の仮定を満たすものである；(2) -5から5までの一様分布（S-PLUSでは，「Error <- runif (n, min=-5, max=5)」とコードされる）；(3) 標準偏差が齢に比例して増加する正規分布（S-PLUSでは，「Error <- rnorm (n, 0, Age*2)」とコードされる）．

この問題に対して，ジャックナイフ推定を以下の手順で行った（付録C.3.7）．まず，残差平方和を最小にすることによって母数を推定した（つまり最小2乗法である）．これは最尤法と同じやり方である．つぎに，ある個体を除去したデータから最少2乗法によって母数を推定し，そして疑似値を計算した．この計算過程は，25個体分の疑似値を求めるために，25個体すべてについて繰り返さなければならなかった．そしてこれらの疑似値からジャックナイフ推定値を求めた．付録C.3.7にある，シミュレートされた1つのデータに対する結果は，ジャックナイフ推定値が最尤推定値とよく合っていることを示している．

各誤差分布に対しては，1000反復を発生させた（付録C.3.8）．母数推定値の平均値は真の値にたいへんよく一致していた．よって有意な偏りがあるという証拠はない（表3.6）．しかし，ジャックナイフ推定による95％信頼限界が正確な値をよく近似している（つまり真の値がその区間に含まれる確率が95％であった）のとは対称的に，最尤推定値（MLE）では，誤差が齢とともに増加する場合，相対的に良くなかった（表3.6の最後の2つの列）．ジャックナイフ法による信頼限界では，いくぶん上限値が2.5％よりも小さく，下限値が2.5％よりも小さい方に分布が偏っている傾向がある．この傾向は，最尤推定値の場合も，正規誤差で

表 3.6　ボン・ベルタランフィの成長関数でのシミュレーションによる 1000 反復に対して，最尤推定法（MLE）とジャックナイフ法（Jack.）を使って母数推定を行った結果．シミュレーションの詳細については本文を参照せよ．

母数	平均 MLE	平均 Jack.	P<LC[a] MLE	P<LC[a] Jack.	P>UC[b] MLE	P>UC[b] Jack.	被覆確率[c] MLE	被覆確率[c] Jack.
正規誤差								
θ_1	100.14	99.89	0.014	0.013	0.033	0.037	0.953	0.950
θ_2	1.011	0.998	0.006	0.004	0.037	0.044	0.957	0.952
一様誤差								
θ_1	99.99	99.97	0.022	0.027	0.019	0.029	0.959	0.944
θ_2	1.002	1.001	0.023	0.027	0.031	0.037	0.946	0.936
齢比例型標準偏差を持つ正規誤差								
θ_1	100.03	99.91	0.049	0.018	0.064	0.038	0.887	0.944
θ_2	1.003	1.001	0.005	0.014	0.013	0.023	0.982	0.963

[a] 真の値が 95％信頼区間の下限値よりも小さい領域に落ちるような反復頻度の割合
[b] 真の値が 95％信頼区間の上限値よりも大きい領域に落ちるような反復頻度の割合
[c] 真の値が 95％信頼区間内に落ちるような反復頻度の割合

は同様であったが，一様誤差ではそうではなかった．また，齢に比例して増加する標準偏差を持つ正規誤差では母数によって傾向は異なった（表 3.6）．全体として，ジャックナイフ推定量の性能は最尤推定量よりも優れていた．もちろん，分散が齢に比例して増加することを知っているならば，それを最尤法の過程に組み込むことはできる．ジャックナイフ法の優位性は，背後にある誤差分布に対して比較的高い頑健性を持つということに他ならない．

次に扱う問題は，母数値を比較するとき，ジャックナイフ法が適した方法であるか否かというものである．この問題に答えるために，同じ分布から2つの標本を発生させ，母数値を2つの方法で比較してみよう．1つ目の方法は t 検定や ANOVA を使って母数のペアー比較をする方法である（たとえばここの例でいうと，2つの θ_1 間や2つの θ_2 間を比較する）．2つ目は MANOVA を使ってすべての母数を同時に比較する方法である．後者は母数同士が相関をもつこともあるのでとくに重要である．それについては実際に付録 C.3.7 の最尤推定の出力で示している．データセットの 1000 反復ペアーに対して有意な違いが得られた場合の割合は，3つのすべての比較において 0.041 であった．そしてこれは期待される 0.05 と有意な違いではなかった（$\chi^2 = 1.71, \mathrm{df} = 1, P = 0.1916$）．齢に比例して増加する標準偏差を持つ正規誤差分布の場合，分散で有意な差を生じさせたものは全体の 4.5％であった．これも期待される 5％と有意な違いを示さなかった．

結論として，非線形モデルに対するジャックナイフ法は最尤法に代わる優れた方法であるように思われる．最尤法の仮定が満たされないときは，とくにその優

位性は高いだろう．だだ，すべての非線形モデルに対してこの方法が妥当であるとは仮定できず，その妥当性はモデル毎に上で解説したようなシミュレーション解析に頼って検査するしかない．ここではボン・ベルタランフィの関数に対しては妥当であることが示された．また，ミカエリス・メンテンの関数に関しても妥当であることが示されている（Oppenheimer et al. 1981: Matyska and Kovar 1985），これらの結果は，もしかするとその適用に一般性があることを示しているのかもしれない．

データをブートストラップすることによってジャックナイフ法を検査する

　これまで調べてきたすべての例では，統計モデルを指定し，シミュレーションによってデータを発生させて，ジャックナイフ法の有効性を調べてきた．ここでも，ボン・ベルタランフィの成長曲線のような関数の母数値を推定する場合を検討するために，シミュレーションによってデータを発生させたいとしよう．行うべき最初のことは，最若齢と最老齢の間で変動する一連の齢変数の値を発生させることである（以前，5つの各齢群に対して5個体を採集するという確定した標本採集計画を用いた）．次に，平均0の正規分布を基にした一連の誤差項を設け，それらをモデル関数における各齢毎の真の平均値に追加する（付録C.3.9）．いくつかの例では，モデルの定義が困難なため，データのシミュレーションに別の方法が必要になるかもしれない．このとき非常に簡単な方法の1つは，観測されたデータセットを真の母集団として用いて，その母集団から無作為に反復標本を発生させることである．目的とする母数の真の値は，もとの観測データセットから得られた母数値に等しいはずである．このような繰り返しの標本採集は，S-PLUSの単一の命令で行うことができる（付録C.3.9）Mueller (1979) は，このいわゆるブートストラップ法を根井の遺伝距離推定法の検討に用いた．

　個体群間の遺伝距離の問題は，進化生物学者にとって興味ある問題である．遺伝変異は，多くの遺伝子座に存在する対立遺伝子の頻度の違いを基に測定することができる．これらのデータを1つの統計量に集約して，2つの個体群が遺伝的にどれくらい離れているかを測ることができれば，それは望ましいことだろう．そのような統計量の1つが，根井の遺伝距離 D （Nei's genetic distance, D）である：

$$D = -\ln\left(\frac{\sum_{i=1}^{n}\sum_{j=1}^{m_i} p_{1ij}p_{2ij}}{\sqrt{\sum_{i=1}^{n}\sum_{j=1}^{m_i} p_{1ij}^2 \sum_{i=1}^{n}\sum_{j=1}^{m_i} p_{2ij}^2}}\right) \quad (3.16)$$

表 3.7 根井の遺伝距離を推定するときの，ジャックナイフ法（$\tilde{D}_J$）とデルタ法（$\hat{D}_D$）における偏り（%）

真の D 値	遺伝子座の数	$\tilde{D}_J$ における偏り	$\hat{D}_D$ における偏り
0.0157	5	0.0072	7.95
0.0157	15	0.122	2.2
0.0157	30	0.135	1.26
0.499	5	17.4	23.6
0.499	15	0.066	5.7
0.499	30	0.17	2.7
1.08	5	86.4	143.0
1.08	15	3.35	9.32
1.08	30	0.33	3.32

このとき，n は遺伝子座の数であり，m_i は i 番目の遺伝子座での対立遺伝子の数である．また p_{1ij} と p_{2ij} はそれぞれ個体群 1 と 2 における i 番目の遺伝子座での j 番目の対立遺伝子の頻度である．D の推定値 $\hat{D}$ は，観測された対立遺伝子頻度を式に代入することによって求められる（D は標準的な記号であるので，ここでは θ よりもこの記号を用いることにしよう）．最尤推定量はここでは使えない．なぜなら標本の遺伝子座の数が少ないときはその推定値は偏りを持つことが既に知られているからである．Mueller (1979) は，D とその標準誤差（SE）を推定するときのデルタ法とジャックナイフ法の有効性を調査した．彼は，観測データセットを仮説上の個体群として用いて．対立遺伝子頻度の現実の分布を発生させる問題を解決した．つまり彼は，その個体群から標本を発生させる代わりに，観測データセットから n 遺伝子座を無作為に引き出した．元の観測データセットは真の個体群として見なされているので，そのデータセットから式 (3.6) を使って推定された D 値は，シミュレートされた個体群の真の値ということになる．Mueller は，研究では 3 つの異なる観測データセットを仮説上の個体群として選び（$D = 0.0157, 0.499, 1.08$），それぞれにおいて 5, 15, 30 個の遺伝子座から採集を行った．

期待どおり，デルタ法は偏った推定値を与え（表 3.7），その偏りは採集される遺伝子座の数が増加するとともに減少した（これも期待どおり）．ジャックナイフ法による推定値の偏りはデルタ法の場合よりもかなり小さかった．それは 15 個以上の遺伝子座が採集される場合で十分に小さいものになった（表 3.7）．推定された信頼区間は両推定法で本質的に同じようなもので，5 個あるいは 15 個の遺伝子座が採集されるときには両方とも狭すぎた．また仮説上の個体群の 1 つでは，3 つすべての遺伝子座標本サイズで狭すぎることが分かった（$D = 0.0157$，図 3.3）．こ

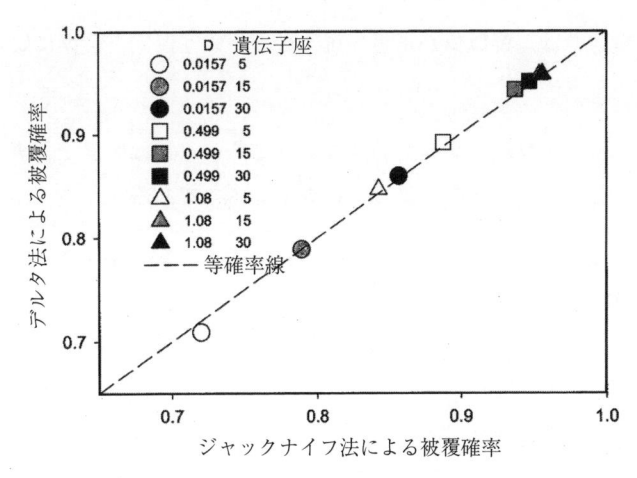

図 3.3 根井の遺伝距離の真の値が，推定された 95％信頼区間内に含まれる場合の割合．Mueller（1979）からのデータ．

れらの結果より，ジャックナイフ法とデルタ法の利用の有効性は対立遺伝子頻度の真の分布に依存するということが示唆される．ジャックナイフ推定において偏りを減らすことはこの方法への有効性を高めることになるが，特定のデータセットに対する推定量の正しい振る舞いを実際に保証するには，シミュレーションによる確認が推奨されるだろう．後にブートストラップ・モンテカルロ法が，適切な標本を発生させるための簡単な方法であることを説明することになる．

まとめ

(1) ジャックナイフ法は，まずデータセットから 1 つの観測値を繰り返し除去することによって（いくつかの遺伝解析では 1 家族の観測データ全体の除去になるかもしれない），式 (3.2) にあるような疑似値のセットを計算する．

(2) ジャックナイフ推定値とはこれら疑似値の平均である．

(3) ジャックナイフ推定値の標準誤差（SE）は疑似値の標準誤差を使って推定する．

(4) ときには，変換がジャックナイフ推定の性能を改善することがある．

(5) 仮説検定では，疑似値が正規分布に従うという仮定を前提に始めることになる．

(6) ジャックナイフ法がすべての状況でうまくいくとは仮定できず，その信頼性をシミュレーションによって検査するべきである．

(7) シミュレーションによるデータ発生は，指定した統計モデルを使って行ったり，観測データをブートストラップによって反復標本採集したりして行う．

■ さらに読んでほしい文献

Efron, B. (1982). *The Jackknife, the Bootstrap and Other Resampling Plans*. Society for Industrial and Applied Mathematics, Philadelphia.
Manly, B. F. J. (1997). *Randomization, Bootstrap and Monte Carlo Methods in Biology*. New York: Chapman and Hall.
Miller, R. G. (1974). The jackknife-a review. *Biometrika*, **61**, 1-15.

■ 練習問題

(3.1) 平均 0，分散 1 の正規分布（つまり $N(0,1)$）から 100 個の値を発生させよ．ジャックナイフ法によって分散を推定し，その疑似値の正規性を検定せよ（シャピロ・ウィルクス検定かあるいは他の適当な検定を用いよ）．そして疑似値のヒストグラムをプロットせよ（ヒント：付録 C.3.1 と C.3.2 を参照せよ）．

(3.2) 最尤法とジャックナイフ法を使って，下にあるデータに回帰直線を適合させよ．まず傾きと切片がともに 0 であるという仮説を検定せよ．次に傾きが 1 で切片が 0 であるという仮説を検定せよ．

x	1.63	4.25	3.17	6.46	0.84	0.83	2.03	9.78	4.39	2.72	9.68	7.88
y	2.79	3.72	4.09	5.89	0.75	-0.13	1.76	8.44	5.15	2.16	9.88	6.95
	0.21	9.08	9.04	5.59	3.73	7.98	3.85	8.18				
	0.03	7.50	9.92	5.37	3.79	7.18	3.37	7.81				

(3.3) 上のデータを基に，ジャックナイフ法を使って相関係数を計算せよ．そ

してその相関係数が0である $(r=0)$ という仮説を検定せよ．そのときまず変換を使わずに解析を行い，次に以下のフィッシャーの z 変換を使って解析せよ：

$$z = \frac{1}{2}\ln\left(\frac{1+r}{1-r}\right)$$

(3.4) 以下のプログラムコードを用いて1000個の (x,y) 対データを発生させよ．

```
set.seed (1)          # Set seed for random number generator
n <- 1000             # Number of points
x <- runif (n,0,10)   # Construct X values evenly spaced from 1 to 10
error <- rnorm (n, mean=0, sd=1)   # Generate error term
y <- x + error                     # Construct Y values
xy <- cbind (x, y)                 # Data set to be examined
```

上の対データより変換を使わないで相関係数の疑似値を求めよ．次にフィッシャーの z 変換を使って相関係数の疑似値を求めよ．その正規性を検定し，そのデータをプロットして，その統計量である相関係数を検討せよ．変換は有効であろうか？．

(3.5) 下の表は20頭の雌のショウジョウバエが各齢で産んだ卵数である．最尤法とジャックナイフ法を用いて，関数：卵数 $= \theta_1(1-\mathrm{e}^{-\theta_2 \mathrm{Age}})\mathrm{e}^{-\theta_3 \mathrm{Age}}$ の母数を推定せよ．

個体 No.	1	2	3	4	5	6	7	8	9	10	11	12	13	14	15	16	17	18	19	20
齢	1	3	2	4	1	1	2	5	3	2	5	4	1	5	5	3	2	4	2	5
卵数	58	70	72	65	57	56	71	59	71	70	60	65	57	59	61	70	71	65	70	60

(3.6) シミュレーションにより練習問題3.5と同様なデータを発生させ，ブートストラップ法を用いてそのデータから10個の観測値からなる標本を発生させよ．その標本を用いてジャックナイフ法により関数式の各母数の疑似値を求め，それらの正規性を検定し，練習問題3.5で求めた結果と比較せよ．

3章で使われた記号のリスト

記号は下付きにされることもある.

ε	Error term	誤差項
θ	Parameter to be estimated	推定されるべき母数
$\hat{\theta}$	Estimate of θ	θ の推定値
$\hat{\theta}_{-i}$	Estimate of θ with the ith datum removed	i 番目のデータを除去したときの θ の推定値
$\tilde{\theta}$	Jackknife estimate (= mean of pseudovalues)	ジャックナイフ推定値（疑似値の平均）
σ	Standard deviation	標準偏差
C	Resource utilization index	資源利用指数
D	Nei's genetic distance	根井の遺伝距離
G	Genetic variance-covariance matrix	遺伝分散共分散行列
K	Carrying capacity	環境収容力
MLE	Maximum likelihood estimate(s)	最尤推定値
N	Population size or Total number of observations	個体群密度あるいは全観測値数
$N(\mu, \sigma)$	Normal distribution with mean μ and stndard deviation σ	平均 μ と標準偏差 σ をもつ正規分布
P	Probability	確率
S_i	ith pseudovalue	i 番目の疑似値
SE(.)	Standard error of term in parentheses	括弧内の変数の標準誤差
X	Data matrix	データ行列
c	Constant	定数
l_i	Survival to age i	齢 i での生存率
m_i	Number of female offspring at age i	齢 i で雌が生んだ子の数
n	Number of observations or number of subgroups	観測値数あるいは部分集団数
p	Allelic frequency or proportion of resources used	遺伝子頻度あるいは資源利用比率
r	Rate of increase of a population (Intrinsic rate of natural increase)	個体群の内的自然増加率
t	Age	齢
x	Observed value	観測値
$\bar{x}$	Mean value of x	x の平均

第4章
ブートストラップ法

はじめに

　3章では，ある統計的方法の有効性を検証するために，観測分布をある仮説的分布の記述子（descriptor）として利用する考えを紹介した．ブートストラップ法も同様な方法であり，この場合，観測分布から無作為に標本を採集することによって点推定値と信頼限界を求めるために使われる．この方法の背景にある原理は，観測分布それ自身が真の分布の十分な記述子である考えに基づくものである．ブートストラップという名は Efron（1979）によって名付けられた．「長靴に付いたつり紐（ブートストラップ）を引っぱり，自分自身の体を宙に引き上げる」という寓話からきており，不可能と思われることを自分自身の努力で成し遂げるという意味で使われる（この寓話はルドルフ・エーリッヒ・ラスベによる本「ほら吹き男爵の冒険」からのものと思われるが，その本でそのような寓話を見つけることはできなかった）．

　膨大な数の観測値を持つ観測データがあったとしよう．この場合，その分布からの標本は元の母集団からの標本とほとんど変わりがないことは明らかである．ここで重要な点は，逆に，観測データが巨大サイズでなかったとしたら，その標本は真の分布の記述子として不十分であるということである．もし推定されるべき統計量が外れ値に敏感で，背景にある分布が偏った分布をしているときにはとくにそれは顕著となる．観測値20個ぐらいしかない標本にもかかわらず，それが母集団分布の十分な代表であると期待することは，たぶん極めて愚かなことである（観測値5個ぐらいの標本でブートストラップを行ってみたことがあるが，このように小さな標本だと話にもならないだろう）．しかし強調しておきたいのは，

直面する特殊な状況でブートストラップ法が有効かどうかは理論的あるいは実践的に検証する必要があるということである．そうでない限り，ブートストラップ法を利用すべきでないと結論を下すことはできない．

前章と同様な筋道を辿りながらこの方法を説明することにする．まずその概略や手法とともにその強みや弱点を説明するために，いくつかの例を紹介することにしよう．

点推定

標準的な推定

ブートストラップ法は実際は点推定のための方法ではない，なぜなら自分自身がブートストラップ化される統計量によってその点推定は実行され，そのときブートストラップ法は，ジャックナイフ法がやるようには推定の偏りを排除できないからである．もっとも，もしこの点を修正できないならば，信頼限界を推定するというもっと重要な問題においても失敗してしまうことは確かである．

ブートストラップ法における基本的な手順は次のようなものである．いま n 個の観測値のセットがあり，それから母数 θ を（あるいは母数セットを）推定したいとしよう．その推定値を $\hat{\theta}$ と表す．ブートストラップ標本を発生させるために，元のデータセットから繰り返しを許して n 個の観測値を無作為に採集し，θ の推定値を計算する．このブートストラップ推定値を θ_1^* とする．この手順を B 回繰り返し，B 個のブートストラップ反復値 $(\theta_1^*, \theta_2^*, \theta_3*, \ldots, \theta_B^*)$ を発生させる．これらの推定値のセットから求めたい統計量を推定することになる．求めたい統計量とは，一般的には，その点推定値と信頼限界である．両者を計算するにはいくつかの異なる方法がある．

もっとも簡単なブートストラップ点推定は，次のようなブートストラップ反復値の平均である：

$$\theta^* = \frac{1}{B}\sum_{i=1}^{B}\theta_i^* \tag{4.1}$$

偏りを調整したブートストラップ推定

もし $\hat{\theta}$ が θ の偏りをもった推定であるとすると，θ^* も，それ自身，偏りを持つ．なぜならそれは真の母数 θ ではなく偏りを持つ $\hat{\theta}$ を推定するからである．$\hat{\theta}$ の偏

りは次のように定義される：

$$\hat{\theta}_{\text{Bias}} = \hat{\theta} - \theta \tag{4.2}$$

これは次の式で推定される：

$$\text{Est}(\hat{\theta}_{\text{Bias}}) = \theta^* - \hat{\theta} \tag{4.3}$$

よって，式（4.2）を再度整理して $\theta = \hat{\theta} - \hat{\theta}_{\text{Bias}}$ とし，これに偏りの推定値（式（4.3））を代入することによって，偏りを調整したブートストラップ推定値 θ_A^* を求めることができる[*1]：

$$\theta_A^* = 2\hat{\theta} - \theta^* \tag{4.4}$$

偏りを修正する他の方法については，Efron and Tibshirani（1993）と Davison and Hinkley（1999）を参照せよ．

区間推定

　信頼区間を推定するには，非常に簡単な標準誤差（SE）法から比較的複雑な BC_a 百分位法（accelerated bias-corrected percentile method）までいくつかの方法がある．それぞれの方法が同じ区間を導くわけではない．とくに分布が大きな偏りをもっているときにはそうである．どの方法が最良であるかを最初から決定することは困難である．よって，一般的には，シミュレーションによってそれぞれを比較検討しなければならないだろう．どんな単一の推定作業の場合も，普通，その反復数は計算機に過大な負担を与えることはないが，シミュレーションを使ってその振る舞いを検証する場合，膨大な計算時間が必要となるに違いない．これらの区間を計算するときのプログラムコードは，後半にある例題の節で与えている．標準誤差（SE）を計算するためには，この節で議論される他の方法よりも，必要となる反復数（50-200）は少ない．しかし，一般的には，1000反復ぐらいが必要となる場合が多いであろう（S-PLUSの作業ルーチンでは1000反復が規定になっている）．

[*1] （訳者注）$\theta = \hat{\theta} - \hat{\theta}_{\text{Bias}}$ の $\hat{\theta}_{\text{Bias}}$ に $\text{Est}(\hat{\theta}_{\text{Bias}})$ の式を代入したときの θ を，偏りを調整したブートストラップ推定値 θ_A^* とする．

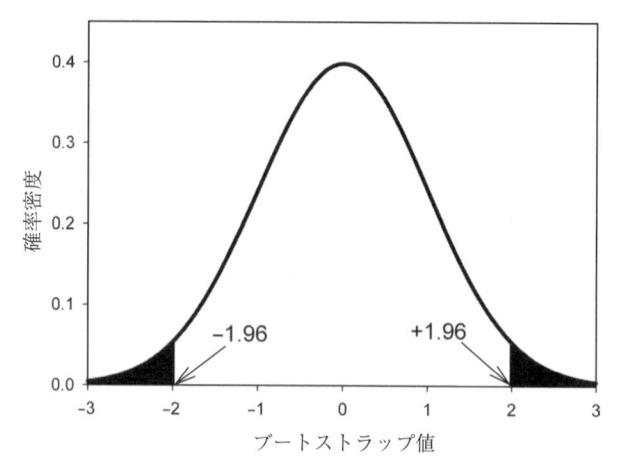

図 4.1 95％ブートストラップ信頼区間を推定するために標準誤差を使う方法.
ブートストラップ反復値の分布は正規分布であると仮定され，その分布（ブートストラップ反復値は平均 0，分散 1 に標準化される）から直接，標準誤差が計算される．

方法 1：標準誤差法（SE 法）（standard error approach）

　もしブートストラップ推定値が正規分布に従うと（あるいは少なくとも近似的に）仮定できるならば，95％信頼区間を推定値 ±2SE と推定できる（正確には ±1.96SE である，図 4.1）．もし B が小さいならば，1.96 の代わりに自由度 $B-1$ の t 値を使うこともできるが，このような小さな標本の場合，ブートストラップ法の信頼性は低下する傾向があるので，この方法はあまり考慮する価値がないかもしれない．推定値の標準誤差は，次のようなブートストラップ反復値の**標準偏差**によって推定される：

$$\mathrm{SE}(\hat{\theta}) = \sqrt{\frac{1}{B-1}\sum_{i=1}^{B}(\theta_i^* - \theta^*)^2} \tag{4.5}$$

方法 2：第 1 百分位法（first percentile method）

　ブートストラップ反復値の分布は注目する（複数の）母数の分布の記述子である．よって，正規性を仮定するのではなく，信頼区間の上限値と下限値を設定するためにそれ自身の分布を利用することができる（図 4.2）．ブートストラップ反復値を最小値から最大値までランク付けする．そのとき，同位がないと仮定し，そのランク列を下（最小値）から上にカウントしながら移動し，ブートストラップ反復値の 2.5％が下にくるような下限値を見つけるのである．またブートスト

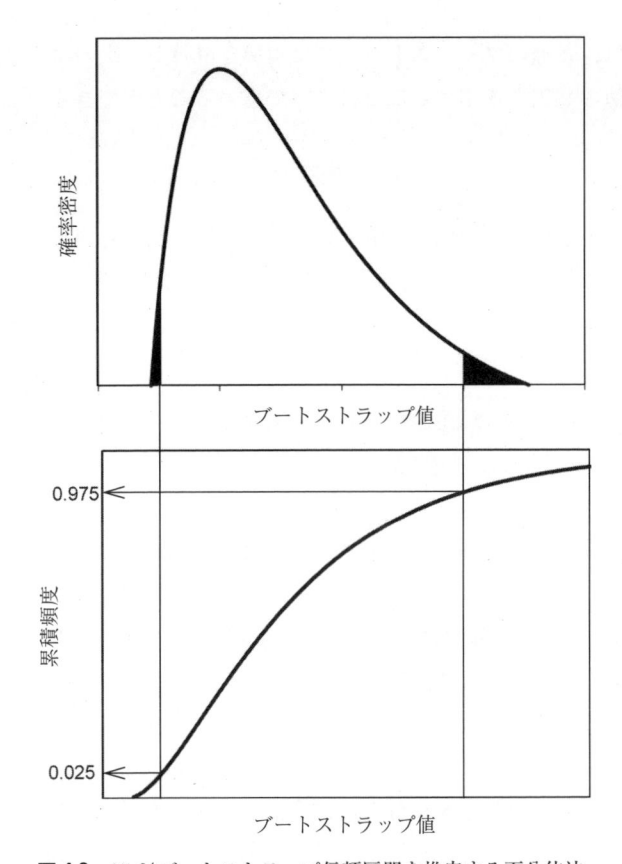

図 4.2 95％ブートストラップ信頼区間を推定する百分位法．
その区間は，分布（上図）の左から 2.5％の位置と右から 2.5％の位置の間を選べばよい．これらの位置の値を求めるためには，ブートストラップ反復値を順位付けし，下図で示されるような累積頻度曲線を利用することになる．

ラップ反復値の 97.5％が下にくるような上限値を見つけるのである．もし分布が対称形なら（たとえば正規分布や一様分布なら），信頼限界もブートストラップ推定値に対して対称になるであろうが，分布がそうでなければ信頼限界も非対称となる．

方法 3：第 2 百分位法（second percentile method）

　第 1 百分位法は元のデータに対してブートストラップを行うが，この方法は誤差分布に対してブートストラップを行うものである．これは，どんな推定値も真の値に誤差が付け加わったものから出来上がっているという原理（つまり，$\hat{\theta} = \theta + \varepsilon$ である．ただし ε は特定の分布形式を持つ）を基にしている．誤差のブートスト

ラップ分布は，普通のブートストラップ反復値を計算し，次のようなブートストラップ反復値の誤差を推定することによって求めることができる*2．

$$\varepsilon_i^* = \theta_i^* - \hat{\theta} \tag{4.6}$$

誤差に対する上限値と下限値は，第1百分位法で用いたのと同じやり方で見つけることができる．ただし，次のように推定値からある誤差を差し引くことになる：

$$\hat{\theta} - \varepsilon_U < \theta < \hat{\theta} + \varepsilon_L \tag{4.7}$$

ここで，ε_U は誤差分布の上限値で ε_L は下限値である（上の式の「奇妙な」配置は式（4.6）で与えられた誤差の定義からきている*3）．

方法 4：BC 百分位法（bias-corrected percentile method）

これまで紹介した方法は，標準的なブートストラップ推定量にある共通な問題を抱えている．つまり，最初の標本は分布（母集団）から上方か下方に偏った標本であるはずであるという問題である．要するに，これまでの方法は $\theta^* - \hat{\theta}$ や $\hat{\theta} - \theta$ は 0 の周りに分布すると仮定されるのである．この偏りを修正するために，平均 $z_0\sigma$ の周りに分布する 2 つの変量を正規化するある変換 $f()$ が存在すると仮定することにしよう．このとき σ は分布の標準偏差である*4．

$$f(\theta^*) - f(\hat{\theta}) \sim N(z_0\sigma, \sigma) \text{ と } f(\hat{\theta}) - f(\theta) \sim N(z_0\sigma, \sigma) \tag{4.8}$$

この仮定の手軽なところは，関数を実際に推定する必要がなく，単にそれが存在すると仮定するだけで良いという点である．以下のような手順で解析を進めて行こう（図 4.3）：

(1) z_0 値は，標準正規分布の x 座標である z の値である．この値は観測推定値 $\hat{\theta}$ より大きい反復ブートストラップ推定値の割合に対応するものである．たとえばこの割合が 0.4013 のときは $z_0 = 0.25$ となる*5．

---

*2 （訳者注）$\varepsilon = \hat{\theta} - \theta$ の近似的値として推定される．
*3 （訳者注）$\varepsilon_L < \hat{\theta} - \theta < \varepsilon_U$ を整理すると得られる．
*4 （訳者注）通常は，平均 $-z_0$，標準偏差 $\sigma = 1$ という正規分布に変換する $f()$ を考える．つまり下の式は，$f(\theta^*) - f(\hat{\theta}) \sim N(-z_0, 1)$ と $f(\hat{\theta}) - f(\theta) \sim N(-z_0, 1)$ となる．あるいは，$f(\theta^*) - f(\hat{\theta}) + z_0 \sim N(0, 1)$ と $f(\hat{\theta}) - f(\theta) + z_0 \sim N(0, 1)$ である．こうすると，後で解説する解析手順も理解しやすい．
*5 （訳者注）標準正規分布表で，両側確率 $0.4013 \times 2 = 0.8026$ のときの z 値 0.25 である．

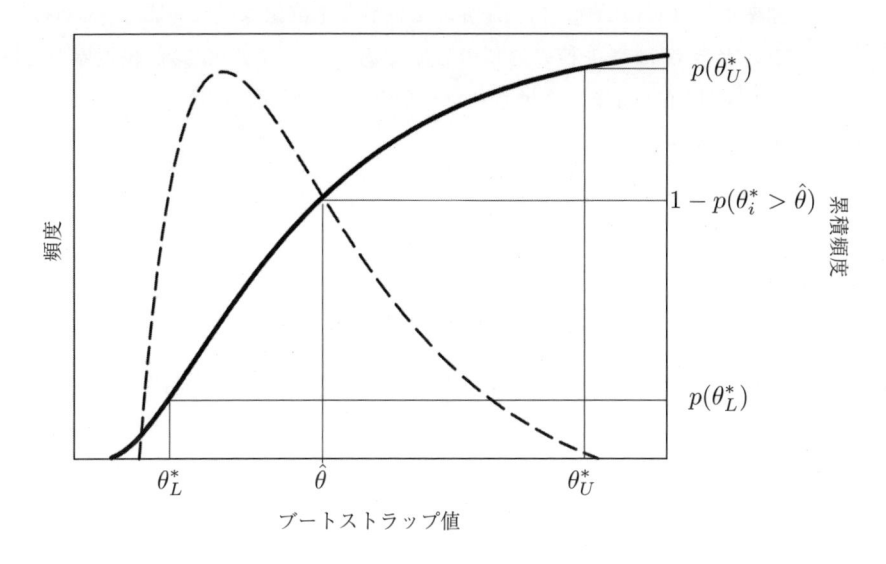

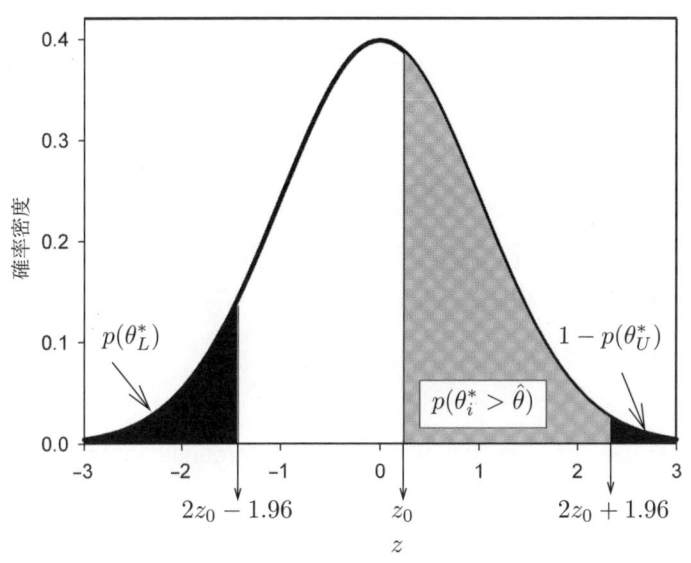

図 4.3 95％ブートストラップ信頼区間を推定する BC 法.

上図はブートストラップ値（破線）とその累積値（実線）の分布である．下図は標準正規分布とそこから推定される値を説明する図である．下図の分布の右裾にある灰色と黒色を合わせた部分の面積は，観測値よりもブートストラップ反復値が大きい場合の割合 $p(\theta_i^* > \hat{\theta})$ を表す．そして z_0 はこの割合に一致する x 軸上の値である．また $p(z < 2z_0 - 1.96)$ に一致する同様な割合を $p(\theta_L^*)$ と表している．ブートストラップ推定値に対する 95％信頼限界の下位値 θ_L^* は，累積頻度曲線（上図）においてこの割合に一致するブートストラップ値を読めば見つけられる．95％信頼限界の上位値 θ_U^* も同様にして見つけられる．

(2) 標準正規分布の場合，信頼限界の上位値と下位値は $-z_{\alpha/2}$ と $z_{\alpha/2}$ である．このとき α は第1種の過誤の確率である．よって 95％信頼限界ならば $z_{\alpha/2} = 1.96$ となる．変換された分布の場合，信頼領域は次のようにとることができる：

$$-z_{\alpha/2} < f(\hat{\theta}) - f(\theta) + z_0 < z_{\alpha/2} \tag{4.9}$$

これを整理すると，$f(\theta)$ の信頼領域は：

$$f(\hat{\theta}) + z_0 - z_{\alpha/2} < f(\theta) < f(\hat{\theta}) + z_0 + z_{\alpha/2} \tag{4.10}$$

となる．ここからが巧みな部分である．やりたいことは不等号の左辺と右辺に一致するブートストラップ値を探すことである．つまり，信頼区間の上限値の場合，$f(\hat{\theta}) + z_0 + z_{\alpha/2}$ よりも小さいような $f(\theta^*)$ を観測する確率を与える θ^* 値を求めたいのである．θ^* の上位信頼限界値を θ_U^* とすると，その確率 $p(\theta_U^*)$ は次のようになる：

$$\begin{aligned} p(\theta_U^*) &= \text{Prob}\{f(\theta_U^*) < f(\hat{\theta}) + z_0 + z_{\alpha/2}\} \\ &= \text{Prob}\{f(\theta_U^*) - f(\hat{\theta}) + z_0 < z_0 + z_{\alpha/2} + z_0\} \\ &= \text{Prob}\{z < 2z_0 + z_{\alpha/2}\} \end{aligned} \tag{4.11}$$

(3) ブートストラップによる上位信頼限界値は，ブートストラップ反復値の累積頻度分布においてこの確率に対応するブートストラップ値である（図4.3）．

(4) 下位信頼限界値 θ_L^* も同様に次のような確率を使って見つければよい：

$$p(\theta_L^*) = \text{Prob}\{z < 2z_0 - z_{\alpha/2}\} \tag{4.12}$$

方法5：BC_a 百分位法（accelerated bias-corrected percentile method）

上の方法は，$f(\hat{\theta})$ の標準誤差は一定であるという仮定を持っていた．しかし，標準偏差は往々にして母数値とともに増加するものである．このようなとき，$f(\hat{\theta})$ の標準偏差は $f(\theta)$ の増加関数であると仮定することがもっと妥当であるかもしれない．BC_a 法は，$f(\hat{\theta})$ の標準偏差は $f(\theta)$ の線形関数であるというもっと限定的な仮定をおくことによって（つまり $\sigma = 1 + af(\theta)$），この問題に対処する方法である．このような追加的仮定は，ジャックナイフ法のときと同様に，信頼限界を計算するためのアルゴリズムをより複雑にする．その手順は次のようなものである．

(1) BC 百分位法のように z_0 を計算する*6.
(2) 元のデータに対してジャックナイフ法を施し，次の式を用いて a を推定する*7：

$$a = \frac{\sum_{i=1}^{n}(\tilde{\theta}_{-\cdot} - \hat{\theta}_{-i})^3}{6[\sum_{i=1}^{n}(\tilde{\theta}_{-\cdot} - \hat{\theta}_{-i})^2]^{1.5}} \tag{4.13}$$

(3) 次の式を用いて，$p(\theta_U^*)$ と $p(\theta_L^*)$ を推定する：

$$\begin{aligned} p(\theta_U^*) &= \text{Prob}\left\{ z < \frac{z_0 + z_{\alpha/2}}{1 - a(z_0 - z_{\alpha/2})} + z_0 \right\} \\ p(\theta_L^*) &= \text{Prob}\left\{ z < \frac{z_0 - z_{\alpha/2}}{1 - a(z_0 - z_{\alpha/2})} + z_0 \right\} \end{aligned} \tag{4.14}$$

(4) ブートストラップ反復値の累積頻度曲線を用いて，知りたいブートストラップ値を読み取る．この方法は，S-PLUS では「BCa」という名で与えられている．

方法 6：百分位-t-法（percentile-t-method）

前述の百分位法は，偏りのある分布に敏感に反応するときがある．そのような場合，ブートストラップ値の分布は正確には真の分布を近似しないかもしれない．この不都合さを克服するために提出された方法が百分位-t-法である．これはブートストラップ値を t 分布に従うと期待される統計量に変換する方法である．この方法を利用するためには，推定される母数に対して標準誤差を計算できることが必要になる．これが正しいと仮定できるなら，変換されたブートストラップ反復値 T_i^* は次の式で与えられる：

$$T_i^* = \frac{\theta_i^* - \hat{\theta}}{\hat{\sigma}_{\theta_i^*}} \tag{4.15}$$

ここで，$\hat{\sigma}_{\theta_i^*}$ は，θ_i^* の推定された標準誤差（SE）である．この標準誤差を推定するための解析的な方法が存在しないときは，ブートストラップ反復値をブートストラップにかけたり，ジャックナイフ法を使ったりしてそれを推定することができる．明らかに，この方法にはかなりな計算努力が必要である．求める信頼限界の上位値と下位値は，T_i^* 値の分布から見つけられる．たとえば，母数の 95％信頼限界を求めるには，T_i^* 値の分布の最小値から上方 2.5％と 97.5％のところに

---

*6 （訳者注） $\frac{f(\hat{\theta}) - f(\theta)}{1 + af(\theta)} + z_0 \sim N(0,1)$ を仮定して同様に計算する．
*7 （訳者注） 下の式にある $\tilde{\theta}_{-\cdot}$ は $\tilde{\theta}_{-\cdot} = \frac{1}{n}\sum_{i=1}^{n}\hat{\theta}_{-i}$ を満たすものである．

ある T_i^* 値を見つける．そして，これらの値 T_L, T_U から，母数の信頼区間を次のように求めればよい：

$$\begin{aligned}\theta_L^* &= \hat{\theta} - T_L \hat{\sigma}_{\hat{\theta}} \\ \theta_U^* &= \hat{\theta} - T_U \hat{\sigma}_{\hat{\theta}}\end{aligned} \quad (4.16)$$

このとき $\hat{\sigma}_{\hat{\theta}}$ は $\hat{\theta}$ の標準誤差の推定値である．ブートストラップ反復値をブートストラップにかける以外に標準誤差を推定する方法がなければ，非常に大きな計算努力が必要になるので，Tibshirani (1988) は分散安定化ブートストラップ-t-法 (variance-stabilized bootstrap-t) という代わりの方法を開発した．百分位-t-法では 25000 回のブートストラップが必要であるが，分散安定化ブートストラップ-t-法はわずか 3500 回を必要とするだけである．

信頼限界を推定するにはこれら以外の方法もあるが，一般的には，どの方法が適切であるかを決める唯一のやり方は，シミュレーションによる解析である．後で議論する例で示すように，残念ながら，各方法の性能は大変ばらついている．

仮説検定

ブートストラップ法は仮説検定にはあまり使われない．仮に使うとしても，その適切な方法を決めるときには慎重であるべきである．仮説 $\theta = C$ に対する簡単な検定は，C が推定された信頼区間内に含まれるかどうかを確かめるものである．一般的には，正規性を仮定して，t 統計量 $t = |\hat{\theta} - C|/\sigma_{\hat{\theta}}$ を設定することが考えられる．ただし $\sigma_{\hat{\theta}}$ は $\hat{\theta}$ の標準誤差 (SE) の推定値である．このとき $t = |\theta^* - C|/\mathrm{SE}(\theta^*)$ を使いたいと思うかもしれないが，その検定は，ブートストラップ推定値がある推定値からの推定値であるという事実による変動を考慮しないものになる．もっと妥当な方法は，次のようにブートストラップ値と推定値との差と，推定値と仮説の値との差の，それぞれ尺度調整したもの同士を比較することである：

$$t_i^* = \frac{|\theta_i^* - \hat{\theta}|}{\hat{\sigma}_{\theta_i^*}} \quad \text{vs} \quad t = \frac{|\hat{\theta} - C|}{\hat{\sigma}_{\hat{\theta}}} \quad (4.17)$$

各ブートストラップ反復値に対して統計量 t_i^* が計算され，t と比較される．帰無仮説 ($H_0 : \theta = C$) の下で観測値を得る確率 P は次のように推定される：

$$P = \frac{n_{t_i^* > t}}{n} \quad (4.18)$$

ここで $n_{t_i^* > t}$ は $t_i^* > t$ である場合の数である．もっと簡単な検定は次のように分子だけを比較するやり方である：

$$d^* = |\theta_i^* - \hat{\theta}| \quad \text{vs} \quad d = |\hat{\theta} - C| \tag{4.19}$$

d^* に対する潜在的な問題は，それが標本の変動に非常に敏感に反応するということである．そこでは，外れ値がたぶん過度に重要な役割を持ってしまう．もちろん，その潜在的問題がどの程度のものかを調べることは可能である．

ブートストラップ法を使って，複数の母集団での仮説を検定することもできる．しかしもっと良いやり方は次の章で議論する無作為化法である．

ブートストラップ法の利用例

平均をブートストラップする

ブートストラップ法を使って平均の推定値を求める例は，その方法を理解したり，いくつかの制限について注目したりするのに適当であろう．ブートストラップ法は，ジャックナイフ法と同様に，多くの標準的な統計パッケージに装備されるようになってきたが，柔軟性という点から考えると，とくに優れた統計パッケージをいくつか挙げることができる．その中でも S-PLUS は特に優れており，ブートストラップ反復値を保存し，その結果，作業ルーチンでも直接計算できない特殊な推定値を求めることができるようになっている．

付録 C.4.1 は，正規分布 $N(0,1)$ から 30 個の値を発生させ，1000 個のブートストラップ反復値を作り，作業ルーチン「bootstrap」によって算出した統計量の値を出力するためのプログラムコードを示している．ブートストラップ反復値の分布は，驚くこともないかもしれないが，正規分布と有意な違いはない（シャピロ・ウィルクスの正規性検定，$W = 0.9987$，$P = 0.6771$，図 4.4）．その出力には，ブートストラップ推定値，標準誤差，方法 2（第 1 百分位法あるいは経験百分位法とも言う．出力では「Empirical Percentile」としている）と方法 5 （BCa 法，出力では「BCa Confidence Limits」としている）を使って推定した百分位を与えている．標準誤差法（SE 法）（方法 1，±1.96SE）による信頼限界は，他の方法による推定値と比べて下方にずれている（方法 1：−0.4352 から 0.2939，方法 2：−0.4257 から 0.2971，方法 5：−0.4179 から 0.3105）[*8]．

[*8] （訳者注）理論的には，標本分布から $1.96 \times 1/\sqrt{30} = 0.3578$ より -0.3578 から 0.3578 となる．

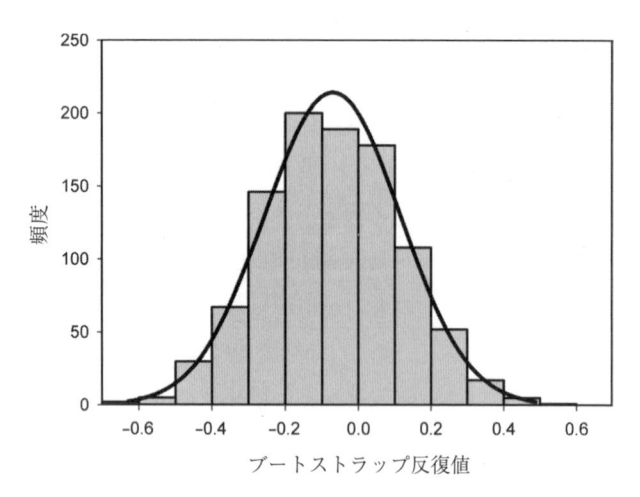

図 4.4 平均 0，分散 1 の正規分布から採集した 30 個の観測値を含む原標本から採った，平均に対する 1000 個のブートストラップ反復推定値の分布．観測値標本からの平均と分散を持つ正規分布も同時に表示している．

　これらの異なる方法の効果を検証するために，10 個の観測値を含むデータセット 500 個と 30 個の観測値を含むデータセット 500 個を発生させた．そして 250 個のブートストラップ反復値を使って，それぞれの場合の信頼限界を計算した（これは，百分位法で一般的に推奨される 1000 個の反復値からすると少ない数である．しかしこの例ではブートストラップ値の正規性が仮定されるので，このような少ない反復値数でも十分であろう．そのプログラムコードについては付録 C.4.2 を参照せよ）．標本の偏りを修正しない百分位法を使った推定でも，また修正する百分位方法を使った推定でも，1 標本 t 検定によると推定値全体に偏りがあるとは言えないことが分かった（それぞれ P 値は $P = 0.371$, $P = 0.399$ であった）．標本サイズ 30 の場合，標準誤差法が望まれる 95 ％に最も近い全被覆確率を与えるが，他の方法も悪くはない（他の 2 つはそれぞれ 93.8 ％と 94 ％であった．**表 4.1**）．一方，信頼区間の下限値については幾分正確でない傾向がある（確率 2.5 ％を示すべきところを，3 つの方法はそれぞれ 3.2 ％，4 ％，3.8 ％を示した）．

　観測値 30 個という標本サイズは，正規分布のような対称な分布を近似するときに妥当でないサイズということはない．では標本サイズが小さければどんなことが起こるだろうか？観測値 10 個という標本サイズでは，ブートストラップ推定はあまりうまく実行されず，t 検定を行うと偏りが生じ（標本の偏りを修正しない百分位法では $P = 0.046$ となり，修正する百分位法では $P = 0.042$ となった），全被覆確率は非常に小さくなってしまう（3 つの方法では，それぞれ 91 ％，90 ％，

表 4.1 3つのブートストラップ推定法の被覆確率のまとめ（方法 1＝ SE，方法 2＝ EP，方法 5＝ BCa）．これらは，平均 0，分散 1 をもつ正規分布からの標本に対して，その平均と分散をブートストラップ推定したものである．

母数	N^a	下限確率			上限確率			全被覆確率		
		SE	EP	BCa	SE	EP	BCa	SE	EP	BCa
平均	10	0.046	0.050	0.044	0.044	0.050	0.048	0.910	0.900	0.808
	30	0.032	0.040	0.038	0.020	0.022	0.022	0.948	0.938	0.940
分散^b	10	0.002	0.002	0.034	0.234	0.232	0.164	0.764	0.766	0.802
	30	0.006	0.018	0.068	0.094	0.088	0.048	0.900	0.894	0.884

^{a} 標本サイズ．
^{b} 1000 個のブートストラップ反復，それ以外は 250 個のブートスラップ反復．

表 4.2 いくつかの統計的モデルの 95％信頼限界に対する様々なブートストラップ推定法の全被覆確率．Mooney and Duval (1993) より．

方法	対数正規モデルの平均	2 山モデルの平均	OLS 回帰モデル^a
パラメトリック法^b	0.920	0.970	0.937
標準誤差法（方法 1）	0.809	0.957	0.924
第 1 百分位法（方法 2）	0.916	0.961	0.928
BCa 法（方法 4）	0.916	0.959	0.923
百分位-t-法（方法 6）	0.941	0.969	0.949

^{a} 偏った誤差分布の項をもつ通常の最小 2 乗回帰モデル（ordinary least square regression, OLS）．
^{b} 平均 $\pm t_{0.025}$SE として設定する信頼限界．ただし SE はパラメトリック法による標準誤差であり，$t_{0.025} = 2.064$ ($df = 24$) である．すべての場合において標本サイズは 25 である．

80.8％であった）．ブートストラップ反復値数を 1000 個まで増やしてやると偏りは小さくなったが（標本の偏りを修正しない百分位法では $P = 0.1417$ となり，修正する百分位法では $P = 0.1412$ となった），信頼区間の推定は改善されなかった（今度の全被覆確率はそれぞれ 89％，88％，89％となった）．対数正規分布からの平均を推定するときにも，同様に，信頼限界についての全被覆確率が 95％よりも小さい傾向があった．しかし，2 山分布の平均の場合，逆に少し大きい傾向があった（表 4.2）．

この解析が与えるメッセージは「ブートストラップ法といえども不十分な標本を改善することはできない」である．

分散をブートストラップする

平均のブートストラップ推定値は正規分布に従うが，分散の推定値の分布は一方

に裾を伸ばした片寄った分布になる．それは，前の例で分散のブートストラップ推定を行うことによって説明することができる．そのブートストラップ反復値の分布は，平均の場合よりも片寄っており，有意に正規分布から外れていた（$W = 0.9827$, $P < 0.001$）．しかし実際には，その片寄りがとくに極端であるということはなかった（図 4.5）．観測された推定値は 1.031 であり，その標準的ブートストラップ推定値は 0.9851 であった．しかし，3 つの方法で推定された信頼限界は，大きく異なっていた：0.452-1.518（標準誤差法），0.520-1.571（経験百分位法），0.644-1.889（BCa 法）．シミュレーションによる各データで信頼限界を推定するために，1000 個のブートストラップ反復値をとる解析を 500 回繰り返した結果では，信頼区間は狭すぎることが分かった（表 4.1）．そして 3 つの方法の間では，結果にほとんど差はないことが分かった．信頼区間が狭すぎる問題は，標本サイズが 10 と小さく（表 4.1），その方法が合わない場合には，かなり深刻であった．10 という標本サイズでは分散についての情報をほとんど含まないので，これは驚くこともないだろう．この章全体で繰り返すべきメッセージは，ブートストラップ法は標本に含まれる情報を取り扱う方法に過ぎないということである．もし標本が小さいときは，すべてにおいてブートストラップ法は不十分なことしかできないであろう．標本がどれくらい「小さい」かは，シミュレーションによる解析でしか調べることはできない．ブートストラップ法を使う前に，その効果を検証しておくことが肝要である．

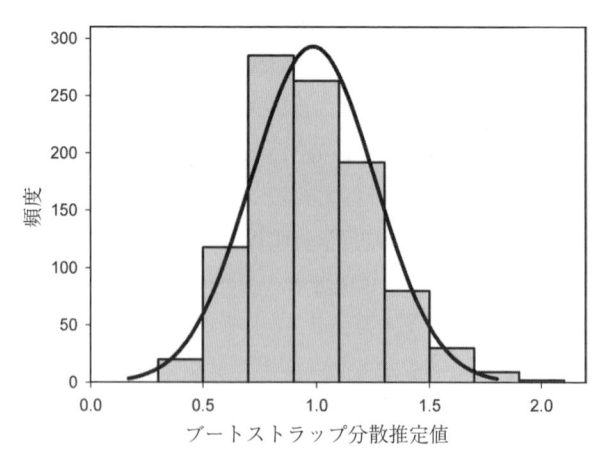

図 4.5 平均 0，分散 1 の正規分布から採集した 30 個の観測値を含む原標本から採った，分散に対する 1000 個のブートストラップ反復推定値の分布．
観測標本からの平均と分散を持つ正規分布も同時に表示している．

さらに標本サイズと信頼区間について：ジニ係数（Gini coefficient）

生態学の研究では，興味の焦点が体サイズの階級列にあてられることが多い．そのとき，体サイズの不均衡性を査定するために使われる指標は，次のように定義されるジニ係数（Gini coefficient）である：

$$\theta = \frac{\sum_{i=1}^{n}(2i-n-1)x_i}{n^2\mu} \quad (4.20)$$

このとき，x_i はすべての個体が体サイズで順位付け（最小サイズから最大サイズへ）された後の i 番目の個体の体サイズである．μ は体サイズの集団平均である．この係数の不偏推定量は次のようになる（Dangaard and Weiner 2000）：

$$\hat{\theta} = \left(\frac{\sum_{i=1}^{n}(2i-n-1)x_i}{n^2\bar{x}}\right)\left(\frac{n}{n-1}\right) \quad (4.21)$$

明らかに，この類いのデータの分布は非常に変化するので，信頼限界の推定には一般性の高い方法がとくに望まれる．Dixon et al. (1987) はシミュレーションで発生させた3つの分布を使ってブートストラップ法を試した：一様分布，対数正規分布，途切れた正規分布（付録 C.4.3 は一様分布のときの標本採集のためのプログラムコードである．Dixon et al. が与えた式には，誤植が存在することに注意しておこう）．これらの分布の場合，ジニ係数の期待値に対する解析的な式が与えられており（表 4.3 の注意書きを参照せよ），それによって，推定された信頼限界を評価することができる．Dixon et al. は色々な百分位法を使って信頼限界を推定した．そしてすべての方法が同じような結果を示したので，彼らは経験百分位法（方法 2）の結果だけを示した．彼らの結論は，これまで平均と分散で既に確認したことの繰り返しに過ぎなかった．つまり，標本サイズが大きくない限り（この例の場合 250，表 4.3），信頼限界は狭すぎるものになるということである．

さらに標本サイズと信頼区間について：すべてのブートストラップ推定値が同等に作られるとは限らない

すべてのブートストラップ推定値が最適に振る舞うとは限らないことや，標本サイズが重要な要素であることを既に見てきた（表 4.2 と表 4.3）．このことは，Cordell and Carpenter (2000) によるリスク指数の母数推定の解析においてとりわけよく理解できるので，ここではその説明から始めよう．通常，病気への感受性に関連しているにもかかわらず，実際の遺伝様式が不明な遺伝子座のマッピングは，患者同胞対法（affected-sib-pair linkage method）を使って行われている．この方法は，普通，3つの母数を推定する．それらの母数とは，対の同胞患者が，

表 4.3 シミュレーションによる集団からのジニ係数に対して百分位法を用いた全被覆確率．[Dixon et al. (1987) からの改変]．

データの分布	ジニ係数	標本サイズ		
		20	100	250
一様分布 $(1, 19)^a$	0.30	0.918	0.954	0.943
対数正規分布 $(0, 0.54)^b$	0.30	0.851	0.925	0.952
途切れた正規分布 $(0, 1)^c$	0.41	0.925	0.927	0.939
対数正規分布 $(0, 1)^b$	0.52	0.782	0.879	—

$^a (a, b) = $（最小値，最大値）．
^{b} 正規分布 $N(\mu, \sigma)$ から y を発生させ，$x = \exp(y)$ で変換．
^{c} 無作為に正規偏差 $N(\mu, \sigma)$ を発生させ，もしその値が 0 より大きければ受け入れる．
解析的に求めた集団のジニ係数：
^{a} 一様分布：$(b - a)/[3(b + a)]$
^{b} 対数正規分布：$2\Phi(\sigma/\sqrt{2}) - 1$，ここで $\Phi(x)$ は累積正規関数である．
^{c} 途切れた正規分布：$4\Phi(0) + \sqrt{2} - 3 = \sqrt{2} - 1$

ある病気の遺伝子座で祖先由来の同一な対立遺伝子（同一の突然変異から派生したものであることを意味する）を 0, 1, 2 個共有する確率である．それらの確率の信頼限界を漸近理論を基にして決定するための 2 つの方法が提出されている．1 つ目はプロファイル尤度法（profile likelihood method）で，2 つ目は多変量正規近似法（multiple normal approximation）である．これら 2 つの方法は「大」標本（「大」がどれ位を意味するかは定かではない）のときには妥当であるが，「小」標本ではうまくいかないかもしれない．シミュレーションモデルを利用して，Cordell and Carpenter (2000) はこれら 2 つの方法の効果を検証した．またそれらを 9 つの利用可能なブートストラップ法と比較した（**表 4.4**）．いずれの方法においても，全部で 1000 回のシミュレーションを走らせ，それらから偶然に起こるはずの 50 個の「有意な」結果を期待した．被覆確率の妥当な範囲として，χ^2 の適合性公式を再整理した式から，$0.95 \pm \sqrt{(3.84)(0.95)(0.05)/1000} = 93.7 - 96.4\%$ を得た．50 という標本サイズでは，どの方法も満足できる被覆確率を与えず，規定の 95% よりも小さすぎたり大きすぎたりした（**表 4.4**）．プロファイル尤度法と 1 つのブートストラップ法は標本サイズが 100 であれば満足できるものになった．ブートストラップ法の内の 6 つが，標本サイズが 200 や 500 に増えると満足できるものになったが，両標本サイズの間でそれらは同じ方法ではなかった．一貫して満足できる方法はなかったが，複雑なブートストラップ法が単純なものより良好である傾向が見られた．事前のシミュレーションなしには，小標本での各方法の働きの悪さを知ることはなかっただろう．これらの方法を検証なしに利用すると，ある特殊な状況ではおそらく正確でない信頼限界を与える方法を使うという

表 4.4 家系で同一の対立遺伝子を共有しない確率を推定するときの，9種類のブートストラップ法と2つの漸近理論の方法における百分率で表した全被覆確率．他の2つの母数の場合の結果（1個あるいは2個の対立遺伝子を共有するときの確率）は類似した傾向を示した．

方法	標本サイズ				文献 [a]
	50	100	200	500	
Non-studentized pivotal 法(方法 1) [b]	70.8	74.9	88.4	94.4	Efron (1981)
Bootstrap-t 法(方法 6)	79.8	85.1	**95.4**	**96.3**	Efron (1981)
Variance stabilized bootstrap-t 法	70.8	85.1	**95.2**	**95.7**	Tibshirani (1988)
百分位法(方法 2)	99.2	90.8	92.6	**94.9**	Efron and Tibshirani (1993)
BC 百分位法(方法 4)	78.5	90.4	92.8	**94.5**	Efron (1982)
BCa 百分位法(方法 5)	76.7	93.1	**94.3**	**94.9**	Efron (1987)
Test-inversion bootstrap 法	97.4	96.5	**95.9**	96.5	Carpenter (1999)
Studentized test-inversion bootstrap 法	97.2	**96.0**	**95.5**	96.7	Carpenter (1999)
ブートストラッププロファイル尤度法	97.8	93.6	**95.6**	**95.6**	Carpenter (1998)
プロファイル尤度法	98.2	**95.5**	92.1	**95.7**	Cordell and Olson (1997)
多変量正規近似法	99.5	90.7	92.8	**94.6**	Cordell and Olson (1997)

Cordell and Carpenter (2000) から引用．太字は期待される 0.95 と有意な違いがない場合を表す．
[a] その方法を解説した論文．
[b] 括弧内の数字はこの章で紹介された方法の番号を表す．

現実的リスクを背負うことになる（たとえば，標本サイズ 50 のときの最初の 3 つのブートストラップ法の結果のように）．

ブートストラップ法は広すぎる信頼区間を与えることがある：ニッチ重複からの例

　前章では，ニッチ重複の 4 つの測定値を取り上げ，その母数と信頼区間を推定するためのジャックナイフ法の効用を考えた．この研究を行った Mueller and Altenberg (1985) は，別に，2 種類の資源品目と，2 タイプの個体からなる生物 2 種がいる場合に対するブートストラップ法の有効性についても調べた．種 1 に属するタイプ I の個体は確率 0.80 で 1 番目の資源を選び，一方，種 1 に属するタイプ II の個体は確率 0.15 でこの資源を選ぶ．種 2 の場合はこの逆で，タイプ I の個体は確率 0.15 でその同じ資源を選ぶが，タイプ II の個体は確率 0.80 で選ぶ．集団の中でのタイプ II の個体の割合は P_{II} である．集団の中で各タイプの個体である確率はニッチ重複指数には組み込まれていないので，Mueller and Altenberg (2000) は P_{II} を「混入（contamination）」と称した．4 つのニッチ重複指数は次のとおりである：

(1) 群集係数 (C_1)：$C_1 = \sum_{i=1}^{2} \min(p_i, q_i)$
(2) 森下の指数 (C_2)：$C_2 = 2\sum_{i=1}^{2} p_i q_i / (\sum_{i=1}^{2} p_i^2 + \sum_{i=1}^{2} q_i^2)$
(3) ホーンの指数 (C_3)：$C_3 = (\sum_{i=1}^{2}(p_i + q_i)\log(p_i + q_i) - \sum_{i=1}^{2} p_i \log p_i - \sum_{i=1}^{2} q_i \log q_i)/2\log 2$
(4) ユークリッド距離 (C_4)：$C_4 = 1 - \sqrt{\sum_{i=1}^{2}(p_i - q_i)^2 / 2}$

データは以下のように発生させた：まず各種から10個体を採集し，タイプIIの個体を採集する確率を P_{II} とした．これを行うための簡単な方法は，0から1までの一様分布から無作為に数値を発生させることである．もしこの数値が P_{II} よりも小さいならばその個体はタイプIIとして指定する．個体には，資源利用確率に従って20個の資源物を割り当てることにする．たとえば，種1に属するタイプIの個体をまず選び，20個の無作為な数値を発生させ，その数値が0.80よりも小さい場合の数を合計する．この数はこの個体が選んだ資源品目1の数とする．2種のそれぞれにおいて i 番目の個体が選んだ各資源品目の頻度を2つのベクトル，$x_{i,1}, x_{i,2}$ と $y_{i,1}, y_{i,2}$ によって表す．ここで，x は種1，y は種2の場合を表す．原標本は個体を表す行と資源を表す列で作られている．ブートストラップ反復値は，2種の標本行列からそれぞれ繰り返しを許して10個体（行）を選ぶことによって作られた．各個体に対して観測した確率（たとえば，種1に属する i 番目の個体の場合，それは x_i となる）で20個の資源物の標本を選んだ．そして全部で1000ブートストラップ反復値を発生させた．偏りを調整したブートストラップ推定値を計算し，BCa百分位法によって95％信頼区間を計算した．実際の信頼限界を決定するための計算は，P_{II} の3つの値に対して1000回のシミュレーションによるデータ発生を基に行った．

このシミュレーション解析の結果を表4.5にまとめている．すべての場合で偏りの程度はかなり小さかったが，いくつかの場合でその大きさは統計的に有意になった．タイプIIの個体の混入が全くないときには（$P_{\mathrm{II}} = 0$），ジャックナイフ法が正確な信頼限界を与えたが，ブートストラップ法の場合，95％であるべきところを99％ぐらいの広すぎる信頼区間を与えた．一方，集団にタイプIIの個体が混入するときには，ジャックナイフ法は信頼領域に対して一貫して過小評価であったが，ブートストラップ法は妥当な信頼限界を与えた．実際の状況では，タイプIIの個体の混入をどのように決定すればよいかが問題になりそうである．

表 4.5 4つのニッチ重複指数のジャックナイフ推定値 ($\tilde{C}_i$) とブートストラップ推定値 (C_i^*) に対する偏り (%) と全被覆確率.
群集係数に対する結果とユークリッド距離の結果は同一だったので，前者だけを示した．Mueller and Altenberg (1985) を編集した．

推定量	偏り (%) $P_{II} = 0$	被覆確率	偏り (%) $P_{II} = 0.10$	被覆確率	偏り (%) $P_{II} = 0.25$	被覆確率
$\tilde{C}_1$	0.1	0.955	0.1	0.727	0.0^a	0.656
C_1^*	0.4	0.989	0.3	0.954	0.4	0.951
$\tilde{C}_2$	0.1	0.956	0.0^a	0.722	0.7^*	0.644
C_2^*	0.5	0.985	0.2	0.949	0.3	0.954
$\tilde{C}_3$	0.0^a	0.952	0.6^*	0.728	0.7^*	0.659
C_3^*	0.1	0.985	0.0^a	0.950	0.1	0.955

* 有意な偏り．
$^a 0.0 = < 0.05$．

ブートストラップの単位が個々の測定値でない場合を考える

これまでのすべての例において，データセットは1つのベクトルとして与えられた．しかしときには，複数のベクトルを含むデータセットで，個々の観測値を含むベクトル自身を単位としてブートストラップしたいと思うかもしれない．ここでは量的遺伝学の母数推定を行った例を紹介しよう．同父母家族の実験計画（たとえば，家族当たり n 個体を持つ N 家族）の場合，適切な再抽出単位は家族であったことを思い出して欲しい．これを行う最も簡単な方法は，「jackknife」作業ルーチンを「bootstrap (Data, H2.estimator, B=1000, trace=F)」に代えて，付録 C.3.6 で説明しているブロック化計画（blocking design）を用いることである．この例は，ブートストラップ法を使うとき最も注意すべき点を説明するのに都合がよいかもしれない．まず真の遺伝率を 0.8 として，家族当たり 4 個体の 16 家族で構成される小標本に対して，ブートストラップ推定値を発生させた（このデータを発生させるためのプログラムコードは付録 C.3.5 にある）．ブートストラップ推定値とその標準誤差（SE）の正確さを査定するために，シミュレーションを 100 回走らせ，その 1 回あたり 100 個のブートストラップ値を使いブートストラップ推定値と標準誤差（SE）を推定した（SE の推定値に対するブートストラップ数としては適切であるが，百分位法を用いるには少ない数である）．遺伝率の推定値とその標準誤差（SE）は，最小 2 乗法を使って求めることができる（あるいは制限付き最尤法（restricteve maximum likelihood）が使えるが，それはシミュレーションで均衡計画（balanced design）を使った場合と同じものになる）．これはうまくいき，その推定値の平均は有意な偏りを持たなかった（1 標本 t

表 4.6 標準的な推定公式（最尤法, $\hat{h}^2$）, ジャックナイフ法（$\tilde{h}^2$）, 標準的なブートストラップ法（h^{2*}）, 偏りを調整したブートストラップ法（(h_A^{2*})）を使ったときの遺伝率の推定値の比較. シミュレーションの詳細は本文を参照せよ.

統計量 [a]	$\hat{h}^2$	$\tilde{h}^2$	h^{2*}	h_A^{2*}
平均	0.779	0.780	0.877	0.680
SE[b]	0.278	0.262	0.246	0.312
Est(SE)[c]	0.267	0.285	0.213	0.213
LCL[d]	0.723	0.728	0.823	0.618
UCL[e]	0.834	0.832	0.926	0.742
被覆確率	0.93	0.87	0.85	0.82

[a] シミュレーションを100回走らせた結果を基にしている.
[b] 100個の推定値の標準偏差.
[c] 標準的な推定公式あるいはブートストラップ法によって推定された100個のSEの平均.
[d] 95％信頼限界の下位値.
[e] 95％信頼限界の上位値.

検定, $t = 0.7585$, df $= 99$, $P = 0.4499$, 表4.6). 一方, ブートストラップ法はあまりうまくいかなかった. 標準的なブートストラップ推定値も, 偏りを調整したブートストラップ推定値も有意な偏りを持っていた（標準的なブートストラップ推定値の1標本t検定, $t = 3.1433$, df $= 99$, $P = 0.0022$, 偏りを調整したブートストラップ推定値の1標本t検定, $t = 3.8338$, df $= 99$, $P = 0.0002$). 偏りの方向は, 標準的なブートストラップ推定値の場合, 上方へ向い, 偏りを調整したブートストラップ推定値の場合, 下方へ向かっていた！（表4.6. これは100個の平均の推定値における信頼限界でも同様であった). さらに, 標準的なブートストラップによる推定標準誤差は小さい方に偏っており, それは小標本サイズのときにブートストラップ推定を行った以前の例で観察されていたものと同様であった, ブートストラップ推定値における偏りは, 推定された95％信頼区間を狭くするように働いたようである（85％と82％）.

　ジャックナイフ法の結果も比較のために示した. この場合, 推定値に偏りはないが, 標準誤差の推定値が過小評価される傾向が見てとれる（表4.6). しかし, このジャックナイフ法による過小評価はブートストラップ法の場合よりいくぶん深刻ではないようである. これまで様々な測定値を使って, 2つの方法が比較されてきた. たとえば, 存在するか否かのデータを使った種数の推定（Migoti and Meeden 1992) や種の豊富さの測定値（Hellman and Fowler 1999 に総説がある）などである. 少なくとも, 前の章で議論した個体群増加率の推定の場合, ジャックナイフ法とブートストラップ法はいずれも同様に良い性能を示していた（Meyer et al. 1986).

複数の母数を推定するためにブートストラップ法を使う：線形回帰

これまで1つの推定値のみを考えてきた．しかし，複数の母数を同時に決定したいという場合も多いかもしれない．簡単な例として線形回帰を考えよう．これは切片（θ_1）と傾き（θ_2）を推定する問題である，最初に，誤差が正規分布すると仮定する状況を調べてみる．つまり，$y = \theta_1 + \theta_2 x + \varepsilon$ において，ε が平均0，標準偏差 σ の正規分布に従うという仮定である．次に，誤差分布が0を平均とするが，大きく片寄りを持つ状況を調べてみる．このとき用いる分布として便利なものが，ガンマ分布である．この分布は「シェイプ（shape）」，「レート（rate）」（代わりに「スケール（scale）」と呼ばれる母数を使うこともあるが，これはレートの逆数にすぎない）と呼ばれる2つの母数を持つ．「シェイプ」は分布の片寄りを規定する母数である（歪度 $= 2/\sqrt{\text{シェイプ}}$）．一方，レートは平均の逆数に比例する母数であり，平均はシェイプ/レートに等しい．シェイプ母数を変化させることによって，正規分布から大変片寄りのある分布（図 4.6）まで色々な分布を作ることができる．ここの例で使うガンマ分布は，シェイプを2に等しくして，少し片寄ったものにすることにしよう（付録 C.4.4，図 4.7）．

標本サイズ 300（図 4.7）と 30（表 4.7）でシミュレーションを行った．大標本サイズの場合，最小2乗法とジャックナイフ法の推定値と標準誤差（SE）は基本的に同じものである．ブートストラップ法は，他の2つの方法で得られるものより2倍大きい切片の推定値（θ_1）を与えるが，それでも真の値0は信頼区間の中に含まれている．全体的にみると，誤差分布に関わらず，最小2乗法以外の方法を使う理由は見当たらない．しかも最小2乗法は明らかに計算しやすい方法で

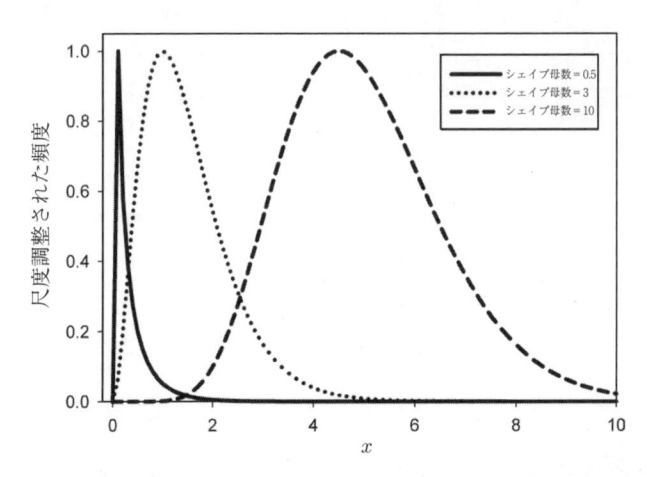

図 4.6 シェイプ母数を変化させたときの効果を示す3つのガンマ分布（レート母数 = 2）．

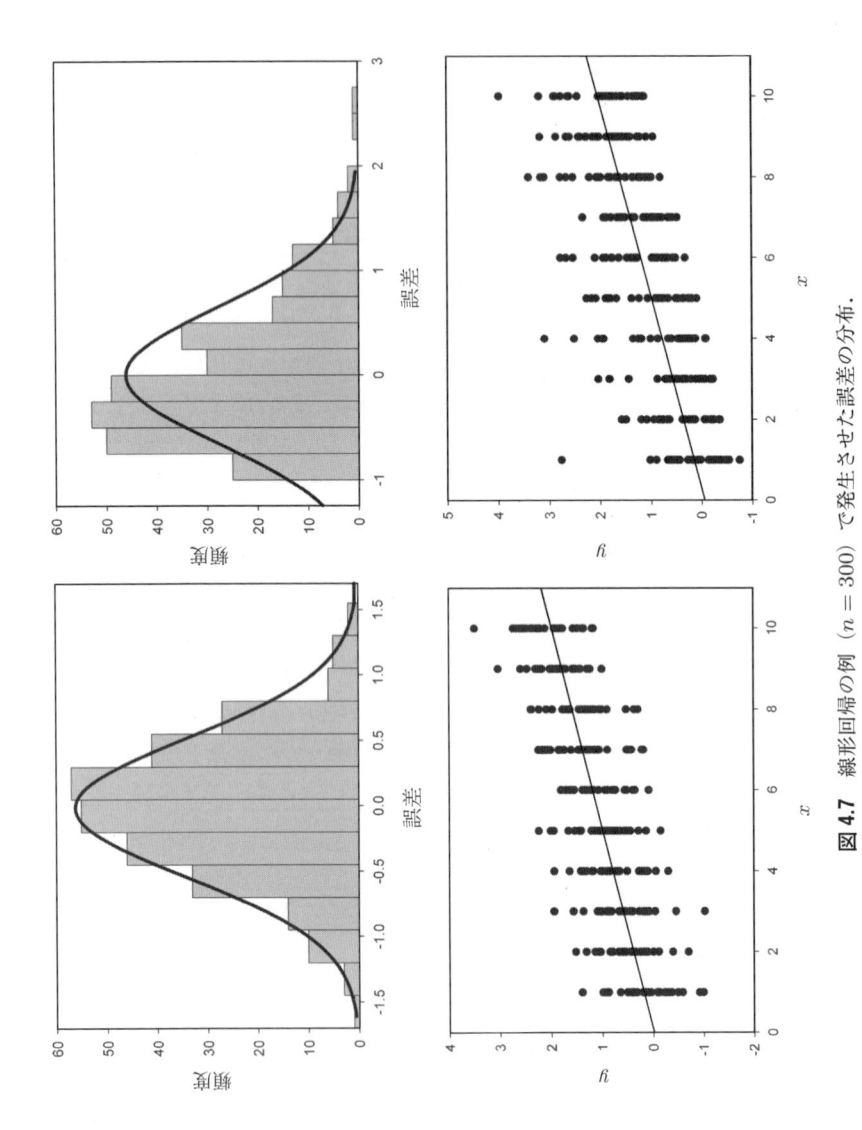

図 4.7 線形回帰の例 ($n = 300$) で発生させた誤差の分布.
適合させた正規分布曲線 (上の図) とその回帰 (下の図) を表す. 左側は誤差が正規分布に従う場合で, 右側は誤差がガンマ分布に従う場合である.

表 4.7 線形回帰係数（式：$y = \theta_1 + \theta_2 x + \varepsilon$）の最小 2 乗法（LS），ジャックナイフ法（Jack），ブートストラップ法（Boot）による推定値．

真の回帰係数は $\theta_1 = 0$, $\theta_2 = 0.2$ である．誤差分布（ε）は平均 0，標準偏差 $\sigma = 0.5$ の正規分布であるか，あるいはシェイプ母数とレート母数が 2 に等しいガンマ分布である．

	θ_1		θ_2	
方法	推定値	SE	推定値	SE
正規分布，標本サイズ=300				
LS	-0.0093	0.0665	0.1990	0.0107
Jack	-0.0093	0.0668	0.1990	0.0106
Boot	-0.0180	0.0662	0.1990	0.0101
ガンマ分布，標本サイズ=300				
LS	-0.0535	0.0809	0.2095	0.0130
Jack	-0.0535	0.0814	0.2095	0.0130
Boot	-0.0538	0.0801	0.2095	0.0121
正規分布，標本サイズ=30				
LS	-0.0637	0.2037	0.2054	0.0328
Jack	-0.0640	0.2216	0.2054	0.0338
Boot	-0.0587	0.1935	0.2017	0.0317
ガンマ分布，標本サイズ=30				
LS	-0.0945	0.2462	0.1973	0.0397
Jack	-0.0945	0.2670	0.1973	0.0413
Boot	-0.0813	0.2548	0.1946	0.0445

ある．標本サイズが劇的に小さくなって 30 になっても状況はあまり変化しない．しかし，ジャックナイフ法とブートストラップ法による推定値の標準誤差（SE）は最小 2 乗法で得られるものよりも大きい傾向がある．最小 2 乗法の信頼区間が十分なものであるかどうかを知るために，誤差が正規分布を取るときとガンマ分布を取るときで，1000 回のシミュレーションを行うことにした（そのプログラムコードについては付録 C.4.5 を参照せよ．このとき「loop」ではなく「by」ルーチンを使った．まずデータセット全体を発生させ（30000 データ点），そして 30 個の部分セットを使って解析する．これは「loop」よりは効果的である）．誤差が正規分布に従う場合，切片（θ_1）と傾き（θ_2）について推定された 95％信頼区間は，真の値を確率 0.953 と 0.94 で含んでいた．これらは完全に満足できるものであろう．誤差がガンマ分布に従う場合は，同じ確率は 0.949 と 0.95 であり，それらも完全に満足できるものである．図 4.6 に示された非常に大きな片寄りを持つガンマ分布の場合であっても（シェイプ = 0.5），その確率は依然と 0.94 と 0.962 であった．

Mooney and Duval (1993) は，シェイプ母数が 3 のガンマ分布とサイズ 25 の標本を使って同様な解析を行った（表 4.2，列ラベルは「OLS 回帰モデル」である）．x と y の値をブートストラップする代わりに，彼らは以下のような方法で残

差をブートストラップし，それを解析に用いた．まずデータに最小2乗回帰を適合させ，次の式を求めた：

$$\hat{y}_i = \hat{\theta}_1 + \hat{\theta}_2 x_i \tag{4.22}$$

このとき，$\hat{y}_i$ は y_i の予測値である．次に，その残差を次のように計算した：

$$\hat{\varepsilon}_i = y_i - \hat{y}_i \tag{4.23}$$

その後，25個のブートストラップ残差を観測残差のセットから引き出し，そして次のようにこれらのブートストラップ残差を y の推定値のベクトルに加えた．

$$y_i^* = \hat{y}_i + \hat{\varepsilon}_i^* \tag{4.24}$$

ただし，$\hat{\varepsilon}_i^*$ は i 番目のブートストラップ残差である．最後に，x 上で y^* への回帰をとることによって，切片と傾きのブートストラップ推定値を求めた．残念ながら，Mooney and Duval (1993) は，走らせたシミュレーションの回数や，推定した被覆確率が必要な 0.95 と異なっているかどうかを示さなかった．最小2乗法の場合の被覆確率は 0.937 であり（表4.2 では「パラメトリック法」と表示されている），0.95 に非常に近い結果が得られた．しかし同表の最初に出てくる3つのブートストラップ法は信頼領域を過小評価しているようである．一方，百分位-t-法は明らかに適切な被覆確率 (0.949) を与えている．線形回帰での被覆確率が良好であることを考慮すると，線形回帰推定にブートストラップ法を用いても，その努力に報いるほどの成果を示す例はないということである．とくに，百分位-t-法が一般的にうまくいくと保証できない場合には，それが言えるであろう．

まとめると，これらの結果は，正規分布が仮定できない場合に対して，最小2乗回帰はかなり頑健性を持つということを意味している．たいていの線形回帰の場合，ジャックナイフ法やブートストラップ法ではあまり安心できないということであろう．

複数の母数を推定するためにブートストラップ法を使う：非線形回帰

これまでの章では，次のような2母数ボン・ベルタランフィ式の母数値を推定するために最尤法とジャックナイフ法を利用した：

$$l_t = \theta_1 (1 - \mathrm{e}^{-\theta_2 t}) \tag{4.25}$$

ただし，l_t は齢 t のときの体長である．以前のように，適当なデータを発生させるために，5つの齢群（1, 2, 3, 4, 5齢）を持つ集団をシミュレートすることに

する．まず，集団の各齢から5個体を採集するために，t齢群のi番目の個体の体長を$l_{t,i}$とし，式$l_{t,i} = l_t + \varepsilon_{t,i}$によって発生させた．このとき$\varepsilon_{t,i}$はこの個体専用の誤差の確率変数である（そのプログラムコードについては付録 C.3.6 を参照せよ）．この解析では，母数の真の値を$\theta_1 = 100$, $\theta_2 = 1$と設定した．また平均値が 0 である次の 3 つの誤差分布を利用した：(1) 平均 0 と標準偏差 10 を持つ正規分布（これは Box 3.7 で示されたものである）．この誤差分布は最尤法の仮定を満たすものである．(2) -5 から 5 までの一様分布（S-PLUS では，「Error <- runif(n, min= −5, max= 5)」となる）．(3) 標準偏差が齢に比例して増加するような正規分布（S-PLUS では，「Error <- rnorm (n, 0, Age*2)」となる）．解析によると，1番目と2番目の誤差分布では最尤法とジャックナイフ法が同じくらいの良さであったが，3番目の誤差分布ではジャックナイフ法の方が良かった．ではブートストラップ法はどうであろうか？

　決定すべき最初の問題は，ブートストラップ値をどのように発生させるべきかということである．1つの方法は 25 個体から無作為に選ぶことが考えられる．しかしこれは原標本と比較して不均衡なデータセットを生み出すであろう．なぜならこのようにブートストラップされたデータセットは一般的には齢群あたり 5 つの観測値を含む様式を保てないだろうからである（これは前節で議論された線形回帰分析でも問題になることである）．このような事態に対処する方法は，残差をブートストラップすることである．しかし，この解析では，最初に標準のブートストラップ法を用いることにした．というのも，それは実行するのが非常に簡単であり，まだ残差のブートストラップが良い方法か否かを決められない状況にあるからである．ボン・ベルタランフィ関数をブートストラップするためのプログラムコードは付録 C.4.6 にある．また付録 C.4.7 には，実際の被覆確率を決定するために複数の標本を発生させる方法を示した．このプログラムで読者に注目して欲しい特徴的な点は，「write」関数を利用していることである．適合のための通常の作業ルーチン（nls）では，複数の相互作用のあるときには，いかなるデータも保存されずにプログラムが停止してしまうことが分かっている．そこで，これを避けるために，計算サイクル毎にデータをテキストファイルに直接書かせるようにプログラムを作ったものである．これによって，データは計算される毎に保存され，そのため S-PLUS のメモリー要求量を少なくすることができている．また「write」関数式に付随するオプション「append=T」を使うと，1回のシミュレーションを走らせた後のどんな後処理も必要とせず，複数回シミュレーションを走らせることができる．

正規分布を誤差分布とするとき，標準誤差法（方法1）による2母数の信頼限界の被覆確率は 0.96 と 0.94（504 回のシミュレーション）であった．これは十分に有効である．しかし，この誤差分布の場合，最尤法とジャックナイフ法の両方法も十分に有効であった．このようなときにコンピュータで繰り返し標本採集を行うブートストラップ法を採用する理由はあまりないだろう．もっと興味深い状況は，誤差分散が齢とともに増加するとき，最尤法は満足する働きをしないが，ジャックナイフ法は信頼限界が 0.95 に十分近い被覆確率を与えたことである（1番目の母数の場合 0.944，2番目の母数の場合 0.963）．これらはどちらも規準の 0.95 と有意に異なってはいない（$\chi^2 = 0.7579, df = 1, P = 0.3840$; $\chi^2 = 3.5579, df = 1, P = 0.0593$）．一方，最初の母数にブートストラップ法を用いると，被覆確率 0.9321 が得られた（781 回のシミュレーション）．それは規準の 0.95 とは有意に異なっている（$\chi^2 = 5.2457, df = 1, P = 0.0220$）．また，2番目の母数にブートストラップ法を用いると，被覆確率 0.9398 が得られた．それは規準の 0.95 とは有意に異なってはいない（$\chi^2 = 1.7037, df = 1, P = 0.1918$）．百分位法の1つを使うと，必要性に答えて良好な適合が得られるかもしれない．その適合は，確かに最尤法よりも良好であるだろう（最尤法の場合，その被覆確率はそれぞれ 0.887 と 0.982 であった．表 3.6 を参照せよ）．しかし，ジャックナイフ法の方が相対的に簡便で，しかも良く適合することを考えると，結果の整合性を調べたい場合以外に，ブートストラップ法を使う理由はないように思われる．

仮説検定としてのブートストラップ法

平均だけが異なると仮定される2つの母集団の間で，それらの平均を比較する問題を考えてみよう．その準備として，観測値 $x_1, x_2, x_3, \ldots, x_i, \ldots, x_n$ が確率 $P(\theta)$ で分布すると仮定しておこう．ただし，θ は分布の平均である．この種の問題に対する通常のやり方は，分布を正規化する変換法を見つけて，変換した変数の平均を比較したり，あるいはマン・ウイットニー検定等のノンパラメトリック検定を用いて未変換の分布を直接比較することである．しかし，これらのどの方法も実は平均の差についての検定を行っているわけではない．このことを説明するために，背景となる母集団が対数正規分布に従い，標本が2つある場合を想定してみよう．そして，それらの標本を x, y と標識する．つまり，

$$\log x_i \sim N(\mu_x, \sigma^2), \log y_i \sim N(\mu_y, \sigma^2) \tag{4.26}$$

である．ここで検定したい仮説は，

$$H_0 : \theta_x = \theta_y \tag{4.27}$$

である．しかし，もし対数変換をすると，データを正規化してしまうので，検定される実際の仮説は，

$$H_0^L : \mu_x = \mu_y \tag{4.28}$$

となってしまう．このとき θ は次のような式で μ と関係する：

$$\theta = \mathrm{e}^{\mu + \frac{1}{2}\sigma^2} \tag{4.29}$$

ここで，μ_x と μ_y の差の検定は，直接的には，θ_x と θ_y の差の検定ではない．もし分散が同じであるならば（つまり，$\sigma_x^2 = \sigma_y^2$）両者は同等であるが，分散が同じでなければ H_0^L を棄却できなかったとしても H_0 を棄却できないとは限らない．もちろん，まず分散の違いを検定するというやり方はできるだろう．しかしこのような介在的な手段に頼らない方法が良いことは確かであるし，また，分散が異なっていようがいまいが，平均の差を検定したいことに変わりはないのである．このような場合の検定法として，Zhou et al.(1997) は 2 つの検定法を提出した．1 つ目は尤度を用いる方法で，2 つ目はブートストラップ法を利用する方法である．尤度検定の方は Z スコア法とも呼ばれており，次のような考えを基に開発された．

2 章で議論したように，μ_x と μ_y の最尤推定量は，それぞれ次のようなものになる：

$$\hat{\mu}_x = \frac{1}{n_x} \sum_{i=1}^{n_x} \log x_i \quad \text{および} \quad \hat{\mu}_y = \frac{1}{n_y} \sum_{i=1}^{n_y} \log y_i \tag{4.30}$$

そして σ_x^2 と σ_y^2 の不偏推定値は次のようになる：

$$\hat{\sigma}_x^2 = S_x^2 = \frac{1}{n_x - 1} \sum_{i=1}^{n_x} (\log x_i - \hat{\mu}_x^2)^2 \quad \text{および} \quad \hat{\sigma}_y^2 = S_y^2 = \frac{1}{n_y - 1} \sum_{i=1}^{n_y} (\log y_i - \hat{\mu}_y^2)^2 \tag{4.31}$$

ここで，検定したい帰無仮説は $H_0 : \theta_x = \theta_y$ である．これは，$H_0 : \log \theta_x = \log \theta_y$ を検定することと同値である．あるいはこれを次のように対数正規分布の形式で書くこともできる：

$$H_0 : \mu_x + \frac{1}{2}\sigma_x^2 = \mu_y + \frac{1}{2}\sigma_y^2 \tag{4.32}$$

Zhou et al.(1997) は Z スコア統計量を次のように与えた：

$$Z = \frac{(\hat{\mu}_y + \frac{1}{2}S_y^2) - (\hat{\mu}_x + \frac{1}{2}S_x^2)}{\sqrt{\left(\frac{S_x^2}{n_x} + \frac{1}{2}\left[\frac{S_x^4}{n_x - 1}\right]\right) + \left(\frac{S_y^2}{n_y} + \frac{1}{2}\left[\frac{S_y^4}{n_y - 1}\right]\right)}} \tag{4.33}$$

n_x と n_y が十分に大きいとき，帰無仮説 $H_0: \theta_x = \theta_y$ の下で，Z は平均 0，標準偏差 1 の標準正規分布（$N(0,1)$）に従うことが分かっており，それによって検定を行うことができる．

一方，Zhou et al.(1997) が提出したブートストラップ検定は，t 統計量を使う方法である（式 (4.17)）．それは以下のように進められる：

(1) 観測 t 統計量を次の式で推定する：

$$t_{\text{obs}} = \frac{|\hat{\mu}_x - \hat{\mu}_y|}{\sqrt{\frac{S_x^2}{n_x} + \frac{S_y^2}{n_y}}} \tag{4.34}$$

(2) 総平均 $\hat{\mu}_G$ を次のように推定する：

$$\hat{\mu}_G = \frac{1}{n_x + n_y} \left(\sum_{i=1}^{n_x} x_i + \sum_{i=1}^{n_y} y_i \right) \tag{4.35}$$

(3) 2 つの標本が共通の平均を持つように変換する：

$$X_i = x_i - \hat{\mu}_x + \hat{\mu}_G, \qquad Y_i = y_i - \hat{\mu}_y + \hat{\mu}_G \tag{4.36}$$

(4) x_i の代わりに n_x 個の X_i 値を採集する．同様に n_y 個の Y_i 値を採集する．

(5) 2 つのブートストラップ平均 X_1^* と Y_1^* を求め，ブートストラップ t 値を次のように計算する：

$$t_1^* = \frac{|X_1^* - Y_1^*|}{\sqrt{\frac{S_{1,X}^{*2}}{n_X} + \frac{S_{1,Y}^{*2}}{n_Y}}} \tag{4.37}$$

ここで $S_{1,X}^{*2}$ と $S_{1,Y}^{*2}$ は 2 つのブートストラップ標本に対する推定分散である．

(6) 上の (4) と (5) を B 回繰り返し，$t_1^*, t_2^*, t_3^*, \ldots, t_B^*$ を求める．

(7) 帰無仮説の下で，t_{obs} よりも大きな t_i^* 値を得る推定確率は次のようになる：

$$P_{\text{est}} = \frac{\text{number of times } t_i^* > t_{\text{obs}}}{B} \tag{4.38}$$

これら 2 つの方法を検査するために，Zhou et al.(1997) は 5 つの異なるシナリオの下でシミュレーションを行った．そのとき，すべてのシミュレーションにおいて，2 つの対数正規分布からデータを採集した．ただし，それらのデータは，対数変換した場合，異なる平均と分散を持つが，変換前は元々同じ平均を持つという制約を与えられた．たとえばシナリオ 1 では，$\mu_x = 1.1, \sigma_x^2 = 0.4$ と $\mu_y = 1.2, \sigma_y^2 = 0.2$ とされ，これらは変換しなかった場合の平均として，$1.1 + 0.4/2 = 1.3$ と $1.2 + 0.2/2 = 1.3$

を与えるものである．さらに，それぞれの母数の組み合わせに対して，5段階の標本サイズを与えた (25, 50, 100, 200, 300)．ブートストラップ法や Z スコア法に加えて，Zhou et al.(1997) は未変換データに対して標準の t 検定も行った (x と y は正規分布に従っていないが，中心極限定理によって，それらの平均 (θ_x と θ_y) は近似的に正規分布従うと考えてもよいので，この検定は正当化されるかもしれない)．

統計検定が適切であれば，2つの分布の平均が同じであるという帰無仮説が正しい場合，確率 0.05（第1種の過誤）で両平均の差は有意になるであろう．しかし，これら3つの検定方法は，概して差が有意となる結果が多すぎる傾向にあった（図 4.8）[*9]．t 検定とブートストラップ検定では，推定された有意水準 α と母数の組み合わせ（図 4.8 の表）の間に強い相関があったが（それぞれ $r^2 = 0.83$ と $r^2 = 0.79$)，推定 α と標本サイズの間には相関はなかった（それぞれ $r^2 = 0.05$ と $r^2 = 0.02$)．Z スコア法の場合，同様な2つの相関は弱かった（両方の場合で $r^2 = 0.21$)．もっとも重要なのは，Z スコア法が一貫して最良の方法であり，推定 α が 0.05 からあまり離れていないことである（図 4.8）．一方，t 検定とブートストラップ検定は 0.05 から大きく離れており，とても容認できるものではないだろう．面白いことに，ブートストラップ検定は t 検定よりも成績が悪い！

もしデータが対数正規分布に従っていなければ，Z スコア法の成績はもっと落ちるはずである．一方，t 検定あるいはブートストラップ検定の成績も少なくとも前と同じではないであろう．ブートストラップ検定の成績が t 検定よりも良いかどうかは分からないが，重要なことは，ブートストラップ検定に頼る前に，その振る舞いを調べるためのシミュレーションを行ってみることである．

系統樹をブートストラップする：ブートストラップが実際に何を測定するかを決定するときの問題点

複雑な測定値の場合，ブートストラップが実際に何を測定しているかという定義は，それほど明確ではないかもしれない．それは系統樹を作成する問題でよく認識できるだろう．進化生物学における主要な研究分野は系統関係の分析である．これは，現存する種と絶滅した種はどのような進化的系統関係にあるかを調べるものである．系統樹の単純な例を図 4.9 に示した．この例では，キツネザル（種 A)，人間，チンパンジー，ゴリラの4種を分析しようとしている．キツネザル（種

[*9] (訳者注) 各方法において，名義有意水準である 0.05 に対する統計量の臨界値で棄却されるシミュレーション結果の度数として，観測有意水準 α が推定された．

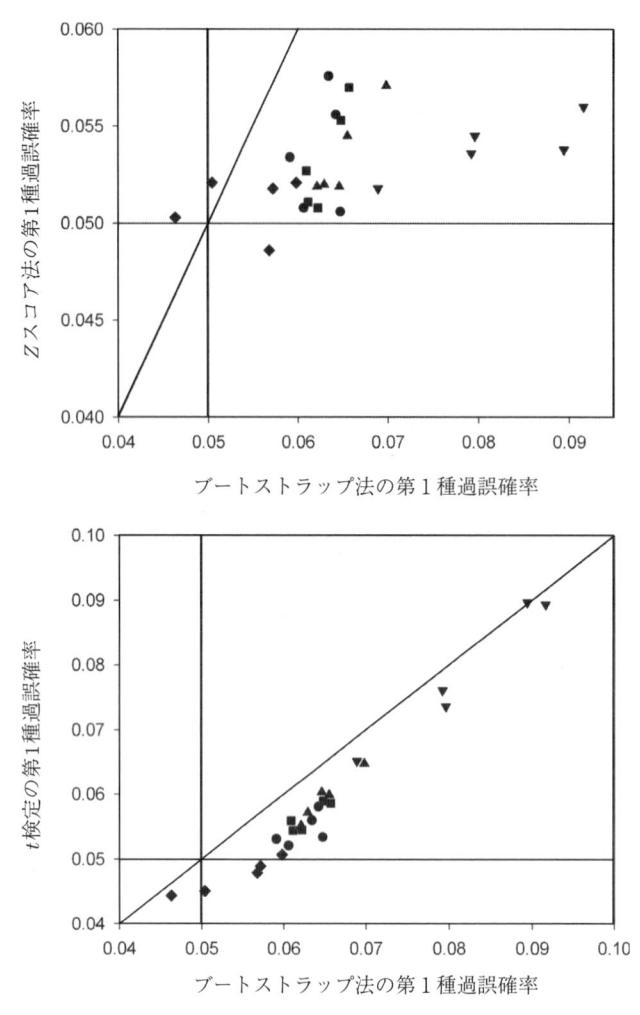

図 4.8 同じ平均をもつ 2 つの対数正規分布を検定するときの，ブートストラップ検定法と Z スコア検定法における第 1 種の過誤の推定値（10000 回のシミュレーションによる）（上図），またブートストラップ検定法と t 検定法における第 1 種の過誤の推定値（10000 回のシミュレーションによる）（下図）.

母数の 5 つの組み合わせが設定され（下の表），その各組み合わせに対して 5 つの標本サイズが設定された（25, 50, 100, 200, 400）. 標本サイズの効果はほとんどなかった（本文を参照せよ）. よって，これらの標本サイズの違いは上の散布図では区別されないで示された.

組合せ	記号	μ_x	σ_x^2	μ_y	σ_y^2
1	●	1.1	0.4	1.2	0.2
2	■	1.05	0.5	1.2	0.2
3	▲	1.0	0.6	1.2	0.2
4	▼	2.5	1.5	3	0.5
5	◆	1.2	0.4	1.2	0.4

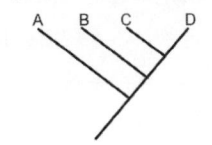

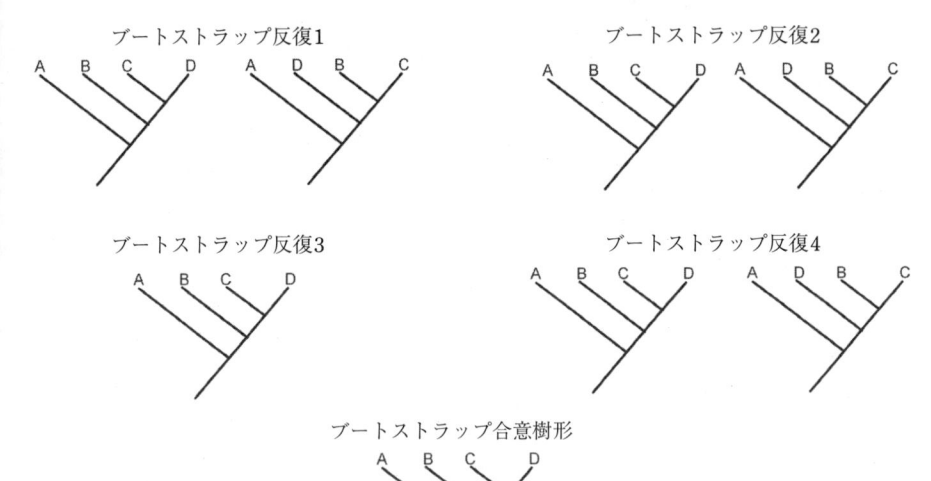

図 4.9 系統関係を解析するためにブートストラップ法を使うときの簡単な説明の例.
上から1段目の系統樹は観察データから得られた「最良」の系統樹を示している．生物「A」は外群である．これは他のすべての種に対する基準であり，ブートストラップ解析には含まれないという意味をもつ．1番目，2番目，4番目のブートストラップ反復推定はそれぞれ同様に類似した系統樹を2つ発生させた．しかし，3番目のブートストラップ反復推定は1つの系統樹しか発生させなかった．ブートストラップ合意樹形（bootstrap consensus tree）は50％の多数決原理で作られた．この原理はすべての樹形の少なくとも50％で発生する単系統群（clade）だけを考慮するというものである．BとC-Dの間の分岐に対するブートストラップ「支持値」(57)はこの分岐を含む樹形の数 (4) を樹形の合計 (7) で割った数に100を掛けて求めた数（％）に等しい．図は Soltis and Soltis (2003) から引用した．

A) は外群（outgroup）と呼ばれるものである．それは，調べようとする種に近縁である種あるいは種群と定義され，祖先派生形質と調べようとする種群の共有派生形質との間を区別するために利用される．種間の進化的変化を表す樹形図を作ることがこの研究の目的であり，そのとき外群は祖先の形質を指定するために使われるのである．種Aから分かれた後，最初の進化的変化で，種Bあるいは種Cあるいは種Dが現れたはずである．ここでの目的として，最良の系統樹がどのように作られるかを考える必要はなく（その簡単な説明については Futuyma

(1998) を参照せよ），そのような決定が可能であるということを知っておくだけでよいだろう．ただそのように決定される系統樹の信頼性についての疑問は生じるかもしれない．Felsenstein (1985) は，系統樹の各分岐点に対する信頼区間を求めるためにブートストラップ法を利用することを提案した．Felsenstein が提出した方法を図 4.10 で解説している．

　系統樹を推定するためのデータセットは，行列の行を構成する一連の分類群（A, B, C, D）と列を構成する一連の形質（1 から 10 まで）から成り立っている．形質とは形態的な特徴，行動的な特徴，あるいは最近もっとも多い DNA 配列データであったりする．元のデータ行列から無作為に（繰り返しを許して）セルを取ることによって，これらのデータをブートストラップすることができる．しかし Felsenstein は，適切なブートストラップ反復値は 1 つの形質全体（つまり 1 つの列全体）を取ることによって実行できると主張した．この主張は，「各形質は，根底にある系統樹の母数としてのトポロジーや枝の長さをつくる確率的な過程に従って，他の形質とは独立に進化した」(Felsenstein, 1985, p. 784) という考えを前提にしている．

　図 4.10 では，4 つの可能なブートストラップ反復を示している．繰り返しを許して標本採集をするために形質は反復当たり 2 回以上現れるか，あるいは全く現れないことが起りうる．各行列から，図 4.9 で示したようなやり方で「最良」の系統樹を作ることができる．図 4.9 のように，これらの系統樹は「同じように正しい」可能性を持っていると仮定される．よって，もっとも普通に行われている処理は，50％多数決原理を使って，反復系統樹のセットから最終的なブートストラップ系統樹を作ることである．この例では，ブートストラップ合意系統樹は単系統群 C-D と B を分ける分岐を含んでいる．この分岐はブートストラップ反復系統樹の内の 57％で生じており，系統樹のこの分岐点における信頼度の測定値としてこの度数が使えるのである．今では，系統樹を分析するときブートストラップ法を利用することは極めて普通のことになっている．それは，その方法を推奨する Felsenstein の論文が 7000 以上の引用回数を誇るという事実からも判断できるだろう．しかし，分岐の信頼性に対するこのブートストラップ法による「支持」（ブートストラップ支持値（bootstrap support value））は，実際は何を意味するのだろうか？

　Felsenstein (1985, p. 786) は次のような結論を与えている：「ブートストラップ法はある信頼区間を与えてくれる．その区間は，**真の系統樹ではないもの**（太字は著者による），すなわち，根底にある形質プールから採集される多くの標本を

原データセット

分類群	形質									
	1	2	3	4	5	6	7	**8**	9	10
A	C	G	A	A	C	C	A	**C**	T	T
B	C	G	G	A	C	C	G	**G**	T	T
C	G	G	T	A	G	C	G	**G**	A	T
D	G	G	T	A	A	G	C	**G**	A	T

4つのブートストラップデータセット

ブートストラップ反復No.1

	1	2	3	4	5	6	7	**8**	9	10
	8	10	7	4	4	1	2	**8**	5	3
A	**C**	T	A	C	C	T	G	**C**	C	A
B	**G**	T	G	A	C	T	G	**G**	C	A
C	**G**	A	G	A	G	T	G	**G**	C	T
D	**C**	A	G	A	G	T	C	**C**	G	T

ブートストラップ反復No.2

分類群	形質									
SC =	1	2	3	4	5	6	7	**8**	9	10
	1	**8**	10	4	2	9	2	**8**	5	6
A	C	**C**	T	A	G	T	G	**C**	C	C
B	C	**G**	T	A	G	T	G	**G**	C	C
C	G	**G**	T	A	G	A	G	**G**	C	C
D	G	**C**	T	A	C	A	C	**C**	G	C

ブートストラップ反復No.3

	1	2	3	4	5	6	7	8	9	10
	3	2	5	7	1	6	9	4	4	10
A	A	G	C	C	C	C	T	A	A	T
B	A	G	C	G	C	C	A	A	A	T
C	T	G	G	G	G	G	A	A	A	T
D	T	C	G	G	G	C	A	A	A	T

ブートストラップ反復No.4

分類群	形質									
SC =	1	2	3	4	5	6	7	8	9	10
	7	**8**	5	**8**	9	6	4	10	1	5
A	A	**C**	C	**C**	T	C	A	T	C	C
B	G	**G**	C	**G**	T	C	A	T	C	C
C	G	**G**	C	**G**	T	A	A	T	G	G
D	G	**G**	C	**G**	T	A	C	T	G	C

図4.10 色々な分類群に対する形質値の行列からブートストラップ反復値を構築する簡単な例。ブートストラップ操作は形質（ここではDNAの塩基）間で行われる。つまり列についてブートストラップ採集が行われる。よってブートストラップ反復#1では、原標本からの列8（太字）が列1と列8で（偶然に発生し、原標本からの列10（斜字）が列2と列6で発生している。[SC=] は原標本の列番号を表す。Soltis and Soltis (2003) が改変された。

基に推定される系統樹を含むものである．もし系統樹の推測に使われる方法が一貫したものでなければ，そのこと自体で，間違いが生じるかもしれない」．例えば，相同的ではなく相似的な形質を使っているとしよう（つまり，収斂進化による形質である．例えば鳥の翼とコウモリの翼が挙げられる）．このときでも，ブートストラップ法から高く支持される系統樹が得られるだろう．数多くの形質を利用することで，このような問題は避けられるかもしれないが，このままでは単純に間違いである．例えば，分子データは，事実上，巨大なデータベースを与えてくれる．しかし，もしこれらの分子データが単一の遺伝子に対してのみ使われるならば，次のような問題が依然と残るだろう．つまり，そこではその遺伝子の進化的履歴（収斂進化，すなわち相似を含むもの）が調べられているのであって，必ずしも種の進化的履歴が調べられているのではないかもしれない．これがよく知られた問題であることは確かである．ここで，この問題を取り上げた理由は，生物学の間違った仮説やデータ不足の問題まで，ブートストラップ法が解決できるわけではないという重要な点を説明したかったからである．Felsenstein は，もし95％ブートストラップ反復値でグループを分けることができるならば，それは有意であると示唆している．しかし彼はこれを「真の」系統樹であるとは言っておらず，形質の観測分布を前提にして偶然で期待されるよりも高頻度に起こっただけのことであるとしている．このことを，再度，確認しておこう．

　ブートストラップ反復系統樹の割合（単に「ブートストラップ割合」．例えば図 4.9 で B と C-D の分岐に対して 0.57）が実際に何を意味しているかという問題については，Hill and Bull (1993, p. 183) が調べている．彼らは，それを理解するためには，3つの概念「再現可能性（repeatability）」，「正しさ（accuracy）」，「正確さ（precision）」を区別することが必要であると指摘している．ブートストラップ法の「正確さ」とは，「疑似値の有限個セットを基に計算されたブートストラップ割合が，疑似値の無限個セットから得られるであろう値に一致すると期待される度合いである」．一方「正しさ」とは「特定の分類群が真の系統樹に含まれている確率である」．また「再現可能性」とは「特定の分類群が，形質の独立的な標本の解析の中で発見される確率である」．ブートストラップ割合に対する Felsenstein の解釈は，それが「再現可能性」の測度であるというものである (Hill and Bull, 1993, p. 183)．「正確さ」とは，単に十分大きな標本が必要であるということだけなので，単純な問題である．一方「正しさ」と「再現可能性」はそれとは全く異なる問題である．

　Hill and Bull (1993, p. 187) は，「ブートストラップ法は再現可能性を計る方

法として導入されたが，その結果は普通「正しさ」として解釈される（たとえば仮説検定の骨子の中では）」ということの正当性を確かめるための観察を行った．つまり Hill and Bull は，シミュレーションを使って，ブートストラップ支持値と正しい系統樹を得る実際の確率との間の関係を調べた．しかしその答えは系統樹の種類に依存して変化した．つまり，いくつかの系統樹ではブートストラップ支持値は「正しさ」を過小評価することとなり，そこではブートストラップ支持値が70％であるとき，単系統群が現実にある確率は95％であった．一方，その他のタイプの系統樹では，ブートストラップ支持値は「正しさ」を過大評価することとなった．そこで，Hill and Bull (1993, p. 192) は次のように結論した：「高いブートストラップ割合と系統樹の「正しさ」の間に存在する強い正の関係は，ブートストラップ法の有効性を示すものである．しかし，ブートストラップ法の結果は，多くの状況では「再現可能性」や「正しさ」の推定値として直接解釈されるべきではない．それは「再現可能性」に対するあまり良くない推定値であり，また「正しさ」に対する非常に保守的な推定値である．．．それらの値を研究間で比較することはできないだろう」

Felsenstein and Kishino (1993) は，Bull and Hillis が得た結果に対する挑戦的な結論に応答し，問題は個々のブートストラップ法にあるのではなくむしろブートストラップ割合を「正しさ」と同等に扱うことにあるということを示した，Felsenstein and Kishino (1993, p. 199) による提案を要約すると，次のようになる：「分類学者は，注目する分類群がブートストラップ採集標本における割合 P で生じることを認めた場合，$1 - P$ を，その分類群が存在していないことを支持する証拠を得る確率の保守的な査定として見なすべきである．．．例えば，その分類群が $P = 0.85$ を持つことが分かったときは，その分類群が真の系統樹に存在しないことを支持する証拠は全体の15％よりも小さくなると期待されるだろう」．Efron et al. (1996) はその問題をさらに調べ，もっと良い誤差推定法を見つけた．しかし，それでも彼は BC_a 百分位法（方法5）のようなもっと正確で拡張されたブートストラップ技法が必要であると述べている．

まとめ

(1) ブートストラップ反復とは，サイズ n の標本から同じ数の観測値を，繰り返しを許して無作為選択し採集することである．注目する母数，原標本と同

じやり方で計算を行う．その過程を何度も繰り返し（通常，標準誤差（SE）の推定では 200 回，信頼区間の推定では 1000 回），注目する母数の平均や信頼区間を推定するために，その一連のブートストラップ推定値を使うことになる．

(2) ブートストラップ推定値 θ^* はブートストラップ反復値の平均である．この推定値は偏りを持っており，それを修正したもっとも単純な推定値 θ_A^* は $\theta_A^* = 2\hat{\theta} - \theta^*$ と表すことができる．

(3) 推定値の標準誤差（SE）はブートストラップ反復値の標準偏差によって推定される．

(4) 信頼区間は色々な方法によって推定されるが，どの方法が適切かをシミュレーション無しに一般的に決めることはできない．

(5) 少ない標本は，常にそうとは限らないが，必要とされるよりも小さいブートストラップ信頼区間を与えることが普通である．「小さい」がどのようなことを意味しているかはシミュレーションによる解析をしてみないと決められない．

(6) ブートストラップ法は仮説検定にも使えるが，検定統計量を決めるときに注意が必要である．

さらに読んでほしい文献

Davison, A. C. and Hinkley, D. V. (1999). *Bootstrap Methods and their Applications.* Cambridge: Cambridge University Press.

Efron, B. (1982). *The Jackknife, the Bootstrap and Other Resampling Plans.* Society for Industrial and Applied Mathematics, Philadelphia.

Efron, B. and Tibshirani, R. J. (1993). *An Introduction to the Bootstrap.* New York: Chapman and Hall.

Manly, B. F. J. (1997). *Randomization, Bootstrap and Monte Carlo Methods in Biology.* New York: Chapman and Hall.

Mooney, C. Z. and Duval, R. D. (1993). *Bootstrapping: A nonparametric approach to statistical inference.* Newbury Park: Sage Publications.

練習問題

(4.1) 平均 0，分散 1 の正規分布（つまり $N(0,1)$）から 100 個の値を発生させよ．その中央値について，デフォルトである 1000 個のブートストラップ反復を使い，ブートストラップを行え．そしてそれらの反復値の正規性を検定せよ（シャピロ・ウィルクス検定かあるいは他の適当な検定を用いよ）．さらにその反復値のヒストグラムをプロットせよ．

(4.2) 下のデータリストに対して，最小 2 乗回帰法とブートストラップ法を用いて回帰直線を適合させよ．傾きと切片がともに 0 であるとする仮説を検定せよ．また傾きが 1 で切片が 0 であるとする仮説を検定せよ．それらの結果をパラメトリックな検定結果と比較せよ．

x	1.63	4.25	3.17	6.46	0.84	0.83	2.03	9.78	4.39	2.72	9.68	7.88
y	2.79	3.72	4.09	5.89	0.75	-0.13	1.76	8.44	5.15	2.16	9.88	6.95
	0.21	9.08	9.04	5.59	3.73	7.98	3.85	8.18				
	0.03	7.50	9.92	5.37	3.79	7.18	3.37	7.81				

(4.3) 上のデータを基に，ブートストラップ法を使って相関係数を計算せよ．そしてその相関係数が 0.96 である（$r = 0.96$）という仮説を検定せよ．下のフィッシャーの z 変換を用いよ：

$$z = \frac{1}{2} \ln \left(\frac{1+r}{1-r} \right)$$

そして，その結果をパラメトリック検定と比較せよ．

(4.4) 以下のプログラムコードを用いて 20 個の相関させたデータ点の標本を発生させよ．そのとき誤差分布として，「シェイプ」母数と「レート」母数がともに 2 に等しく，平均が 0 であるガンマ分布を用いよ．ブートストラップ検定とパラメトリック検定を使って，$r = 0$ とする仮説を検定せよ（練習問題 (4.3) を参照せよ）．どちらの結果がより信頼できると思うか？

```
set.seed (0)           # Set seed for random number generator
n <- 20                # Number of points
x <- rnorm (n, 0, 1)   # Construct normal distribution of x values
shape <- 2             # Set shape parameter
rate <- shape          # Set rate parameter
```

```
mu <- shape/rate          # Calculate mean of gamma distribution
error <- rgamma (n, shape, rate)-mu
                                  # Generate error term with mean zero
y <- 0.5*x + error                        # Construct y values
Corr.df <- data.frame (cbind (x, y)) # Put in a single dataframe
```

(4.5) 練習問題 (4.4) と同じ手順で 10000 個のデータセットを発生させよ．各データセットに対して r を計算し，それを使って 0 よりも大きい r 値を得る確率を決定せよ．練習問題 (4.4) のプログラムコードを用いて 10 個のデータセットを発生させ，パラメトリック検定とブートストラップ検定を使ってそれらを解析せよ．このような状況ではどちらが良い検定であると考えられるか？

(4.6) 下の表は 20 頭の雌のショウジョウバエが各齢で産んだ卵数である．ブートストラップ法を用いて，関数：卵数 $= \theta_1(1 - e^{-\theta_2 \text{Age}})e^{-\theta_3 \text{Age}}$ の母数を推定せよ．その結果と，以前，最尤法とジャックナイフ法で求めた結果（練習問題 3.4）を比較せよ．

個体 No.	1	2	3	4	5	6	7	8	9	10	11	12	13	14	15	16
齢	1	3	2	4	1	1	2	5	3	2	5	4	1	5	5	3
卵数	58	70	72	65	57	56	71	59	71	70	60	65	57	59	61	70
	17	18	19	20												
	2	4	2	5												
	71	65	70	60												

(4.7) 平均 4，分散 1 の正規分布から 10 個のデータ点を発生させよ．そして変動係数 (coefficient of variation: CV) を計算せよ．さらにブートストラップ法 (1000 反復) を用いて CV を推定せよ．その答えを検査するために，10000 個のデータセットを発生させ，それらのデータセットからそれぞれ CV を推定し，その全体から標準偏差と平均を求めることによって解析を行え．ブートストラップ法による結果をシミュレーションの結果によって比較せよ．

(4.8) 以下のデータは，ある群集内の特定の生物種のサイズとして集められたものである：
$$x : 2, 10, 10, 11, 14, 15, 16, 18, 18, 18$$

これらのデータに対してジニ係数を計算せよ．そして仮説検定（式 (4.19)）の簡便法を用いて，0.05 から 0.4 までの（0.01 きざみで）ジニ係数と観察された値と

の違いを検定せよ．その結果をブートストラップ法からの信頼限界と比較せよ．

4章で使われた記号のリスト

記号は下付きにされることもある．

E	Error term	誤差項
ε_i^*	Estimate of the ith bootstrap error	i 番目のブートストラップ誤差推定値
θ	Parameter to be estimated	推定されるべき母数
$\hat{\theta}$	Estimate of θ	θ の推定値
$\hat{\theta}_{\text{Bias}}$	Bias in estimate	推定値の偏り
θ_i^*	Estimate from the ith bootstrap replicate	i 番目のブートストラップ反復推定値
θ^*	Bootstrap estimate	ブートストラップ推定値
$\hat{\theta}_{-i}$	Estimate of θ with the ith datum removed	i 番目のデータを除去したときの θ の推定値
$\tilde{\theta}$	Jackknife estimate	ジャックナイフ推定値
μ	Mean	平均
σ	Standard deviation	標準偏差
$\hat{\sigma}_{\theta_i^*}$	Estimate of SE of ith bootstrap replicate	i 番目のブートストラップ反復推定値の誤差の推定値
B	Number of bootstrap replicates	ブートストラップ反復の数
C	Resource utilization index, or constant	資源利用指数あるいは定数
Z	Z-score statistic	Z スコア統計量
MLE	Maximum likelihood estimation	最尤推定
$N(\mu, \sigma)$	Normal distribution with mean μ and standard deviation σ	平均 μ と標準偏差 σ を持つ正規分布
P	Probability	確率
S_x^2	Estimate of variance of x	x の分散の推定値
T_i^*	Value of ith transformed bootstrap replicate	変換されたブートストラップ反復推定値
SE(.)	SE of term in parentheses	括弧内の変数の標準誤差
a	constant in accelerated bias-corrected percentile method	BC$_a$ 百分位法の定数
d	Absolute difference between parameter estimate and hypothesized value	母数推定値とその仮説上の値との間の絶対差
d_i^*	Absolute difference between parameter estimate and ith bootstrap estimate	母数推定値と i 番目のブートストラップ推定値の絶対差
l_t	Length at age t	齢 t のときの体長
n	Number of cases	場合の数
p, q	In niche overlap indexes, proportion of resources used	ニッチ重複指数における資源の利用割合
t	Student's t	スチューデントの t
x	Observed value	観測値
$\bar{x}$	Mean value of x	x の平均値
y	Observed value	観測値

z	Abscissa of the standard normal distribution	標準正規分布の横軸の変数

第5章
無作為化法とモンテカルロ法

はじめに

　この本では，説明したい統計モデルを発生させたり，特定の統計手法を検証するとき，モンテカルロ法をよく利用している．モンテカルロモデルは1つかそれ以上の確率変数の成分を持つモデルであり，例えば $y = x + \varepsilon$ のようなものである．ただし，ε は無作為に分布する確率変数である．Kendall and Buckland (1982) はモンテカルロ法を次のように定義している：「確率的文脈で起こる数学問題をサンプリング実験によって解決する．．．サンプリング法による数学問題の解決：その手法は，数学過程において人工的な統計モデルを構築することであり，そのためにサンプリング実験を行うことである」．この章では，与えられた統計仮説を検証するための手法として，モンテカルロモデルの利用に狙いを定める．無作為化法とブートストラップ法はモンテカルロ法のある特殊なタイプとして考えることもできるが，それらの拡張性や面白い利用法からそれらを独自の統計手法として考えてもよいと思われる．モンテカルロ法は研究における特殊な問題に対して「オーダーメイド」的な手法であり，一方ブートストラップ法や無作為化法は，前の章で示したように，今や多くのコンピュータソフトウェアパッケージに組み込まれ，その中で作業ルーチンを駆使できる簡単で汎用な手法となっている．ここではまず無作為化法を説明し，その後，モンテカルロ法の概略を説明することにする．

　無作為化法は第1に仮説検定のための技法である．しかしそれを信頼区間の設定のために利用することもできる．データに対する制約はほとんどないので，無作為化法は非常に有用な手法である．しかしすべての統計手法と同じように，不

十分なデータに対する万能薬ではなく，その限界も認識されるべきである．無作為化法を支える一般的な原理は次のようなものである：もし研究における複数のデータ群が共通の母集団から来ているならば，その観測統計量値は，全データセットを構成する各群にデータを無作為に割り当てた場合のものと違わないだろう．つまり観測統計量値を多くの無作為化されたデータセットからの統計量値と比較することによって，元のデータから得られる統計量値と同じくらい偏った統計量値を得る確率を推定することができる．読者にはこの方法の限界がすぐに思い浮かぶだろう：もし観測されたデータが，2つ以上の母数（たとえば平均と分散）において異なっている複数の統計母集団から来ているならば，無作為化法は役に立たない．これは無作為化法に限った問題ではない．たとえば，標準的な t 検定は2つの集団に平均値以外で違いがないことを前提とする．無作為化法を使って検定したり，信頼区間を設定するときの一般的な手法を理解するために，2平均値の差という特定の例を考えることにする．それを議論した後で，実際に検定を始めるときに考慮すべき要因と無作為化法の一般的な有用性を説明するために，色々な例を紹介しよう．

■ 無作為化法――仮説検定のための一般的考察

手法の説明：2つの平均の差を検定する

2つの平均値の差を検定する問題を考えてみよう．このとき無作為化法は，2つの分布に違いがあるとすればそれは平均値の違いだけであるという制約の下で，正規分布と非正規分布の両場合において2平均値の差を検定する問題を扱うことができる．パラメトリック検定である t 検定は，平均値が正規分布に従うという仮定の下で，2つの平均値を比較する．一方，ノンパラメトリック検定であるマン・ウィットニー検定は，中心的傾向（central tendency）の違いを検定する．非常に片寄った分布では，それは平均値ではなく中央値（median）ということになる．

2つの平均値を比較するときの帰無仮説は次のようなものである：

$$H_0 : \mu_1 = \mu_2 \quad \text{or} \quad H_0 : \mu_1 - \mu_2 = 0 \tag{5.1}$$

このとき，帰無仮説の下で，観測値を2つの群へどのように配分するかに違いがあってはならない．無作為化検定は「2つの分布に差があるならそれは平均値に対してだけであるという仮定を置き」，次のように実行される：

(1) 2つの平均値の差を測る統計量を計算する．可能な候補は次のようなものがある：
   (a) 2つの平均値の絶対差
   (b) t 統計量
   (c) 2つの群の残差，$r_{i,k} = x_{i,k} - \bar{x}_k$，の差．このとき $r_{i,k}$ は k 番目 ($k=1,2$) の群における i 番目の残差であり，$x_{i,k}$ は k 番目の群における i 番目の観測値であり，$\bar{x}_k$ は k 番目の群における平均値である．
(2) 観測値を2つの群に無作為に配分する．たとえば，元の2群が (1.2, 3.2, 4.4, 4.2) と (2.2, 5.5, 3.0, 3.1) であり，無作為化したデータセットが (3.2, 5.5, 2.2, 4.2) と (1.2, 4.4, 3.0, 3.1) であったとしよう．この再サンプリング手順は同じ要素の反復抽出を許さないのでブートストラップ抽出とは違うものである（よって無作為化検定は並べ替え検定 (permutation test) という別の名前を持つ）．
(3) 手順2を何回（N 回）も繰り返す．
(4) 無作為化したデータセットに対する統計量値の中で，元のデータセットの場合の値よりも大きい場合の個数 (n) を数える．
(5) 帰無仮説の下で，元のデータセットと同じか，あるいはもっと大きな場合を得る確率を推定する．それは次のようなものになる：

$$P = \frac{n+1}{N+1} \qquad (5.2)$$

分母分子に「1を追加」するのは，観測されたデータ自身もこのような標本に含められるからである．しかし N が非常に大きいときには1の追加はあまり影響しないだろう．

(6) もし $P < 0.05$ であるならば，観測された平均値の違いは帰無仮説の下では起こりそうにない出来事であると判断する．そして帰無仮説を棄却し，平均値は異なるという対立仮説を採用する．

2つの平均値に対して無作為化検定を行う S-PLUS のプログラムコードを，付録 C.5.1 に示した．それは原標本を作るために正規分布 $N(0,1)$ から20個のデータ点を発生させ，それらを2つの群に無作為に分配するものである．これらのデータは同じ分布から取られているので，2つの平均値の差に対する検定が有意になる場合は全体の5％にすぎないと期待できるだろう．この例で使われる検定統計量は2つの平均の絶対差であるが，別の統計量の方がその計算プログラムの作業ルーチ

ンに組み込みやすい場合もある．ただし，後の例でも分かるように，推定される確率は選んだ検定統計量に依存して変化しうるものであるが，この例のシミュレーションでは，3つの統計量はすべて同じ結果に至ることが示された（Manly 1997, pp. 105-7）．5000回の無作為化の結果，50％を超えるデータセットが，観測された差よりも大きい絶対差を発生させた．よって帰無仮説を棄却する理由はない（付録C.5.1の出力を参照せよ）．S-PLUSでは無作為化検定を行うためにブートストラップ作業ルーチンを用いることができる（付録C.5.2）．これが使えるときには，より速い作業ルーチンになることが一般的である．

どれくらいの標本が必要か？

普通，0.05ぐらい小さな確率とそれより大きい確率とを区別することに我々は関心を持っている．そのときに必要な標本サイズを推定するための近似的で簡単な方法は，推定された確率の標準誤差（SE）を使うことである．それは2項分布より次のような式となる[*1]：

$$\mathrm{SE}(\hat{P}) = \sqrt{\frac{\hat{P}(1-\hat{P})}{N}} \tag{5.3}$$

ここでは，複雑さを避けるため，Nに「追加の1」を含ませてある．このとき$\hat{P}$の上位信頼限界値について，$\hat{P} + 2\mathrm{SE}(\hat{P}) < 0.05$の条件が必要である[*2]．図5.1はそうなるようなNと$\hat{P}$の値の範囲を示している．有意性を決定するためには，一般的に1000回の無作為化を行えば十分であろう．ただしそのときはPが0.05よりも相当小さい値であることが必要である．もしPが0.05に近いときには，無作為化を10000回ぐらいに増やさなければならないかもしれない．当然，もし実際のP値が0.05よりも本質的に大きいならば，ほとんど無作為化の必要はないだろう．原理的には，次のような手順で解析を行えばよい．まずたとえば100回の無作為化でP値を推定し，そして式（5.3）を変形した式を使って，必要な標本サイズを推定する．その式は次のようなものである：

$$N = \frac{4\hat{P}(1-\hat{P})}{(0.05-\hat{P})^2} \tag{5.4}$$

もし$\hat{P}$が0.05よりも大きいならば上の式は無駄である．それでも，もし$\hat{P}$が0.05にかなり近い値（たとえば0.1）ならば，推定値が安定的かどうかを確認するた

[*1] （訳者注）この式の$\hat{P}$は予備的に少数の無作為化をした場合に推定されるものと考えればよい．

[*2] （訳者注）$N\hat{P}$あるいは$N(1-\hat{P})$が5よりも大きいとき2項分布は正規分布で近似でき，95.45％信頼区間は$\hat{P} - 2\mathrm{SE}(\hat{P}) \sim \hat{P} + 2\mathrm{SE}(\hat{P})$となる．

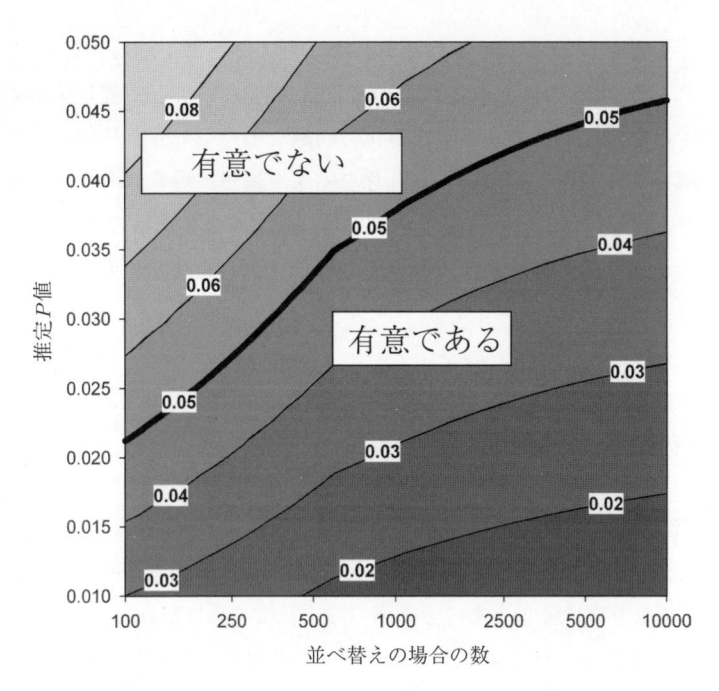

図 5.1 等確率線の図は，並べ替えの場合の数および推定された確率という 2 変数の関数として表された信頼区間の近似的な上限値を示している．等確率線は $\hat{P} + 2\mathrm{SE}(\hat{P})$ の値である．0.05 の等確率線よりも上に存在する値は，その並べ替えの場合の数では「有意ではない」ことを示している．

めに，無作為化を 500 回ぐらいに増やした方がいいかもしれない．付録 C.5.3 は前掲のデータセットを使って必要な標本サイズを求めるためのプログラムコードを示している．しかし 2 番目の群の期待される平均値を変えて 1 だけ増やしている．100 回の無作為化を使って推定した $\hat{P}$ 値は 0.0297 である．これは 0.05 よりも有意に小さいとはいえない．有意であるためには N は 280 以上である必要があることを図 5.1 が示している．パラメトリック検定である 2 標本 t 検定を使うとその確率は 0.039 である．この場合，標本サイズを 500 まで増やしてみる必要がある．これは単に 400 回分増やす無作為化を行えばよい．それは乱数発生の起点数[*3]を変え，先にやった 100 回の場合と結果を結合させればよい（この場合，計算時間は大したことはないのでここまでやる必要はない）．例えば $N = 500$ で $\hat{P} = 0.05189621$ が得られたとしよう．正確な P 値を確かめるためにはさらなる無作為化が必要である．$N = 5000$ を使うと $\hat{P} = 0.04679064$ となり，$\hat{P}$ が有意

[*3] （訳者注）通常「乱数種（random number seeds）と呼ぶ．

となるのに必要な N は 17000 を超えてしまう*4！さらに 10000 回にまで N を増やすと，$\hat{P} = 0.04359564$ となる．このとき式（5.3）によって推定値の標準誤差は 0.00204 となる．このように無作為化の回数を増やしても，P 値は有意となるが依然と境界辺りに留まっている（有意な結果が偶然に得られるまで，延々と標本サイズを上げ続けることがよくないことは認識すべきである）．一般的に，各無作為化が大きな時間の浪費でない限り，1000 回の無作為化から始めた方がよいだろう．

■ 無作為化法―区間推定

方法 1：無作為化の手法で標準誤差を推定する

　無作為化法は，主に仮説検定の機能を持つが，確率 P 値ばかりでなく，標準誤差や信頼区間を推定することもできる有益な方法である．Manly (1991) は，大規模な無作為化を数多く行う必要がある信頼区間の推定のために，あるプロトコルを提案している．その目的は，ある群から抜き取った上下部分域の各確率が 0.025 になるような境界値を表す 2 つの定数，つまり「上位値と下位値」を見つけることである（95％信頼区間の上限値と下限値）．これは試行錯誤によって行われる．つまり 2 定数の各「推測値」に対して別々の無作為化を走らせるのである．この方法を説明するために，Manly はゴールデンジャッカルの雄と雌の牙の長さについてのデータを利用した（ここでは昇順で示す）：

雄：107, 110, 111, 112, 113, 114, 114, 116, 117, 120
雌：105, 106, 107, 107, 108, 110, 110, 111, 111, 111

　これらのデータに対して標準的な t 検定を行うと，両者には高い有意差が検出され（両側検定では $t = 3.48, \mathrm{df} = 18, P = 0.0026$ となり，雄の牙は雌の牙より大きくなるだろうという帰無仮説を基にした片側検定では $P = 0.0013$ となった），差の 95％信頼区間は 1.91-7.69 であった．10000 回の無作為化によると，両側検定の推定確率は 0.0038 となり，t 検定の結果を追認した．
　非常に速く行える反復計算を使うと，2 標本 t 検定の場合と同じように，信頼限界値を早く見つけることができる．図 5.2 の上図は，広い間隔で取ったいくつか

---

*4　（訳者注）$\hat{P} = 0.04679064$ を上の式（5.4）に代入して求めればよい．

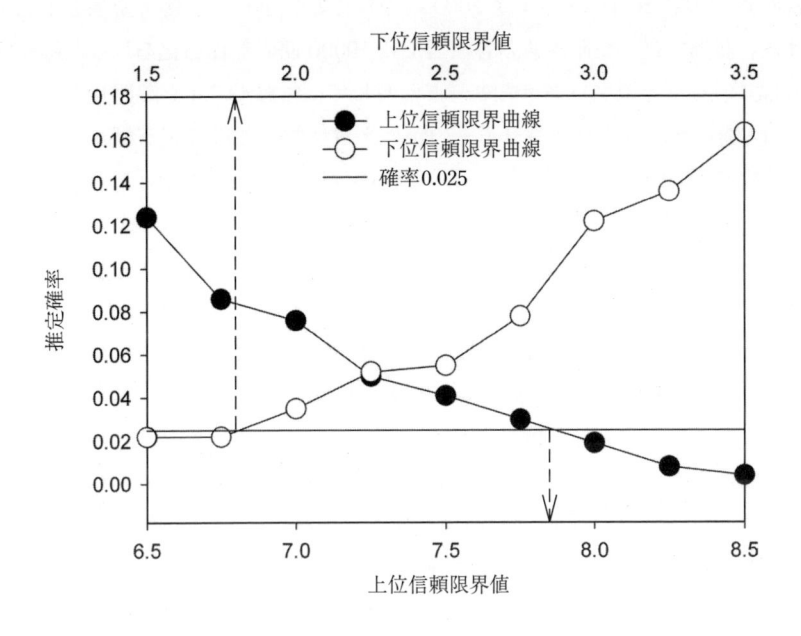

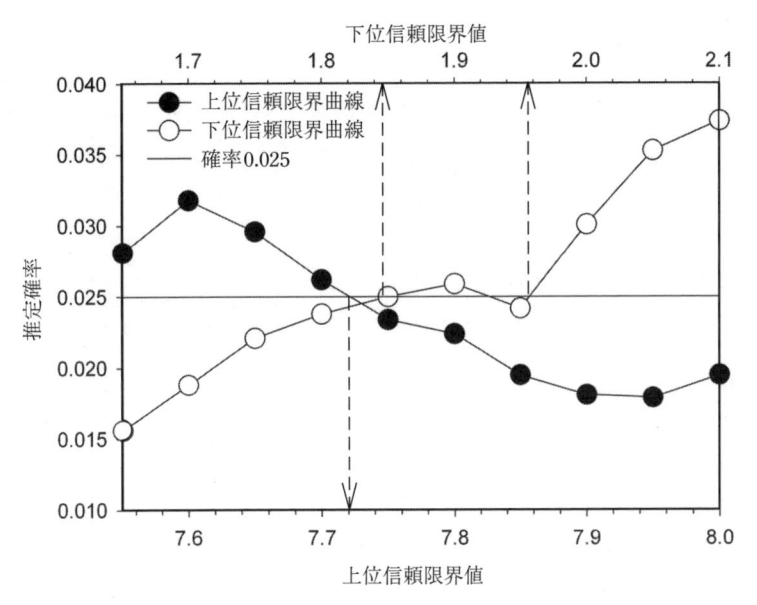

図 5.2 無作為化法を使って下位信頼限界と上位信頼限界を推定する Manly 法の説明. 上図は広い間隔で取った各推測値あたり 1000 回の並べ替え無作為化を行った結果を表し, 下図は密に取った各推測値あたり 10000 回の並べ替え無作為化を行った結果である. 点線は推定された信頼限界の上位値と下位値を指している.

の限界値*5の各値当たりわずか 1000 回の無作為化を行った解析結果を示し，下図は狭い間隔で選んだ限界値の各値当たり 10000 回の無作為化を行った解析結果を示している（そのプログラムコードに関しては付録 C.5.4 を参照せよ．そこでは下図の方のデータを発生させるものが与えられた）．図 5.2 の下図から上位信頼限界値は 7.72 と推定できる．しかし下位信頼限界値は，曲線が「滑らか」ではないので，推定するのが難しくなっている．それは部分的には次のような事実が原因である．つまり，異なる無作為化はわずかでも異なる値を発生させるはずであるが，この場合，元データがかなり多くの同じ値を含んでいるため（たとえば，雌のデータの 111），差の平均値が同じになる無作為化データセットを生じさせてしまっているのである（これは後でもっと詳しく説明することにする）．これが滑らかさを失った理由である．確率 0.025 の境界線と「下位信頼限界」曲線との交差点の中間点を取ると，値 1.9 が得られる．よって無作為化法による 95％信頼範囲を 1.90-7.72 とすればよい．これはパラメトリック法による推定範囲 1.91-7.69 とあまり変わらない（Manly は自分の無作為化法によって，ここで示した結果とほぼ同じ信頼範囲 1.92-7.72 を得ている）．

　Garthwaite (1996) は無作為化の回数を減らすための改良方法を考えたが，それでも無作為化の回数は実際上多く，そのアルゴリズムはかなり複雑であった．ここでは独自に無作為化して得た標本セットを使って，標準誤差（SE）を推定するための，近似的ではあるが簡単な 3 つの方法を紹介しよう*6．この目的のために，ジャッカルのデータセットに加えて別の 2 つのデータセットも使うことにする．そのうちの最初のデータセットが，Garthwaite がトカゲ *Sceloporis occidentalis* の体力に対するマラリアの影響を分析したものである．トカゲの体力は 15 頭の感染個体と 15 頭の非感染個体を 2 分間走らせた距離として計測された：

感染個体： 16.4, 29.4, 37.0, 23.0, 24.1, 25.0, 16.4, 29.0, 36.7, 28.7, 30.2, 21.8, 37.0, 20.3, 28.3
非感染個体：22.2, 34.8, 42.0, 32.9, 26.4, 31.0, 32.9, 38.0, 18.4, 27.5, 45.5, 34.0, 46.0, 24.5, 28.7

このデータセットに対する両側 t 検定の解析では，2 群の差は境界条件にあるが有意ではないことが示された（$t = 1.9658$, df $= 28$, $P = 0.0593$）．10000 回の無

---

*5　（訳者注）ここでは，上下推定確率 0.025 周辺において，比較的広い間隔でいくつかの限界値を選んでいる．

*6　（訳者注）この後に紹介する方法 2, 3, 4 がこれにあたる．

表 5.1 *Sceloporis occidentalis* の感染・非感染個体間の体力差に対する標準誤差 (SE) の推定値と 95 %信頼限界 (LC=下位, UC=上位).

方法	SE	LC[a]	UC
トカゲのデータ			
パラメトリック法	2.85	-0.23	10.95
Garthwaite 法	2.80[b]	-0.30	10.69
正規近似法	2.73	-0.23	10.95
平均百分位法	2.72	-0.21	10.93
百分位法	2.72[b]	-0.29	10.87
ガンマ分布からのデータ			
真の値 [a]	0.18	0.16	0.86
パラメトリック法	0.22	0.08	0.93
正規近似法	0.20	0.09	0.92
平均百分位法	0.21	0.07	0.94
百分位法	0.21[b]	0.07	0.94
ジャッカルのデータ			
パラメトリック法	1.38	1.91	7.69
Manly 法	1.38[b]	1.90	7.72
正規近似法	1.45	1.76	7.84
平均百分位法	1.62	1.40	8.20
百分位法	1.62[b]	1.40	8.20

[a] 符号はどの平均からどの平均をが引いたかに依存するため任意である.
[b] 「平均」SE は $(UC - LC)/([2][1.96])$ によって推定された.

作為化から推定された確率は 0.0563 である. これはパラメトリック検定で得られた確率と非常に近い値である. Garthwaite の方法は, パラメトリック法よりもわずかに狭い信頼区間と小さい標準誤差 (SE) を与えている (表 5.1).

2 番目の追加データセットは, サイズ 20 の 2 つの標本である. それらは, シェイプ母数とレート母数が共に 3 であるガンマ分布と, それを 0.5 だけ右方向にずらしたガンマ分布から発生させた (図 5.3). このように 2 つの標本は平均だけが異なる分布から採集されたものである. ここで 2 標本間の平均値の差の真の分布を決定するために, 標準誤差 (SE) を直接推定できるような無作為化の 10000 標本を発生させた. 元の母集団の分布が高い片寄りをもつにも関わらず (図 5.3 の上図), 平均の差の分布は極めて正規的であった. t 検定では群間に有意な差が検出され (差の平均値 = 0.504, $t = 2.4172$, df = 38, $P = 0.0205$), 10000 回の無作為化でもほとんど同様な確率 0.0186 が求められた. パラメトリック解析から推定された標準誤差 (SE) は正確な値よりもわずかに大きく (表 5.1, 0.22 対 0.18), そのためその信頼領域は正確な幅よりも広かった (表 5.1).

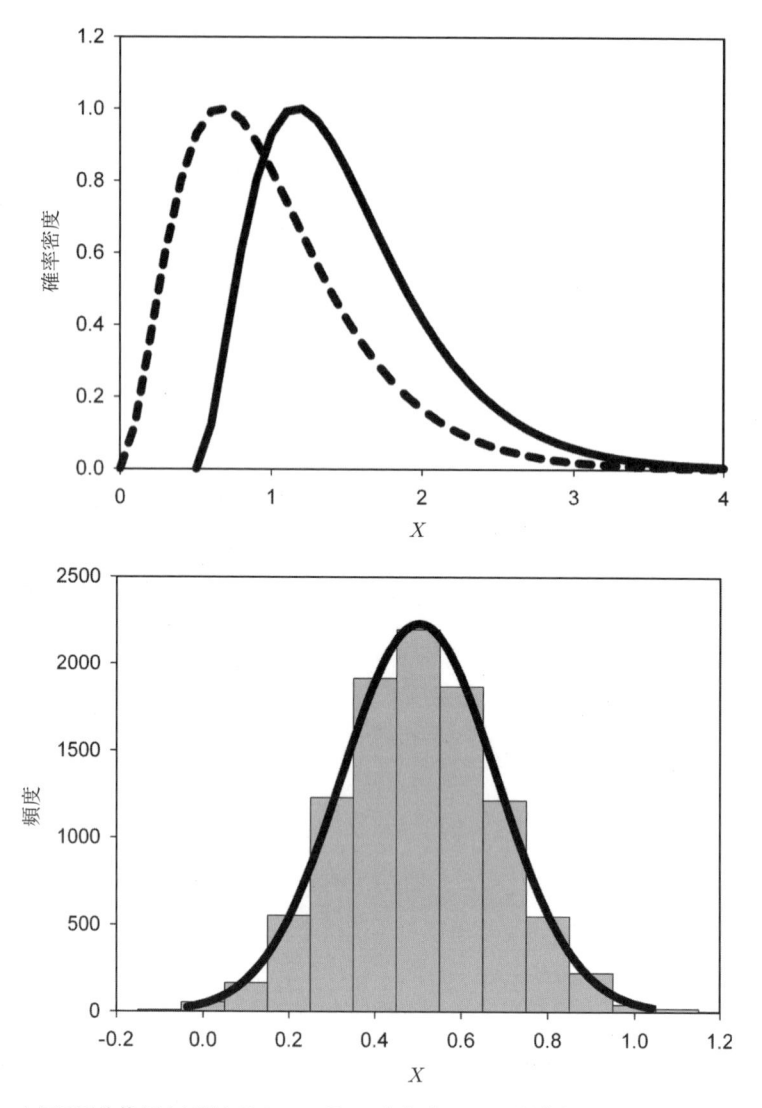

図 5.3 上図は平均値だけが異なる 2 つのガンマ分布（スケール母数とレート母数はともに 3 で，右の分布は左の分布を 0.5 だけ水平に移動させたもの）の確率密度図である．下図は，2 つのガンマ分布のそれぞれから採集したサイズ 20 の標本間の平均値の差に対して，10000 回のシミュレーションを行った結果得られたデータセットの分布を示す．実線の曲線は適合させた正規曲線である．

方法 2：正規近似法

信頼区間を推定する簡単な方法は，注目する母数 θ が正規分布に従うと仮定し，従って θ/SE が分散 1 の正規分布に従うと仮定することである．この文脈の下では，標準誤差（SE）は次のように推定できる：

$$\text{Est(SE)} = \frac{\hat{\theta}}{x} \tag{5.5}$$

ここで x は正規曲線において確率 $\hat{P}/2$ を与える横軸上の値である (Roff and Bradford 1996). 原標本が相対的に小さなものであれば, x の適切な値は t 分布を使って求めることができる. この解析と次の2つ手法のためのプログラムコードは付録 C.5.5 にある.

この方法の必須の仮定は, データが正規分布に従うということであるが, それは無作為化した値を使って簡単に調べられるだろう. トカゲのデータでは, 推定した標準誤差 (SE) は Garthwaite 法から得たものより小さかった. 一方, 信頼区間はパラメトリック法による推定区間と全く同じであるが, Garthwaite 法による推定区間とはずれていた (表5.1). ガンマ分布のデータの場合も, 正規近似法はパラメトリック法による推定とほぼ同じ結果を示し, 真の値よりは標準偏差も信頼区間も少し過大に推定した (表5.1). また, ジャッカルのデータの標準誤差 (SE) に関しては, この方法はパラメトリック法より少し過大評価する傾向があり, 信頼区間を広くさせるようである (表5.1).

方法3：平均百分位法 (average percentile method)

平均百分位方法は標準誤差 (SE) を推定するという点で方法2の正規近似法に類似している. しかし, 無作為化して求めた分布を直接用いることで正規性の仮定を回避するところが異なっている. この方法は, 両側確率 0.05 で決定される信頼区間の上位値と下位値を求めるために, 観測した平均値の期待差 ($\hat{\theta}$) に加えるはずの, あるいはそれから引くはずの値 $C_{0.95}$ を見つけようとする[*7]. この値を見つけるためには, 無作為化を繰り返してその都度得られた絶対差 10000 個からなるデータセットを整理して昇順に並べ替え, そのリストの中の 95％確率点を決める値 $C_{0.95}$ を見つければよい. そして, 適切な自由度 (たとえばトカゲのデータでは 28 となる) の t 分布で上側確率 0.025 に一致する t 値を見つけ, 次の式を用いて標準誤差 (SE) を推定する：

$$\text{Est(SE)} = \frac{C_{0.95}}{t_{0.025,\text{df}}} \tag{5.6}$$

また, 分布が左右対称であると仮定できるならば, 信頼限界の下位値と上位値 (それぞれ LC, UC) は次のように推定できる：

[*7] (訳者注) ここでは中央値から両側確率 0.05 (上側確率 0.025) を定める臨界値までの距離を $C_{0.95}$ と考えている.

$$\mathrm{LC} = \hat{\theta} - C_{0.95}, \quad \mathrm{UC} = \hat{\theta} + C_{0.95} \tag{5.7}$$

トカゲのデータとガンマ分布のデータの場合,標準誤差(SE)の推定値と信頼限界は方法2の正規近似法で得られたものと実質的に同じであるが,ジャッカルのデータの場合,標準誤差(SE)は過大に推定され,信頼区間は広すぎるようである(表5.1).

方法4:百分位法(percentile method)

この方法は方法3の平均百分位法と同じ理屈に従っている.ただし,上位限界値と下位限界値を別々に調べるやり方をとる.これらの値を見つけるために,無作為化を繰り返して,その都度得られた絶対差10000個からなるデータセットを整理して昇順に並べ替え,そのリストの中の2.5%と97.5%の確率点にある値を見つける.すると信頼限界は次のようになる:

$$\mathrm{LC} = C_{0.025} + \hat{\theta}, \quad \mathrm{UC} = C_{0.975} + \hat{\theta} \tag{5.8}$$

標準誤差(SE)は近似的に$(\mathrm{UC} - \mathrm{LC})/(2t_{0.025,\mathrm{df}})$を使って推定する.この方法による結果は,方法3の平均百分位法の結果とほぼ同じである(表5.1).

まとめると,ここで調べた3つのデータセットに対しては,正規近似法が3つの近似法の中でもっとも満足できるものであるように思われる.もし非常に正確な推定が必要ならば,これらの手法から得られた値を,Manlyが提案した方法の初期値として使い,コンピュータによる膨大な数の無作為化を行えばよい.

■ 無作為化検定を説明する例

1要因(1元配置)分散分析

分散分析は正規性の仮定に対して極めて頑健性のある方法である(Sahai and Agreel 2000, pp. 85-6).しかし,それでももし正規性が成り立たないならばその結果が不正確になる可能性は排除できない.無作為化法はこのようなパラメトリック解析の結果を検証し,代替え方法として用いることができる.しかし,「無作為化では,検討される分布は平均においてのみ異なるものである」という仮定があることを覚えておこう.もし等分散性も守られないならば,無作為化法でも間違ってしまうかもしれない.この問題は次の節で取り上げることにしよう.ここでは,分布は平均においてのみ異なり,また正規的でなくてもよいと仮定する

ことにする．

　検定統計量として F 値ではなく平均平方を使う人もいるかもしれないが，それは2つの理由で推奨されない．1番目の理由は，F 統計量を使うとパラメトリック解析と直接比較することができるという点である（つまり，2つの解析の違いを検討するとき，使われる統計量の影響を考えなくてすむ）．2番目の理由は，F 統計量の方が一般的に平均平方よりも強力な検定であることが，あるシミュレーションによって既に示されているという点である（Gonzalez and Manly 1998）．また，無作為化は原データあるいはその残差に対して行うことができるが，原データの利用で十分であることも，そのシミュレーションによって示されている．

　1元配置 ANOVA における無作為化法を説明するために，イースターンツノトカゲ（eastern horned lizard）によるアリの月当たり摂食量（ミリグラム単位の乾燥バイオマス）に関する実際のデータを使うことにする（Manly (1997) からのデータ）：

月				観測値					
6月:	13,	105,	242						
7月:	2,	8,	20,	59,	245				
8月:	40,	50,	52,	82,	88,	233,	488,	515,	600,	1889
9月:	0,	5,	6,	21,	18,	44				

これらのデータにおける分散分析では，アリを摂食する量に対して月間の違いによる有意な効果は検出されなかった（$F_{3,20} = 1.64$，$P = 0.21$）．しかし，クラスカル・ウォリス検定は有意な効果を検出した（$\chi^2 = 11.0$，df = 3，$P = 0.012$）．残差を検討すると，かなり正規性を欠いていることが認められ（図 5.3），それはリリエフォール検定（Lilliefor's test）でも確かめられた（$P < 0.0001$）．観測値の数が少ないときには，正規性の欠如は ANOVA にとって障害であり（大きな標本サイズの場合，正規性からの多少の偏りが検出されたとしても，ANOVA にはあまり影響を及ぼさない），その信頼性を損なわせる原因となる．

　データを検討すると，分散の不均一性（heteroscedasticity）が検出されるかもしれない（分散は 6月で 13279，7月で 10416，8月で 319724，9月で 258 である）．しかし当面これを無視することにする．そして検定統計量として F を使い，原データの無作為化を行って群間の違いを検定してみよう．この検定のプログラムコードを作成するための2つの方法を，付録 C.5.6 と付録 C.5.7 に示している．付録 C.5.6 の分は，FORTRAN のような別の言語に翻訳できる枠組みをもつ非常に一般的な作成方法である．そのデータセットは摂食量と月に対応する2つの列

から出来上がっている．そこでは，観測値の無作為化はループ機能を使って行われ（月に関する無作為化は余計である），各反復毎に F 値が計算され格納される．付録 C.5.7 は，少し違った方法を示しており，観測値が N 回無作為化され格納される．そして，それは 3 つの列を含むデータファイルにまとめられる．その各列の標識番号はそれぞれ無作為化の番号（最初の分は原データである），月データ（無作為化無しの繰り返し），観測値を表す．そして F 統計量は S-PLUS の「by」ルーチンを使って計算される．この方法は前者より少し計算が速い．例えば 999 回の反復計算に，前者であれば 64 秒かかるが，後者であれば 55 秒で済む．

実際に無作為化検定を行うと確率 $P = 0.2$ が得られる（プログラムコードにおける 2 方法の出力には少し違いがあり，それは無作為化の手法の違いに起因するものである．1 番目の方法の無作為化は，直前の無作為化で出現したデータセットに対して繰り返し行われる．一方，2 番目の方法では，無作為化は常に原データに対して行われる．しかしこれは本質的な違いにはならない）．これは幸いなことに ANOVA 解析で得られる確率 P に近い値である．他方，群間に差が検出されなかった原因は，分散の均一性の欠如が交絡要因として影響を与えたせいであるかもしれない．データを検討すると，確かに，各月群間で分散は異なっている（各月でその分散は，13279, 10416, 319724, 258 であった）．このようなときによく知られた解決法は，分散の違いを減少させる，あるいは消滅させるような変換を探すことである．$\log(x+1)$ の変換を使うと，変換後の観測値の分散はそれぞれ 0.407, 0.545, 0.325, 0.339 となった．この場合，ANOVA は群間の違いに高い有意性を検出した（$F_{3,20} = 6.08$, $P = 0.004$）．またその残差において正規性からの逸脱は有意ではなくなった（図 5.4，リリエフォール検定，$P = 0.429$）．対数変換したデータの 4999 回の無作為化によって推定した確率 P は 0.0026 であり，前と同様，都合良く ANOVA で得た確率 P と近い値であった．この例では，本当は無作為化に頼る必要はなく，データ変換に頼るだけでよかった．しかしこの例の重要な点は，無作為化であってもそれ自身が仮定を持っており，それは守られなければならないということである．そこで今度は，群の違いが平均値の違いだけに起因することが分かっているデータを扱うことにしよう．

平均値 μ が 1 に等しい指数分布 $(p(x) = \mathrm{e}^{(-x/\mu)}/\mu,\ x > 0)$ から標本サイズ 10 の 3 つの標本群を発生させた（S-PLUS では，$x < \mathrm{rexp}(10, \mathrm{rate} = 1)$）．最後の群には定数を加え，それによって変数軸上の位置だけを変えた．最初の解析例では，3 番目の群に加えた定数は 0.8 であった．そのときの分散分析は，群間に有意な差を検出しなかったが（$F_{2,27} = 2.73$, $P = 0.083$），無作為化検定は $P = 0.035$ を

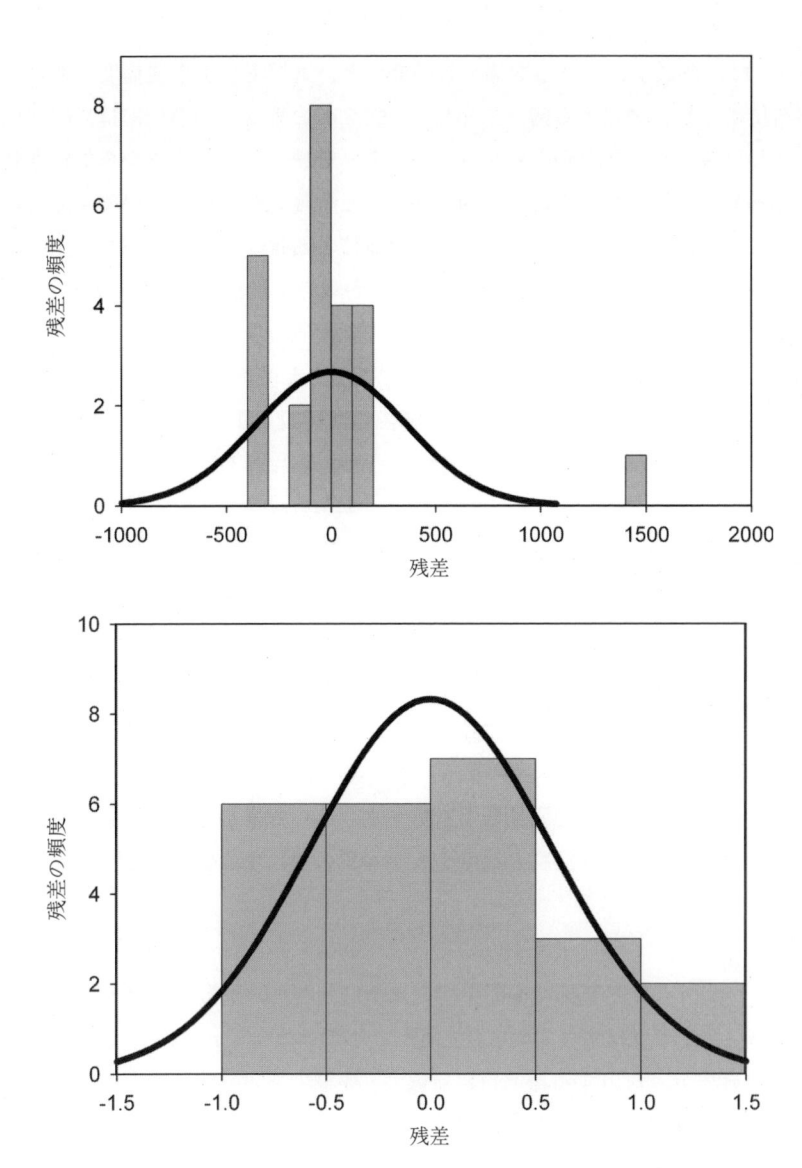

図 5.4 ツノトカゲによる月当たりのアリ摂食データに ANOVA モデルを適合させたときの，その残差の頻度分布（ヒストグラムに適合させた正規曲線も追加した）.

上図は残差の未変換データを表し，下図は $\log(x+1)$ で変換したデータを表す．

与えた．2 番目の解析例では，3 番目の群に 1.0 が加えられた．そのときの分散分析は $P = 0.0442$ という境界近くの有意性を示したが，無作為化検定は $P = 0.012$ という高い有意性を示した．これら 2 つの解析例では，無作為化検定の方が好ましそうであることがわかる．

2章では，遺伝学における閾値形質の概念と，選択実験から罹病度の遺伝率を実現遺伝率として推定する例を紹介した（図2.4）．罹病度の遺伝率は，同父母家族（同じ母親と同じ父親から産まれた子たち）を使った交配実験から推定されることもある．しかし2値表現型で明らかになる程度以上には，その罹病度自身を測定することはできない．よって問題は背景にある罹病度の遺伝率を，兄弟姉妹における発現の有無からどのように測定するかである．どのような量的形質でも，その遺伝率は同父母家族のデータにおける1元配置分散分析から，級内相関係数 (intraclass correlation coefficient)*8 の2倍の値として推定することができる（ただし非相加的効果がないと仮定して）．級内相関係数 t は次の式で表される：

$$t = \frac{MS_{\mathrm{AF}} - MS_{\mathrm{AP}}}{MS_{\mathrm{AF}} + (k-1)MS_{\mathrm{AP}}} \tag{5.9}$$

ここで，MS_{AF} は家族間（群間）の平均平方 (mean square)，MS_{AP} は家族内の子供間（群内）の平均平方，k は各家族の個体数が異なる場合その調整のための数である（$k = (T - \sum n_i^2/T)/(N-1)$，$T$ は全個体数，n_i は i 番目の家族内の個体数，N は家族数である）．閾値形質の場合，解くべき問題は同父母家族の間に分布する2つの表現型の相対比率から，背景に隠れた形質の遺伝率を推定することである．2段階で話を進めよう．まず第1に，発現した表現型に0と1のデータを当てはめて級内相関係数を計算する．そして第2に，これを次の式に組み込んで，背景にある罹病度の尺度をもつ形質の遺伝率に変換する：

$$h^2 = 2t\frac{p(1-p)}{z^2} \tag{5.10}$$

ただし，p は指定した形質の集団中での比率（どちらの形質が選ばれるかは全く任意である．比率 p はすべての家族を通した平均比率（$\sum p_i/N$）として推定される），z は確率 p に対応する標準正規曲線の y 座標である．閾値形質のさらなる議論については Roff (1997) を参照せよ．

2値形質は 0, 1 のように記号化する必要があるので，明らかに正規分布には従わない．よって，無作為化の手法が遺伝率の推定値に対して有意性検定をするための重要な補償手段となりうる．もし同父母家族に対して1つの飼育ケージが用意されるならば，共通の環境に起因する効果と家族に起因する効果を分離することは不可能である．よって家族当たり少なくとも2つの飼育ケージを使い，家族の効果から飼育ケージの効果を分離するために入れ子を含む ANOVA (nested

---

*8 （訳者注）級内（家族内）の個体の傾向が，級間（家族間）で比較したときどれくらい類似しているかを表す指標である．

ANOVA) を用いるべきである．コオロギの 1 種 *Gryllus firmus* の翅の 2 型（長翅型（macropterous）は飛ぶことができ，短翅型（micropterous）は飛べない）を解析するために，次の 3 つの方法が利用された（Roff, 未発表）：

(1) 入れ子を含む ANOVA：0（長翅型）と 1（短翅型）に分類された全個体を使ったもの．

(2) 1 元配置 ANOVA：飼育ケージ当たりの平均比率を使ったもの（家族当たり 2 つの推定値：1 つは比率の生データを使ったもので，もう 1 つは逆正弦平方根変換（arcsine square-root transformation）したデータを使ったものである．結果に違いはなかった）．

(3) 無作為化検定：以下のように行った．まず，家族当たり 2 つの飼育ケージのデータを混合することによって遺伝率を計算した．次に，飼育ケージを無作為にペアーにして作った標本に対して，同じように遺伝率を計算した．そのやり方の無作為化によって 999 個の遺伝率を集めた．そして観測された h^2 値と同じかそれよりも大きな h^2 値を得る確率を求めるために，無作為化による h^2 値セットと観測 h^2 値を合わせた標本群の中で，観測 h^2 値と同じかそれよりも大きい h^2 値の個数の比率を計算した．しかし飼育ケージのデータを混合するのではなく，各無作為標本セットに対して入れ子を含む ANOVA を使うことによって，遺伝率を計算する方がよい方法であったと思われる．

16 通りの異なる比較が行われた（翅型の比率は，雄雌，2 種類の飼育環境条件，8 実験系統の間で変動した．表 5.2）．家族に起因する変動があるかどうかを統計的に検定するための 3 つの方法（入れ子を含む ANOVA，1 元配置 ANOVA，無作為化検定）は，非常に似た結果となった．いくつかの無作為標本では翅型の比率が 0 や 1 に近い値となり，そのため無作為標本の分布が極めて裾を伸ばしたものになったにもかかわらず，それはあまり影響を与えなかった．16 検定のうち 13 検定で，3 つのすべての方法が翅型比率の有意違いを家族間に検出した．残りの 3 つの検定では，L1 の雌子，あるいは S1 の雄子において家族による有意な効果は検出されなかった．表現型における変動の大きさは両方の場合で低く（長翅型の期待比率はそれぞれ $p = 0.92$ と $p = 0.03$ と片寄っていることが原因で，変動も小さかった），そのためこれらの条件下では検出力が低く，有意性を示す確率にまで至らなかったのではないかと考えられる．S2 雌子の場合，入れ子を含む ANOVA において家族間の有意な変動が検出されなかった（$P = 0.113$）．一方，

表 5.2 コオロギの1種 *G. firmus* の長翅型（長い翅のタイプで，他方の短い翅のタイプ（短翅型）と対置される）の頻度分布に対する家族の効果を調べるための3つの統計解析法における確率値（A=1元配置 ANOVA, R= 無作為化検定, NA= 入れ子を含む ANOVA）．

Env.[a]	実験系統[b]	性	p^c	A	R	NA
15/25	L1	F	0.92	0.350	0.578	0.820
15/25	L1	M	0.77	<0.001	0.004	<0.001
15/25	C1	F	0.74	<0.001	0.006	<0.001
15/25	C1	M	0.53	0.002	0.002	0.001
15/25	L2	F	0.91	0.013	0.016	0.002
15/25	L2	M	0.79	0.030	0.017	0.006
15/25	C2	F	0.60	<0.001	0.001	<0.001
15/25	C2	M	0.30	<0.001	0.001	<0.001
17/30	S1	F	0.08	0.002	0.003	0.002
17/30	S1	M	0.03	0.622	0.430	0.618
17/30	C1	F	0.50	0.001	0.001	<0.001
17/30	C1	M	0.27	<0.001	0.001	<0.001
17/30	S2	F	0.04	<0.001	0.039	0.113
17/30	S2	M	0.02	<0.001	0.009	0.008
17/30	C2	F	0.53	<0.001	0.001	<0.001
17/30	C2	M	0.38	<0.001	0.001	<0.001

[a] Env は環境条件，ここでは，日長（日当り明時間）／気温（摂氏）を表す．
[b] L は長翅型の比率が増加するように選抜された系統，S は長翅型の比率が減少するように選抜された系統，C は対照系統．添えられた数字は繰り返しを表す（系統当たり2通り）．
[c] 長翅型の比率．

他の2つの方法は有意な変動を検出した（1元配置 ANOVA で $P < 0.001$，無作為化検定で $P = 0.039$）．この場合も，前者と同じように，表現型における変動の程度が非常に低くかった（長翅型の比率は $p = 0.04$ であった）．これらの結果から，かなり極端な分布の片寄りに対しても，分散分析は高い頑健性を持つことが分かる．また無作為化検定も有益な検定方法であると言えるだろう．

分散分析といかに無作為化を行うかについての疑問

上記の入れ子を含む無作為化検定は，無作為化の水準に関して重要な点を提起している．入れ子を含む実験計画に無作為化を行う場合，すべての個体について無作為化を行うか，入れ子変数について無作為化を行うかを選ばなければならない（上の例では飼育ケージの水準を選んだ）．上では，飼育ケージの効果も家族の効果もないという帰無仮説を考えようとした．しかし，飼育ケージと家族の両方の効果に関する仮説ばかりでなく，その他の色々な組み合わせの仮説が容易に考えられる．ここでの興味は第1に家族の効果があるかどうかを決定することにある．よって，個体よりも飼育ケージに対して無作為化を行う方が慎重なやり方で

あろう．なぜなら個体の水準で無作為化を行うやり方は，2つの効果を交絡させてしまうかもしれないからである．

無作為化をどのように行うかは，複雑な分散分析計画の場合とくに深刻な問題である．2元配置 ANOVA がその簡単な例であろう．このような場合，データを無作為化する2つの方法があり得る：(1) データ表のすべてのセル[*9]に対して無作為化を行う，(2) データ表の行あるいは列に関してのみ無作為化を行う．ここで主張したいことは，交互作用の検証に無作為化を用いることは実際には不可能であるということである．なぜなら (1) のような方法で無作為化を行ったとしても，複数の効果を交絡させてしまうからである．一方，Gonzalez and Manly (1998) は，シミュレーションを用いた研究によって，小さな標本セットの場合，データ表の全セルに対する無作為化と F 統計量の使用が概して適切であると結論している．以下のような一連のシミュレーションを行って，このことを検討することにした．20個のデータ点を，2水準を持つ2つの処理をとおして発生させた．その個々の観測値を発生させるときに使った式は以下のようなものである：式 $x_{ijk} = T1_i + T2_j + (T1_i)(T2_j) + \varepsilon$．ただし，$x_{ijk}$ は，処理 $T1$ の i 番目かつ処理 $T2$ の j 番目の水準にある k 番目の観測値であり，ε は平均1の指数分布に従う（よって非正規分布）誤差項である．各処理内での水準は1と2であると設定した．つまり，処理 $T1$ の水準1にあり，かつ処理 $T2$ の水準2にある場合の観測値は，$x_{12k} = 1 + 2 + (1)(2) + \varepsilon = 5 + \varepsilon$ となる．効果の様々な組み合わせは，いくつかの処理に対して0を与えることによってシミュレートした（たとえば，交互作用がないときの状況を表すときには，$x_{12k} = 1 + 2 + (0)(1)(2) + \varepsilon = 3 + \varepsilon$ とした）．この解析によると，誤差変動が正規的でないにもかかわらず，無作為化検定は実質的に ANOVA と同等な結果を示した（表5.3）．これらの結果は，閾値形質の遺伝率の場合と同様に，分散分析が正規性の仮定に対して顕著な頑健性を持つということを示している．実際，ここでは分散分析が失敗して無作為化検定が異なる結論を生み出すような状況を見つけようと試みたが，それはできなかった．これは無作為化検定がこの例では不必要であるということを意味するわけではない．ただ ANOVA の仮定が満たされない場合，無作為化検定では補えず，結果の正しさは保証されないだろうというだけのことである．

Anderson and ter Braak (2003) は複数要因の分散分析に対する無作為化検定を詳しく検討した．彼らは直接無作為化検定（exact randomization test）と近似

[*9] （訳者注）別に断らない限り，Ecel のシートや分割表でデータを表したときの各区画をセルと呼ぶ．

表 5.3 2元配置分散分析による確率（P）と無作為化検定による確率（R）を調べるシミュレーションの結果．100回の無作為化が各検定で行われた．

モデル	P(T1) P	P(T1) R	P(T2) P	P(T2) R	P(T1*T2) P	P(T1*T2) R
T1+T2+T1*T2+ε	<0.01	<0.01	0.76	0.83	<0.01	<0.01
T1+T2+0*T1*T2+ε	0.31	0.44	<0.01	0.01	0.35	0.50
	<0.01^a	<0.01	<0.01	0.02	0.80	0.84
T1+0*T2+T1*T2+ε	<0.01^a	<0.01	0.01	0.01	0.76	0.83
	<0.01	<0.01	<0.01	<0.01	0.12	0.09
	<0.01	<0.01	0.17	0.18	0.10	0.14
0*T1+T2+T1*T2+ε	0.05	0.07	<0.01	<0.01	0.76	0.80
T1+0*T2+0*T1*T2+ε	0.31	0.29	0.35	0.38	0.44	0.50

^{a} 乱数発生の起点となる乱数種が異なる：2, 20, 10.

無作為化検定（approximate randomization test）という2種類の無作為化検定を定義した．直接無作為化検定は，ANOVAモデルの項に対して2つの条件を満たすものである：(1) 無作為化する単位をどの水準にするかという決定は，慣習的なANOVAの検定で使われるF比の分母にあたる平均平方を適切に決定することと同値である，(2) 無作為化データは，検定する項と同じ順位かあるいはそれよりも低い順位の項の水準内で発生するように制約がおかれる．主効果は1番目の順位の効果であり，2変数による交互作用は2番目の順位の効果であり，後同様である．これら2つの条件は3種類のANOVAを参考にして説明することができる：それは1元配置ANOVA，入れ子を含むANOVA，2元配置混合モデルANOVAである（図5.5）．

1元配置ANOVAは1つの要因（A）だけを扱うため，単一の主効果を持つモデルを考えれば良く，結局，1つのF検定を行うことになる（$F_A = MS_A/MS_R$，ここでMSは「平均平方（mean square）」と呼ばれ，Rは残差項である）．よって交換可能な単位は個別の標本であり，単位の再分配に制約はない．2元配置あるいは入れ子を含むANOVAでは，固定効果（fixed effect, ここでは要因Aとする）はF統計量（$F_A = MS_A/MS_B$）を使って検定される．そして交換可能な単位は要因Bの成分である（たとえば上記の遺伝率の実験では飼育ケージ）．これらの単位は図5.5で示されるような交換が可能である．一方，入れ子になっている効果（ここでは要因Bとする）は$F_{B(A)} = MS_B/MS_R$によって検定される．そして交換可能な単位は基本の標本要素であるが（たとえば罹病度の実験では飼育ケージ内の個体），問題は，これらの単位を再配分する際に要因Aに影響を与えない方法がないということである．よって要因Bに対しては直接無作為化検

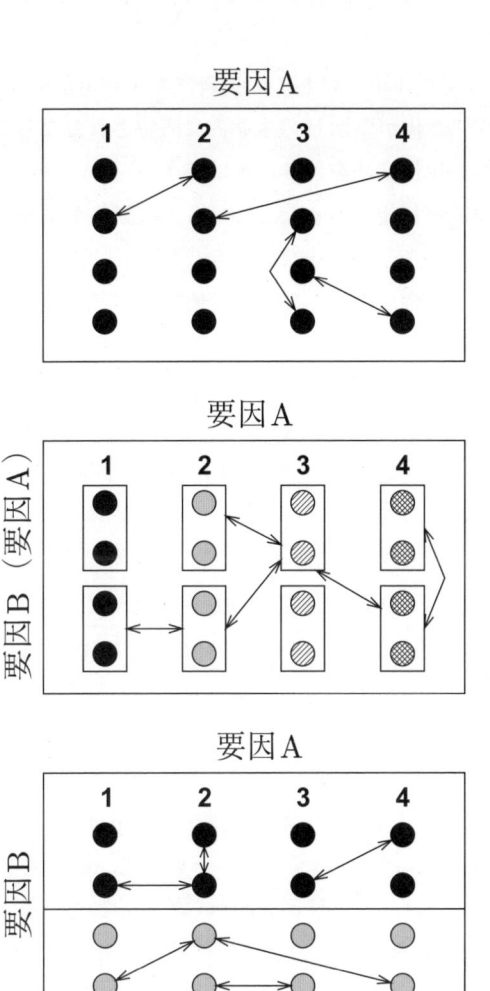

図 5.5 1元配置 ANOVA（上段図），入れ子を含む ANOVA（中段図），2元配置混合モデル ANOVA（下段図）に対して，直接並べ替え検定（exact permutation test）をどのように設定できるか説明するための模式図．

矢印は可能な並べ替えの例を示す．Anderson and ter Braak（2003）を改変した．

定法を使うことはできない．2元配置混合モデル ANOVA の場合，固定効果（ここでは要因 A にあたる）は $F_A = MS_A/MS_{A \times B}$ によって検定され，変量効果（random effect）B は $F_B = MS_B/MS_R$ によって検定される．そしてその交互作用は $F_{A \times B} = MS_{A \times B}/MS_R$ によって検定される．入れ子を含む ANOVA のときのように，要因 A に関わる効果に変化を加えることなしには，要因 B やその交互作用を検定するために必要な標本要素を再配分することはできない．よって要

因 B あるいはその交互作用に対して直接無作為化検定法を使うことはできない．もし標本要素の無作為化が要因 B の水準内に限定されるならば（図 5.5），要因 A に対して直接無作為化検定法を使うことはできる．

　直接無作為化検定が可能であったとしても，観測値が少なすぎると，妥当な検出力を持つ検定を行うことができないかもしれない．このような場合や直接無作為化検定が不可能な場合は，すべての観測値を並べ替える無作為化検定，つまり近似無作為化検定を行うことができる．直接無作為化検定と近似無作為化検定の両方が可能なときには，その両方を行い，結果を比較することが賢明なやり方である．たとえば，入れ子を含む ANOVA の場合には，要因 A に対して直接無作為化検定を行い，続いて要因 A と要因 B に対して近似無作為化検定を行う．もし両者の結果が食い違うならば，近似無作為化検定の方が交絡した結果ではないかと疑うことになるだろう．Anderson and ter Braak (2003) は，入れ子を含む ANOVA に対して，4 つの異なる誤差分布を使ったシミュレーションを行った．それらの誤差分布は，正規分布 $N(0,1)$，一様分布 $(1,10)$，対数正規分布，立方指数 (cubed exponential) 分布である．標本サイズと誤差分布の各組み合わせに対して，1000 回のシミュレーションを走らせ，「有意」となった検定の数が記録された．正しい検定であれば，確率 0.05 で有意な結果を生み出すはずである．そして 1000 回のシミュレーションでは信頼区間は 0.036-0.064 となるはずである（つまり，36 回から 64 回の有意な結果）[*10]．その結果，要因 A に対する直接無作為化検定で得られた確率は，この信頼区間から外れることはなかった．一方，標準的な ANOVA や両方の水準をとおして無作為化を行う近似無作為化検定は，誤差分布が極端に片寄ったものになる場合，色々な確率値を発生させた（図 5.6）．Anderson and ter Braak (2003) は残差の利用も試みた．しかしこの場合，結果は生データのときよりも悪いものとなった．にもかかわらず，彼らは他の種類の ANOVA にシミュレーションを行った結果を基に，生データよりも残差を利用するように推奨している．また 2 元配置 ANOVA 計画と 3 元配置 ANOVA 計画の違いに対応して，その残差をいかに計算すべきかを示す表を提出している．

均衡性についての疑問

　分散分析において特に重大なことは，実験計画が不均衡であった場合の問題である．なぜなら，そのような場合，有意性検定は理論的正当性を欠いたものになって

[*10] （訳者注）2 項分布 $B(n,p)$ において $n=1000$，$p=0.05$ として 95 % 信頼区間を求めている．

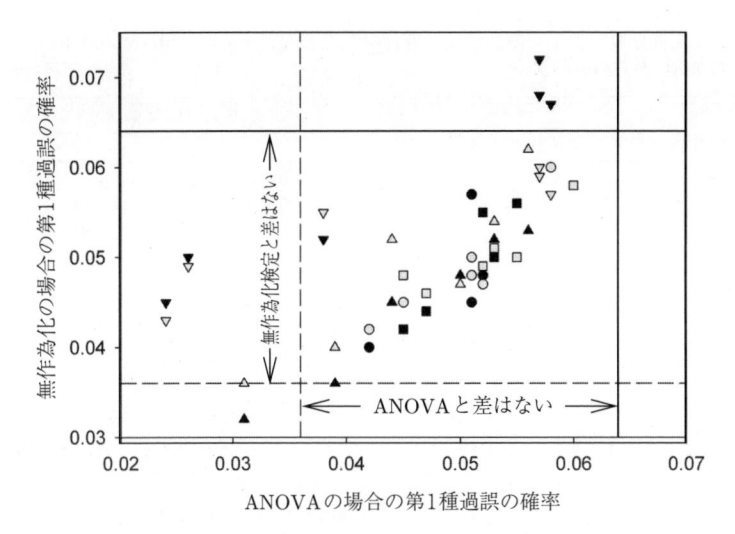

図 5.6 入れ子を含む ANOVA の主効果を調べるための 3 つの統計的検定法に対して，シミュレーションを 1000 回行って求めた第 1 種の過誤の確率をプロットした散布図．

直接無作為化検定（灰色）と近似無作為化検定（黒色）の結果が，正規理論を基にした F 検定の結果に対してプロットされた．データは Anderson and ter Braak (2003) からのものである．両軸は一致性検定によって「有意である」と判断された場合の割合を表している．シミュレーションにおけるその割合で破線より左側，あるいは下側にあるものは「有意な」値が少なすぎる場合である．一方，実線より右側，あるいは上側にあるものは「有意な」値が多すぎる場合である．プロットの記号は誤差分布の種類を表す：● 正規分布 $N(0,1)$，■ 一様分布 $(1, 10)$，▲ 対数正規分布，▼ 立方指数分布 $\exp(1)^3$．

しまうからである (Shaw and Mitchell-Olds 1993)．この問題に対するいくつかの解決方法が提出されてきたが，どれも一般性のあるものではない．それに対して，無作為化は一般的な方法を与えてくれるかもしれない．Shaw and Mitchell-Olds (1993) は，均衡していないデータセットの典型的な場合を検討するために，ある群落の植物の丈に対して同種の影響を調べる実験の仮説データを解析した．彼らは 2 つの水準を持つある処理（たとえば同種の有無，あるいは既定数の同種の有無）と事前の植物丈に存在する 2 水準の潜在的効果を考え，それらを 2 つのカテゴリカル変数とした．つまり 2 元配置 ANOVA が適切な統計検定となるような実験計画である．実験者は区画当たりの植物株数が同数になるように実験を始めるかもしれないが，株の欠損はよく起こることである．それは表 5.4 に示されているように，セル毎に一定でない株数を出現させる．このような場合，使われる平方和の値はその種類に応じて異なることになる（表 5.5）．タイプ I の平方和[*11]の値は，注目する変数項の ANOVA モデル式内での順番に依存して決まる．この例

[*11]（訳者注）逐次平方和 (sequential sum of squares) とも呼ばれる．

表 5.4 2元配置分散分析で均衡性がない場合の仮説上のデータ例.Shaw and Mitchell-Olds (1993) からのデータ.

要因 A (最初のサイズクラス)	要因 B (同種個体数)	
	0	1
1	50	57
	57	71
		85
2	91	105
	94	120
	102	
	110	

表 5.5 タイプ I,あるいはタイプ III の平方和 (SS) による**表 5.4** のデータの解析.
タイプ I の平方和の場合,モデル式での説明変数の順番が問題となるため,2つの ANOVA 表をその順番の違いに対応させて示した.また,1000 回の無作為化から推定した確率 P_{rand} も示した(付録).

変動因	自由度 (df)	SS	F	P	P_{rand}
要因 A が最初に配置される場合のタイプ I の平方和					
要因 A	1	4291.2	40.17	0.0004	0.002
要因 B	1	590.2	5.52	0.051	0.049
A×B	1	11.4	0.11	0.753	0.731
誤差	7	747.7			
要因 B が最初に配置される場合のタイプ I の平方和					
要因 B	1	35.3	0.33	0.583	0.550
要因 A	1	4846.0	45.37	0.0003	0.001
A×B	1	11.4	0.11	0.753	0.749
誤差	7	747.7			
タイプ III の平方和					
要因 A	1	4807.9	45.01	0.0003	0.001
要因 B	1	597.2	5.59	0.050	0.061
A×B	1	11.4	0.107	0.753	0.770
誤差	7	747.7			

の場合,要因 A はどの順番であっても有意であった.しかし要因 B は,もし2番目におかれる場合はわずかに有意ではないが,1番目におかれる場合は全く有意ではなかった(表 5.5).対照的に,タイプ III の平方和[*12]で,モデル式内での要因の順番が問題となることはない.この平方和を使うと,要因 A が1番目におかれたときのタイプ I と同じ値が得られた.一般的には,タイプ III の平方和を使

[*12] (訳者注) 調整平方和 (adjusted sum of squares) とも呼ばれる.

うのが好ましいが，原データに均衡性がないので，推定される確率の妥当性については依然と疑いが残る．

上記の仮説データに無作為化検定を行うとき，データ構造は保持されなければならないので，各セルは原データと同じ数の観測値を含む必要がある．これによってデータの不均衡性によるいかなる効果も，無作為化の過程を通して保存されるのである．2元配置 ANOVA の場合，データは付録 C.5.8 のように3つの列で記号化され，無作為化はデータ列（X列）への無作為化だけで実行される（付録 C.5.8 に与えたプログラムコードは，あまり効果的でないように見えるかもしれない．「ssType=3」の利用は，他のコードを邪魔しているように見える．それでも，このプログラムコードで 1000 回の繰り返し計算にかかる所要時間は約3分にすぎない）．無作為化検定の結果で興味を引かれる点は，ANOVA の検定と同じ確率をほぼ正確に発生させているということである（表 5.5）．このことから，少なくともこの例においては，ANOVA はデータの不均衡性に対して極めて強い頑健性をもつということが推察される．一方，どの平方和を使った方がよいかを決定したいときに，無作為化はあまり役に立たないことが分かる（完全に均衡な実験計画では，答えは使う平方和に依存しない．理想的な統計検定があるとすれば，それは均衡していないデータに対しても同じように優れた性能を示すものであろう）．

分散の均一性を検定する

分散分析は正規性の仮定に対して高い頑健性をもつが，分散の不均一性には極めて敏感であることが理論的に示されている．とくに標本サイズがセル間で変わるときには気を付けなければならない（Sahai and Ageel 2000, pp. 86-8）．そこで，分散分析の前にデータの分散の均一性を検討することは重要である．これをうまくやってくれそうな，そして非正規性に比較的頑健性のある検定はルベーン検定（Lebene's test）である（Conover et al. 1981; Manly 1997）．ルベーン検定は，セル内で以下のような変換を行う：

$$x_{ij}^* = |x_{ij} - \bar{x}_i| \qquad \text{あるいは} \qquad x_{ij}^* = |x_{ij} - M_i| \qquad (5.11)$$

ただし，x_{ij} は i 番目のセルにある j 番目の観測値で，$\bar{x}_i$ は i 番目のセルにおける平均値で，M_i は i 番目のセルにおける中央値である．セルの平均値を用いる場合のルベーン検定のプログラムコードは，付録 C.5.9 に与えた．この解析で使うデータファイルは，無作為化検定にも用いることができ，その場合，付録 C.5.6 と付録 C.5.7 にあるプログラムコードを修正して行えばよい．ツノトカゲによるア

表 5.6 14 の異なる河川から採集したアメリカニシンダマシのミトコンドリア遺伝子型の分布. Bentzen et al. (1988) からのデータ.

河川	ミトコンドリア遺伝子型									
1	13	15	1	0	0	0	0	0	0	0
2	8	0	2	5	2	1	0	0	0	0
3	8	0	0	2	0	1	2	0	0	0
4	11	4	0	1	1	0	0	0	0	0
5	9	1	0	1	7	0	0	1	1	0
6	12	2	3	0	2	0	2	0	0	1
7	11	1	0	0	5	0	1	1	0	0
8	17	0	0	0	3	0	0	1	0	0
9	10	0	0	0	1	0	0	0	0	0
10	12	1	1	2	0	0	1	1	1	0
11	6	0	3	0	1	0	0	0	0	0
12	12	0	0	2	0	0	0	0	3	0
13	16	0	0	4	0	0	0	0	1	0
14	7	0	0	0	0	0	0	0	0	0

リ摂食のデータに対して，ルベーン検定とその無作為化版を適用した結果は，分散の不均一性は共に判定の境界付近にあるが有意ではないというものであった（付録 C.5.9）．これは，分散に大きな差がありそうに見えても，それを実際に検出することがいかに難しいかを示している.

さらに分散の均一性について：χ^2 検定

よく使われる統計学の手段は分割表の χ^2 検定である．しかし χ^2 分布の利用は，十分に大きな標本のときだけ正当化されるものである．Cochran (1954) は，その十分性の妥当な目安として，各セルの期待頻度が 1.0 より少なくないこと，そして 5.0 より少ない期待頻度を持つセルは全体の 20％未満であることを提案している．データがこれらの基準を満たさないとき，通常行われているやり方はセルを結合することであるが，それは往々にして，もっとも共通なタイプの相対頻度だけを考えるということになってしまう．このような方法は必然的にデータの情報を失うことになり，可能であったとしても避けるべきである．

その問題と解決法を説明するために，食用魚アメリカニシンダマシ（American shad (*Alosa sapidissima*)）のいくつかの個体群から採集した個体からの，ミトコンドリア DNA の変異のデータを調べてみよう．Bentzen et al. (1988) は 14 の異なる河川から 10 個の異なるミトコンドリア DNA 遺伝子型を同定した（表 5.6）．

採集した魚の合計数は 244 頭であり，その中の遺伝子型の多くは極めて低頻度であった．140 個のセルのうち，92（66％）個は 1.0 よりも少ない期待頻度を持

ち，5.0 よりも大きい期待頻度を持つセルはわずか 13 (9.3 %) 個に過ぎなかった．よって Cochran (1954) の基準に従うと，χ^2 検定を行うためにはセルを結合する必要がある．そうすると，もっとも高頻度な遺伝子型のみがすべての標本で高い頻度を保っているので，通常の手法に従うと希少な遺伝子型はすべてまとめられてしまう．そして 1.0 より少ない期待頻度のセルはなくなり，5.0 より少ない期待頻度を持つセルは 20 (17.8 %) 個未満になる．このように結合されたデータセットで χ^2 を計算すると，22.96 となり，5 ％水準の臨界値 (22.36) を超えるものとなる．一方，結合させないデータセットの場合，χ^2 の推定値は 236.5 となり，自由度 117 で高い有意性を表す ($P < 0.001$)．しかし，この結果は多くのセルが非常に低い頻度を持つので疑わしいと言わざるを得ない．

河川間で遺伝子型頻度は均一であるという帰無仮説の下で，セルを結合することなく，つまり情報を失うことなく，観測 χ^2 値が期待値よりも有意に大きいかどうかを検定するためには，無作為化を利用すればよい．そのとき使うアルゴリズムを図 5.7 で説明しており，そのプログラムコードを付録 C.5.10 に与えている．データセットを 999 回無作為化したときに得られた χ^2 値はどれも観測 χ^2 値を超えておらず，最大値でもわずか 175 に過ぎなかった．よって，標本間の不均一性は高い有意性を持つと結論でき ($P < 0.001$)，セルを結合した場合の境界的な有意性判定とは大きく異なることがわかる．ちなみに無作為化したデータセットからの χ^2 値の累積頻度分布は，理論的な予測累積頻度分布とほぼ完全に一致していた（図 5.8）．

また図 5.8 には，もう 1 つのデータセットの解析結果も示されている．それは Avise et al. (1987) によるハマギギ科のナマズ (hardheaded catfish (*Arius felis*)) における大西洋とガルフ湾岸個体群のミトコンドリア DNA 変異に関するデータセットである．極端な小標本であるために，Avise et al. (1987) はいくつかの遺伝子型を 2 つのグループに結合し，また複数の地理的な採集場所をガルフ湾か大西洋かという 2 つのカテゴリーに結合した（つまり 2 つの「遺伝子型」と 2 つの「場所」）．このような極端な括り方であっても，4 セルのうち 1 つは 3 頭の魚しか含まず，2 つは 5 未満の期待頻度しか持たなかった．無作為化法によって得られた確率は 0.26 であり，分割表からの値は $P = 0.16$ であった．小標本サイズと限られたセル数のために，χ^2 値の累積分布は離散的な階段状を示しているが（図 5.8），理論的な累積 χ^2 分布に近似的に沿うものとなっている．

Roff and Bentzen (1989) は，上記の 2 つのデータセットに加えて，4 つのデータセットを無作為化法によって解析した．その結果，それらすべての場合で，標

無作為化を行うとき，行の合計と列の合計はそれぞれ一定でなければならない．これは以下のアルゴリズムによって達成できる．まず n_{ij} を j 番目の列の i 番目の行にある観測数であるとしよう．そして N を観測の合計数としよう．2 つの列と N 個の行を持つ行列 **M** を考える．そして各列に観測点毎の行と列の座標を入力していく．たとえば，最初の列には行座標を入れ，2 番目の列には列座表を入れる．では例として，最初のデータ行列として 2 つの遺伝子型と 2 つの場所をもつ次のような 2×2 分割表を考えてみよう：

場　所	遺　伝　子　型		行　の　合　計
	G1	G2	
S1	1	2	3
S2	2	0	2
列　の　合　計	3	2	5

求める 5×2 の **M** 行列（理解のため見出しラベルを添えた）は次のようになる：

$$\begin{bmatrix} r & c \end{bmatrix}$$
$$\begin{bmatrix} 1 & 1 \\ 2 & 1 \\ 2 & 1 \\ 1 & 2 \\ 1 & 2 \end{bmatrix}$$

ここでは 5 つの観測点の登録（各行）がある．各登録はデータ行列の各セルの観測点の座標に相当する．よってデータ行列のセル (2, 1)（行，列）における観測点の合計は **M** の「2, 1」という登録の数に等しい．データ行列を無作為化するためには，行列 **M** の列の一方を無作為化し，登録を数え直して新しい行列を作ればよい．たとえば，上の行列 **M** の「列 (c)」の登録を無作為化し数列 1, 2, 1, 2, 1 を得たとしよう．「新しい」行列 **M** とそれから得られるデータ行列は次のようになる：

$$\begin{bmatrix} 1 & 1 \\ 2 & 2 \\ 2 & 1 \\ 1 & 2 \\ 1 & 1 \end{bmatrix} \Rightarrow \begin{bmatrix} 2 & 1 \\ 1 & 1 \end{bmatrix}$$

上記のやり方を行うためのプログラムコードは付録 C.5 にある．そこでは行列 **M** は 2 つのベクトルとして扱った．

図 5.7 χ^2 分割表検定におけるセルへの配置を無作為化するアルゴリズムの説明．

準的 χ^2 検定から得られる確率 P 値は無作為化検定から得られる確率 P 値と一致することがわかった．しかし，これは標準的 χ^2 検定に頼るべき十分な根拠があるということを示しているわけではない．なぜなら小標本サイズのときの標準的 χ^2 検定の結果は信頼できないからである．むしろ標準的 χ^2 検定は予備的な解析であり，それは無作為化検定による結果を予測する良い指標であると考えた方がよい．

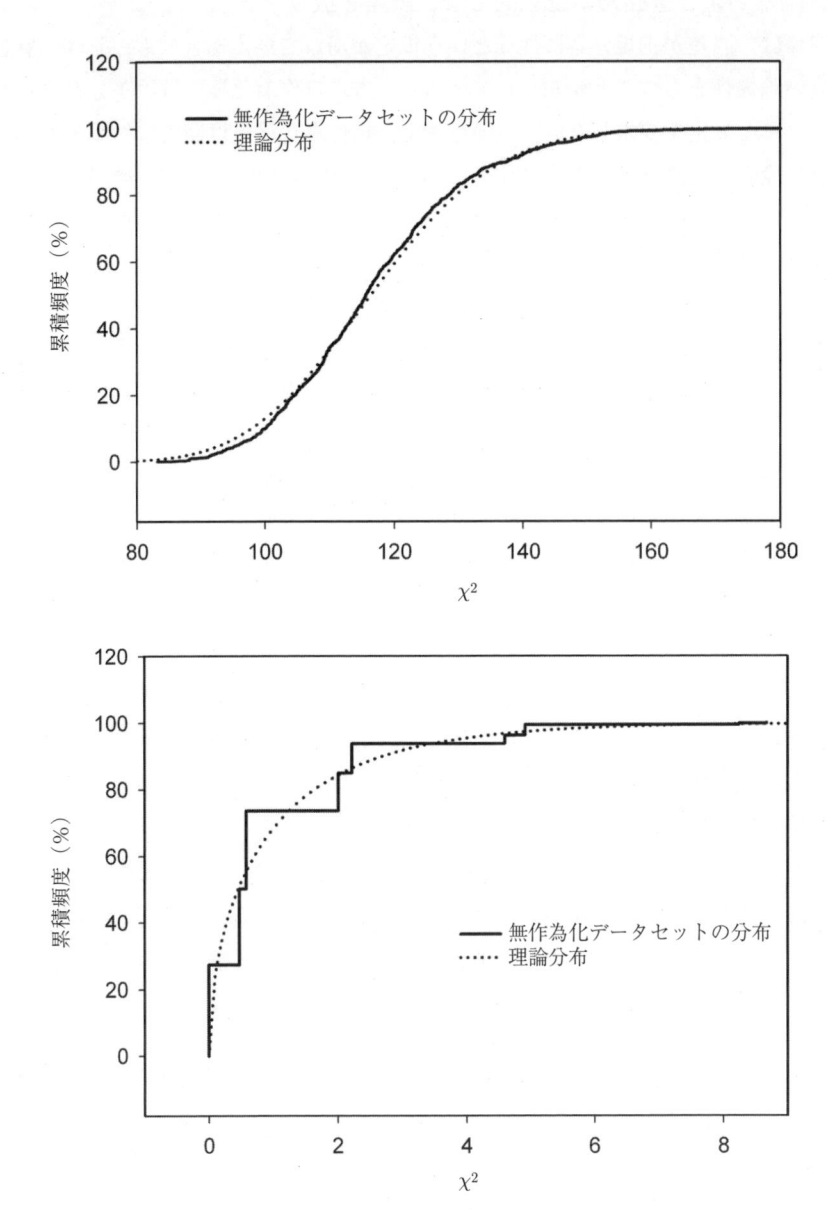

図 5.8 無作為化したデータセットの χ^2 値とその理論値の累積頻度分布. 上図はニシンダマシのミトコンドリア DNA データからのものであり（Bentzen *et al.*（1988）のデータ），下図はハマギギ科のナマズのミトコンドリア DNA の変異に関するデータからのものである（Avise *et al.*（1987）のデータ）.

直線回帰および重回帰：正規的でない誤差を扱う

　回帰は，誤差が正規分布に従うという仮定が崩れている場合でも，それに対して高い頑健性をもつことが知られている．一方，無作為化検定は誤差分布に対してほとんど仮定を要求しない．この意味で，無作為化検定は回帰に対する便利な検査手段として使える．無作為化の基本的な手順は X 値と Y 値を無作為に組み合わせてペアーにすることである．一方，残差の無作為化のような他の無作為化手順でも，ほとんどの場合同じ答えに至ると思われる．

　Manly (1997) は，回帰に対する無作為化の利用は次の3つの根拠のうちの1つによって正当化されると述べている：(1) X 値と Y 値のペアーはすべての可能な組み合わせが存在する母集団からのそれぞれ独立な無作為標本である，(2) 実験によってデータが取られる場合は，X 値は無作為にその実験単位に割り当てられ，Y 値はすべての X 値が従う分布と同じ分布に従う，(3) もし X と Y が独立であると仮定されるならば，X と Y のすべての可能な組み合わせペアーが存在しうる．これら3つの正当化の重要な点は，帰無仮説の下ではすべての可能な組み合わせペアーが等しく存在するということである．

　直線回帰係数の無作為化は簡単に行うことができるが (付録 C.5.11 を参照せよ．検定統計量として係数を用いたり，t 値を用いたりすることができる．この付録のプログラムコードでは係数の方を選んでいる)，誤差が極端に大きかったり正規性から大きく外れる場合を除くと，その利便性はあまり大きくない．また無作為化検定は重回帰を検査するときにも用いられるが，そのときは従属観測値が複数の独立変数に関して無作為化される．terr Braak (1992) は，観測値の無作為化とは違うやり方として残差の無作為化を提案している．この手法では，モデルをデータに適合させてから残差を抽出し，その残差を従属変数の代わりに無作為化する．しかしこの方法は，ときどき無作為化検定の性能を改善するよりも，検出力を低下させることがシミュレーションによって示されている．

　通常のパラメトリック検定と無作為化検定が異なる結論を与え得ることを証明してみよう (Manly 1997)．そのために Kennedy and Cade (1996) の提案したモデルに従い，以下のようなアルゴリズムを使って，独立変数 X_1, X_2 と従属変数 Y に関する20個の観測値を発生させてみる：

(1)　X_1 の19個の値を0から3までの一様分布から採集する．
(2)　X_1 の20番目のデータ点を33という極端な外れ値として設定する．
(3)　X_2 の20個の値を0から3までの一様分布から採集する．

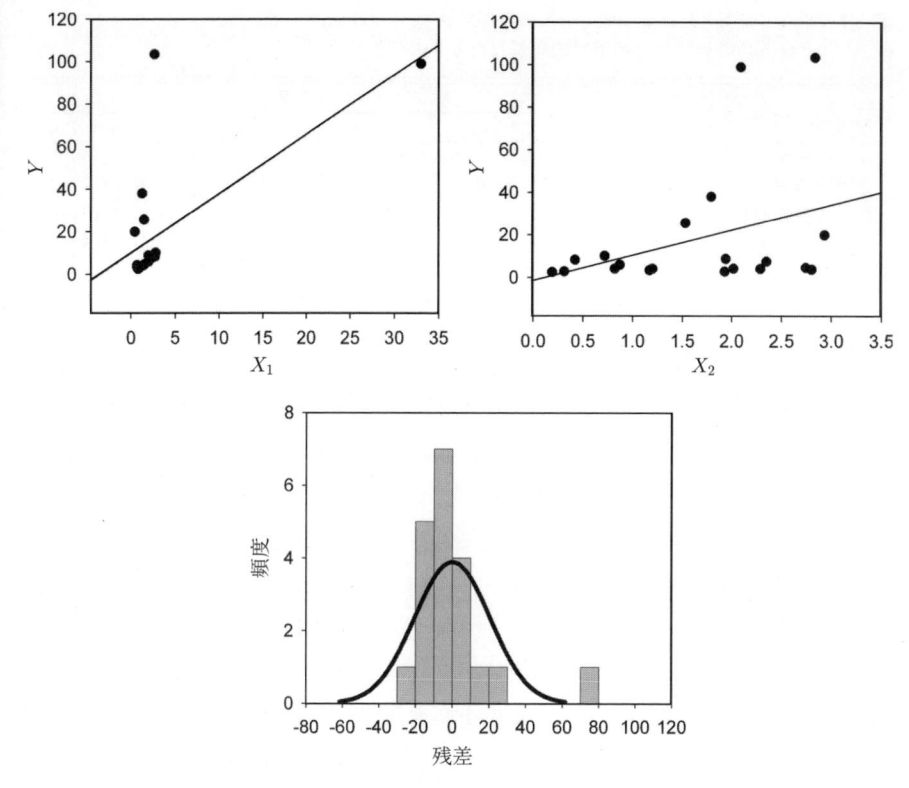

図 5.9 上図は Manly (1997) のシミュレーションによるデータを使って，X_1 と X_2 に対して Y をプロットした図を示す．実線は適合させた回帰直線である．下図は重回帰直線を適合させたときの残差の分布と，それにもっとも良く当てはまる正規分布を示す．

(4) Y 値を式 $Y = 3X_1 + \varepsilon^3$ から計算する．そのとき ε は指数分布から抽出された確率誤差変数とする．

各独立変数に対する Y 値のプロットは，それぞれ誤差構造に何かしら問題があることを示唆している．たとえば X_1 に対する Y のプロットでは，適合回帰直線の上に大きく外れた点が存在する（図 5.9）．データをどのように発生させたかを考えると，やや驚くべきことであるが，誤差分散は X_2 が大きくなるにつれて増加しているように見える．最小 2 乗法を用いて重回帰分析を行うと，完全モデルは高い有意性を持つことが示され，そして各独立変数に関しては，X_1 が有意な高い効果を持ち，X_2 は有意でないことが示された（表 5.7）[*13]．逐次回帰解析で

[*13]（訳者注）Manly (1997) の原著によると，表 5.7 の確率を求めるための統計量は，θ_1 と θ_2 については t 統計量，全体モデルについては F 統計量が用いられている．無作為化から得られる 5000 個の統計量値において実際値あるいはそれよりも極端な値の場合の確率が計算された．

表 5.7 本文で説明された重回帰モデルの分析結果と，5000 回のシミュレーションによるデータセットに対して 3 つの解析法を試したときの分析結果．

解析方法	確率		
	θ_1	θ_2	完全モデル
単一データセットの分析 [a]			
最小 2 乗法	0.0015	0.1054	0.0017
残差の無作為化法	0.0510	0.0984	0.0510
Y の無作為化法	0.0274	0.01152	0.0074
$\theta_1 = \theta_2 = 0$ として 5000 回のシミュレーションを行ったデータセットの分析 [b]			
最小 2 乗法	0.052	0.024 [c]	0.054
残差の無作為化法	0.071	0.041	0.056
Y の無作為化法	0.051	0.053	0.050

[a] 5000 回の無作為化
[b] 解析あたり 100 回の無作為化
[c] シミュレーションで 0.05 から有意に異なっていた値

は，両方の独立変数がモデルに組み込まれた．しかし適合モデルからの残差の解析では，残差分布は正規分布から有意に外れていることがわかった（リリエフォール検定（Lillifor' test）とシャピロ・ウィルクス検定（Shapiro-Wilkes test）では $P < 0.0001$ となる）．相対的に観測値が少数であるにも関わらず正規分布から有意に外れるという事実は，データが最小 2 乗回帰の仮定を満たさない強い証拠であると考えるべきである．

上記のデータそのものに無作為化検定（Y の無作為化）を行った場合，数値的には同様な結果となったが，有意性の水準は低下した（表 5.7）．一方，残差の無作為化は有意な効果を示さなかった！これらの解析法のどれがもっとも適切かを調べるために，Manly は以下のようなシミュレーションを行った：式 $Y_i = \theta_1 X_1 + \theta_2 X_2 + E_j$ において，20 個の誤差値（$E_1, E_2, \ldots, E_{20}$）を用いて Y 値を発生させることによって，20 個の観測値を含むデータセットを作った．ただし，E_j は誤差値セットから無作為に（戻されること無く）取られる誤差値である．θ_1 と θ_2 が両方とも 0 に等しいときは，検定法が正しければ，確率 0.05 で有意な効果が検出されるであろう．その結果，観測値自身の無作為化のみが，有意確率として正しい「稀な」場合の個数を発生させた（表 5.7）[*14]．傾きの一方か両方が 0 でないとき，帰無仮説が真でない場合に対して高い有意性を与える（つまりより高い検出力を持つ．図 5.10）検定法は最小 2 乗法であった．これらの分析から，この例では，帰無仮

[*14] （訳者注）Manly (1997) の原著によると，表 5.7 の 2 番目のシミュレーション分析における確率は，5％水準で有意になったデータセット（20 個の観測値セット）が 5000 データセットの中でどれくらいあったかを割合で表したものである．ちなみに無作為化法では 1 つのデータセットにおいて 100 回の無作為化が行われている．

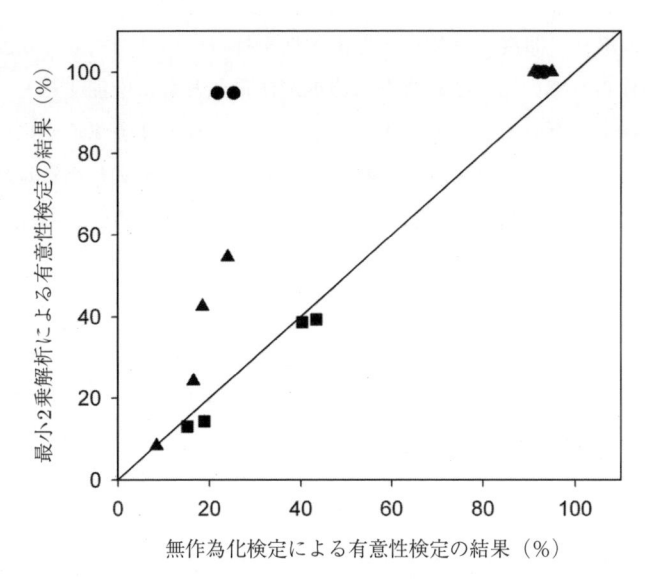

図 5.10 重回帰モデル ($Y_1 = \theta_1 X_{1i} + \theta_2 X_{2i} + E_j$, 詳しい説明は本文を参照せよ) におけるシミュレーションによる検出力分析のまとめ.
● $\theta_1 > 0$ であるモデルの θ_1 に対する検定結果;■ $\theta_2 > 0$ であるモデルの θ_2 に対する検定結果;▲ 少なくとも 1 つの傾きが 0 より大きい全回帰モデルに対する検定結果.

説が正しいときには無作為化法は好ましくはあるが,最小 2 乗法より検出力が劣ることが示唆された.どの方法が最良であるかは,誤差分布のタイプに依存して決まるかもしれない.

相関と回帰:独立でない問題を扱う

　回帰は残差の分布に対して極めて高い頑健性を持つが,従属変数と独立変数の関係が帰無仮説において独立であると仮定できないとき,仮説検定の原理は損なわれてしまう.このようなことがよく起こる例は,繁殖力のような変数 (y) を単位体重あたりの変数にし (y/x),それが体重 (x) の関数として変動するかどうかを調べるときである.たとえばサケの体重グラムあたりの繁殖力が体重とともに変動するかどうかという問題が考えられる.これは直線回帰を行うときの帰無仮説の設定に必要な基本仮定を破っている.なぜなら独立変数自身に対してその逆数を回帰しようとしているからである (つまり y/x 対 x).この問題を避ける 1 つの方法は,体重に対して繁殖力を回帰し (y 対 x,あるいはその適当な変換値),そして式の結果を単位体重あたりの変動という観点から調べることである.Roff (1997, p. 136) が議論した例は鳥類の卵重と体重の関係である.スズメ目の鳥 (ウ

タスズメ）の場合，卵重 y は体重 x と関連性を持っており，式 $y = 0.258x^{0.73}$ に従うことが知られている．この式から卵重が体重とともに増加するということは分かるが，体重あたりの卵重が体重に対してどのように変動するかについてはすぐには分からない．2つの変数の相関は（関係を直線化するために対数尺度でとると）0.96である．これは相当に強い相関であり，回帰式の代数的操作が十分に可能である．そこで回帰式の両辺を体重で割ると，相対卵重 $= 0.258x^{-0.27}$ となる．これによって相対卵重は体重の増加とともに減少するであろうことが即座に分かる．スズメ目の鳥の体重は約4gから1200gまでになるため，相対卵重は18％から4％まで変動する（スズメ目以外ではその範囲はもっと大きい．たとえばハチドリは体重の29％にもなる卵が産むが，ダチョウは体重のわずか2％ほどの卵を産む）．相対卵重と体重の関係が有意であるかどうかを検定するために（この例ではそれは明らかであるが），通常の直線回帰分析や相関分析を使うことはできない．最も簡単な解決法は無作為化法を用いることである．そこでは，従属変数データの内部で従属成分を無作為化することになる（たとえばこの例では，まず卵重と体重を無作為化し，それぞれ無作為化されたデータセットに対して相対卵重を計算する）．この作業によって2つの変数の間の本質的な関係が考慮されることになる．

　上記のような問題よりももっと複雑な状況が，スズメ目のアメリカジョウビタキ（American redstart）のさえずり合いの研究において出現している（Shackell et al. 1988）．この種の雄は状況に応じて彼らの歌のレパートリーを歌い分ける．雌の飛来前と飛来の最中には，各雄はある特殊なレパートリーを他のレパートリーよりも好んでさえずる．そのときの歌の細かい部分は，雄間でかなり変化し，とくにその傾向は，歌の最後の3つの単音において顕著である．Shackell et al. (1988) が解こうとした問題は「隣同士の鳥は同じ歌をさえずる傾向があるか？」であった．彼らは最後の3つの単音にある15の音成分を測定し（図5.11），同じ単音にある測定値の間の非独立性の問題を解消するために，各単音の第1主成分の値を分析に利用した．帰無仮説は，隣同士の間で歌成分に相関はないというものである．この仮説の簡単な検定は，すべての鳥個体とその隣の個体の間で歌の相関を計算することであるが，問題はその2つの歌変数の間にもともと独立性が欠如していることである．ある鳥個体が歌変数 x を持ち，その隣にいる個体が歌変数 y を持つと考えよう．まず前者の鳥個体の x を独立変数として見なすと，その隣の鳥個体の y は従属変数として見なせる．さらに x は従属変数とも見なせる．なぜなら歌変数 x を持つ個体は y を持つ個体の隣の個体でもあるからである（図5.11）！

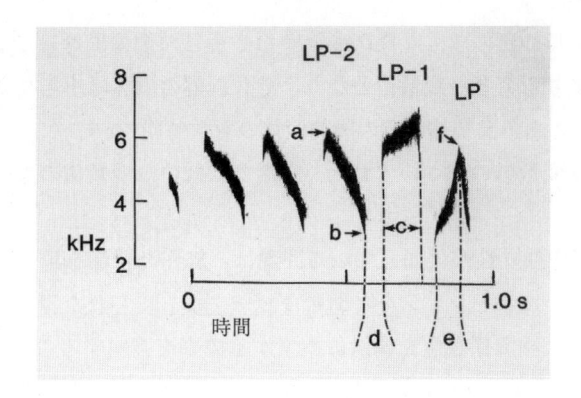

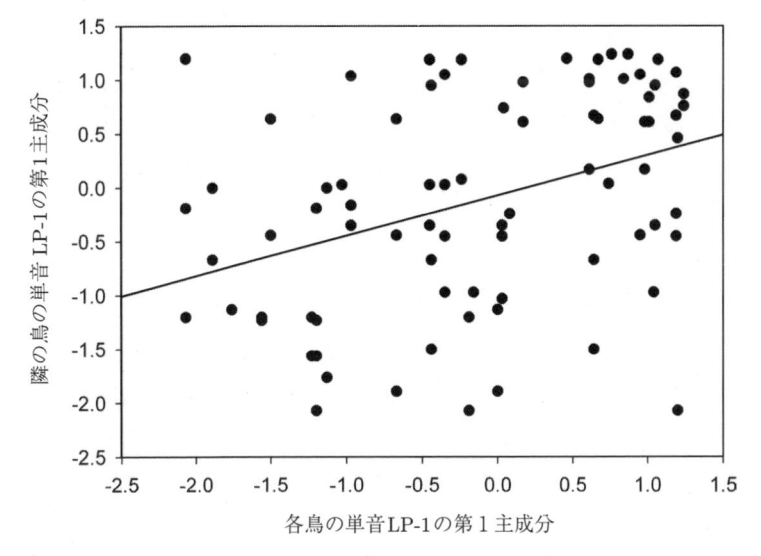

図 5.11 上図はアメリカジョウビタキのさえずりの解析に使われた音変数のスペクトログラムである．最後（LP），最後より1つ前（LP-1），2つ前（LP-2）の単音が分析に指定された．それらの単音から測定された音成分変数の中で，ここで示したものは (a) 最大周波数，(b) 最小周波数，(c) 音継続時間，(d) 音間休止時間，(e) 周波数の上昇にかかった時間の全時間に対する割合，(f) 変調点の数である．下の図では，1982年のLP-1についての散布図を最小二乗回帰直線とともに示している．

回帰係数の期待値は実際には負の値になりそうである．その理由は以下のように考えることができる．x軸における鳥の配置は明らかに昇順の順位となる．まず1番目の鳥を考えよう．その個体の隣の個体は必ずそれより大きな変数値を持つはずである．同様にx軸の最後の順位にある個体の隣の個体は，その最後の個体より小さな変数値を持っていなければならない．x軸の2番目の個体に対しては，1番目の個体だけがそれよりも小さな変数値となり，それ以外の個体は大き

な変数値を持つだろう．同様に最後から2番目の個体に対しては，最後の個体だけがそれよりも大きな変数値となり，それ以外の個体は小さな変数値を持つだろう．よって，ある鳥個体とその隣の個体の変数値間（x 対 y）の散布図では，左端では高い y 変数値の方へのずれと，右端では低い y 変数値の方へのずれが生じるだろう．

2変数間で独立性が欠如している問題は，無作為化法を用いて解決できる．そこでは，シミュレーションをとおしてデータから得られた相関係数値と同じかそれより大きな相関係数値を偶然に観察する確率を推定することになる．Shackell et al. は 1982 年と 1984 年の実際のデータセットから 5000 無作為化データセットを作成した．そして，これらから各年のデータに対する相関係数の帰無分布を発生させた（第1主成分を用いているため，その相関係数は回帰係数に等しいことに注意しておこう*15）．各無作為化データセットは次の2つの必要条件を満たしている．1つ目は「個体 i が個体 j の隣であるならば，個体 j が個体 i の隣でなければならない」である．2つ目は「ある鳥個体とその隣の個体の数の分布が同じのままでなければならない」である（その適切なアルゴリズムの説明については Shackell et al. 1988 を参照せよ）．1982 年のデータセットでこの無作為化を用いると，期待相関係数は近似的に -0.03 となった．相関係数の期待値は予想されたように負の値であるが，その程度は小さい．

両年（1982 年，1984 年）のデータセットでは，無作為化の手法によって，LP-1 において有意な相関が示された．しかしその他の2つの単音では有意でない年があった（表5.8）．さらに解析すると，有意となった相関は図5.11 の変数「f」から生じていることが分かった．こうして Shackell et al. は，アメリカジョウビタキの隣同士の個体は，偶然で期待されるよりもお互いに似たさえずりを行うと結論した．この例のようにパラメトリック統計の利用が明らかに妥当ではないとき，無作為化法が大きな有用性を持つことを，この解析は説明している．

距離行列を比較する：マンテル検定

生態学者は，図5.12 にある区画あたりの密度のような空間分布のデータをよく扱う．これらのデータを視覚的に検討してみると，高密度の区画が塊になって現れるという傾向が見て取れる．そのようなデータを調べる1つの方法は，2地点間の空間的距離の行列と測定値（図5.12 の Z）の差の行列を比較することである．

---

*15 （訳者注）第1主成分を用いたというよりも，隣同士の個体を一方は x 軸，他方は y 軸に配置するので，明らかに $y = x$ に対して対称なプロットになるためであると考えられる．

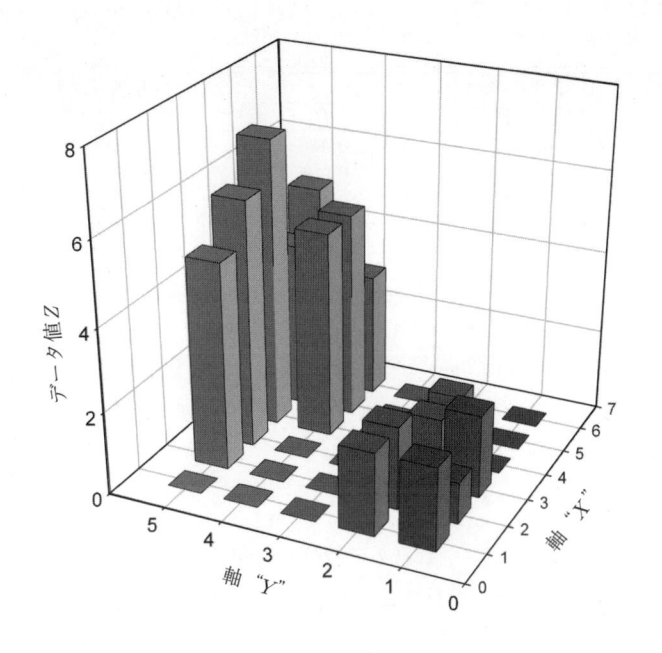

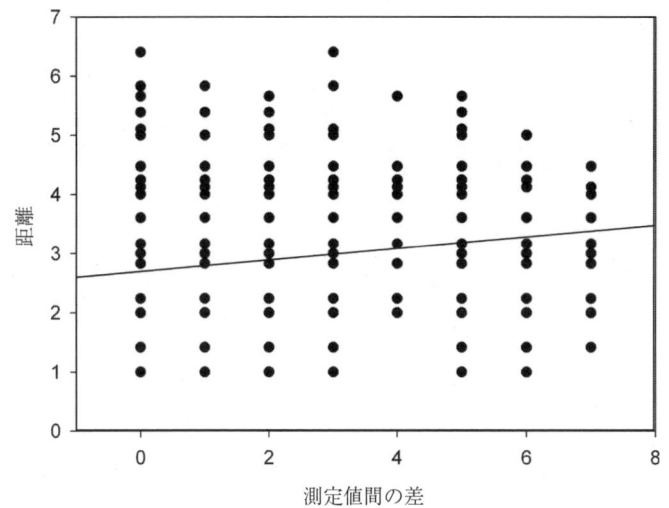

図 5.12 上図は区画あたりのカウント密度で表した仮説的データの空間分布を示している．30個の XY ペアデータ点の分布である．この分布から，2 点間の距離（単なる空間的な絶対距離）と測定値（Z）間の差についての 30×30 の行列を作成できる．これら 2 つの行列は付録 C.5.12 に与えたプログラムコードを使って計算することができる．そこでは両行列に「distance」，「difference」という名前を付けた．下図は 2 データ点間の測定値の絶対差に対して空間距離をプロットしたものである．実線は単に適合させた回帰直線を表す．

表 5.8 LP-2, LP-1, LP の第 1 主成分における隣同士の間の相関．Shackell et al. (1988) からの引用．

第1主成分	1982 年の隣同士の間の相関係数	P	1984 年の隣同士の間の相関係数	P
LP-2	0.0082	0.425	0.2637	0.034
LP-1	0.3749	0.005	0.2665	0.031
LP	0.2722	0.028	0.0782	0.238

これらをそれぞれ $\mathbf{M}_x$ と $\mathbf{M}_y$ とおくと，次のように表される：

$$\mathbf{M}_x = \begin{bmatrix} 0 & x_{12} & \ldots & x_{1n} \\ x_{21} & 0 & \ldots & x_{2n} \\ \ldots & \ldots & \ldots & \ldots \\ x_{n1} & x_{n2} & \ldots & 0 \end{bmatrix} \quad \mathbf{M}_y = \begin{bmatrix} 0 & y_{12} & \ldots & y_{1n} \\ y_{21} & 0 & \ldots & y_{2n} \\ \ldots & \ldots & \ldots & \ldots \\ y_{n1} & y_{n2} & \ldots & 0 \end{bmatrix}$$

ここで $x_{ij} = x_{ji}$ であるので，これらの行列の対角要素は明らかに 0 である．上の 2 つの行列を比較するには，両行列における同位置の要素をペアーにして，ピアソンの積率モーメント相関係数（Pearson Product Moment Correlation Coefficient）を取ればよい．ただし，2 つの行列では対角要素の上側と下側は単なる繰り返しに過ぎないので，上下どちらかを省いてもかまわない（例えば図 5.11 の右上がり対角線の下側にくるプロットは省いてかまわない）．実際にこの検定を行うには，まず次のように各行列の対角要素の上側か下側の要素をベクトルに並べ直すと便利である：

$$\begin{aligned} \mathbf{V}_x &= \begin{bmatrix} x_{12} & x_{13} & \ldots & x_{23} & x_{24} & \ldots & x_{(n-1)(n-2)} & x_{(n-1)(n-1)} \end{bmatrix} \\ \mathbf{V}_y &= \begin{bmatrix} y_{12} & y_{13} & \ldots & y_{23} & y_{24} & \ldots & y_{(n-1)(n-2)} & y_{(n-1)(n-1)} \end{bmatrix} \end{aligned}$$

これにそのままパラメトリック相関解析を当てはめると，その相関は高い有意性を持つ（$r = 0.160$, $n = 435$, $P < 0.01$）．しかしデータは明らかにその検定の仮定を満たしていないので，その結果をそのまま受け入れることはできない．その解決法は，マンテル検定（Mantel test）と呼ばれる無作為化法を用いることである．この方法は，r の推定値をたくさん発生させ，$|r_{\text{observed}}| < |r_{\text{random}}|$ となる場合の割合を計算する．このとき，r_{observed} は観察データセットからの相関係数値であり，r_{random} は無作為化データセットからの相関係数値である．マンテル検定は，行列を最初から $\mathbf{V}_x$ や $\mathbf{V}_y$ のようなベクトルに変換して，回帰の問題でやったのと同じやり方でデータ処理すると，簡単に行うことができる（付録 C.5.13）．この

仮説データにマンテル検定を当てはめると，両測定値間の相関は高い有意性を持つことが分かった（$r = 0.004$）．Dietz (1983) は関連性を測定するいくつかの他の統計量を検討し，分布に片寄りを持つデータの場合，関連性のノンパラメトリック統計量であるスピアマンのρ（Spearman's rho）やケンドールのτ（Kendall's tau）が，ピアソンの積率モーメント相関係数よりも高い検出力を持つことを見つけた．また分布に片寄りを持たないデータの場合，どの統計量でも同様な結果となることを見つけた．スピアマンのρの場合，各ベクトルを順位データに置き換え，前と同様な処理をするだけである．

行列を比較する：他の方法

　同じ要素配置をもつ行列を比較したいときがある．たとえば表現型分散共分散行列や遺伝分散共分散行列を2つの個体群や種の間で比較したい場合である．マンテル検定はそのような目的に対して使われてきたが，いくつかの不都合な点がある．まず第1に，マンテル検定は行列間の相関を検定するものであり，行列の相等性を検定するものではない．つまり行列は相関して相等しいかもしれないし，相関して比例的であるかもしれないし，相関して比例的でないかもしれないし，あるいは相関していないかもしれない（図5.13）．第2に，マンテル検定は行列の要素が本来持っている変動性を考慮するものではない．たとえば遺伝分散や遺伝共分散の推定値にかなりの分散が存在するような問題には対応しない．

　ここでは無作為化法を拡張して，行列のサンプリングにおける変動に対処する場合を考えることにする．2つの表現型分散共分散行列（これ以降，共分散値セットと呼ぶことにする）を比較する問題を考えよう．帰無仮説は，「2つの共分散値セットは同じ統計的母集団から採られたものである」とする．2つの集団の各形質値が同じ平均値を持つと仮定しているわけではないことに留意しよう．しかし無作為化法の場合，対応する形質値が互いに等しい平均値を持つように，それらの値を変換する必要があるだろう．帰無仮説の下では，生物個体はどちらの母集団からも同じ確率でやって来ているとされる．よって無作為化データセットは個体を集団に無作為に配置することで創出され，そして新しい行列が決定される（もし個体の形質値の平均値が無作為化に先立って等しいと仮定できない場合，異なる平均値が原因で共分散値セットは互いに異なってしまう）．ここでは，個体が単位として保持され，それらが無作為化の単位となる．遺伝分散共分散行列を比較する場合には，無作為化単位は家族となるだろう．このように検定されるものは何であるかを心に留めておくことは大切なことである．

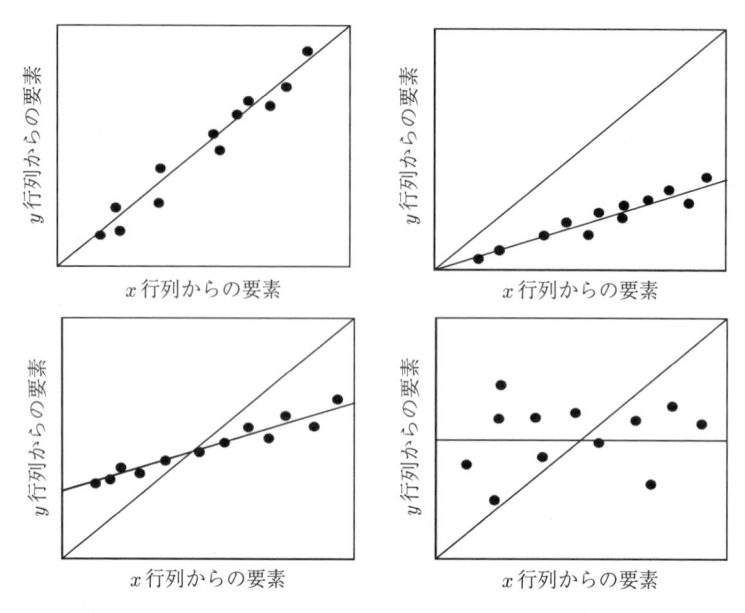

図 5.13 2つの行列の関係における4つの可能な状態を解説した模式図.

　2つの無作為化行列を作った後は，検定統計量を計算し（検定統計量として妥当そうな候補は下で検討する），観測値と比較することになる．この全過程を反復する．たとえば，4999 回繰り返し，帰無仮説の下で観測結果を得る確率を推定するために，無作為化データセットからの統計量値のうち観測データからの統計量値よりも大きい場合の比率を求める．

　いくつかの検定統計量を用いる方法を下に示す．各方法は，行列構造の異なる特徴に対して専門的な感応性を持っている．

(1) マンテル検定：その制限については既に述べた．
(2) 最大尤度（Anderson 1958；Shaw 1991）：この無作為化を使わない方法は次の3つの段階を経て進める．(a) データより最大尤度を使って2つの行列の要素を別々に計算する：これらの対数尤度を LL_1，LL_2 とし，その結合対数尤度を $LL_{1,2}$ とする．(b) データは同じ母集団から来たものとする帰無仮説の下で，行列の要素を計算する：そのように計算された対数尤度を LL_0 とする．(c) 2つの仮説を比較するための対数尤度比は $2(LL_{1,2} - LL_0)$ であり，通常，1個の自由度を伴う χ^2 分布を使ってそれを検定する．(d) 以上の検定は多変量正規分布からの偏りに敏感な検定である．そのため無作為化検定は有益な追加的手段という存在である．この方法は，上で述べた

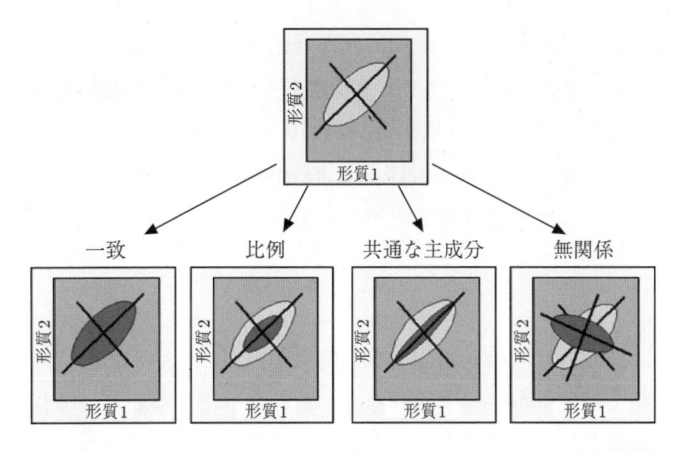

図 5.14 2つの形質を含む2つの分散共分散行列に対するフルーリーの階級の模式図的な理解. 楕円は分散共分散行列の構造を表すもので，そこでは主成分である軸位置と各軸すなわち各固有値に沿った楕円の広がりが表現されている．解析は右から左に向かって（無関係性から相等性へ）進行する．3つ以上の行列の場合，すべての主成分が一致するという状態以外で，別の新しい状態がいくつか出現する可能性はあるだろう．

ようなやり方でデータの無作為化を行い，対数尤度を繰り返し計算し，検定統計量として $2(LL_{1,2} - LL_0)$ を用いることによって実行される．

(3) フルーリーの階級（Flury hierarchy）(Flury 1988；Phillips and Arnold 1999)：これは最尤法を拡張した方法であり，行列の構造を主成分を用いて比較するものである（図 5.14）．前の方法と同様に，最大尤度を利用した統計量において，χ^2 分布によって，あるいは無作為化によって検定を進める．

(4) T 法（Willis et al. 1991；Roff et al. 1999)：これは，以下のような式で表される行列要素間の差の絶対値の和を比較する，非常に簡単な方法である：

$$T = \sum_{i=1}^{C} |\hat{\theta}_{i1} - \hat{\theta}_{i2}| \quad (5.12)$$

このとき行列は，前と同じように，j 番目（$j = 1, 2$）の行列の要素 $\hat{\theta}_i$ の推定値 $\hat{\theta}_{ij}$ を並べたベクトル形式で書かれ，C は各行列の異なる要素の数となる（$C = 0.5n[n+1]$, ここで n は行と列の数である[*16]）．別の方法として，行列要素間の差の平方和を用いるやり方もあるが，最小2乗法と同じものになるだろう（実際に結果を比較すると違いは見つけられなかった）．

(5) MANOVA を伴うジャックナイフ法（Roff 2002；Roff et al. 2004)：この

[*16]（訳者注）ここでは列数と行数は等しく n である．また行列において対角線より上と下は全く同じものになるので，どちらかを省くことになる．

方法は3章で議論した．最初に無作為化を行うことによって，全過程を無作為化することになってもよいが，2データセット間の疑似値を無作為化することによって，MANOVA成分についての無作為化検定になってもよい．

(6) 減少主軸回帰（Reduced major axis regression, RMA）[*17]（Roff 2000）：この方法では次のようなモデルを考える：

$$\theta_{i1} = A + B\theta_{i2} \quad (5.13)$$

これは2つの行列の要素間に線形関係を仮定している．行列の要素がそのような関係性をもつ理由が前もってあるわけではないが，これは経験的によく観測される性質である．よって上記モデルを前提にすると線形回帰法を利用できそうである．しかし，従属変数と独立変数の指定は任意であり，従属変数と独立変数の両方に独自の変動が存在しても良いはずなので，単なる線形回帰では不都合である．分散共分散行列をこのように比較する場合には，この問題は一般的に生じることであるが，両者の変動が各軸に沿っておよそ同じようなものであるならば，**減少主軸回帰を使うことができる**．そのとき帰無仮説は $A = 0$ かつ $B = 1$ である．よって，これからの偏りは $|A_{\text{obs}}|$ と $|A_{\text{random}}|$ を比較し，また $|B_{\text{obs}} - 1|$ と $|B_{\text{random}} - 1|$ を比較することによって査定される．有意でない A と有意な B は，2つの行列が比例的であるが，その比例定数が有意に1とは異なることを示している．A と B の両方が有意であるときは，2つの行列の要素が線形的関係にあるが比例的ではないことを表している．

密度依存性を検定する

生態学者を長く悩ましてきた問題は，個体群における密度依存性の検出である．まず密度依存性とはどのようなことであろうか？2つの隣り合った期間の個体群密度を N_t および N_{t+1} とする．すると個体群の増加率は N_{t+1}/N_t で与えられる．比率の尺度は扱いにくいので対数を取ると，その増加率は（対数尺度で）$\ln(N_{t+1}) - \ln(N_t)$ となる．これを簡単にするために $d_t = x_{t+1} - x_t$ と表すことにしよう．d_t が x_t の関数であるときに密度依存性が定義される．密度依存性の

[*17] （訳者注）標準主軸回帰（Standardised major axis regression）や幾何平均回帰（Geometric mean regression）とも呼ばれている．x 変数だけでなく y 変数にも独立な確率変動があるとき，x から y への回帰係数と y から x への回帰係数を幾何平均して新たな回帰係数を求める方法である．

単純なモデルは次のように表される：

$$x_{t+1} = r + \theta x_t + \varepsilon \tag{5.14}$$

ここで r はドリフト母数（drift parameter）と呼ばれ，個体群密度における長期間の独立的な変化を説明する部分である．また θ は負の密度依存性（$\theta < 1$）を説明する係数であり，ε は平均値 0 をもつ独立な確率変数である．Pollard and Lakhani (1987) は $\theta \geq 1$ という帰無仮説を検定するために以下のような無作為化法を提案している：(1) 観測データセットに対して d と x の相関係数 r_{obs} を計算する，(2) d のベクトルを無作為化し，その相関係数を繰り返し計算し，相関係数の無作為化した値 r_{rand} を求める，(3) 無作為化した相関係数値のセットから，r_{obs} と同じかあるいはそれよりも小さな r_{rand} を得る確率を推定する．この検定は相関係数の単なる片側無作為化検定である．いくつかの他の検定法も提出されてきたが，この検定法の性能がもっとも良いことがシミュレーションによって示されている（Holyoak 1993）．上記の検定は，個体群密度と成長率の非線形の関係を考慮するために修正することもできる．そのときモデルとして，対数線形関数の関係を用いた $x_{t+1} = r + \theta N_t + \varepsilon$ がよく使われる（Saitoh et al. 1999）．

モンテカルロ法：2 つの実例

最初に，ここの例として，ある距離 d だけ離れた場所に生えている 2 本の植物株を観察しているとしよう（図 5.15）．この植物種の 1 本の株が占める地面の面積は周辺の円で表されている．ここで解きたい問題は，「2 本の植物株は偶然で期待されるよりも互いに離れて（つまり互いに干渉して）生えているか？」である．この問題に答えるために，以下のように解析を進めることができる：(1) 円内部で無作為に 2 点を配置しそれらの間の距離を測定する，(2) このやり方を何回も繰り返し（N 回），無作為に配置した 2 点間の距離が実際の観測距離よりも長くなる場合の数（n 回）を記録する，(3) 無作為化距離が観測距離よりも長くなる確率を $(n+1)/(N+1)$ として推定する．空間パターンに適用するモンテカルロ法の例としては，Couteron et al. (2003) を参照すればよい．

2 番目の例は，形質置換（character displacement）を起こしている可能性のある動物 2 種の体重を測るというものである（図 5.15）．ここで解きたい問題は，「2 種の動物は，形態空間（ここでは体重という 1 つの測定尺度）において偶然で期

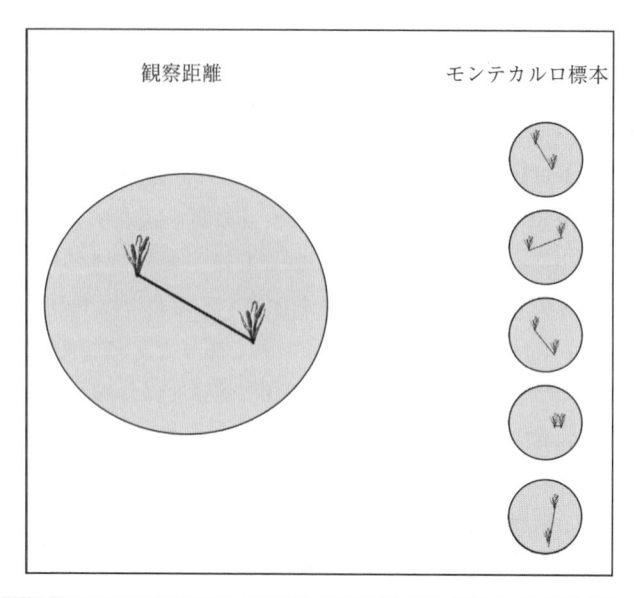

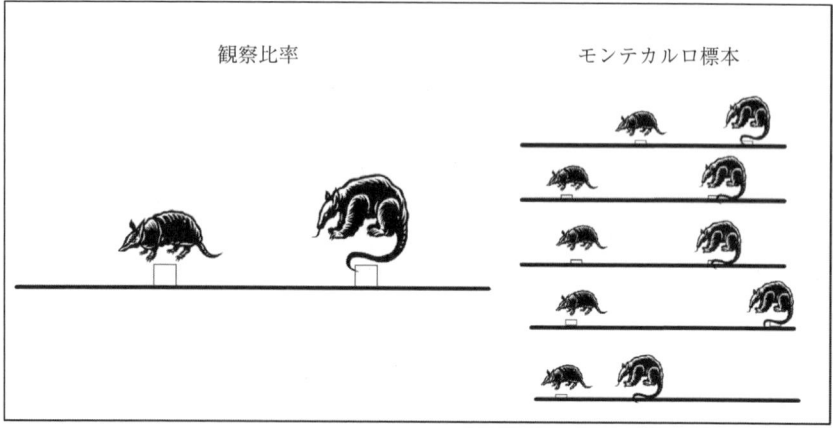

図 5.15 モンテカルロ法を用いるための作業仮説としての2つの例.
上図では2本の植物株の距離（図の左側）が偶然で期待されるよりも大きいという仮説を検証する．下図では同所的に出現する動物2種の体重の比が偶然で期待されるよりも大きいという仮説を検証する．両方の例において，許された空間範囲の内部で2点を発生させ（各図の右側），その結果得られる距離あるいは比率の分布において，それらの値が観測値と同じかそれよりも大きい場合の確率を推定することになる．

待されるよりも互いに離れた値を持っているか？」である．この問題に答えるために，前の例と同じやり方で解析することができる．ただし，この場合，ある決まった区間内部で2点を選ぶことになる．体重比を扱う問題は，後でもっと詳しく考えていくことにする．

上記の2つの例は非常に単純であるが，ここで紹介する手法に以下のような手順があることを確認するための例としては十分なものである：(1) 観測した測定値セットを取る，(2) 帰無仮説の下で無作為に測定値セットを発生させるための理論的なモデルを持つ，(3) 無作為化のときと同じように，観測データと無作為に発生させたデータを比較することによって必要な確率を推定する．モンテカルロモデルは一般的に特定の仮説に対してオーダーメイド的であり，統計的有意性を査定するためには様々な技術を併用しなければならないという制限的状況がこれまであった．しかし Besag and Clifford (1989) が初めて導入した一般化の手法は，この状況を修正できるものになっている．ただしその話に入る前に，別の簡単なやり方を利用する例を考えてみよう．つまり逐次回帰でモデルを検証する問題である．その後で，一般化の手法である**一般化モンテカルロ検定**（Generalized Monte Carlo test）を紹介することにする．また最後に，生態学研究において解くべき様々な問題と従来用いられてきたいくつかのモンテカルロ法について紹介することにする．

逐次回帰を検定する

カナダオオヤマネコの個体群密度の周期変動の解析において，Arditi (1989) はその密度に対して次のような3つの「対立する」回帰モデルを得た：

Model 1 : $Y = 0.43X_1 - 0.65X_2 + 0.61X_3$ $\qquad R^2 = 0.64$
Model 2 : $Y = 0.43X_1 - 0.67X_2 + 0.43X_3 + 0.37X_4$ $\qquad R^2 = 0.75$
Model 3 : $Y = 0.34X_1 - 0.47X_2 + 0.46X_3 + 0.38X_5 - 0.33X_6$ $\qquad R^2 = 0.79$

ただし $X_1, \ldots, X_6$ は様々な気候要因である（例えば，個体群密度の反応の「遅れ」を説明するために組み込んだ特定の月の平均気温）．これら3つの式は，データセットを逐次法により検討した結果，得られたものである．そこでは120個（24ヶ月 × 0-4年間の「遅れ」）もの候補となる予測変数が存在した！これら3つのモデルは，次の章で説明される交差検定法（cross-validation technique）を使って評価することができる．しかしこの手法は3つのモデルの中でどれが最良かを決定することはできるが，特定の回帰モデルが統計的に有意であるかどうかについては何も教えてくれない．というのも，その場合，非常にたくさんの数の式が調べられたとしても，最終モデルは第1種の過誤（type I error）の結果である可能性

表 5.9 オオヤマネコのデータに対するモンテカルロ検定の結果.
与えられた予測変数と逐次モデルの各組み合わせに対して，モンテカルロモデルからの R^2 が観測データからの R^2 と同じがそれより大きい場合の割合が示されている．これは組み合わせあたり 2000 回のシミュレーションを実行して推定したものである．Arditi (1989) を修正した．

予測変数			モデル		
月数	「遅れ」	予測変数の総数	1	2	3
24	0-4	120	0.393	0.252	0.258
24	0-2	72	0.213	0.108	0.108
12	0-2	36	0.067	0.027	0.021
8	0-2	24	0.026	0.007	0.004

があるからである．この可能性を検討するために，Arditi は以下のような特徴を持つモンテカルロモデルを作った：(a) 気候データを，観測データとしてその構造的な関係を維持しながら保存する，(b) ある対数正規分布から無作為にサンプリングすることによってオオヤマネコの密度データを作る．ただしそのとき，発生させる密度データの順番は，実際のデータで観察されたように，同じ値と連続的に相関するように制限する．Arditi は無作為に作った各データセットに対して逐次回帰を行い，3 変数モデル，4 変数モデル，5 変数モデルの最良な 3 つのモデルを選んだ．そしてそれらの R^2 を観測データからのものと比較した．120 個の予測変数を使った解析の結果，観測データからの R^2 が偶然で期待されるものよりも有意に大きいということはなかった（3 つのモデルすべてで $P > 0.2$，表 5.9）．さらに，Arditi は予測変数の数を減らしたデータセットで解析した．そこではすべての場合で同じ逐次回帰が得られ，予測変数の数をもっとも少なくしたデータセットで，R^2 は期待されるよりも有意に大きかった（3 つのモデルすべてで $P < 0.03$，表 5.9）．これらの結果は，予測変数を注意深く選ぶ必要があることを指摘している．Arditi は，2 年よりも長い「遅れ」は生物学的には意味をなさず，それらが候補の予測変数として選ばれた場合にはその理由が問われるべきだと述べている．さらに Arditi (1989, p. 33) は自分の論文で「関係する変数を自動的に選択するように仮定された解析の下では，すべての種類の変数を「盲目的に」当てはめることは避けなければならない」と述べている．

一般化モンテカルロ検定

一般化モンテカルロ法を説明するために，一連の体重比が偶然で期待されるより

も大きいかどうかを検討する問題を考えよう．それは（たぶん）群集内の競争種間の形質置換を調べるときに指標として使われるものであろう．ここで解析する状況を図 5.16 に示している．研究対象である群集には 4 種が存在したが，潜在的に 20 種の候補種がその群集のメンバーになる可能性があると研究者は考えていた．種間の体重比を群集規模で得るために，各種はその体重に従ってランク付けされ，2 種間の体重比が，13/7, 39/13, 100/39 のように 3 個計算された．体重には大きな差があり，また比のデータは一般的に素直な分布にならないので，研究者は比の対数の平均を利用するのが普通である．これは原データにおいて以下のように幾何平均を取ることと同じである：$GM = \text{antilog}((1/3)[\sum_{i=2}^{4} \log(x_i) - \sum_{i=1}^{3} \log(x_i)])$．この測定量は面白い性質を持っており，その値は 2 つの両端の体重だけに依存して決まってしまう：$GM = \text{antilog}((1/3)[\log(x_4) - \log(x_1)])$．そして，中間の体重比は除数（この場合 1/3）の中にその役割を残すだけである．この事実は，何かしら安心できないものがあり，体重比の測定量として相応しくないように感じるかもしれない．そのため研究者は，代わりに，比に対してはあまり使われない算術平均を用いようと決めるかもしれない．ここではそれを $\hat{\theta}_{\text{Obs}}$ とおき，以下で扱うことにしよう（当面の目的から，特殊な統計量であることが重要ではなく，よく知られた統計量であるということだけが重要であるからである）．観測された算術平均比と同じかそれよりも大きな算術平均比を得る確率 P は以下のようにして求められる．候補種群から繰り返しを許さず無作為に選んだ 4 種によって構成される群集を N 個発生させ，その各群集において体重の算術平均比 $\hat{\theta}_i$ を計算する．ただしこれは i 番目の無作為群集の場合を表す．そして，これまでのように，確率 P を次のように推定する：$P = \left[\{n(\hat{\theta}_i \geq \hat{\theta}_{\text{Obs}}) + 1\}/(N+1)\right]$．ここで $n(\hat{\theta}_i \geq \hat{\theta}_{\text{Obs}})$ は $\hat{\theta}_i \geq \hat{\theta}_{\text{Obs}}$ である場合の数を表し，N は無作為に発生させた群集の総数である．

この場合，候補種群から繰り返しを許さず 4 種をサンプリングすることは操作的に簡単なので，無作為化法を使っても簡単である．しかしそれが簡単に実行できない場合もある．そのような例を図 5.17 に示している．その例では，6 つの島（A, B, C, D, E, F）が存在し，各島には最大 4 種の競争種が生息している．ある研究者は，それら競争 4 種はある潜在的種群から来ているという仮説を考えた．その種群とは，構成種が互いに類似する生活様式のために競争的な関係を保つ種群つまり「ギルド」分類群であり，島群全体の群集はその関係性を基に成り立っているとするものである．要するに研究者は，島に出現する種のセットは無作為な種の集まりではないと考えたのである．ただし無作為な群集を発生させるとき，

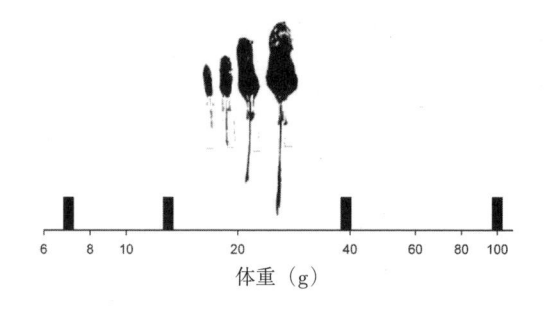

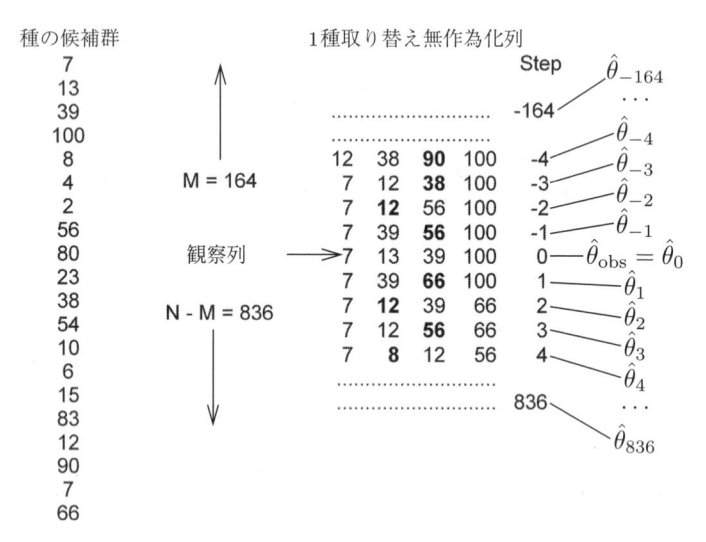

図 5.16 体重比の問題に適用した一般化モンテカルロ法の簡単な説明.

上図は仮説上の 4 種の砂漠ネズミの例を示している（Bowers and Brown 1982 の図 1 を基にした）．観察された一連の種の体重は 17, 13, 39, 100 であり，これらの 4 種が抽出されたと考える元の仮説上の候補種群（2g から 100g の範囲に体重を持つ 20 種）の体重は下図の左端に示されている．逐次的に無作為化して発生させた種の体重列の総数は 1001 である．その無作為体重列に番号をつけるとき，観察体重列が上から 165 番目に来るように配置しているが，実際には便宜上それを 0 番としてある．モンテカルロ化で発生させる体重列には 2 方向の「順列」が存在し，それらは観察体重列（モンテカルロ化体重列の 0 番）から始まる．それらは，モンテカルロ化体重列から無作為に 1 種を選んで，20 種の仮説候補種体重群から無作為に選んだ 1 種と順次取り換えていくことによって作成する．ただしそのとき，1 つのモンテカルロ化体重列に同じ種は 2 回は現れないという制約をつける．その結果，上方に向かう「順列」では 164 個のモンテカルロ化体重列が作られ，下方に向かう「順列」では 836 個のモンテカルロ化体重列が作られる．各列に対する統計量の値を計算し，検定に必要な確率を観察統計量値とモンテカルロ化体重列の統計量値を比較することによって推定する．

図 5.17 の行列の周辺和は一定であるという制約が満たされる必要がある（つまり各島が持つ種数と各種が生息する島数は一定）．これは可能な組合せを求める上で厳しい制約である．すべての可能な組合せは，図 5.17 で丸や四角で囲まれた成分

観察行列　　　　　　モンテカルロ化行列

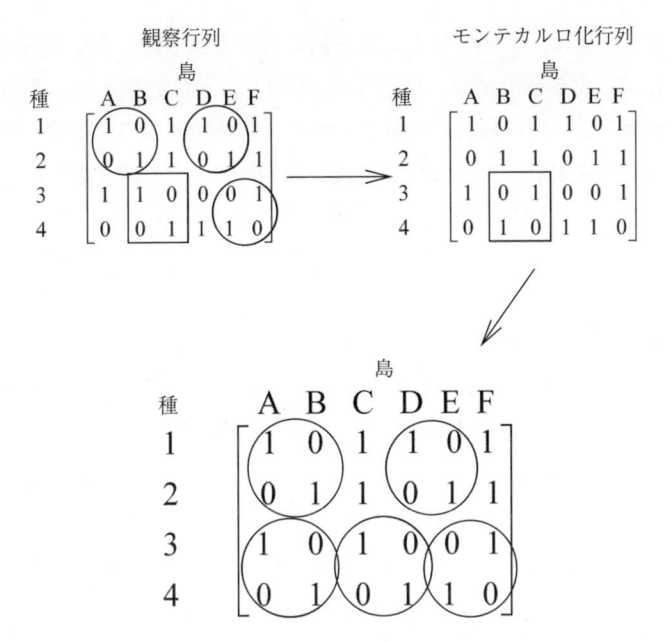

```
     島                    島
種  A B C D E F      種  A B C D E F
 1 [1 0 1 1 0 1]      1 [1 0 1 1 0 1]
 2 [0 1 1 0 1 1]      2 [0 1 1 0 1 1]
 3 [1 1 0 0 0 1]      3 [0 1 0 0 1 1]
 4 [0 0 1 1 1 0]      4 [0 1 0 1 1 0]
```

```
          島
種   A B C D E F
 1  [1 0 1 1 0 1]
 2  [0 1 1 0 1 1]
 3  [1 0 1 0 0 1]
 4  [0 1 0 1 1 0]
```

図 5.17 6つの島における4種の分布を説明するための作業仮説上の行列. 観察された行列の丸や四角で囲まれた4要素の配置は, 周辺和を一定にしながら並べ替えられる成分を表す. 1回作業モンテカルロ化変更行列は, まずこれらの成分の1つを無作為に選び(たとえば, 四角で囲まれた成分), 上で示されるようにその要素を並べ替えることによって作られる. この結果, 今度は5つの変更可能な成分を持つモンテカルロ行列が発生する. この手順が「前方」へも「後方」へも繰り返され, 観察群集が無作為に出来上がったという仮説を検定するための一連の群集を発生させる.

内の4要素の配置を並べ替えることによって作ることができる. このようにしてすべての無作為な群集は, 4要素を持つ成分の多くをこのように無作為に選んで内部要素を並べ替えることによって作られる(各無作為化はそれ自身が更なる無作為化の可能性を生み出すかもしれない). しかしこの作業過程は無作為群集を作成することはできるが, 時間も多くを消費するやり方である. もっと簡単な手順が一般化モンテカルロ法によって与えられる. それは各群集を発生させるのに1回の変更作業を要するだけのものである. このやり方を説明するために, まず体重比の問題に立ち返ってみよう.

Basag and Clifford (1989) は, $\hat{\theta}_{Obs}$ のような特定の統計量値(たとえば観察体重比の平均)自体が一連の1回モンテカルロ化変更における1ステップとして見なせることに気がついた. では一連の変更数を $N+1$ としよう(図 5.16 では $N+1 = 1001$ であった). そして, まず1と N の間からある乱数 M (図 5.16 では $M = 164$ であった)を選択することによって, この変更列内での $\hat{\theta}_{Obs}$ の位

置を決定する．次に，データである観察列に対して以下のような1回の無作為化作業を施し，必要な統計量値，例えば $\hat{\theta}_1$ を同じように計算する．その1回無作為化作業とは，この例の場合．仮説候補種群と観察種列の間で1種を無作為に交換することを意味する（ただし種の重複は許されないため繰り返しのないサンプリングとなる）．この1回作業過程は「前方」への列を与えるためのものであり，$N-M$ 回繰り返される $(\hat{\theta}_1, \hat{\theta}_2, \hat{\theta}_3, \ldots, \hat{\theta}_{N-M})$．一方「後方」への列を与えるためには M 回繰り返される $(\hat{\theta}_{-1}, \hat{\theta}_{-2}, \hat{\theta}_{-3}, \ldots, \hat{\theta}_{-M})$．ここでは簡便にするために「前方」と「後方」の語を使っており，それらは観察種列から始まり特定の回数だけ変更作業を進める2つの列方向を指している．そして観察統計量値が無作為化法と期待される場合よりも有意に大きい（あるいは小さい）確率を推定することになる．この方法は連続法（serial method）（Besag and Clifford 1991）として知られている．平行法（parallel method）と呼ばれる別の方法もあるが，とくにコンピュータを集中して使わなければならない方法であるにもかかわらず，連続法よりも効果的ではないので（Manly 1993），ここでは扱わないことにする．発生させた特定の変更列が結果に影響を与えていないということを確認するためには，「開始」位置を無作為に配置することによって繰り返し行う，連続一般化モンテカルロ検定（serial generalized Monte Carlo test）を用いればよい．そのようにして得られる確率セットを使って，確率 P の平均と標準誤差（SE）を推定することができる．

　上記の手法は，図 5.17 に示された群集構造のような場合，特に有効である．この特殊な例では，群集構造を決める相互作用を示す種を特定しようとするとき問題が発生する．この問題は次節で取り上げることにする．

群集を成立させる法則

　統計仮説を検定するためにモンテカルロモデルが使われてきた生態学研究の分野の中で，たぶんもっとも大きくかつ論争が続いている分野は，群集構造の研究である．様々な問題が研究されてきているが，それらは群集におけるニッチ重複（niche overlap），種の共出現（species co-occurrence），サイズ構造（size structure）という3つのカテゴリーにおおよそ集約される．この中の後の2つについて，とくに手法における違いを説明するために，検討してみることにする（ニッチ重複に関する論文については，たとえば，Joern and Lawlor 1980, Lawlor 1980, Cole

1981, Kochmer and Handel 1986, Tokeshi 1986, Vitt *et. al* 2000 を参照してほしい). ただしここでは,「ある特定の帰無モデルが他よりも優れている」等として続いている, 論争に踏み入るつもりはない. 代わりに, どんな帰無モデルとその検証法が構築されなければならないかということへの関心から, 様々なモデルを概観的に示すことにする (一般的な議論ついては, Strong 1982, Harvey *et. al* 1983, Strong *et. al* 1984, Conner and Simberloff 1986, Losos *et. al* 1989, Pleasants 1990 を参照せよ).

種の共出現の様式

この問題に対するこれまでの無作為化の一般的なやり方は, 島当たりの総数や種の出現数を一定にしながら (表 5.10), 種 (個体) を島 (パッチ) に再配分することであった. Gotelli (2000) は, 様々な仮定セットの下でどのような結果が生じるかについての一般的な解析を与えている. これまで, いくつかの異なる指数とその検定法が提案されてきた. その中で最良のものは, 無作為化と同じ方法を使って, 観測指数値を無作為化された値と比較することである. Manly (1995) は行和と列和を一定にすることを提唱した. なぜならこれは, 種の分散能力と島の特徴における本来的な制約を反映するからである. 彼の提案した検定統計量は次のようなものである:

$$S = \sum_{i=1}^{R} \sum_{j=1}^{R} \frac{(O_{ij} - E_{ij})^2}{R^2} \tag{5.15}$$

ただし, O_{ij} は種 i が種 j と共に出現したことを観察した回数であり, E_{ij} は帰無モデルから期待されるその回数である. R は総種数である. 定義より $O_{ii} - E_{ii} = 0$ であるから, 上式において特別に $i \neq j$ とする必要はない. 一般化モンテカルロ法から得られる S 値セットの中で, 観測された S 値と同じかそれよりも大きな S 値を得る確率が推定される. 偶然で期待されるよりも離れて出現する種同士を見つけるために, 特定の種間の相互作用を検定することもできる. そのとき多重比較の問題を考慮するために, 個々の検定にはボンフェローニの補正 (Bonferroni correction) を施さなければならない.

サイズ構造と群集組成

この研究で一般的に使われるモデルの形式は, 体サイズやいくつかの形態構造を直線軸に配列したものになる (図 5.16). そのときの帰無モデルはサイズ軸上

表 5.10 種の集合が無作為であるという帰無モデルを検定した研究例.
いくつかの研究では、異なる複数の測定量が使われたが、ここでは、説明のために1つの測定量だけを選んだ.

生物	帰無モデル	測定量	検定	出典
島の鳥とコウモリ	周辺和を一定	2, 3種が共出現しない頻度	χ^2	Connor and Simberloff 1979
ビスマルク諸島の鳥	分割表の各区画への種の出現確率	種の共出現	χ^2	Gilpin and Diamond 1982
ガラパゴス諸島の鳥種	島当たりの種数は固定しないが種の出現数は固定する	種の共出現	類似度指数 a の t 検定	Alatalo 1982
ポリネーター群集	種は仮説上の種群から無作為に抽出	重複 対 非重複	2項分布	Armbruster 1986
バヌアツ諸島の鳥	周辺和を一定	種の共出現	無作為化データで類似度指数を検定	Wilson 1987
渓流の淵にいる魚	採集された総数を使って、周辺和を一定、あるいは総和だけを一定にして個体(種でない)を配置	出現頻度行列	列間の均一性の χ^2 検定	Capone and Kushlan 1991
湖の魚	周辺和を一定	観察、期待共出現の頻度	コルモゴロフ・スミルノフ検定	Jackson et al. 1992
砂漠の多年生植物の群集	調査パッチでの出現数を一定	様々な指数	無作為群集値との比較で P 値を計算	Silvertown and Wilson 1994
Stylidium (植物) の群集	種群、形態群から無作為に選抜	受粉ニッチでの重複数	無作為化による P 値	Armbruster et al. 1994

[a] 類似度指数 = (一緒に出現した島の観察数 − 一緒に出現した島の期待数)/一緒に出現した島の期待数の標準偏差

の位置が無作為であるというものである．帰無モデルを作るための一般的な方法は次のような手順を含む：(1) 候補種群を作る，(2) その候補種群から必要な数の種を抽出する，(3) 必要な統計量の値を計算する，(4) 先の (2) と (3) を何回も繰り返し，その統計量の標本分布を発生させる，(5) 実際の出来事を観察する確率を得るために，その標本分布と統計量の観測値を比較する．観測値と予測値を比較するために使われる実際の統計量は色々あって，最良の方法についての共通認識は無いようである（表5.11）．いくつかの研究の方法を少しでも概観してみると，色々な方法があることはすぐに理解できるだろう．

砂漠ネズミ類における体重（Bowers and Brown 1982）

この研究では，ある標本で5％を超える頻度で出現した種だけを使って候補種のリストが作られた．特定の1つの砂漠から（3カ所の砂漠が研究された）多くの標本が採られ，全体で種の頻度が計算された．そして共出現が観察された2種の期待頻度が，各種の観測相対頻度の積として計算された．これは，候補種リストからの標本を使って種を配分しないという点で，他の解析とは異なっている．むしろ，この解析のどこがモンテカルロ的であるかは，その検定方法に見られる．ペアーにした2種は，その体重比が >1.5 か <1.5 の2つのカテゴリーのうちの1つに分類された．このようにして体重比の分類を列におき，各候補2種が共出現しているか否かを行におく 2×2 行列が得られる．行と列の間の不均一な関連性が χ^2 を使って検定された．この状況で行われた検定の問題は，扱われるどの種も複数回現れるので独立性が欠如している点である．Bowers and Brown は，関連性が無作為であるという帰無仮説の下で χ^2 値の分布を決定するために，シミュレーションを用いて解析した（シミュレーションの特徴については論文を参照して欲しい）．

島の鳥類（Strong 1978）

大陸の種から候補種リストが作られ，それから相対頻度を考慮しないで無作為に種を選ぶことによって，島の無作為鳥相が作られた．種は順位付けされ，その隣接種の体重比が計算された．そして3つの検定によって，観察体重比とシミュレーションによって得られたデータが比較された．その3つの検定は，すべて基本的に，無作為データからの予測平均値より観測平均値が上にある場合の数と下にある場合の数を比較するものであった（表5.11）．Hendrickson (1981) はそれを中央値を使って再検定した．Brandl and Topp (1985) は，中央ヨーロッパの

表 5.11　群集における形質置換の仮説を検定するためにモンテカルロ技法を採用した研究の簡単な調査結果

生物	形質	測定量	検定	出典
マルハナバチ類	口吻	2者間比の平均（大/小）	t 検定	Ranta 1982a
マルハナバチ類	口吻	平均重複度 [a]	フィッシャー法を用いて結合させた個別検定での P 値 [b]	Hanski 1982
オサムシ科甲虫 (*Pterostichus* spp.)	体サイズ	2者間比: (1) 平均 (2) 最小値, (3) 標準偏差	無作為群集で観測中央値よりも下となる比率	Brandl and Topp 1985
水生甲虫	体長	平均体長差	結果は検定無しで「明らか」	Ranta 1982b
西インド諸島の鳥	体サイズ	サイズの差と比, (1) 平均 (2) 最小値, (3) 標準偏差	無作為群集で観測中央値よりも下となる比率	Case *et al.* 1983
砂漠のネズミ類	体重	2群に分けられた比 (>1.5, <1.5)	χ^2 2 × 2 分割表	Bowers and Brown 1982
池の巻貝	貝殻成分に対する2主成分	2つのユークリッド距離（最近隣，最遠隣の平均）	t 検定	Dillon 1981
砂漠のトカゲ類	体成分	4つのユークリッド距離（最近隣，最遠隣の平均と標準偏差）	統計検定は無い	Ricklefs *et al.* 1981
島の鳥類	体の測定量	個別形質の順位化された2者間比	平均の2項検定，ウィルコクソン符号順位検定，χ^2 検定	Strong *et al.* 1979
島の鳥類 [c]	体の測定量	個別形質の比	中央値の2項検定，1標本コルモゴロフ・スミルノフ検定	Hendrickson 1981
鳥食のタカ類	体の測定量	2者, 3者, 4者, 5者間比	1標本コルモゴロフ・スミルノフ検定	Schoener 1984

[a] $\sum_{i=1}^{s-1}\sum_{j=i+1}^{s}\max(2-d_{ij},0)/[s(s-1)/2]$ で計算された平均重複度。ただし s は種数で，d は種 i と種 j の間の口吻長の差である。
[b] 無作為群集からの統計量値が観測統計量値よりも小さい場合の数から推定された確率。
[c] Strong (1979) によって解析されたものと同じ動物相。Strong and Simberloff (1981) による反論も参照せよ。

オサムシ類における体重変動を分析するために同じ手法を用いた．

島の鳥類（Case et al. 1983）

　西インド諸島に生息する鳥種の出現頻度を考慮した候補種リストから，観測された種数だけ鳥種を諸島の各島に無作為に割り当てることによって，西インド諸島の無作為鳥相が作られた．たとえば，もしある種が k 個の島に出現したならば，その種は候補種リストでは k 回選出されたはずである．また解析は大陸からのリストを使っても行われた．体重順位列における隣接ペアー間の体重差と体重比が検定で使われた．その検定は，無作為統計量の値の分布の中央値より観測統計量値が上にある場合の期待数と実際数，下にある場合の期待数と実際数を比較するものであった．

鳥食のタカ類（Schoener 1984）

　2種，3種，4種の鳥相が，鳥食のすべてのタカ種のリスト（47種）を使って作られた．Schoenerはすべての可能な体重比を計算した．このとき2種の場合1種類の体重比セット，3種の場合2種類の体重比セット（隣同士のペアー，間に1種を挟んだペアー），4種の場合3種類の体重比セット（隣同士のペアー，間に1種を挟んだペアー，間に2種を挟んだペアー）が可能であった．Schoenerは，4つの異なるシナリオの下で（地理的な範囲に関して「修正しない」場合と「修正する」場合，いくつかのセットで種の出現を「修正する」場合，同じ種の間の体重比を「修正する」場合），体重比の観測累積頻度と予測累積頻度の差を比較した．

北ヨーロッパのマルハナバチ群集における口吻長（Ranta 1982a）

　北ヨーロッパのすべてのマルハナバチ種から種群が作られ，標本種はそこから無作為にあるいは高頻度の種のリストだけから選ばれた．そこでは口吻長から種が順位付けされ，隣同士の口吻長比が計算された．その比の観測分布とシミュレーションによって得られたデータが，t 検定を使って比較された．

ヨーロッパと北アメリカのマルハナバチ群集における口吻長（Hanski 1982）

　Hanskiは，この研究で無作為群集を作るためにRantaと同じ手法を用いたが，統計量については異なる平均重複度指数を用いた（表5.11の脚注を参照せよ）．彼は，シミュレーションによるデータセットからこの指数の分布を求め，その分布において観測値と同じかあるいはそれよりも小さな値を得る確率を推定した．

そしてヨーロッパと北アメリカ全体の確率を得るために，フィッシャーの方法を使って異なる群集からの確率を結合させた．

まとめ

(1) 無作為化あるいは並べ替え検定は第一義的には仮説検定であるが，信頼区間を求めるために使うこともできる．

(2) 無作為化検定では，まず観測データセットから1個（あるいは複数）の統計量の値 θ_{obs} を計算する．そして，帰無仮説の下でデータを標本群に無作為に再配分し，統計量の値 θ_{rand} を再計算する．そして θ_{rand} 値を数多く発生させるためにこの手順を繰り返す．さらに，θ_{obs} 値と同じかそれよりも大きい θ_{rand} 値を得る確率を，$P = (n+1)/(N+1)$ として求める．このとき，n は θ_{obs} 値と同じかそれよりも大きい θ_{rand} 値の数である，N は θ_{rand} 値を発生させる無作為化の総数である．

(3) 必要な無作為化数は，P が 0.05 にどれくらい近いかに依存して決まる．一般には 1000 回の無作為化から始め，もし P についての推定された信頼区間が 0.05 を含んでいるならば，この数を増やしていくべきである．必要な無作為化数は，おおよそ $N = 4\hat{P}(1-\hat{P})/(0.05-\hat{P})^2$ ぐらいである．

(4) 無作為化検定の結果は，それをパラメトリック検定で行ったときと同等な結果になることがよくある．これはそのパラメトリック検定が，前提となる仮定からの逸脱に対して大きな頑健性を持つことを示しているが，これらのパラメトリック検定が無作為化検定の代わりになることを示していると考えるべきではない．理論的な正当化無しには，あるいは詳しいシミュレーション解析無しには，パラメトリック検定がどのような状況で間違うかは分からない．従って，パラメトリック検定はまず試してよい近似的な検定であるけれども，適切な無作為化法によって調べ直すべきである．

(5) モンテカルロ法は，無作為化法やブートストラップ法と似た方法である．ただし，モンテカルロ法の無作為化データセットは特定の帰無モデルを使って作られるところが後者の2法とは異なっている．そのモデルは，特殊な検定に対応したものが用いられることが普通である．一般化モンテカルロ

有意性検定は，モンテカルロ検定に一般的な方法を与えるもので，必要な計算の数をかなり節約するように設計されている．

さらに読んでほしい文献

Crowley. P. H. (1992). Resampling methods for computation-intensive data analysis in ecology and evolution. *Annual Review of Ecology and Systematics*, **23**, 405-48.

Edgington, E. S. (1987). *Randomization Tests*. New York: Marcel Dekker, Inc.

Manly, B. F. J. (1997). *Randomization, Bootstrap and Monte Carlo Methods in Biology*. New York: Chapman and Hall.

Potvin, C. and Roff, D. (1996). Permutation test in ecology: A statistical panacea? *Bulletin of the Ecological Society of America*, **77**, 359.

練習問題

(5.1) 下のデータを使って，2つの平均を比較する t 検定を行え．そして検定統計量として，まず t を使って，さらに平均値の差を使って無作為化検定を行い，それらの結果を比較せよ．

x	-0.79	0.79	-0.89	0.11	1.37	1.42	1.17	-0.53	0.92	-0.58
y	-0.88	-0.17	-1.16	-1.23	2.14	0.86	1.36	-1.46	0.74	-2.15

(5.2) 下のデータからの x と y の間の回帰直線に対して，最小2乗法と無作為化法を使って次の検定を行え．まず回帰直線の傾きと切片が0であるという帰無仮説を検定せよ．そして傾きが1であるという帰無仮説を検定せよ．それらの結果をパラメトリック検定の結果と比較せよ．

x	1.63	4.25	3.17	6.46	0.84	0.83	2.03	9.78	4.39	2.72	9.68	7.88
y	2.79	3.72	4.09	5.89	0.75	-0.13	1.76	8.44	5.15	2.16	9.88	6.95
	0.21	9.08	9.04	5.59	3.73	7.98	3.85	8.18				
	0.03	7.50	9.92	5.37	3.79	7.18	3.37	7.81				

注：無作為化法によって，回帰直線の傾きとある特定の値 β_0 を比較する検定を行うには，帰無仮説 $\beta = \beta_0$ の下で，$z = y - \beta_0 x$ が x に対して独立であることを

無作為化を通して観察すればよい．すなわち，x に対して z を回帰し，観測回帰の有意性を検査する．

(5.3) 2つの分散の違いを検定する通常の方法は，分散比の検定である．2つの分散の推定値を s_1^2 と s_2^2 とし，$s_1^2 > s_2^2$ すると，F 統計量は $F = s_1^2/s_2^2$ として与えられる．下のデータにおいてこの検定を行え．さらに検定統計量としてまず F 統計量を使って，次に2つの分散の差を使って無作為化法による分散の比較を行え．

x	-0.06	-1.51	1.78	0.91	0.05	0.53	0.92	1.75	0.73	0.57	0.17	0.31
y	1.86	0.44	0.59	0.18	-0.59	-1.16	1.01	-1.49	1.62	1.89	0.10	-0.44
	0.66	0.01	0.16									
	-0.06	1.75	1.74									

(5.4) 下のデータは，30年間を通して得られた個体群密度の時系列データである．

1, 1, 6, 1, 3, 11, 15, 10, 9, 18, 21, 33, 40, 45, 44, 48, 44, 39, 40, 36, 46, 48, 50, 58, 60, 73, 83, 94, 99, 102

正の密度依存性を検定するために，Pollard and Lakhani (1987) の方法を用いよ．

(5.5) 文献でよく見かける仮説に，密度とともに生存率が減少するというものがある．特にこの仮説は，鳥のヒナの生存率が一腹ヒナ数と関連するとして提出されてきた経緯がある．この仮説を検討するために，研究者達は一腹ヒナ数とヒナの生存率の関係を散布図にプロットしてきた．しかし，生存率は生存ヒナ数／一腹ヒナ数として計算されるため，2つの変数は明らかに独立性を欠いている．そこで，下に与えたデータにおいて，ヒナの生存率が一腹ヒナ数とともに減少するという仮定を，無作為化法を用いて検定せよ．そしてその結果とパラメトリック解析の結果を比較せよ．

```
一腹ヒナ数   1,  1,  2,  2,  2,  3,  4,  4,  4,  5,  5,  6
生存ヒナ数   1,  1,  1,  1,  1,  2,  2,  2,  3,  1,  2,  3
```

(5.6) X に対して，要因A，要因B，あるいはその交互作用の効果があるという証拠はあるだろうか？

要因A	1,	1,	1,	1,	1,	2,	2,	2,	2,	2,	2
要因B	1,	1,	2,	2,	2,	1,	1,	1,	1,	2,	2
X	13,	9,	9,	8,	9,	16,	16,	14,	11,	7,	13

(5.7) 問題 (5.6) に与えられたデータの解析を，X ではなく処理の組合せを無作為化して繰り返せ．前の結果と違いがあるだろうか？

(5.8) ヨコエビ *Gammarus minutus* が洞窟の中と外の川で出現する．これらの個体群は地理的に区別されるものである．下表のデータは目の構造に関連する3つの測定値（個眼の個数，目の幅，目の長さ）の値を示している．ここで妥当な仮説は，洞窟内の個体群からの個体の目は洞窟外の個体群からの個体の目と異なるだろうというものであろう（ここでは両側確率を考える，本当は「小さい」とおけるかもしれない）．これを検定するために，ある研究者は分散の多変量解析を使って，以下のような結果を得た．

```
*** Multivariate Analysis of Variance Model ***
Short Output:
Call:
mANOVA (formula=cbind (OMMATIDI, EYE. L, EYE. W)~HABITAT,
data=GammarusData, na. action=na. exclude)
Terms:
HABITAT Residuals
Deg. Of Freedom     1      33
1 out of 3 effects not estimable
Estimate effects may be unbalanced
Analysis of Variance Table:
         Df   Pillai  Trace approx.  F num df  den df  p-value
HABITAT   1  0.85125         59.1333         3      31        0
Residuals 33
```

「Estimated effects may be unbalanced」というメッセージから，問題のある結果であることが分かる．よって，MANOVA の結果を確かめるためには無作為化解析が必要である．付録 C.5.8 に示された方法を使って，無作為化による解析を行え．

個眼数	目の幅	目の長さ	生息場所
5	71	48	洞窟内
4	70	47	洞窟内
4	71	50	洞窟内
8	91	62	洞窟内
4	62	41	洞窟内
3	82	51	洞窟内
2	78	40	洞窟内
3	74	49	洞窟内
6	100	61	洞窟内
5	92	60	洞窟内
6	82	50	洞窟内
4	52	50	洞窟内
4	66	43	洞窟内
3	82	51	洞窟内
6	92	63	洞窟内
6	89	51	洞窟内
6	72	51	洞窟内
5	74	51	洞窟内
7	92	56	洞窟内
4	78	56	洞窟内
16	150	80	洞窟外
18	150	80	洞窟外
17	141	79	洞窟外
12	118	73	洞窟外
16	133	78	洞窟外
16	145	79	洞窟外
26	198	91	洞窟外
16	140	80	洞窟外
11	121	64	洞窟外
21	183	100	洞窟外
14	130	75	洞窟外
16	138	80	洞窟外
18	143	80	洞窟外
22	148	80	洞窟外
20	151	78	洞窟外

■ 5章で使われた記号のリスト

記号は下付きにされることもある.

ε	Error term		誤差項
θ	Parameter		母数
μ	Mean		平均
A	Intercept of major axis regression		主軸回帰の切片
B	Slope of major axis regression		主軸回帰の傾き
C	(1) Amount to be added/subtracted		(1) 信頼限界値を得るために

	from estimate to obtain upper/lower confidence value	推定値に足し引きされる量
	(2) Number of distinct elements in a matrix	(2) 行列で異なる要素の数
E	Expected number of species co-occurrences	種の共出現の期待数
GM	Geometric mean	幾何平均
LC	Lower confidence value	信頼区間の下限値
M	Median or matrix	中央値あるいは行列
MS	Mean square	平均平方
N	(1) Number of permutations	(1) 並べ替え数
	(2) Population size	(2) 個体群サイズ
O	Observed number of species co-occurrences	種の共出現の観察数
P	Probability	確率
R	(1) Total number of species	(1) 種の総数
	(2) Probability from randomization test	(2) 無作為化検定からの確率
S	Manly's test statistic for species co-occurrence	種の共出現に対するマンリー検定の統計量
SE	Standard error	標準誤差
T	Symbol of T method of matrix comparison	行列を比較する T 法の記号
$T1, T2$	Coefficients in ANOVA simulation	ANOVA シミュレーションの係数
UC	Upper confidence value	信頼区間の上限値
V	Vector	ベクトル
X, Y	Observation	観測
k	Group designator	群数の記号
n	Number of cases in which statistic from randomized data exceeds observed	無作為化データからの統計量値が観測値を超える場合の数
r	(1) Residual, (2) Drift parameter in density-dependence analysis	(1) 残差, (2) 密度依存性の検定におけるドリフト母数
x, y	Observed values	観測値

第6章
回帰法

はじめに

　データ解析パッケージの中で，回帰はおそらく生物学者にとって最も頼りになる技法の1つである．特に，一般線形モデルのような広い枠組みの中でデータ解析しようと考えるときには，それを実感するはずである．にもかかわらず，回帰にはいくつかの問題もあり，それらは計算統計学的な方法を利用することで解決できる場合がある．回帰の持つ問題の中で最も困難なものは，回帰にどの変数を加えるべきか，あるいはそれをどのように行うべきかを決めるときの問題であり，まさにそれがこの章の中心テーマである．たとえば，予測変数[*1]X は単に X として組み込むべきか，それとも X^2 のような多項式の形式で適合させた方がいいのか，あるいはもっと一般的な関数の方がいいのか．それを決定するための事前の情報は持っていないかもしれない．予測変数が1つの場合，問題はさほど大きくない．なぜならデータをプロットして，応答変数 Y との共変動の様式を視覚的に調べることができる．しかしそれでも，その様式が明らかに非線形で，データを線形化する方法が通常の変換方法の中で（たとえば，対数変換，平方根変換，逆正弦変換など）何も見当たらない場合がある．そのようなとき，共変動の様式を記述し，他のモデルに関連させてその適合性を検定するために，この章で概説する計算統計学的な方法を利用することができる．複数の予測変数があって，予測変数が複雑な関数形式をしていたり，あるいは予測変数間に非線形な交互作用がある場合，状況はもっと深刻である．

[*1] （訳者注）独立変数（independent variable）あるいは説明変数（explanatory variable）とも呼ばれる．

この章では4つの方法を考えよう．1つ目は，予測変数を含めたり除外したりする様々な逐次法を使うとき，いくつかの競合するモデルから1つを決定するときに使う交差検定[*2]（cross-validation）である．2つ目は，局所平滑化関数（local smoothing function）と呼ばれる一連の方法である．これはデータセットに対して1つあるいは2つの予測変数の関数として応答変数を記述するが，生物学的な意味でその関数形式が指定されるわけではない．3つ目は，予測変数が未知の関数であるという状況に対処する解法の1つである，一般化加法モデル（generalized additive model）である．4つ目は，線形回帰法が適切ではないときに，複雑な交互作用を分離するための樹木モデル（tree model）の利用である．この章で考える一連のモデルで，回帰問題に対する計算統計学的方法を語り尽くすものでは決してないが，利用できる色々な方法を概観し，回帰に対して既存の方法とは別の方法を用いることにも利点があることを読者に知ってもらおうと考えている．

交差検定と逐次回帰

対立する複数モデルの問題

ある種のカマドウマの雌において，繁殖力に関連する形態と近親交配（近親同士の交配）の効果を調べるために計画された以下のような仮説上の実験の結果を考えよう．応答変数は卵巣重である．それは繁殖力の優れた指標であろう．予測変数は近交係数（F，これは0から1の間で変動する），頭幅（HW），翅型（長翅と短翅）である．近交係数以外の2つの形態形質は，以前の実験でそれら両方が繁殖力に効果を持つことが分かっていたので含められたものとする．重回帰法を用いると，**完全モデル**（full model）あるいは**飽和モデル**（saturated model）を次のように指定できる：

$$y_i = \theta_0 + \theta_1 F + \theta_2 Morph + \theta_3 HW \\ + \theta_4 (F)(Morph) + \theta_5(F)(HW) + \theta_6(Morph)(HW) \quad (6.1) \\ + \theta_7(F)(Morph)(HW)$$

上のモデルは，3つの測定変数（F, $Morph$, HW）を持つモデルではなく，7つの変数項を持つモデルである．このモデルは高い有意性を持っていたが（**表**6.1），

[*2] （訳者注）ここではこの訳を用いたが，「交差妥当性」あるいは「交差妥当化」と訳されることもある．

表 6.1 F（近交係数），$Morph$（0 あるいは 1），HW（頭幅）を予測変数とし，卵巣重を応答変数とする重回帰式の解析．

カマドウマの仮説上のデータが使われている．最上表の左半分は飽和モデルを適合させた結果を示し，右半分は色々な逐次法を用いた結果を示している（*= 残った変数）．後者の場合，SYSTAT (SY) と S-PLUS (S+) が用いられ，そのときの変数の決定には組み込まれた既定の測定量が指標として使われた．

効果	$\hat{\theta}_i$	$|t|$	P	減少 SY	減少 S+	増加 SY	増加 S+	増減 S+
F	-13.292	2.949	0.0033	*	*	*	*	*
$Morph$	-1.061	2.233	0.0260	*	*	*	*	*
HW	-0.001	0.774	0.4395		*		*	*
$(F)(Morph)$	13.518	2.994	0.0029	*	*			
$(F)(HW)$	0.029	2.958	0.0032	*	*			*
$(Morph)(HW)$	0.002	2.576	0.0103	*	*	*	*	
$(F)(Morph)(HW)$	-0.030	3.038	0.0025	*	*			*
各逐次モデルの R^2 =				0.41	0.41	0.39	0.39	0.41

回帰に対する分散分析				
変動因	自由度	平均平方	F	P
回帰	7	0.3652	45.51	< 0.00001
残差	463	0.0080		

2 変数の相関 (対角線より下が相関係数値，上が P 値)				
	卵巣重	F	$Morph$	HW
卵巣重		< 0.0001	< 0.0001	< 0.0001
F	-0.449		< 0.0001	< 0.0001
$Morph$	0.216	0.180		0.0014
HW	0.443	-0.420	-0.147	

個々の項の分析によると，すべての項が残差分散の減少に有意に貢献するわけではなかった．

しかし，各検定は3つの予測変数すべてが統計的に重要であることを示していた．一方，すべての変数は有意に相関していたが，その相関の値がどの場合も非常に大きいということではなかった（高い水準で有意である理由は，標本サイズが非常に大きいことから来ているだろう）．ここで答えるべき問題は「もっと少ない母数を持つモデルは卵巣重と各予測変数との関係を同じようにうまく説明するだろうか？」というものである．この問題に答えるには，普通，3つの一般的な方法が用いられる．3つの方法はすべて，モデル成分の追加あるいは消去を伴うものである．それらは，逐次回帰法 (stepwise regression) の仲間であり，特に，変数減少法 (backward deletion)，変数増加法 (forward selection)，変数増減法と

呼ばれている．変数減少法は，まずすべての項を含めたモデルから始めて，回帰に対して有意な貢献をしない項を1つづつ順番に除いていくものである．変数増加法は，応答変数の変動を最も説明する1つの予測変数を持つモデルから始めて，前者とは逆の方向にモデルを決定していくものである．モデルへの成分の追加は，それまでのモデルに変数を1つづつ追加することによって進められ，その追加がもはや基準を満たさないときそれは停止される．これらの両方法において，モデルから除かれたり（変数減少法），モデルに追加されたり（変数増加法）する変数は，それ以降の検討には登場しない．一方，変数増減法では，いかなる項であってもその消去や追加が各選択段階で起こる．その手順は飽和モデルなどの初期モデルから始まるが，ある基準が満たされるまで項の追加や消去が続けられる．3つのどの方法においても，ある項を含めるか除くかの決定は，当該の変数処理による残差分散の追加的な減少を計る何らかの測定量を指標として判断される．たとえば，SYSTAT は P 値を利用しており，0.15 という既定値を基準にしている．また S-PLUS は以下のような赤池の情報量基準（AIC）を利用している：

$$\mathrm{AIC} = -2LL_{\max} + 2k \tag{6.2}$$

ただし，$LL_{\max}$ は最大対数尤度であり，k は母数の個数である．回帰モデルでは，その対数尤度は次のようになる（2章）：

$$LL_{\max} = \mathrm{constant} - \frac{N}{2}\ln\sigma^2 - \frac{\sum_{i=1}^{N}(\hat{y}_i - y_i)^2}{2\sigma^2} \tag{6.3}$$

σ^2 は誤差分散であり，$\hat{y}_i$ は y_i の予測値であり（差の平方和＝残差平方和），N は観測値の個数である．もし σ^2 が未知であれば（通常そうであるが），その推定量は $\hat{\sigma}^2 = \sum_{i=1}^{N}(\hat{y}_i - y_i)^2/N$ となり，そのため AIC は次のようになる：

$$\mathrm{AIC} = \mathrm{constant} + N\ln\left(\frac{\sum_{i=1}^{N}(\hat{y}_{i,k} - y_i)^2}{N}\right) + 2k \tag{6.4}$$

$\hat{y}_{i,k}$ は k 個の母数を持つモデルに対する予測値である．1つの母数を追加したときの AIC の変化は次のように表せる：

$$\Delta\mathrm{AIC} = N\ln\left(\frac{\sum_{i=1}^{N}(\hat{y}_{i,k+1} - y_i)^2}{N}\right) - N\ln\left(\frac{\sum_{i=1}^{N}(\hat{y}_{i,k} - y_i)^2}{N}\right) + 2 \tag{6.5}$$

逐次過程を停止させるための基準値として使われる AIC の変化値は任意に決められる．S-PLUS ではそのデフォルト値は寛大に決められれている．その点は

SYSTATの場合と同じである．その理由は，貢献する変数を排除する危険を冒すよりも，判断の境界にある効果は含める方がよいというものである．

これら3つの逐次回帰法をコオロギのデータに当てはめた結果が表6.1に示されている．この表ですぐに目につくのは，結果が統計パッケージの間で一致せず，また3つの逐次法の間でも一致しないということである．変数増加法では最も単純なモデルが得られるが，変数減少法と変数増減法ではすべてから1個を除く母数を含むモデルが得られたり（SYSTAT），全母数を含むモデルが得られたり（S-PLUS）している．変数増加法によって得られた2つの「単純」モデルは総分散の39％を説明するが，他のすべてのモデルは総分散の41％を説明する．どのモデルを選ぶべきであろうか？一般的な興味の対象は，モデルの作成に用いられなかった値を予測するモデルの能力である．さもなければモデルの一般性は無いであろう．そのための1つの解決法は，交差検定を使ってモデルの結果を比較することである．

交差検定

交差検定では，まずデータの1部を除き，残りから回帰を推定する．そしてその回帰式を使って，先に除いたデータ点の値を予測するのである．そのとき，取っておいた「新しい」データセットの予測値と観測値の間の相関を取ることによって適合性が判断される．モデルを適合させるために使われるデータセットは訓練データセット（training set）と呼ばれ，モデルを検査するために使われるデータセットは検査データセット（testing set）と呼ばれている．交差検定には次のような3つの方法がある：

(1) **2分割法**（Holdout method）：上で述べたように，データセットを2つの部分に分割して交差検定を行う．

(2) **K分割交差検定**（K-fold cross-validation）：データセットをほぼ同じサイズのk個の部分データセットに分割し，各部分データセットを検査データセットとして1回ずつ使って交差検定をk回行う．たとえば10分割交差法の場合では，この方法を以下のように遂行することができる：まず1から10までの整数列を発生させ，データ点のすべてがこれらの整数でラベルされてしまうまで（このようにすることで，最後のデータ点は10ではない整数値でラベルされることがほとんどであろう）この整数を繰り返し発生させる．もしデータをそのラベル整数本来の並びで整理するならば，各整数でラベルされる部分データセットは無作為化され，各部分データセット

が元データからの無作為標本であることを保証するはずである．そして選ばれた整数ラベルを持つ部分データセットを消去する作業を全整数を通して反復する．このとき消去された部分データセットが検査データセットとなる．モデルを残ったデータセット（訓練データセット）に適合させ，そのようにして推定された関数を使って，検査データセットの値を予測する．さらに検査データセットの予測値と観測値の間の相関を計算する．

データセットを k 個の部分に分割する代わりに，k 番目に相当する部分をデータセットから無作為に引き抜いて，それを検査データセットとして使うやり方を k 回あるいはそれ以上繰り返すこともできる．

(3) **1 個抜き交差検定**（Leave-one-out cross-validation）：この方法は，K 分割交差法の極端な場合にあたる．そこでは 1 個の観測値が検査データセットとして消去され，その全過程が N 回（データセットの観測値数）繰り返される．

どの方法が最良であるかについて現実的な指針はない．ただし 2 分割法は交差検定の 1 事例しか与えないので，おそらく最も悪いやり方である．K 分割検定は，訓練データセットの 10-20 ％ぐらいの部分データセットを検査データセットとして使う場合，2 つのうちどちらのやり方（つまりデータを k 部分に分割する方法，あるいは k 番目の部分を k 回引き抜く方法）でも妥当な方法であると思われる．標本数が少ない場合は，1 個抜き法が唯一の解決法であるかもしれない．

ここでは，データセットの 10 ％を無作為に取り出して，それを検査データセットとして使う作業を 100 回繰り返した．このような交差検定は以下のように実行することができる（付録 C.6.1 にそのプログラムコードがある）：

(1) 検査データセットとして使うために，データセットの 10 ％を無作為に選ぶ．
(2) データセットの残りの 90 ％に対して，最も単純なモデルと最も複雑なモデル（別のモデルを用いる場合もあるかもしれない）を適合させる．
(3) 各モデルを使って，検査データセットに対する予測値を求め，2 つの残差平方和 $\sum_{i=1}^{N}(\hat{y}_{i,k} - y_i)$ を計算する．そしてこれらの値をペアーとして保存する．
(4) 上の作業を多数回（例えば 1000 回）繰り返す．
(5) ペアーの残差平方和は同じ訓練データセットと同じ検査データセットから計算されるので，対応 t 検定を使って両残差平方和を比較することができる．

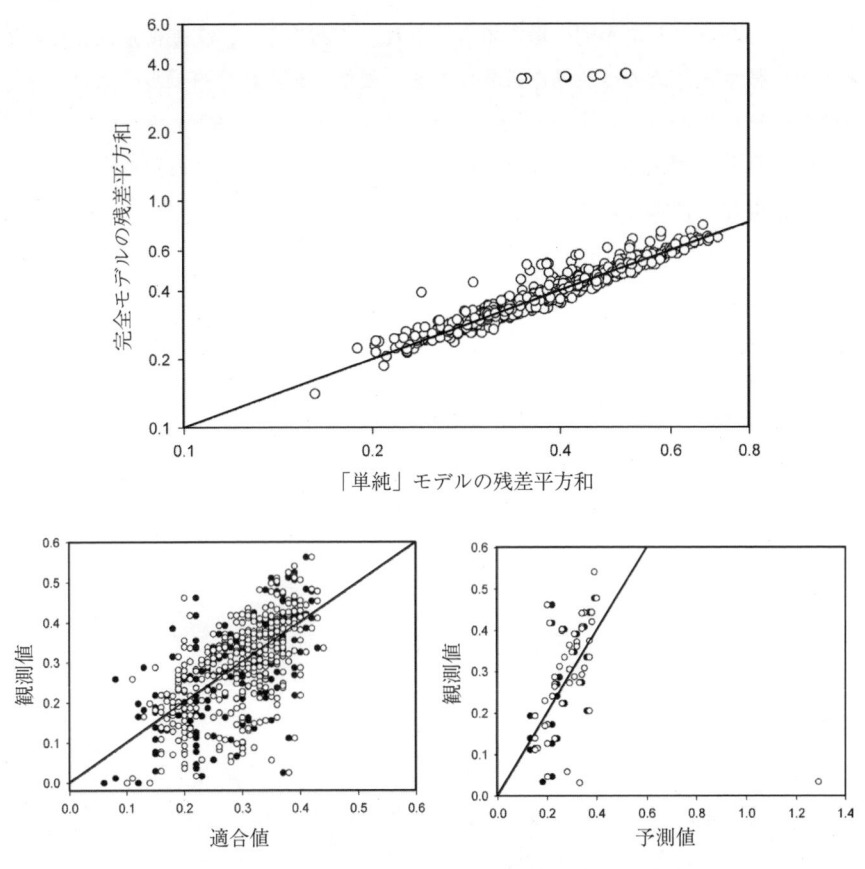

図 6.1 本文で説明したコオロギのデータにおける交差検定解析の結果．上の図は 2 つのモデルに対する残差平方和（RSS）の 1000 個のペアー値の比較を表している．下の図は各モデル内での比較の結果を表している（左図：訓練データセットの結果，右図：検査データセットの結果，● = 単純モデル，○ = 複雑モデル）．

コオロギのデータにこの方法を当てはめると，複雑な方のモデルが単純モデルよりも有意に悪い予測を与えることが分かる（付録 C.6.1 の出力を参照）．ペアーの残差平方和のプロットは，完全モデルから極端に外れた値が 8 つ存在することを示している（図 6.1）．これらの外れ値を解析から除去しても，結論は変わらない（対応 t 検定，$t = -3.5178$，df $= 991$，$P = 0.0005$）．面白いことに，これらの 8 つの外れ値に対する訓練データセットの予測結果は極端な偏りを示してはいない（図 6.1 で示されている 1 例を除いては）．

上記の例で示したように，採用した特殊な作業プロトコルに依存して逐次回帰の結果が異なるときに，交差検定は競合するモデルを区別するための手段を与えて

くれる．この章のどこか別の場所でも示されるであろうが，交差検定は異なるモデルを比較するための一般的な道具である．また与えられたモデルの適合性を査定するために使われるかもしれない．それは適合モデルの R^2 と検査データセットの観測値と予測値の間の R^2 を比較することによって行われるだろう（局所重み付け平滑化と付録 C.6.3 を参照せよ）．

局所平滑化関数

単一予測変数

ここで考える最も単純な場合は，1つの応答変数と1つの予測変数の場合である．これは次のような線形単回帰モデルになる：

$$y_i = \theta_0 + \theta_1 x_i + \varepsilon \tag{6.6}$$

ただし，ε は誤差項であり，全測定値を通して平均が0で標準偏差が一定であるような正規分布（つまり，$N(0, \sigma^2)$）に従うと仮定している．誤差が正規分布に従わない場合の問題に対する対策として，無作為化法を利用するやり方は既に議論してきた．そこで，ここでは2番目の仮定である線形性を取り上げてみよう．つまり回帰式が実際に直線であるかという問題である．回帰が直線ではないという証拠を持っているとしよう（非線形性を検出する一般的な方法は，2次の項を含むかどうかである）．そのような非線形の関係を記述するためにどんな手段が可能であろうか？これまでの全章で既に議論してきた手段の1つは，非線形の式を回帰式として用いることである．たとえばロジスティック式回帰あるいは多項式回帰である．もし特殊な回帰式を持ち出す理由があったり，またデータに適合する式を見つけることができるという状況ならば，非線形式の利用はたぶん採用すべき最も適切なやり方である．一方，事前に決定できるモデルが無かったり，経験的に非線形であることが明白な適当なモデルが無かったりする場合もある．曲線が複雑な形をとる場合には特にそうである．

たとえば，図 6.2 に示された曲線を考えてみよう．この曲線が表すものは，たとえば，ある日周活動の様式，ある適応度測定値とある形質の関係，発生の時間的進行，あるいはある分類群の中での種数の進化的進行である．この曲線は明らかに直線ではなく，多項式に適合させるのも適切ではなく，明らかに適合できる既製の非線形モデルは無さそうである（図の説明にあるように，曲線は実際は2

つのガウス関数から作られた).データに沿って平滑曲線を適合させるためには,いくつかある平滑化アルゴリズムのうちの1つを用いればよい.ここで議論する平滑化アルゴリズムは (1) 局所重み付け回帰平滑化 (loess), (2) 交差検定を伴う局所重み付け回帰平滑化 (超平滑化 (super-smoothing)), (3) 立方スプライン (cubic spline) である.

局所重み付け回帰平滑化

ここで扱う方法は loess という名前でも知られている方法である.この名前は,峡谷にそって堆積する緻密な黄土層へのたとえから選ばれている.この方法は,他のすべての方法と同様に,データ点の局所的な集まりに対して曲線を適合させる.このようなデータ点の局所的集まりを窓 (window) と呼ぶことにしよう.そして全データ範囲を通して,あるデータ点から次のデータ点へとこの窓を移動させることによって連続的な曲線を作り出す.この方法を記述するために,誤差は正規的に分布すると仮定する.この仮定の下で,局所的に造られる曲線は最小2乗回帰によって適合される.この仮定を置けない場合,ロバスト適合 (robust fit) [*3]を使うこともできるが (S-PLUS ではオプションの「family = "symmetric"」を選ぶ),一般原理は最小2乗適合の場合と同じである.

図 6.2 の下の散布図に示された曲線の延長部分を考えて,さらにある点の x 座標 x_0 に注目してみよう.x_0 から x 軸上で特定の距離内にある一連の点を近傍 (neighborhood) と定義する.その特定の距離は,解析者が決めるスパン (span) の値によって決定される.よってこの窓は特定の距離として定義されてもよいし,あるいは S-PLUS のように全データセットの百分率で定義されてもよい.図 6.2 の例では,窓に存在するデータ点の数は全データ点の 10% にされている.ある近傍に $n+1$ 個のデータ点があるとしよう.それらを,注目する x_0 からの絶対距離に従って昇順で順位づける (表 6.2 の 2 番目の列).次に x_0 と他のデータ点の x 座標との間の距離を最大距離の割合として計算し (表 6.2 の 3 番目の列),この相対距離の関数である重みを各データ点に割り当てる.相対距離が増加するにつれて,その重みは減じられ,もっとも遠い点 (また窓の外にあるすべての点) には 0 を与える.そして重み付け最小2乗回帰の関数は,推定された重みとデータ点に

[*3] (訳者注) 各データ点に重みを割り当てることによって最小2乗適合を繰り返し行う方法で,反復重み付け最小2乗法と呼ばれる.最初に元の各データ点から通常の最小2乗法によりモデルの係数を推定する.次の繰り返しで,そのモデルの予測から近いデータ点には大きな重みを与え,遠いデータ点には小さな重みを与えて,モデルの係数を再び計算する.このようにして係数の推定値が基準値内に収まるまでこの過程を続ける.

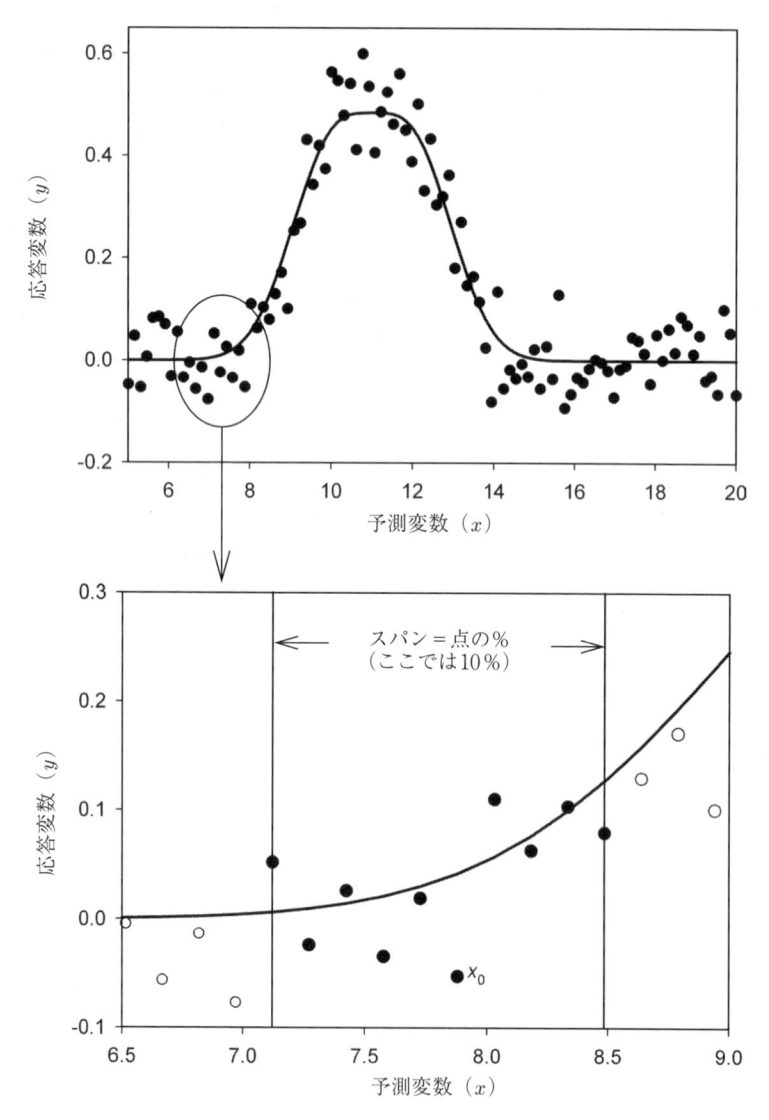

図 6.2 線形および非線形回帰が利用できないときに使う平滑化作業を説明した仮説上の関数. その関数は 2 つのガウス曲線を合成して作られた.

```
set.seed(1)                                              # Set random number seed
n              <-100                                     # Sample size
Curves         <-matrix(0,n,5)                           # Matrix for data
x              <-seq(5,20,length=n)                      # values of x
Curves[,1]     <-x                                       # Store x
error          <-rnorm(n,0,0.06)                         # Errors
Curves[,2]     <-dnorm(x,10,1)+dnorm(x,12,1)             # Curve
Curves[,3]     <-dnorm(x,10,1)+dnorm(x,12,1)+error       # Add error to curve
```

表 6.2 局所重み付け回帰関数を適合させる方法の説明．
予測変数の値 x は，注目する点 x_0 からの距離に従って順位付けされる．

予測変数	順位づけられた距離 d_i	相対距離 D_i	重み W_i
x_0	$d_0 = |x_0 - x_0| = 0$	$D_0 = d_0/d_{\max} = 0$	$W_0 = (1 - D_0^3)^3 = 1$
x_1	$d_1 = |x_0 - x_1|$	$D_1 = d_1/d_{\max}$	$W_1 = (1 - D_1^3)^3$
x_2	$d_2 = |x_0 - x_2|$	$D_2 = d_2/d_{\max}$	$W_2 = (1 - D_2^3)^3$
.	.	.	
.	.	.	
x_i	$d_i = |x_0 - x_i|$	$D_i = d_i/d_{\max}$	$W_i = (1 - D_i^3)^3$
.	.	.	
.	.	.	
x_n	$d_n = |x_0 - x_n| = d_{\max}$	$D_{\max} = d_{\max}/d_{\max}$	$W_{\max} = (1 - D_{\max}^3)^3 = 0$

よって計算される．この回帰は，局所的な曲線を与えるもので，1次式であっても2次式であってもよい．たとえばその関数を $f(x)$ とすると，x_0 での予測応答値は $f(x_0)$ と計算される．この手順が x のすべての値に対して当てはめられ，その応答関数は予測値をつなぐことによって作図される．

　観測値と loess 曲線との適合性はそのスパンと関数の**次数**（degree）（1次式か2次式かなど）によって変化する．スパンを狭めて次数を上げると，曲線はより多くの点を通過するという意味で「良い適合性」が得られるだろう．しかしこれはひどい**過適合**（overfitting）に導き，それによって曲線を真の値の周囲にある誤差にまで適合させてしまうかもしれない．一方，スパンが広すぎて次数が小さすぎる場合には（つまり2次式ではなく1次式），曲線の適合は大変悪くなる．これらのことは図 6.3 に説明されており，そこでは3つの適合が図示されている．最初の適合は，スパンが1で（100％のデータ点が各データ点での計算に使われた）次数が1である場合の結果である（適合のためのプログラムコードについては付録 C.6.2 を参照せよ）．平滑化の程度を計る測定量には，**等価パラメータ数**（equivalent number of parameters (ENP)）があり，この適合の場合それは 2.3 に等しい．等価パラメータ数は次のように定義されるものである：

$$\text{ENP} = \frac{\sum_{i=1}^{N} \text{Variance}(\hat{y}_i)}{\sigma^2} \tag{6.7}$$

ただし，N は観測値数であり，$\hat{y}_i$ は i 番目の予測値であり，σ^2 は誤差分散である（ハット行列 (hat matrix)[*4] の平方要素和として計算される）．適合性の測定量は

[*4] （訳者注）予測変数ベクトルから回帰の推定ベクトル $\hat{y}$ を求めるときの行列なのでハット行列と呼ばれる．

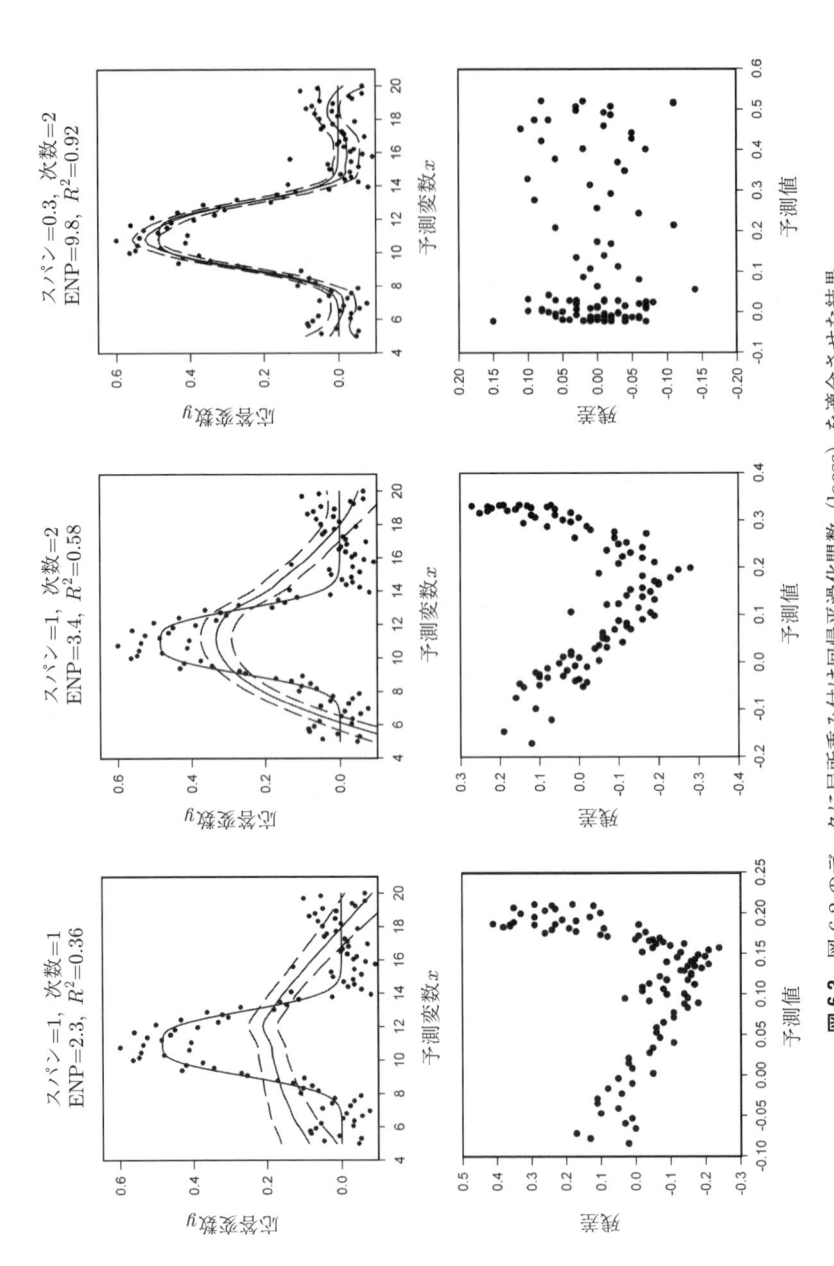

図 6.3 図 6.2 のデータに局所重み付け回帰平滑化関数 (loess) を適合させた結果. 上図で図 6.2 に追加された 1 本の細い実線と 2 本の破線は, 適合予測値 ± 標準誤差 (SE) を表している. 下図は予測値に対する残差を表している.

普通の R^2 である．この場合それは 0.36 であり，その適合程度は極めてひどいものである．適合していないことは，予測値に対する残差の図でも理解でき，明らかに非線形的な様子を表している（図 6.3 の下図）．そのため局所 1 次式適合から局所 2 次式適合に変えると，適合性が幾らか良くなる（$R^2 = 0.58$）．しかし予測値に対する残差の分布は依然と受け入れがたいものである．局所 2 次式適合をそのまま維持し，スパンを 0.3 に縮小すると，納得できる適合が得られ（$R^2 = 0.92$），そのときの残差分布も許容できるものになっている（図 6.3 の右端の図）．ただ $x = 14$ より先の点に対しては，その平滑化関数は過適合の傾向にあることに注意しておこう．

重回帰の場合と同じように，スパンを縮小することによって等価パラメータ数を増加させることは分散を増加させることになるだろう．しかしその分散の大きさは偶然で期待されるよりも大きくはないかもしれない．適合性が期待されるほど良くなるのはどの段階かを決定する簡単な方法はないが，少なくとも近似的な分散分析を使って 2 つのモデルを比較することはできる．近似的 F 統計量は次の式から求めることができる（2 章の「モデルを比較する」を参照せよ）：

$$F = \frac{(RSS^{(n)} - RSS)/(\delta_1^{(n)} - \delta_1)}{RSS/\delta_1} \tag{6.8}$$

$RSS^{(n)}$ は帰無モデルの残差平方和であり，RSS は対立モデルの残差平方和であり，δ_1 は自由度と類似した役割を果たすものである．F 統計量の自由度はもっと複雑な δ_1 の関数となるが，その定義や計算式を知りたければ，Cleveland et al. (1992, p. 369) を参照すればよい．その検定は，S-PLUS に装備された作業コマンド：「anova.loess (model1, model2, test="F")」，あるいは「anova (model1, model2)」を使って行うことができる．このとき，model1 と model2 は 2 つの適合モデルである（たとえば，付録 C.6.2 の L. smoother1 である）．スパン = 0.3 とスパン = 0.2 のときの適合性を比較すると，次のような出力が得られる：

```
anova.model
Model 1:
loess (formula=Curves [,3]~Curves [,1], span=0.3, degree=2)
Model 2:
loess (formula=Curves [,3]~Curves [,1], span=0.2, degree=2)
Analysis of Variance Table
```

	ENP	RSS	Test	F Value	Pr (F)
1	9.8	0.29954	1 vs 2	1.38	0.23467
2	14.6	0.27289			

スパンを 0.2 に縮小することには何の利点もなさそうである．そこで，スパンを 0.4 に拡大すると次の結果が得られる：

```
anova.model
Model 1:
loess (formula=Curves [,3]~Curves [,1], span=0.3, degree=2)
Model 2:
loess (formula=Curves [,3]~Curves [,1], span=0.4, degree=2)
Analysis of Variance Table
```

	ENP	RSS	Test	F Value	Pr (F)
1	9.8	0.29954	1 vs 2	3.23	0.030976
2	7.6	0.32990			

これは，スパンが 0.3 であるモデルがスパンが 0.4 であるモデルよりも統計的によく適合するということを示唆している．

　適合性を査定する別の方法は前に説明した交差検定である．loess モデルに対する K 分割交差検定のプログラムコードを付録 C.6.3 に与えている．上で満足できるモデルとして選んだ loess モデルに対して，全般的には，訓練データセットと検査データセットの決定係数（multiple R-squared）は良く一致している（付録 C.6.3 の出力を参照せよ）．しかし 5 番目の比較では，訓練データセットの 0.933 に対して検査データセットでは 0.185 しかないので一致は良くない．このような外れた結果もあり得るので，交差検定は何回か繰り返す必要があるだろう．

超平滑化

　前に説明した方法ではスパンを定数として扱ったが，それは最良ではないかもしれない．たとえば，曲線的な傾向を持たない領域では，広いスパンが良い適合を与えるであろう．同様に誤差分散が高いときは，広いスパンが過適合を避けるので好ましい．超平滑化法は，スパンの大きさを調整して窓が問題のデータ範囲を素通りするようにするために，局所的に 1 個抜き交差検定を行う方法である．S-PLUS では，作業コマンド「supsmu」を使って超平滑化による適合を行う．仮説上のデータに超平滑化を行ったところ，loess による適合と本質的には違わない適合が得られた（図 6.4）．これは loess 適合が許容できるものであるという信頼

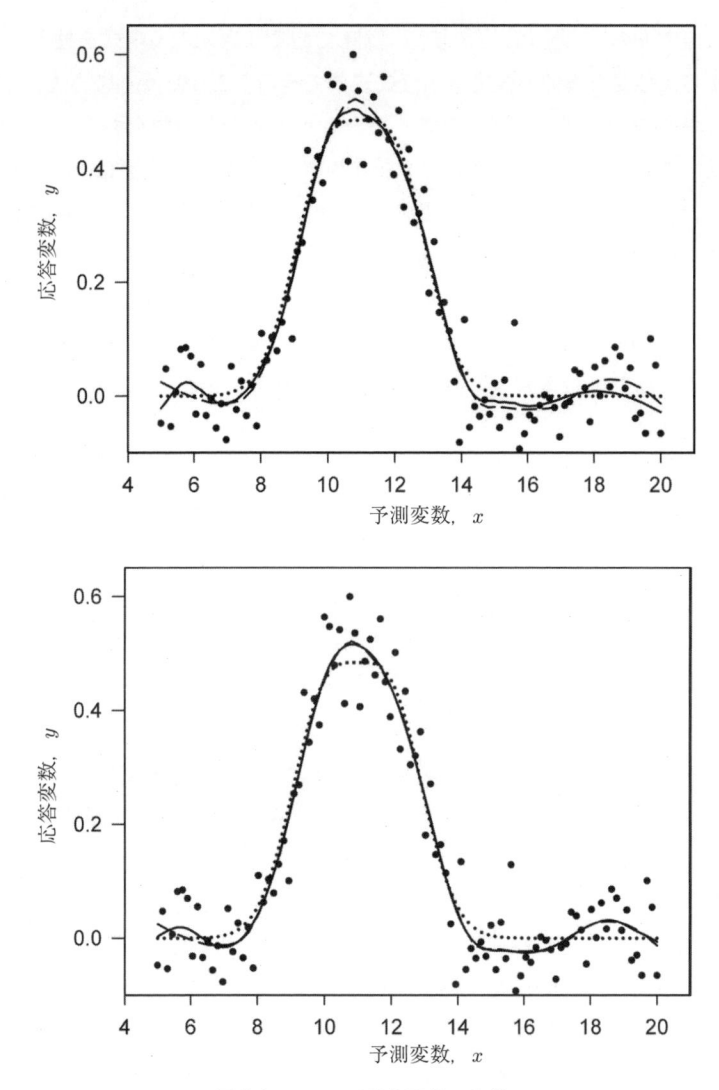

図 6.4 3つの平滑化関数の比較.

そのプログラムコードについては図 6.2 のキャプションを参照せよ．点線 = 真の関数；破線 =loess 適合；上図の実線 = 超平滑化適合；下図の実線 = 立方スプライン適合．

性を与えるだろう．

立方スプライン

前の 2 つの方法では，適合関数はデータ点単位で推定された．データのセット単位で平滑化曲線を適合させるための少し違った方法は，一連の多項式を適合さ

せるやり方である．とくに，「立方」の意味である3次元の多項式を使うと，その柔軟性から，必要な湾曲の程度を十分に達成できることが分かってきた．「スプライン」という語は，元々，図面を書く技術者が滑らかな曲線を引くために使った薄い柔軟な棒から来ている．よって「立方スプライン」という語は，3次式によって数学的に表される「仮想的な」柔軟棒を使って引かれる滑らかな曲線という意味を持つ．曲線は，節点（knots）と呼ばれる一連の制御点において変化する3次式値セットから作られる．曲線が節点で滑らかな変化をするように，多項式は節点において共通の1次導関数と2次導関数を持つよう調整される．立方スプラインは次のような罰則付き残差平方和（penalized residual sum of square），$PRSS$ を使って評価される：

$$PRSS = \sum_{i=1}^{N}(y_i - f(x_i))^2 + \lambda \int (f''(t))^2 \mathrm{d}t \tag{6.9}$$

このとき，N はデータ点の数，$f(x_i)$ は3次関数式である．λ は，数学的に正確ではないが，概念的に loess 関数のスパンに相当する平滑化母数である．λ の値は試行錯誤あるいは交差検定によって見つけてよい．立方スプラインは，S-PLUS では作業コマンド「smooth.spline」を使って実行できる．S-PLUS にある交差検定を使って λ を推定し，図 6.4 に示した仮説上のデータへの適合を試みた．超平滑化のときのように，立方スプラインによる適合は loess 適合とほとんど区別がつかなかった．

3つの方法の間で，適合性という点ではほとんど優劣はつかないが（ここでは議論しなかったいくつかの他の方法を含めても），loess 法が推薦されるべきかもしれない．なぜなら loess 法ではモデル間の比較が簡単で，曲線周辺の信頼領域を計算する方法が存在するからである．Schluter (1988) は信頼領域の計算にはブートストラップ法を用いるべきであるとしているが，その方法の妥当性はまだシミュレーションによって確かめられてはいない．3つの方法を簡単に実行できるのならば，適合曲線が3方法の間で一致するかどうかを見るために，全部を試してみることが好ましいだろう．

2つの予測変数

1つの応答変数と2つ以上の予測変数を扱う最も簡単な方法は重回帰法である．項が実際に加法的ならば，これは適切な戦略である．しかしその場合でも，2つの予測変数に関連した多くの関数があり得る．たとえば，$y = \theta_0 + \theta_1 x_1 + \theta_2 x_2$,

$y = \theta_0 + \theta_1 x_1 + \theta_2 x_2 + \theta_3 x_1 x_2$, $y = \theta_0 + \theta_1 x_1 + \theta_2 x_2^2$, $y = \theta_0 + \theta_1 x_1^2 + \theta_2 x_2 + \theta_3 x_1 x_2$ などである．1つの予測変数の場合，予測変数に対して応答変数をプロットすることによって関数の一般的な形は識別することができる．そして前の節で説明した局所回帰モデルの1つを使って，その関係を表すことができるかもしれない．3次元（3D）プロットの場合も同様である．ここでは上で説明した loess 法による多変量への拡張を議論してみよう．そのやり方を説明するために．後で回帰木解析（regression tree analysis）を説明するときに使う例をここでも使うことにする．その例は，次の規則に従って決定される2つの予測変数，$X1$（たとえば気温），$X2$（たとえば生息地の構造）と1つの応答変数 Y（たとえば密度）を含むデータセットである：

$$\text{if } X1 < 17 \text{ then } Y = 5 + \varepsilon_1$$
$$\text{if } X1 > 17 \text{ and } X2 < 10 \text{ then } Y = 10 + \varepsilon_2$$
$$\text{if } X1 > 17 \text{ and } X2 > 10 \text{ then } Y = 20 + \varepsilon_3$$

ただし誤差項である ε_1 は $N(0,2)$ に従い，ε_2 は $N(0,4)$ に従い，ε_3 は $N(0,8)$ に従う．誤差項（$\varepsilon_1, \varepsilon_2, \varepsilon_3$）が無いときには，応答変数 Y は階段状の関数となる（図 6.5）．つまり誤差項は関係を滑らかにする傾向を与える．上の規則を使って100個のデータ点を発生させ（そのプログラムコードについては図 6.5 を参照せよ），$Y = \theta_0 + \theta_1 X1 + \theta_2 X2 + \theta_3 (X1)(X2)$ という最も複雑なモデル（完全モデルあるいは飽和モデル）を伴う逐次回帰によってそれを調べた．採用した逐次法に関わり無く，最良の適合モデルは完全モデル $Y = -7.536 + 0.786 X1 - 4.311 X2 + 0.275 (X1)(X2)$ であった．このモデルの予測平面は真の関数のおおまかな形をとらえているが，急激に変化する段差を除いたものになっている（図 6.5）．

データに対して局所平滑化の作業を行う前に，データを「有りのままに」3次元平面としてプロットすることは有益である．たいていの3次元の作業では，x, y 平面（この場合 $X1, X2$ 平面）の上に等間隔の格子点を配置することが必要であるので，一般的にある種の内挿あるいは外挿を利用しなければならないだろう．密度データに対してそのように発生させた平面は極めてデコボコしているが，曲面の様子についてある程度のヒントを与えてくれている（図 6.6）．次数が1である loess 法を使って発生させた平面は（そのプログラムコードについては付録 C.6.4 を参照せよ），線形の重回帰モデルで見られるものと同じ様相を示している．しかし $X1$ と $X2$ の最小値に向かって下降を示さないという点で，わずかに優れているように見える．次数が2である場合は（2次平面）もっと良さそうに見える．しか

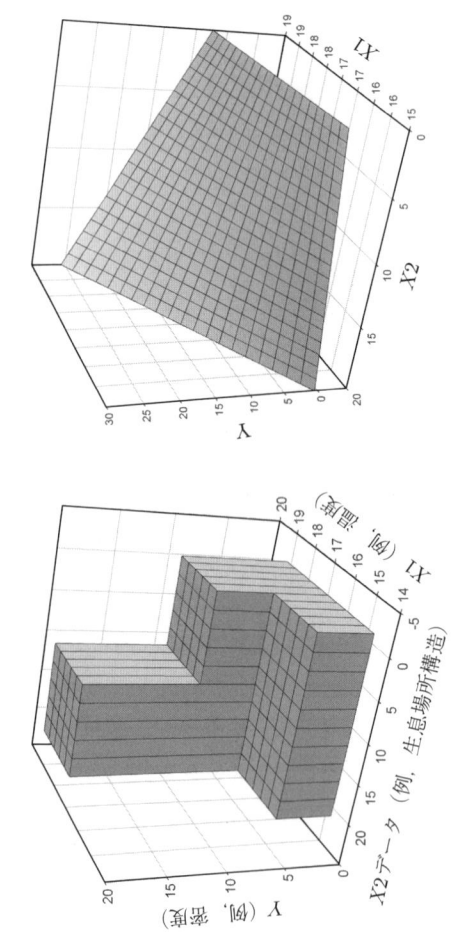

図 6.5 Y と 2 つの予測変数 $X1$, $X2$ との仮説上の関係。
左図は誤差項を外した場合の決定論的な関係を示しており，右図は最良の適合線形モデル $Y = -7.536 + 0.786X1 - 4.311X2 + 0.275(X1)(X2)$ の平面を示している．S-PLUS においてデータを発生させるプログラムコードは下記のとおりである．

```
set.seed (1)                              # Initialize random number
N<- 100                                   # Number of data points
X1<- runif (N, 15, 19)                    # Generate values of X1
X2<- runif (N, 0, 20)                     # Generate values of X2
# Nest density at these sites
Y<- matrix (0, N)                         # Set up matrix for Y values
for (i in 1: N)
{
if (X1[i]<17)                 Y[i] <- 5 + rnorm(1,0,2)    # error N(0,2)
if (X1[i]>=17 & X2[i]<10)     Y[i] <- 10 + rnorm(1,0,4)   # error N(0,4)
if (X1[i]>=17 & X2[i]>=10)    Y[i] <- 20 + rnorm(1,0,8)   # error N(0,8)
}
```

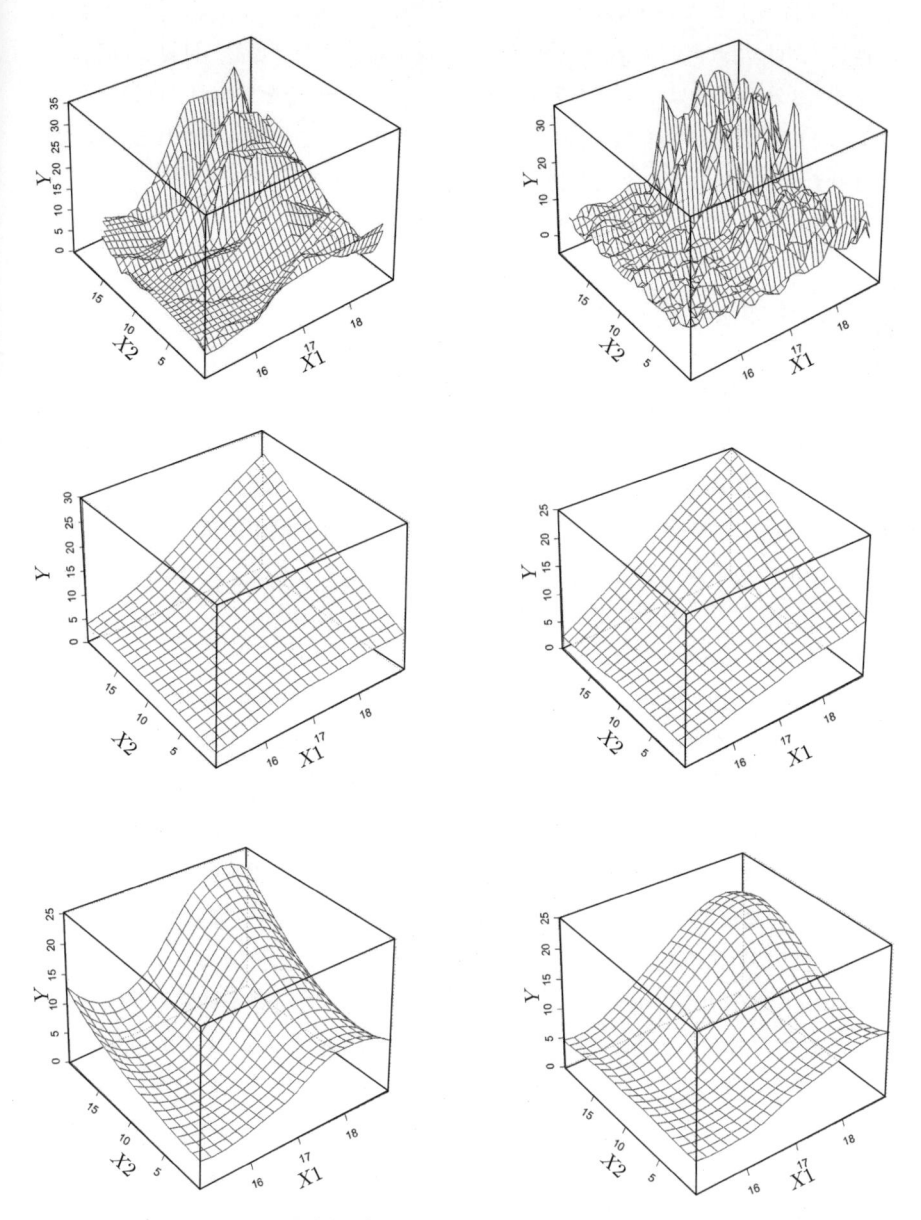

図 6.6 密度データの 3 次元プロット．

最上図は元のデータに内挿を使って求めた $X1$, $X2$ の等間隔格子点のデータから作った図である．それより下の図は，次数が 1 であるときの (中間の図)，あるいは次数が 2 であるときの (最下図) loess 法を使って発生させた平面を表している．左側の図は 100 個のデータ点から，右側の図は 1000 個のデータ点から作られている．

しこの場合 $X1$ と $X2$ の最大値のところで過適合がありそうである．2つの適合性は前に説明した近似的 F 統計量を使って比較することができる（付録 C.6.5）．その結果，2次の適合は1次のモデルよりも有意によい適合を与えた（付録 C.6.5）．このことは，図 6.6 の右端の図で極めてはっきりと見てとれる．これらの図は発生させた 1000 個のデータ点を使って作ったものである．

一般化加法モデル

1つの予測変数

　ある関係に非線形性が当てはまるかどうかを調べるとき，色々な変換法や様々な予測変数の多項式を検討しなければならないとしたら，時間を大いに消費することになるだろう．このようなとき，別の方法として一般化加法モデルを用いてもよい．1つの予測変数を含む一般化加法モデルは次のような式で表される：

$$y = \theta + s(x) \tag{6.10}$$

ただし関数 $S(x)$ は，loess 関数のような平滑化の関数である．一般化加法モデルは標準的な回帰式を拡張して，式 6.6 の係数 θ_1 の項を平滑化関数に置き換えたものになっている．局所平滑化法のときのように，一般化加法モデルの主要な機能は関係性の実態を探索することである．図 6.7 にあるデータ点のセットを考えてみよう．2つの変数の間に，一見，線形関係が見えるが，非線形の成分も認められるようである．実際に，データを発生させるために使った式は，$y = 10 + \sqrt{x^{-1}} - x + e^{0.2x} + \varphi(x) + \varepsilon$ であった．この式の ε は $N(0,1)$ に従う誤差項であり，また $\varphi(x) = 0.4 e^{-\frac{1}{2}(0.995x)^2}$ である．一般化加法モデルは前に議論した平滑化のどの作業を使っても適合させることができる．ここでは，S-PLUS のコマンド「gam（y~x, data=Data）」による loess 法を使うことにしよう．そのときの「Data」はデータを含むデータフレームのことである．その結果，適合に使われた等価パラメータ数は 4.22 となり，また残差平方和は 214.11 となった．それに対して，データに線形適合を行った場合，母数の数が 2 となり，また残差平方和は 293.85 となった．通常のやり方で，近似的 F 統計量を計算すると次のようになる：

$$F_{4.21-2, 200-2.21} = \frac{(293.85 - 214.11)/(4.21 - 2)}{214.11/(200 - 4.21)} = 32.99 \tag{6.11}$$

これより両者の違いは有意であった（$P = 5.17 \times 10^{-14}$）．この検定は，S-PLUS

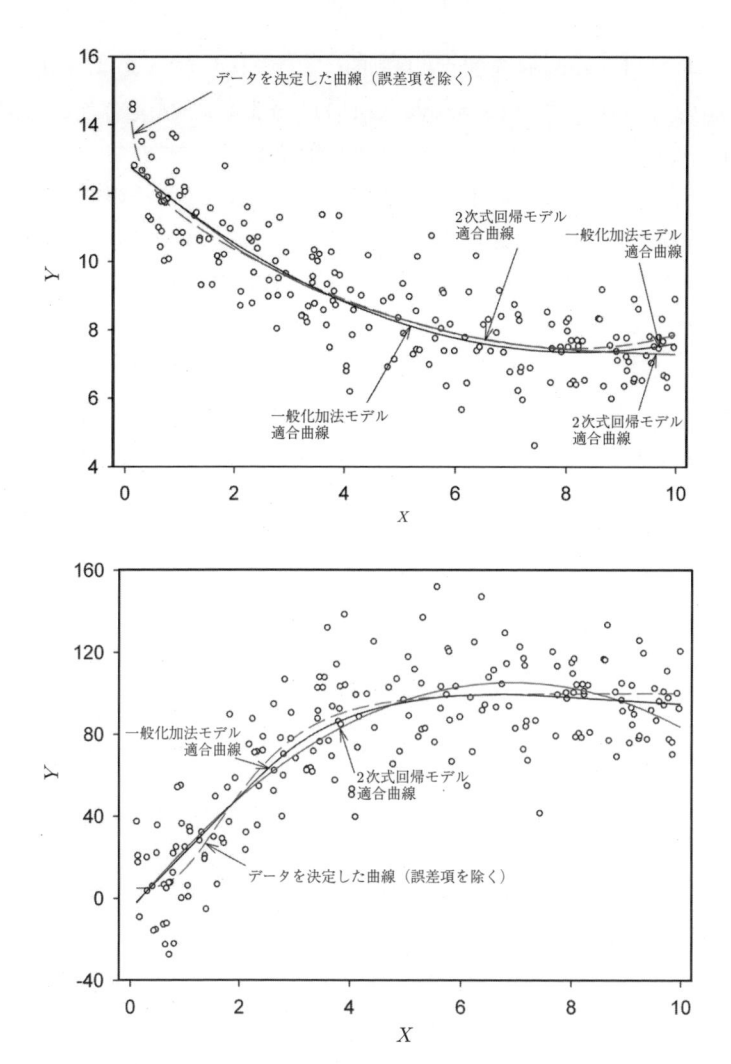

図 6.7 2つの仮説上のデータに適合させた一般化加法モデルと2次式回帰モデルの比較.データは下に示したプログラムコードを使って発生させた.付録 C.6.6 にその全解析と出力がある.

```
set.seed (1)                    # initiate random number generator
n          <- 200               # Sample size
X          <- runif (n,0.1,10)  # values of x
# Y values for first example
error      <- rnorm (n,0,1)     # error terms
Y          <- 10+(1/sqrt(x))+exp(0.2*x)-x+pnorm(0.005*x,1)+error
# Y values for second example
error      <- rnorm(n,0,20)     # error terms
Y          <- 5+95*(1-exp(-1*x))^5+error
```

では作業コマンド「anova」を使うと自動的に実行される（たとえば，Fit <- gam (y ~ lo(x), data=Data); anova (Fit)）．また2次式を適合させた結果も図6.7 に示している．そこでは2つの曲線の区別はほとんどつかないが，この例の場合，きっと2次式の方が好ましいと思うだろう．なぜならそのモデルの厳密な統計学的根拠を検討できるからである．しかし2番目の例では，そういうわけにはいかないようである．この例のデータは4母数のチャップマン・リチャードの方程式[*5]から作られた式 $y = 5 + 95(1 - e^{-x})^5 + \varepsilon$ を使って発生させている．ε は $N(0, 20)$ に従う誤差項である．2次式の適合では，大きい x 値のところで応答値が下がっている（図6.7）．しかしこれは点の分布を見るとあまり適切ではなく，むしろ単調な飽和漸近関数を当てはめた方が良さそうに見える．一方，一般化加法モデルはデータに対して優れた適合を果たしており，明らかに非線形な成分を反映している．そして2次式の適合よりも有意によい適合である（付録C.6.6のプログラムコードとその出力を参照せよ）．

予測変数が1つの場合，一般化加法モデルは「伝統的な」方法（変換や多項式の当てはめ）を超えるような相対的利点を持つとまでは言えないが，複数の予測変数があるときには，候補となるモデルの数は飛躍的に増え，一般化加法モデルが非常に有益な方法になるかもしれない．

複数の予測変数

2個以上の予測変数への拡張は比較的簡単であり，k 個の予測変数の場合の一般的なモデル式は次のように表せる：

$$y = \theta_0 + s(x_1) + s(x_2) + \cdots + s(x_k) \tag{6.12}$$

その解析を説明するために，前節で考えた2つのモデルを融合して使うことにしよう：$y = 15 + \sqrt{x_1^{-1} - x_1} + e^{0.2x_1} + \varphi(x_1) + 95(1 - e^{-x_2})^5 + \varepsilon$．このとき ε は $N(0, 5)$ に従う．この式によって発生させた3次元パターンは，2つの環境変数あるいは2つの地理的変数上の関数として表された個体群密度の表現であると考えることにしよう（図6.8）．発生させた400個のデータ点にさらに内挿を加えたプロットの概観（20×20の等間隔格子図である．実験計画が完璧に実行されることを仮定しているが，このようなことは極めて稀である）は非常にでこぼこしており，明白な傾向は簡単には認められない．しかし，各予測変数に対する応答変数

[*5] （訳者注）樹冠の半径（rad）を胸高直径（DBH）から予測する式：$rad = i + a(1 - e^{-b*DBH})^c$ である．

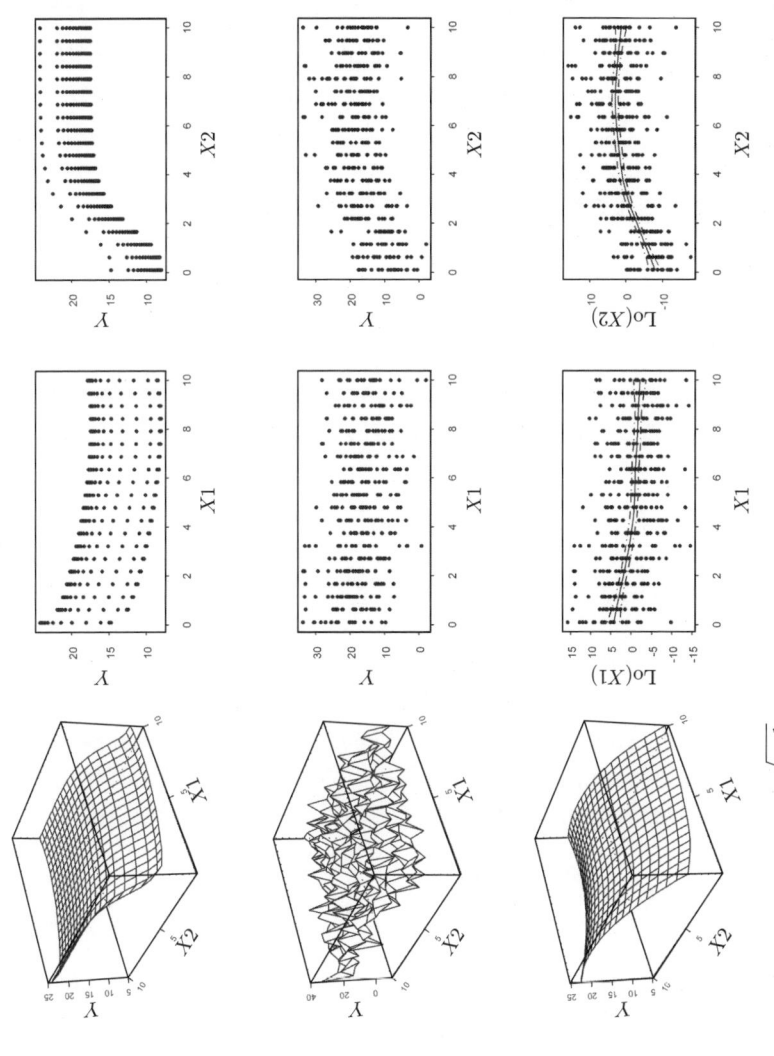

図 6.8 最上行:データを決定した式 $y = 15 + \sqrt{x_1^{-1}} - x_1 + e^{0.2x_1} + \varphi(x_1) + 9.5(1 - e^{-x_2})^5 + \varepsilon$ のプロット;中間行:上の式に誤差項として $N(0, 5)$ を追加して発生させたデータの内挿によるプロット;最下行:発生させたデータに対する多変量 loess プロット. 適合曲線に沿う両側のプロットは,一般化加法モデルに対する各変数毎の適合度合い($\pm$SE)を表す.適合曲線に対しては,平均値が 0 となるようにし,また残差を考慮した尺度変換が施された.

のプロットは，$X1$ に対しては逆相関の関係，$X2$ に対しては飽和漸近的な関係が示唆される（図 6.8 の中間の行）．このデータから，候補となる 3 つのモデルが思い浮かぶであろう：(1) $X1$ に対して一定で，$X2$ に対して非線形であるモデル，(2) $X1$ に対して線形で，$X2$ に対して非線形なモデル，(3) $X1$ にも $X2$ にも非線形であるモデル．これらの中で，最も簡単なモデルから loess 適合を使って検討していくことにする（データは「Curves」と呼ばれるファイルに格納されている）：

```
Model.1 <- gam (Y~lo(X2), data=Curves)
anova (Model.1)
```

その出力は次のとおりである：

	Df	Npar Df	Npar F	Pr (F)
(Intercept)	1			
lo(X2)	1	2.4	20.40267	2.095264e-010

非線形成分による非常に有意な効果があることが分かる．次に $X1$ を線形予測変数として扱う 2 番目のモデルを適合させ，これら 2 つのモデルを比較してみよう：

```
Model.2 <- gam (Y~X1+lo(X2), data=Curves)
anova (Model.1, Model.2, test="F")
```

これは，以下のような出力となる：

```
Analysis of Deviance Table
Response: Y
```

	Terms	Resid.	Df Resid.	Dev Test	Df	Deviance
1	lo(X2)	395.6118	12363.14			
2	X1+lo(X2)	394.6118	11056.36	+X1	1	1306.783

	F Value	Pr (F)
1		
2	46.64028	3.236633e-011

$X1$ を線形として付け加えると，残差平方和が有意に減少することが分かる．最後に 3 番目のモデルを適合させ，モデル 2 とモデル 3 を比較してみよう：

```
Model.3 <- gam (Y~lo(X1)+lo(X2), data=Curves)
anova (Model.2, Model.3, test="F")
```

結果は次のとおりである：

```
    Analysis of Deviance Table
    Response:  Y

      Terms            Resid.    Df Resid.   Dev Test   Df      Deviance
   1  X1+lo(X2)        394.61    11056.36
   2  lo(X1)+lo(X2)    392.22    10859.78    1 vs. 2    2.39    196.58
                                                        F Value Pr (F)
                                             1
                                             2          2.97    0.04299
```

$X1$ に起因した非線形の効果はかろうじて有意である．これらの検定は近似的であるので，結果を判断するには注意が必要である．2 つの予測変数に対する一般化加法モデルの適合プロットを各予測変数毎に見ると，その適合性は妥当であるように見える．また 2 つの効果は相対的に独立であるように思われる（実際そのように発生させている）．よって，多変量 loess プロットは関数の決定値平面に広範囲に合致していると言えるだろう（図 6.8 の 3 次元の最上図と最下図）．

樹木モデル[*6]

　重回帰は，そのモデルの中に制約として加法性という仮定を持っている（多項式の各項や交互作用の項等を含めて）．この仮定が守られているならば，重回帰は非常に便利な統計手法である．しかし，重回帰において多くの変数があるときや，変数間に複雑な交互作用のある可能性が高いときには，データが持つ傾向を理解できなかったり，間違った答えを出してしまったりするかもしれない．このような制限を伴う重回帰とは別の方法として，分類木解析（classification tree analysis）と回帰木解析（regression tree analysis）がある．これら 2 つの方法の唯一の違いは，分類木では終点がカテゴリーであり，回帰木では終点が巣密度や体サイズのような予測値となることである．これらの方法の一般的な目標は，2 分岐型の樹木を作ることである．各樹木が持つ枝の分岐点はノード（node）と呼ばれ，最少 2 乗法のような統計的基準によってそのノードにあるデータが 2 分されることになる．**終着ノード**（terminal nodes）はリーフ（leaves）と呼ばれ，最初の分岐はルートノード（root node）と呼ばれ，リーフの数は樹木のサイズ（size）と呼

[*6] （訳者注）tree model に対しては「樹木モデル」の訳を充て，後述の classification tree, regression tree に対してはそれぞれ「分類木」や「回帰木」の訳を充てた．

表 6.3 生物学的現象の調査に対し回帰木解析の利用を説明する例．そこでは交互作用を持つ多くの要因が存在する．

タイトル	引用文献
イタリアアルプスのトレンティーノ域に生息するノロジカ (*Capreolus capeolus*) への *Ixodes ricinus* (Acari: Ixodidae) の感染	Chemini et al. (1997)
機械学習ツールによる，*Stipa bromoides* の見かけの光合成に対する環境条件効果のモデル化	Dalaka et al. (2000)
クック諸島ラロントンガでのナマコ (*Holothuria leucospilota*) の生息場所選好性を同定するための回帰木の利用	Dzeroski and Drumm (2003)
回帰木予測モデルに応用される遺伝マーカー	Hizer et al. (2004)
北方の小湖における魚類集団の孤立と絶滅	Magnuson et al. (1998)
コロラド州フロントレンジ地方のダグラスモミオオキクイムシに関する感染確率と死亡率の大きさ	Negron (1998)
コクチバスの営巣場所における回帰木解析	Rejwan et al. (1999)
北アメリカへ持ち込まれた木本植物の侵入予測	Reichard and Hamilton (1997)
推定された比例ハザードモデルと回帰木の比較	Segal and Bloch (1989)
管理森林における植物種の豊富さの決定因子としての林分とその隣の森林についての母数	Skov (1997)
海底に放卵するニシン *Clupea harengus* における卵発生齢の空間分布	Stratoudakis et al. (1998)
メバチマグロの単位努力量あたりの漁獲量：回帰木と焼きなまし法（simulated annealing）を使う新しい方法	Watters and Deriso (2000)

ばれる．各ノードは個別に検討され，可能な予測変数のすべてが解析される．たとえば最初の分岐で，データはある予測変数 $X1$ に従って最もうまく 2 分されるかもしれない．しかしその次のノードでは，データがそのノードを通過するとき，他の予測変数 $X2$ に従って最良の分岐を果たすかもしれない．回帰木はまず仮説検定の作業というよりも仮説を発生させる作業という文脈で開発された．しかし，これから示すように，無作為化の利用によって，逐次回帰と同じやり方でそれを仮説検定の装置に変えることができる．樹木モデルはいくつかの重要な特色を持っている．たとえば，カテゴリカル変数と連続変数の両方が予測変数として含まれる場合でも解釈が容易である．また予測変数の単調な変換に対しても結果は変化せず，非加法的な変化でも検出できる．さらに，予測変数同士のごく一般的な交互作用があっても，それを許容する．表 6.3 で説明されているように，樹木モデルは広範な種類の生物学的問題に適用できる方法である．

どのように分割するか

　樹木モデルでは，各ノードにおいて応答変数を正しく2分割する確率を最大にすることが要求される．多くの方法は，そのために**各段毎の検査**（one-step look-ahead）を行う．それはノード毎に詳しい検査を行い（最小2乗法のように），ある統計量を最小に（あるいは最大に）することを意味している．分類木の基本的全体像は多項分布であり，回帰木の基本的全体像は正規分布のような連続分布である．これらの両モデルをある1つの例を使って説明してみよう．それはニュージーランドの鳥類相における体重の関数として考えられる絶滅確率に関するものである．この例のモデルは後で詳しく議論するので，ここでは簡単にするために，1つの分岐だけを含む抽出部分（そして縮小したデータセット）を扱うことにする．表6.4はニュージーランドの鳥類16種のリストである．それらの数種は，ヨーロッパ人がニュージーランドに来る前に絶滅した．表では各種名に続いて，カテゴリカル変数としての状態（絶滅か現存），数値変数としての状態（絶滅確率 =1 あるいは 0），その成鳥の体重が与えられている．鳥種は体重の大きさで最小の種から昇順に順位付けられた．解析の目的は体重を基準に鳥類を2群に分けることである．そのとき各種を正しい群に配置するように，その尤度を最大にすることになる．分類木モデルの枠組みの下では，鳥類が2群に分かれるときの尤度 L は，次のような比例式で与えられる（2章の「正規性からの離脱」を参照せよ）:

$$L \propto p^r(1-p)^{n-r} \qquad (6.13)$$

ただし，r と $n-r$ は2つの群内の種数であり，p は種の応答変数があるカテゴリーに所属する確率である．樹木では2個以上の分岐点が生じることが普通にあるので，2個以上のリーフを持つことになる．この場合，上の式は次のように拡張できる（2章の「2項分布から多項分布へ」を参照せよ）:

$$L \propto \prod_{i=1}^{N_{\text{Leaves}}} \prod_{j=1}^{N_{\text{Classes}}} P_{ij}^{n_{ij}} \qquad (6.14)$$

ただし，N_{Leaves} はリーフの数で，N_{Classes} はクラスの数である（これは応答変数を分配するカテゴリーの数に依存して決まるだろう．もし種A，種B，種Cのように3つのカテゴリーがあるならば，$N_{\text{Classes}} = 3$ である．ここの例では，$N_{\text{Classes}} = 2$ である）．n_{ij} はリーフ i の中のクラス j に含まれる観測数であり，p_{ij} はその確率である．最大尤度の枠組みの下では，モデルの比較は2つのモデルの対数尤度比を利用することによって行われることを思い出してみよう（2章の「方法その2：対

表 6.4 回帰木解析で，1 つのノードにおいて最良の分割をどのように計算するかを説明する仮説上の例．

データでは，ニュージーランドの鳥類の 16 種が体重に従って順位付けされた．「絶滅有無の変数」の列はカテゴリカル変数と現存か絶滅かの確率 (0, 1) を与える数値変数を含んでいる．表では，体重 975g のところで 2 群に分割された．絶滅の予測確率は，この基準より重い種には 1 が与えられ，軽い種には 0 が与えられる．分類モデルの $|D_L - D_R|$ と $|G_L - G_R|$ を計算するための確率と標本サイズは下の表に与えられている．右端の列は，回帰木モデルの逸脱度を計算するために必要なデータを示している．

種	絶滅有無の変数		体重 (g)	$(y_j - \hat{\mu}_j)^2$
	カテゴリカル	数値 (y_j)		
Malacorhynchus scarletti	現存	0	800	0.04[a]
Larus dominicanus	絶滅	1	850	0.64[b]
Mergus australis	現存	0	900	0.04
Egretta alba	現存	0	900	0.04
Corvus moriorum	現存	0	950	0.04
最良の分割点はこの場所				
Botaurus poiciloptilus	絶滅	1	1000	0.033[b]
Anas superciliosa	絶滅	1	1000	0.033
Podiceps cristatus	絶滅	1	1100	0.033
Stictocarbo punctatus	絶滅	1	1200	0.033
Catharacta skua	絶滅	1	1950	0.033
Biziura delautouri	現存	0	2000	0.669[b]
Phalacrocorax varius	絶滅	1	2000	0.033
Phalacrocorax carbo	絶滅	1	2200	0.033
Morus serrator	絶滅	1	2300	0.033
Leucocarbo carunculatus	現存	0	2500	0.669
Leucocarbo chalconotus	絶滅	1	2500	0.033

観察値	予測値	
	絶滅	現存
絶滅	9/11 = 0.82	1/5 = 0.20
現存	2/11 = 0.18	4/5 = 0.80

[a] この分割では $\hat{\mu}_1 = 1/5 = 0.2$．よって 2 つの逸脱度は $(0-0.2)^2 = 0.04$ と $(1-0.2)^2 = 0.64$ である．

[b] この分割では $\hat{\mu}_2 = 9/11 = 0.2$．よって 2 つの逸脱度は $(1-9/11)^2 = 0.033$ と $(0-9/11)^2 = 0.669$ である．

数尤度比法」を参照せよ）．これは，どこで分割すべきかを決定するために，以下のような方法が利用できることを教えてくれる．まず**樹木に対する逸脱度** (deviance for a tree) を次のように定義しよう：

$$D = -2 \sum_{i=1}^{N_{\text{Leaves}}} \sum_{j=1}^{N_{\text{Classes}}} n_{ij} \ln(p_{ij}) \qquad (6.15)$$

ここで，k 番目とラベルしたあるノードを考える．分割に先立って，このノード

での逸脱度 D_k は.

$$D_k = -2 \sum_{j=1}^{N_{\text{Classes}}} n_{kj} \ln(p_{kj}) \tag{6.16}$$

となる．k 番目のノードで分岐が起きた後の2群の逸脱度は，各群の分割のときの逸脱度の和である：

$$D_L + D_R = -2 \left(\sum_{j=1}^{N_{\text{Classes}}} n_{Lj} \ln(p_{Lj}) + \sum_{j=1}^{N_{\text{Classes}}} n_{Rj} \ln(p_{Rj}) \right) \tag{6.17}$$

このとき L と R はそれぞれ左と右に分かれた群としよう．逸脱度における減少は次のように表される：

$$\begin{aligned}
D_k - (D_L + D_R) &= -2 \sum_{j=1}^{N_{\text{Classes}}} n_{kj} \ln(p_{kj}) + 2 \left(\sum_{j=1}^{N_{\text{Classes}}} n_{Lj} \ln(p_{Lj}) + \sum_{j=1}^{N_{\text{Classes}}} n_{Rj} \ln(p_{Rj}) \right) \\
&= -2 \left(\sum_{j=1}^{N_{\text{Classes}}} n_{Lj} \ln(p_{kj}) + \sum_{j=1}^{N_{\text{Classes}}} n_{Rj} \ln(p_{kj}) \right) \\
&\quad + 2 \left(\sum_{j=1}^{N_{\text{Classes}}} n_{Lj} \ln(p_{Lj}) + \sum_{j=1}^{N_{\text{Classes}}} n_{Rj} \ln(p_{Rj}) \right) \\
&= 2 \sum_{j=1}^{N_{\text{Classes}}} \left(n_{Lj} \ln \left(\frac{p_{Lj}}{p_{kj}} \right) + n_{Rj} \ln \left(\frac{p_{Rj}}{p_{kj}} \right) \right)
\end{aligned} \tag{6.18}$$

最適な分割は逸脱度の減少が最も大きいところである（これは最尤法の原理にかなっている）．確率の真の値は分からないので，これらを次のような観測比率を使って推定するしかない：

$$\hat{p}_{kj} = \frac{n_{kj}}{N}, \quad \hat{p}_{Lj} = \frac{n_{Lj}}{N_L}, \quad \hat{p}_{Rj} = \frac{n_{Rj}}{N_R} \tag{6.19}$$

N は観測値の総数であり（欠損値がないと仮定して），$N = N_L + N_R$ である．これらを式 (6.18) に代入すると，

$$\begin{aligned}
D_k - (D_L + D_R) = 2 \Bigg[&\sum_{j=1}^{N_{\text{Classes}}} n_{Lj} \ln(n_{Lj}) + n_{Rj} \ln(n_{Rj}) - n_{kj} \ln(n_{kj}) \\
&+ N \ln(N) - N_L \ln(N_L) - N_R \ln(N_R) \Bigg]
\end{aligned} \tag{6.20}$$

となる．どのノードでも，D_k の値は定数になるので，$|D_L + D_R|$ を最小にすることによって分割点を見つけてもよい．

ノードでの分割点をどこにすれば良いかを決める別の 2 つの基準がある．それらは共に平均不純度（average impurity）*7 を最小にするという考えに従っている．その基準の 1 つは，次のようなエントロピー（entropy）あるいは情報量指数（information index）といわれるものである：

$$E = \sum_{i=1}^{N_{\text{Leaves}}} \sum_{j=1}^{N_{\text{Classes}}} p_{ij} \ln(p_{ij}) \tag{6.21}$$

これは定数の部分だけが逸脱度とは異なる指数である．よって，逸脱度と同じ様式で分割点を与える．

2 つ目はジニ指数（Gini index）である．これは，k 番目のノードで分割が起こる前は，次の式を満たす：

$$G_k = 1 - \left(\sum_{j=1}^{N_{\text{Classes}}} p_{kj}^2 \right) \tag{6.22}$$

よって平均不純の減少は次のように表される：

$$\begin{aligned} G_k - (G_L + G_R) &= 1 - \sum_{j=1}^{N_{\text{Classes}}} p_{kj}^2 - \left(1 - \sum_{j=1}^{N_{\text{Classes}}} p_{Lj}^2 + 1 - \sum_{j=1}^{N_{\text{Classes}}} p_{Rj}^2 \right) \\ &= \sum_{j=1}^{N_{\text{Classes}}} p_{kj}^2 - \left(1 - \sum_{j=1}^{N_{\text{Classes}}} p_{Lj}^2 - \sum_{j=1}^{N_{\text{Classes}}} p_{Rj}^2 \right) \end{aligned} \tag{6.23}$$

前と同様に，分割点は $|G_L + G_R|$ を最小にすることによって見つけることができる．

最適な分割点を見つけるために，データは表 6.4 にあるように昇順（あるいは降順）で順位付けされる．よって，これらの行を下りながら，各行間で分割したときの統計量を計算することになる．その表では行 5 と行 6 の間に分割点を入れた場合が示されている．この場合，2 つの関係する統計量は次のように推定される：

$$|D_L + D_R| = -2|(9)\ln(0.82) + (2)\ln(0.18) + (1)\ln(0.2) + (4)\ln(0.80)| = 15.43$$
$$|G_L + G_R| = -(2 - 0.82^2 - 0.18^2 - 0.20^2 - 0.80^2) = 0.62 \tag{6.24}$$

これらの統計量値を各行間での分割に対してプロットすると，表にある分割点が両方の場合でもっとも小さな値を与えることが分かる（図 6.9）．よって，分類木モデルにおいて，この分割点が最適である．

---

*7 （訳者注）樹木モデルの基本的な考え方は，色々と混ざったデータをより均一性の高い，つまり不純度の低い部分群に分けていって，もうこれ以上分割できない状態の樹木モデルを作成するというものである．よってここで紹介する 2 つの指数は不純度を評価する指数であると考えることができる．

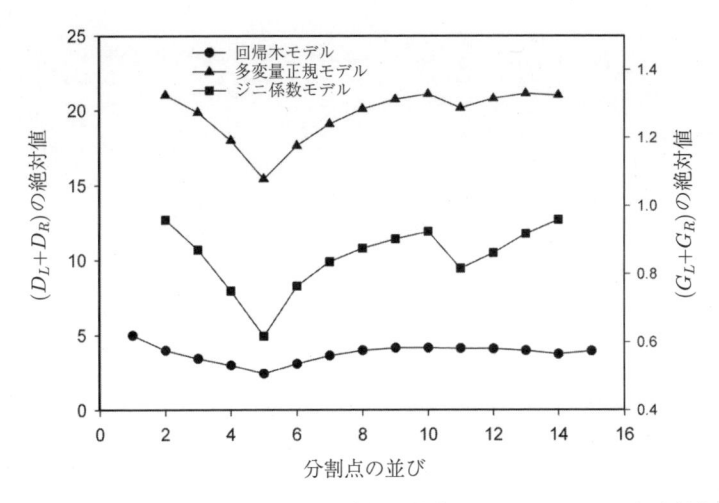

図 6.9 表 6.4 に示されたニュージーランドの鳥類の絶滅のデータにおいて，各分割点に対する逸脱度のプロット．

　これらのデータを分析する別の方法は回帰木モデルである．そこでは，各種には絶滅している確率（1 = 絶滅，0 = 現存）が与えられる．種は絶滅か現存かのどちらかであるので，1 か 0 のどちらかの数値を配分するだけである．しかしリーフでは，絶滅である確率の平均値が表される．ここでは，このモデルを 2 値の誤差を持つ回帰問題として見なせるが，もっと一般的な場合には，正規分布に従う誤差項を仮定することになるであろう．回帰問題としてみた場合に，分割点を求めるための候補統計量は平方和である．そこで，ノードにおける逸脱度を次のように定義しよう：

$$D_k = \sum_{j=1}^{n_k}(y_{k_j} - \mu_k)^2 \tag{6.25}$$

このとき，n_k は k 番目のノードにおける観測値の数である．y_{k_j} はその群内の応答変数の j 番目の観測値である．また μ_k はその平均である．前と同じようにこのノードで 2 分割を行うと，そのときの 2 つの逸脱度は次のように定義される：

$$D_L + D_R = \sum_{j=1}^{n_L}(y_{Lj} - \mu_L)^2 + \sum_{j=1}^{n_R}(y_{Rj} - \mu_R)^2 \tag{6.26}$$

最適な分割点を求めるには，$D_k - (D_L + D_R)$ を最大にしなければならない．そしてそれは $|D_L + D_R|$ を最小にすることと同じである．最小 2 乗推定のときのように，不明の真の平均値をその推定値で置き換え（$\hat{\mu}$ か $\hat{y}$ と表せる），次式を最小にすればよい：

$$D_L + D_R = \sum_{j=1}^{n_L}(y_{Lj} - \hat{\mu}_L)^2 + \sum_{j=1}^{n_R}(y_{Rj} - \hat{\mu}_R)^2 \quad (6.27)$$

ニュージーランドの鳥類の絶滅の例では，これらの平方和の和は5行目と6行目の間で分割するとき最小になる．これは分類木の方法を使ったときと同じである．

データが連続的で，2つ以上の予測変数があるときの回帰木モデルを説明するために，多変量 loess 適合を議論したときに用いた例を使うことにする．営巣に必要な条件が，2つの環境成分 $X1$, $X2$ によって決まるような生物を考えよう．図 6.10 は，これらの環境成分の交互作用を，2分岐型の樹木を使って表現している（この例は，Rejwan *et al.* 1999 によって与えられたコクチバスの営巣場所の解析から思いついたものである）．もし $X1$ の値が 17 より小さければ，応答変数 Y は 5 となり，$X1$ が 17 より大きければ，応答変数は2番目の予測変数 X_2 の値に依存して決まる．そのとき $X2$ が 10 より小さければ Y は 10 となり，$X2$ がそれ以外のときは Y は 20 となる．予測変数 $X1$ は気温であり，$X2$ は生息場所の構造である．生息場所におけるこれらの2つの環境成分の交互作用は，図 6.10 の左下の図に示された階段状の3次元平面に現れている．もっと現実的な状態で Y を発生させるために，2分岐型樹木を基に，平均が0で標準偏差が営巣密度とともに増加するようにした正規変数を誤差項として付け加えた（営巣密度が 5, 10, 20 のときに標準偏差はそれぞれ 2, 4, 8 とした．このときのプログラムコードは図 6.5 に与えている）．逸脱度に平方和を使う合理性は，各リーフにおける分散は等しいという仮定にその根拠をおいている（つまり各リーフ内のデータは $N(\mu_i, \sigma^2)$ に従っている）．これは，現実のデータに対しては妥当な仮定であろう．しかし，明らかに上のモデルではこの仮定を破ったことになる．図 6.10 に，2つの予測変数に対して人工的に発生させたデータ点をプロットしてみたが，簡単に認知できる傾向があるわけではない．それでも $X1$ に対する Y のプロットを見ると，$X1 = 17$ 付近で急な変化が起こっていそうである．

ルートノードにおいて適切な分割点を見つけるためには，以下のような手順を取ればよい（図 6.11）:

(1) $X1$ のすべての値に順付けを行う．
(2) まず $X1$ の最初の値から始めて，データセットを2つの部分群に分割する．そして2つの群データに対して次のような逸脱度 D（平方和）を計算する：

$$D = \sum_{i=1}^{n}(y_i - \bar{y}_{1,n})^2 + \sum_{i=n+1}^{N}(y_i - \bar{y}_{n+1,N})^2 \quad (6.28)$$

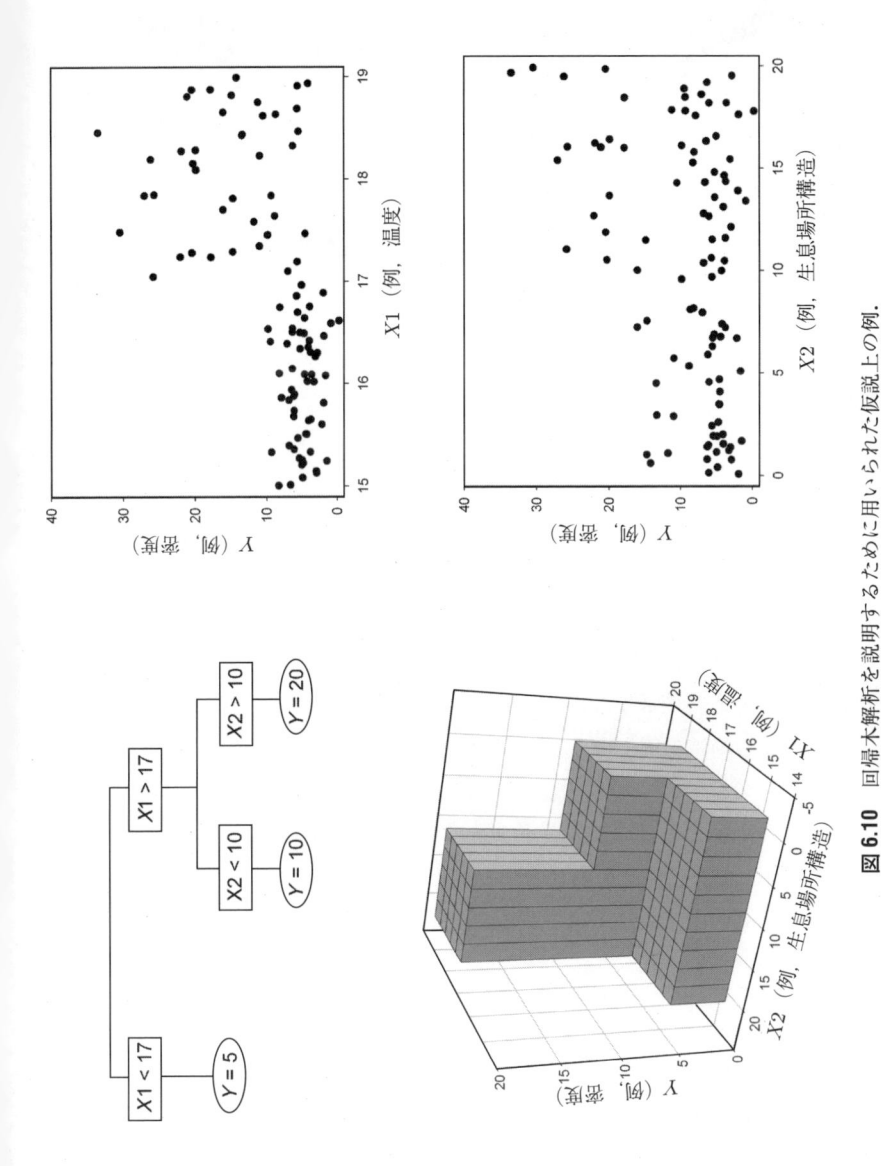

図 6.10 回帰木解析を説明するために用いられた仮説上の例。データを発生させるために使われた決定木モデルは2つの予測変数 $X1$, $X2$ を含んでいる。3次元の図は2つの予測変数に対する応答変数 (y) のプロット平面を表している。

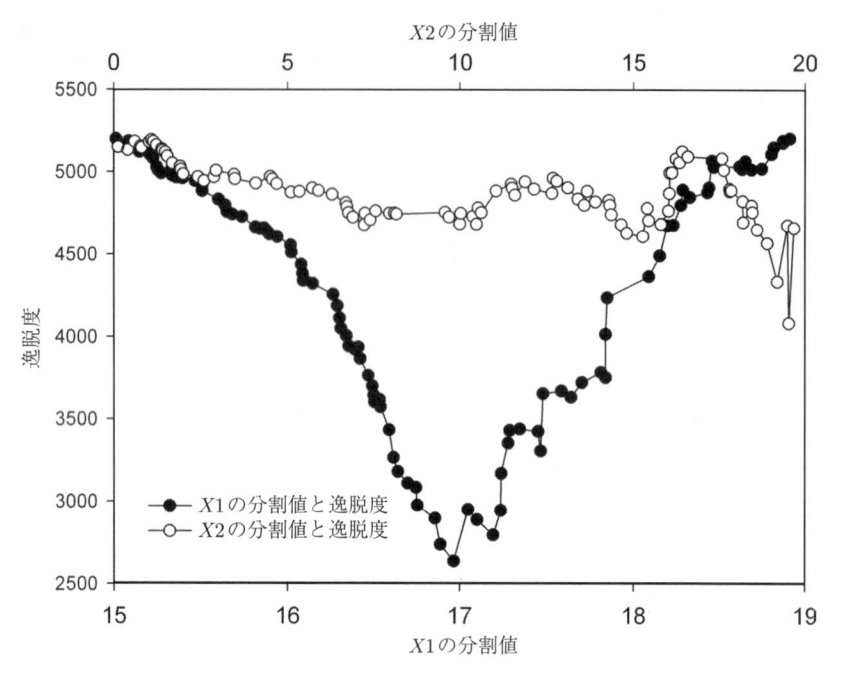

図 6.11 図 6.10 で説明されたデータの最初のノードで，分割点をどこにするかを決めるための逸脱度のプロット．

(3) このとき，n は2分したうちの最初の群の最後の行であり，y_i はその群の i 番目の行の応答変数値であり，$\bar{y}_{1,n}$ は y の平均値である（ニュージーランドの鳥類の絶滅の例では $\hat{\mu}_j$ であった）．N は観測値の総数であり，$\bar{y}_{n+1,N}$ は2つ目の群での y の平均値である．$X1$ に対する最適な分割点はこの逸脱度を最小にする（つまり最小2乗の）$X1$ の値である．

(4) $X2$ に対して同じ作業を繰り返す．

(5) 両方の作業の中で最小の逸脱度を与える予測変数を選ぶ．ここの例ではそれは $X1$ である．

分割の作業過程は，ノードあたり1つの観測値だけになるまで，あるいはデータがノードにおいて完全に均一化するまで続けられる．S-PLUS では，既定の規則として，分割作業はノードが均一になるかあるいは残りの観測値が5個よりも少なくなるまで続く．S-PLUS の対話ボックスかあるいは図 6.12 のキャプションに載せたプログラムコードを使うと，回帰木を作成できる．枝の長さは逸脱度の減少分に一致して表示される．ここの例では，13個の終着ノード（リーフ）が存

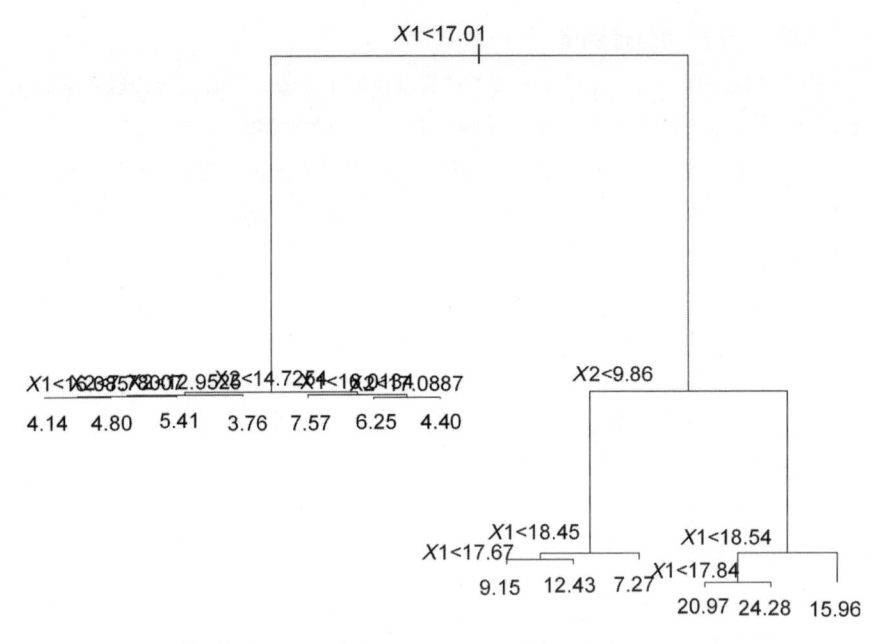

図 6.12 図 6.10 の仮説上のデータに適合させた回帰木.

上図は完全に適合させた樹木を表す（ノードがあまりにも込み合いすぎて，語句を別々に表示することができない）．S-PLUS で樹木と語句を発生させるプログラムコードは以下のとおりである（語句の出力の分は示されていない）：

```
Tree <- tree (Y~X1+X2, data=Data.df)    # Data in file called Data.df
Tree                                     # Print out results
summary (Tree)                           # Output summary of tree
plot (Tree): text (Tree)                 # Plot tree with value at splits
Summary output
Regression #tree:
tree (formula=Y~X1+X2, data=Data.df)
Number of termial nodes:  13
Residual mean deviance:   10.71=931.5/87
Distribution of residuals:
         Min.      1st Qu.   Median   Mean     3rd Qu.   Max.
         -11.6500  -1.7130   0.1132   0.0000   1.5780    9.4700
```

在するが，逸脱度の減少のほとんどは初期の3つの枝で起こっている（いくつかの枝は非常に近すぎるので，S-PLUS では語句の出力が重なってしまい，分岐点近くに分離して印刷できなくなってしまっている）．これはデータを発生させたときのモデルの樹形に一致した結果となっている（図 6.12）．

木の剪定：損失-複雑性測度

分割点の数が増えていくにつれて，逸脱度は低下する．しかしその低下率は次第に小さくなっていくはずである（図6.13）．ここの例では，3つの終着ノードの後，その低下はほとんどなくなっている．これは，ノードの追加をいつやめるべきか，あるいは木の剪定をいつやめるべきかを決定する客観的な方法を知りたいときには，好都合である．Breiman $et\ al.$ (1984) は，すべての候補剪定樹木の中でもっとも小さな逸脱度を与えるサイズの樹木になるように木を剪定する方法を開発した（予想するに，与えられたサイズで最適な樹木を求めることは不可能であるということもあり得る．たとえば，図6.12では，サイズの11個分をなくすことによって最適な樹木を得ることはできない．その場合，S-PLUS は次に大きな候補樹木を選ぶことになる）．剪定とは，基本的に次のような損失-複雑性測度を最小にする作業である：

$$D_k(T') = D(T') + k\text{Size}(T') \tag{6.29}$$

$D(T')$ は部分樹木 T' の逸脱度であり，k は損失-複雑性測度の母数であり，$\text{Size}(T')$ はその部分樹木の終着ノードの個数である．k の明示的な推定量は，赤池の情報量規準（Akaike's information criterion）への近似から $k = 2\hat{\sigma}^2$ と表される．このとき $\hat{\sigma}^2$ はリーフ内で推定された分散である．それは完全モデルにおいて残差平均逸脱度（residual mean deviance）と等しいと考えることができる．ここの例では，$\hat{\sigma}^2 = 10.71$ となり（図6.12のキャプションを参照せよ），それは $k = 21.42$ を与える．S-PLUS では，損失-複雑性測度の最小化を満たす樹木は図6.14のように出力される．終着ノードの個数は13個から8個に減っているけれども，データの発生に実際に使われたモデルより遥かに多い．これは損失-複雑性測度があまり厳密ではなく，過適合を許してしまう傾向があることを示している．

木の剪定：交差検定

ここで扱う技法は（S-Plusで実行できる）10分割交差検定である．データセットを無作為に10等分し，そのうちの1つを検査データセットとして保存する．残りの9つを一緒にし，それからモデルを推定する．推定された樹木を予測変数として利用し，逸脱度を計算することによって，検査を行うことになる．樹木サイズは様々であるが（S-PLUSでは変数 k で表される），逸脱度はそのそれぞれの値に対して計算される．検査のために使われた部分データセットは，次に，モデルを推定するためのデータセットに組み込まれ，モデル推定に使われた部分データ

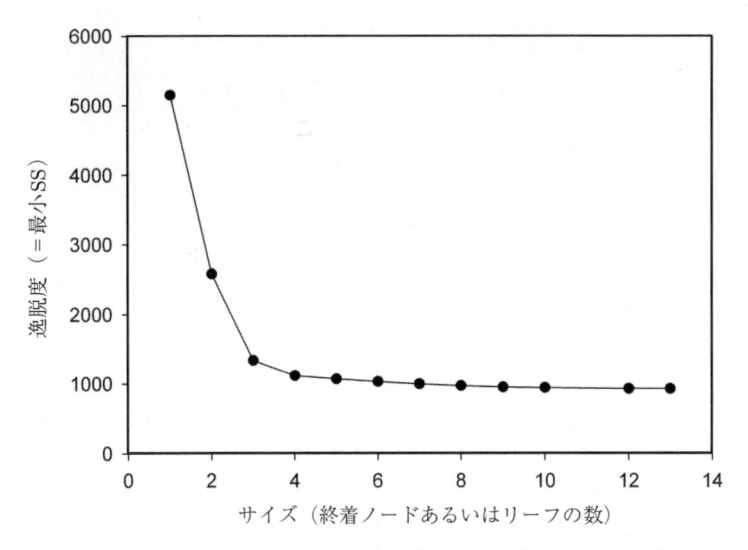

図 6.13 仮説上の例において，樹木のサイズ（＝終着ノードの数＝リーフの数）に対する逸脱度の変化．

S-PLUSでは，同様なグラフが下のプログラムコードによって出力される：

```
Tree <- tree (Y~X1+X2, data=Data.df)    # Generate tree
Tree.pruned <- prune.tree (Tree)        # prune tree
plot (Tree.pruned)    # Plot deviance as a function of tree size
Tree.pruned$size      # Output tree size
```

サイズ＝11のときの逸脱度はないことに注意しよう．木を剪定する方法にその理由がある（詳しくは本文を参照せよ）．

セットの1つは今度は検査のために利用される．この手順が繰り返され，10個の交差検定の結果が生み出され，それらが平均されることになる．その結果は樹木サイズに対する逸脱度のグラフとして図示することができる．さらなる検査としてこの全過程を何度も繰り返すと，樹木サイズに対する逸脱度の正確な推定曲線を求めることができる．原理的に，最良の樹木サイズでは，逸脱度は最小になるはずである．この例のデータに交差検定を10回行ったときの結果を図6.15に示している（そのプログラムコードは付録C.6.7にある）．7回の交差検定では，最良のモデルは3つの終着ノードを持つものであり，3回の交差検定では，最良モデルは4つの終着ノードを持つものであることが分かる．全体を統合して平均の終着ノード数を3とすると，その樹木は図6.16のように示される．この樹木は，データを発生させるのに使った樹木モデルとよく一致している．

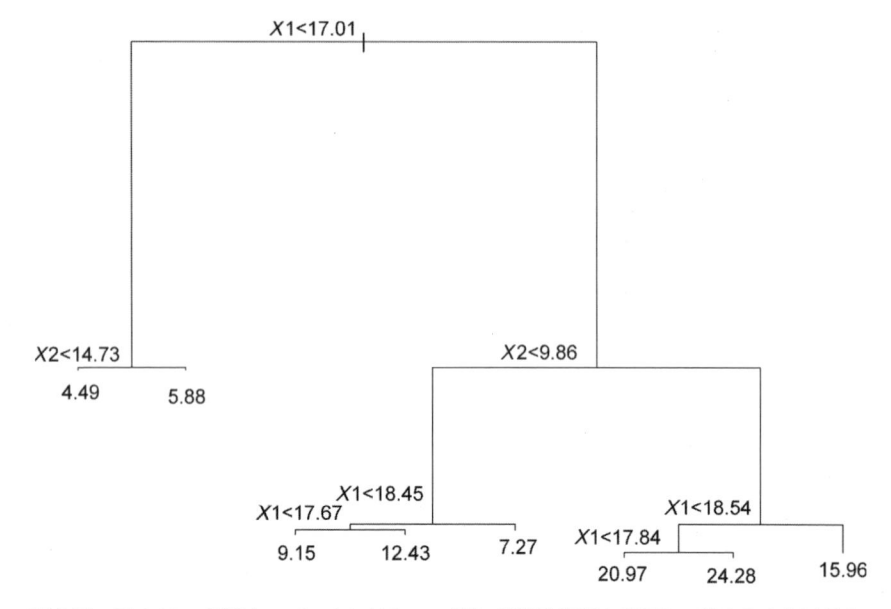

```
                              X1<17.01
               ┌─────────────────┴─────────────────┐
               │                                   │
               │                                X2<9.86
          X2<14.73                      ┌────────────┴────────────┐
          ┌────┴────┐                   │                         │
        4.49      5.88              X1<18.45                  X1<18.54
                              ┌────────┴────────┐         ┌────────┴────┐
                          X1<17.67              │      X1<17.84         │
                          ┌───┴───┐             │      ┌───┴───┐        │
                        9.15   12.43          7.27   20.97  24.28    15.96
```

図 6.14 図 6.10 の仮説上のデータに対して，損失-複雑性測度を利用して適合させた回帰木．S-PLUS で樹木と語句を出力させるプログラムコードは以下の通りである（語句の出力の分は示されていない）：

```
Tree <- tree (Y~X1+X2, data=Data.df)      # Data in file called Data.df
Prune.Tree <- prune.tree (Tree, k=21.42)  # Produce pruned tree
summary (Prune.Tree)                       # Output text results
plot (Prune.Tree): text (Prune.Tree)       # Plot tree
```

木の剪定と検定：無作為化手法

　これまでの方法では，ある特定の基準に従って，樹木の作成とその剪定を行った．しかし樹木は統計学的に有意であるのかどうかという疑問が残っている．上で述べた方法によって作成した樹木は，無作為化法を用いて検定することができる．帰無仮説は応答変数と予測変数の間に関係はないというものである．応答変数を無作為に並べ替え，樹木を適合させ，その樹木の逸脱度と観測データセットからの樹木の逸脱度を比較することによって，この仮定を検定できる．樹木への適合は，与えた樹木サイズを既定値として（ここの例では3である）実行するが，そのサイズへ剪定しようとして損失-複雑性測度を利用すると，実際に必要なサイズになってくれるかどうかは保証できない．そのときの無難な検定は，もし求めるサイズが実現できないならば，それより次に大きいサイズの樹木を使うことである（この作業は S-PLUS では標準装備されている）．ここのデータにこの検定

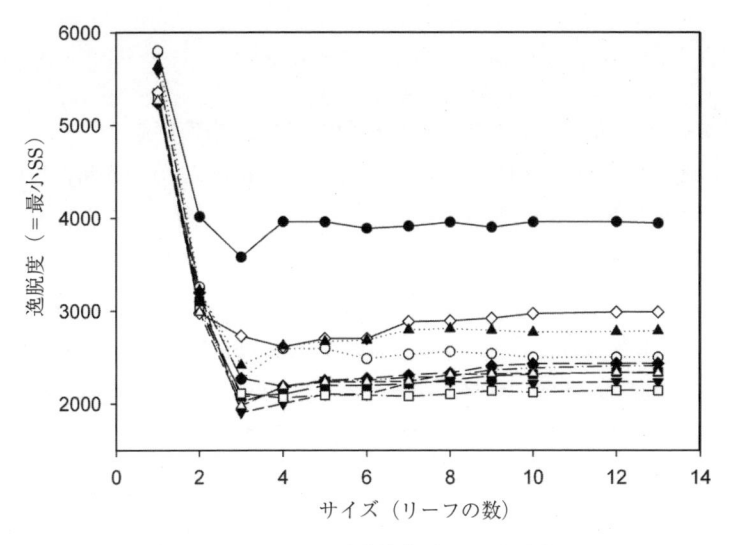

図 6.15 本文で議論した仮説上の例に用いた交差検定（データを発生させるプログラムコードは付録 C.6.7 に与えている）．

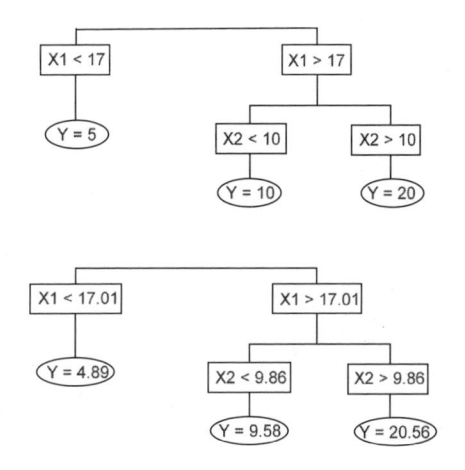

図 6.16 本文で解析に使ったデータを発生させるのに用いた樹木（上図）と，交差検定によって推定した樹木（下図）．

を適用すると（付録 C.6.8），無作為化データセットの樹木は，どれも観測データセットの通常の解析による樹木と同じくらいかあるいはそれよりも適合するということはないということが分かった（この検定では，無作為化データセットからの逸脱度が観測データの通常解析からの逸脱度と同じかあるいはそれよりも小さい場合の確率が使われることに留意しよう）．このときほとんどの適合樹木は終着ノードを 3 個持つものであったが，適合樹木の 1 つでそれを 10 個持つものも

あった.

それをすべて一緒にする：ニュージーランドの鳥相の絶滅

前章で概説した原理を説明するために，Roff and Roff (2003) が報告したニュージーランドの鳥相における絶滅の原因についてのデータ解析を紹介しよう.

マオリ族がニュージーランド島へ定住し始めてから，それに続く世紀に起こった鳥相における大量絶滅は，化石時代の人類の直接的あるいは間接的な活動を原因とした絶滅に関する，おそらく最も重要な記録の例であろう．数多く引用される例はモアの例であるが，ガン，カモ，クイナ，ウミツバメや燕雀目などの他の分類群も，マウリ族の定住からヨーロッパ人の接触までの期間に多く絶滅した．

北島では，マウリ族の定住以前に 109 種が生息していたが，そのうち 34 種 (31 %) が 1770 年までに（ヨーロッパ人の定住の時期）絶滅した．一方南島では，118 種のうち 37 種 (31 %) が 1770 年までに絶滅した．鳥の分類群の広い範囲で絶滅は起こった：モアの全 7 種，ウミツバメのほとんどの種，ペンギンの数種，水鳥，猛禽類，クイナ，燕雀目の数種である．このように離れた系統の鳥種の絶滅は，様々な原因が関与していることを伺わせる.

ニュージーランドの鳥類相の絶滅に対する主たる原因として多く引用されるものは，マウリ族による直接的な狩猟や生息場所の破壊と，ナンヨウネズミ (*Rattus exulans*) による捕食や生息場所の改変をとおした影響である．ただ，ナンヨウネズミがマウリ族とともにニュージーランドに侵入したという事実は認められているが，侵入の時期については未だに議論が続いている．一方，気候については，それが群集の局地的な再構成の原因になったという考え以外は，あまり重要ではないとして排除されてきた,

データの傾向を解析するときの基本的な問題は，データを探索した後，仮説を立ち上げ，それを検定することにある．例えば，絶滅した分類群と現存する分類群のリストを見て，飛べないタイプは飛べるタイプよりも絶滅の確率が高いという印象を持つかもしれない．しかし，そのような印象を持った後で，同じデータを使ってその仮説を検定することは，もちろん手持ちのデータはそれしかないのであるが，十分に妥当であると言えない．よって，必要なことは一連の候補となる形質がもつ傾向を客観的に見つけ出す方法である．そのときここでの問題は，絶滅確率に影響する要因が分類群間で極めて非線形な様式で異なるかもしれないということである．たとえば，小さな卵を産む鳥種は，大きな卵を産む鳥種よりもナンヨウネズミの捕食に対して高い危険性を持つかもしれない（ナンヨウネズミ

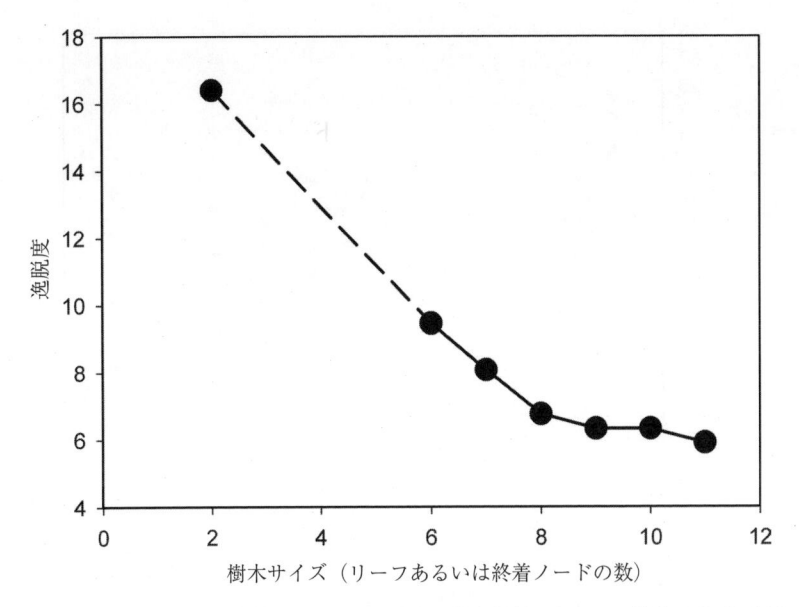

図 6.17 ニュージーランドの鳥類相の絶滅に関する回帰木解析において，樹木サイズに対する逸脱度のプロット．破線は樹木サイズ 3-5 の部分を示している．これより大きな樹木サイズで，適合する最適な樹木がありそうである．

の影響の1つであるが，それだけではないだろう）．一方，大きな鳥はナンヨウネズミから捕食される危険性は低いが，人間の狩猟の対象になるかもしれない．

回帰木解析はこのような問題を扱うのに適した理想的な方法である．Roff and Roff（2003）は，この方法を使って，ヨーロッパ人が訪れる以前のニュージーランドの鳥類相の絶滅確率と最も相関する要因を見つけた．ここでは，北島の絶滅傾向に焦点を当てることにしよう．一方，南島でも同じ傾向が認められた．各鳥種の応答変数は，0か1かで数値化される絶滅確率である．そして7つの候補となる予測変数を考えることにする：体重，卵長，飛翔能力（飛べるか，飛べないか），生息場所タイプ（3クラス），営巣場所タイプ（4クラス），営巣密度（2クラス），餌（3クラス）である．

完全に適合した樹木は11個の終着ノードを持つものであった．終着ノードの数に対してその樹木の逸脱度をプロットすると，逸脱度の目立った減少は終着ノードが8個になるときまでで，それ以上の分割では適合モデルの逸脱度にあまり変化は生じなかった（図6.17）．平均残差逸脱度は 0.06 で，それより k の値は 0.12 となった．この値を使って木を剪定したけれども，どの終着ノードも切り払われ

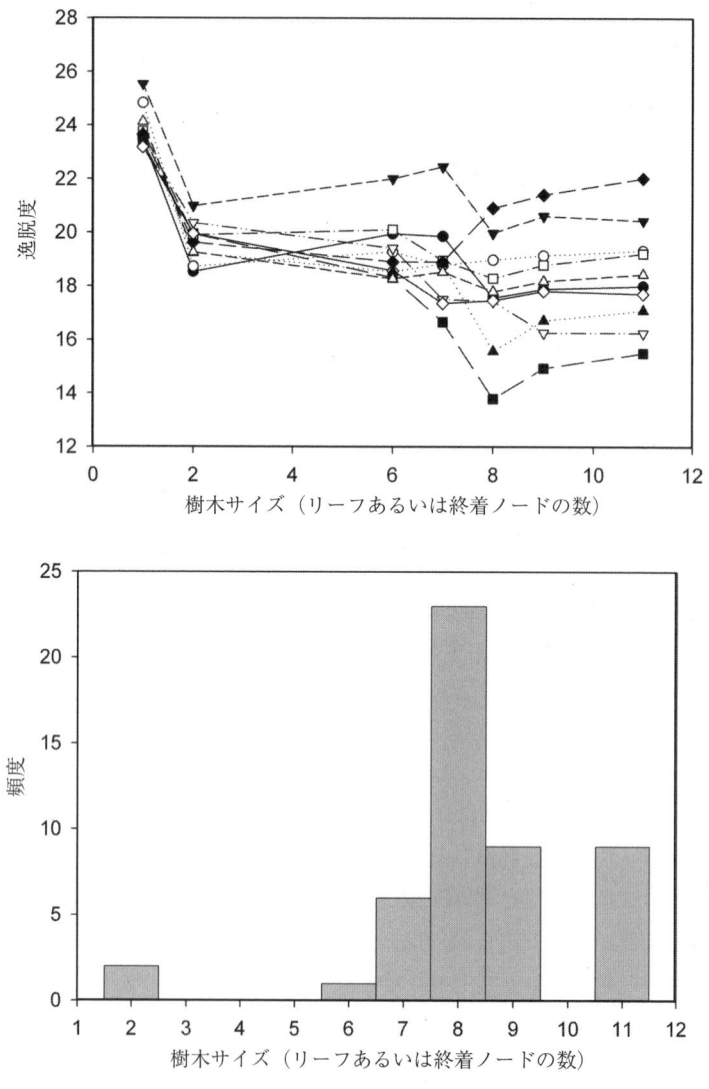

図 6.18 上図はニュージーランドの鳥類相のデータに対して交差検定を 10 回行った結果を示している．下図は交差検定を 50 回行ったときの最適樹木サイズの分布を示している．

ることはなかった．図 6.18 は交差検定の作業を 10 回繰り返した結果を示している．かなりばらついた結果であるが，最適な樹木サイズは 8 個の終着ノードであるように見える．この値が固定的であるかどうかを確かめるために，さらに 50 回の交差検定を行った．その結果，50 個の値の平均，中央値，最頻度のいずれで考えても，最適な樹木サイズは 8 であることが確認できた（図 6.18 の下図を参照せ

よ）．応答変数の 90 回の無作為化によると，8 個の終着ノードを持つ（あるいはもう 1 つ大きくても）樹木の中で，観測データセットで通常に解析をしたときの逸脱度よりも小さな逸脱度を持つ樹木は出て来なかった．よって，8 個の終着ノードを持つ適合樹木が帰無モデルとは有意に異なっていると結論できるであろう．

この最適合の樹木は 7 個の予測変数のうち 3 個を含むものであった．それらは体重，飛翔能力，営巣場所タイプ（a = 地中や倒木の穴：例えばミズナギドリやキーウィ，b = 地上であるが穴の中ではない：例えばアジサシや多くのアヒル，c = 樹上：例えば多くの燕雀目やサギ類，d = 穴ではあるが地上ではない：例えばオウム類．解析では営巣場所タイプ a が他のタイプとは分離された（図 6.19 を参照せよ））である．終着ノードやそれに近いノードでは体重に従って分割が生じており，その体重は 4 つの部分群にまとめることができた：リーフ 1-3，リーフ 4-5，リーフ 6-7，リーフ 8 である（図 6.19）．これらのデータセットの内部で，絶滅確率と体重の間の関係をロジスティック回帰などの連続関数を用いて調べることができる．

ノード 1，2，3 をまとめた群で，最も重い体重のときに絶滅確率が低下する傾向が存在するかどうかを検証するために，2 次の項を含めたモデルによる検討を行った (Roff and Roff 2003)．対数尤度を使ってそのモデルの適合を検定すると（2 章），2 次の項は有意ではなかったので（$\chi_1^2 = 1.06, P = 0.30$），モデルから削除した．体重を含むモデルは高い有意性を示し，それは他の 3 つのすべての群においても同様であった（ノード 1，2，3 で $\chi_1^2 = 7.32, P = 0.007$；ノード 4，5 で $\chi_1^2 = 10.67, P = 0.001$；ノード 6，7 で $\chi_1^2 = 9.68, P = 0.002$）．回帰木解析に従うと，絶滅確率は 2 つの群で体重とともに低下し，1 つの群で増加した（図 6.20）．終着ノードにロジスティック回帰の結果を配置した最終的な回帰木が，図 6.20 に図付きで示されている．

まとめ

(1) 重回帰法で繰り返し起こる問題は，最も適合するモデルを見つけるときの問題である．例えば異なる逐次回帰法はよく異なる回帰モデルに到達させてしまう．そのような競合するモデルを区別するために，交差検定を用いることができる．

North Island

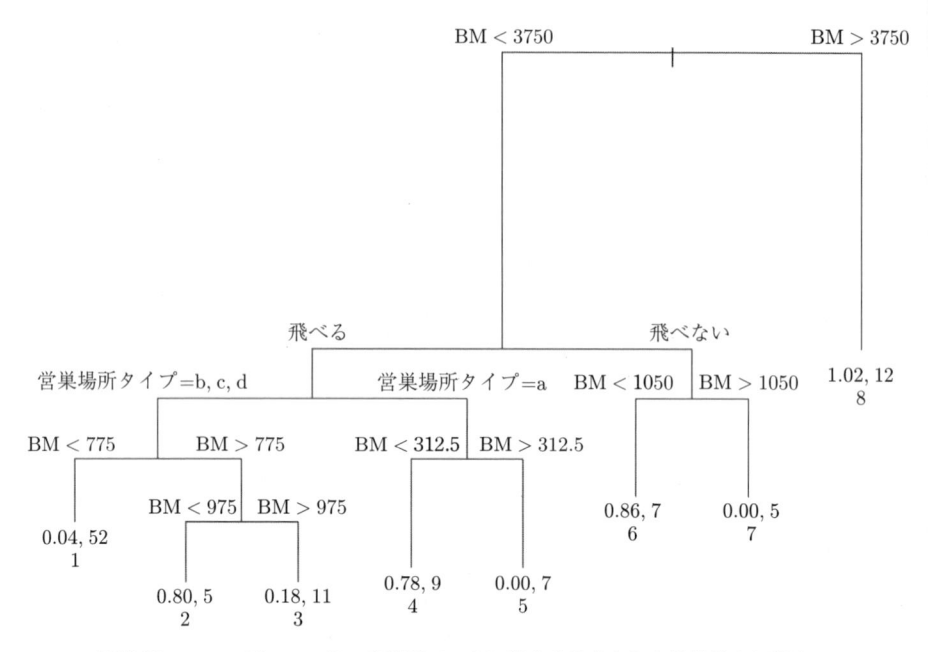

```
                            ┌─────────┴─────────┐
                      BM < 3750             BM > 3750
                        ┌───┴───┐          ┌────┴────┐
                      飛べる              飛べない      1.02, 12
                                                          8
            ┌──────────┴──────────┐    ┌──────┴──────┐
      営巣場所タイプ=b, c, d   営巣場所タイプ=a  BM < 1050   BM > 1050
        ┌─────┴─────┐         ┌────┴────┐    │          │
    BM < 775    BM > 775   BM < 312.5 BM > 312.5 0.86, 7   0.00, 5
      │          ┌──┴──┐      │         │       6         7
   0.04, 52  BM < 975 BM > 975 0.78, 9  0.00, 7
      1         │        │       4         5
             0.80, 5  0.18, 11
                2        3
```

図 6.19 ニュージーランドの鳥類相データに対する剪定された最終的な回帰木. 各終着ノード（リーフ）では，絶滅確率と標本サイズが示されている．議論のために，終着ノードには 1 から 8 までのラベルが付けられた．BM= 体重（g）.

(2) 交差検定では，データの一部が分離，保存され，残りが回帰モデルの推定に使われる．その回帰モデル式は保存された部分データセットの応答変数値を予測するために使われる．そして，保存されていた部分データセットが「新しい」データセットとして見なされ，その応答変数の予測値と観測値の相関を取ることによって，回帰モデルの適合性を判定する．

(3) 交差検定には 3 つの種類が存在する．2 分割法，k 分割交差検定，1 個抜き交差検定である．十分な標本サイズが与えられているならば，k 分割交差検定が好ましい方法である．

(4) 事前に関数の情報がなく，また現象から明らかな関数形式が分かっていないならば，その関数形を loess，超平滑化，立方スプラインなどの局所平滑化関数を用いて推定することができる．

(5) 適合モデルの差は，F 検定や交差検定を用いて近似的に査定することがで

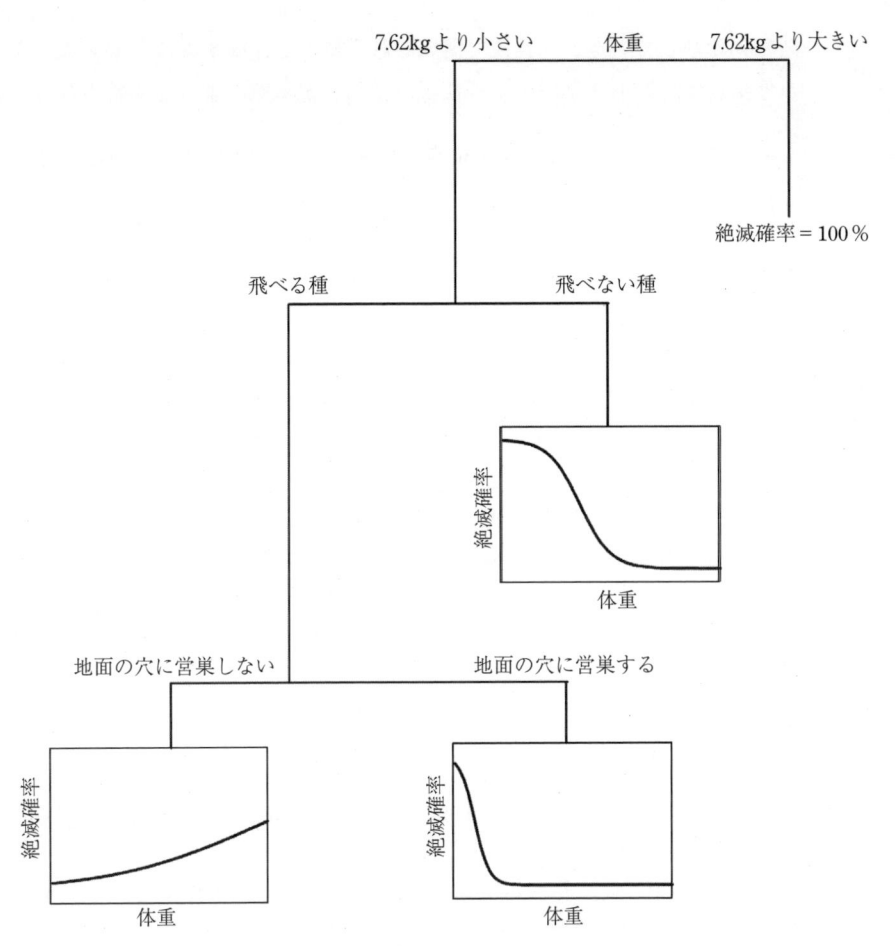

```
                    体重
  7.62kgより小さい    |    7.62kgより大きい
         ┌───────────┴───────────┐
         │                       │
         │                  絶滅確率 = 100％
     ┌───┴───┐
   飛べる種  飛べない種
                      [図: 体重 vs 絶滅確率 曲線]
   ┌────┴────┐
地面の穴に    地面の穴に
営巣しない    営巣する
[図: 体重 vs      [図: 体重 vs
 絶滅確率]        絶滅確率]
```

図 6.20 ニュージーランドの鳥類相データにおける回帰木解析の図付きのまとめ（Roff and Roff 2003 から再掲）．

きる．

(6) 一般化加法モデルは，標準的な線形回帰モデルを拡張して，回帰式の項を平滑化関数に置き換えたものである．

(7) 一般化加法モデルは，平滑化関数のときと同じように F 検定や交差検定を用いて比較することができる．

(8) 樹木モデルは，多くの予測変数があってその交互作用が複雑であるとき，とりわけ有効である．この方法の一般的な目標は，各ノードに存在するデー

タを 2 分割していき，二股枝で構成される樹木を作成することである．その分割点は，最小 2 乗法のような統計学的判定基準によって決定される．

(9) 木の剪定は，初期段階で，交差検定と組み合わせた損失-複雑性測度を使って行われる．

(10) 推定された回帰木が，偶然で期待されるよりも多くの変動を説明するかどうかを決定するために，無作為化検定を利用することができる．

さらに読んでほしい文献

Breiman, L., Friedman, J. H., Olshen, R. A. and Stone, C. G. (1984). *Classification and Regression Trees*. Belmont, California: Wadsworth International Group.

Chambers, J. M. and Hastie, T. J. (1992). *Statistical Models in S*. New York: Chapman and Hall/CRC

De'ath, G. and Fabricius, K. E. (2000). Classification and regression trees: A powerful yet simple technique for ecological data analysis. *Ecology*, **81**, 3178-92.

Hastie, T. J. and Tibshirani, R. J. (1990). *Generalized Additive Models*. London: Chapman and Hall.

LeBlanc, M. and Crowley, J. (1992). Relative risk trees for censored survival data. *Biometrics*, **48**, 411-25.

Marshall, R. J. (2001). The use of classification and regression trees in clinical epidemiology. *Journal of Clinical Epidemiology*, **54**, 603-9.

Schluter, D. (1988). Estimating the form of natural selection on a quantitative trait. *Evolution*, **42**, 849-61.

Schluter, D. and Nychka, D. (1994). Exploring fitness surfaces. *American Naturalist*, **143**, 597-616.

Venables, W. N. and Ripley, B. D. (2002). *Modern Applied Statistics with S*. New York: Springer.

練習問題

(6.1)　下のデータに対する2つの回帰モデル $y = \theta_0 + \theta_1 x$ と $y = \theta_0 + \theta_1 x + \theta_2 x^2$ を F 検定によって比較せよ．

#	1	2	3	4	5	6	7	8	9	10
x	0.33	0.85	0.63	1.29	0.17	0.17	0.41	1.96	0.88	0.54
y	1.27	0.19	1.32	1.09	-0.06	-0.93	-0.10	2.48	1.53	-0.26
#	11	12	13	14	15	16	17	18	19	20
x	1.94	1.58	0.04	1.82	1.81	1.12	0.75	1.60	0.77	1.64
y	3.94	1.56	-0.18	1.72	4.15	1.03	0.62	1.75	0.11	2.30

(6.2)　練習問題 6.1 のデータに対する2つの回帰モデル $y = \theta_0 + \theta_1 x$ と $y = \theta_0 + \theta_1 x^2$ を1個抜き交差検定法を用いて比較せよ．

(6.3)　以下のプログラムコードによって発生させたデータに対する回帰モデル $y = \theta_0 + \theta_1 x + \theta_2 x^2$ を 10 分割交差検定法を用いて検討せよ．

```
set.seed (1)
n         <- 100
x         <- runif (n, 0, 2)
error     <- rnorm (n, 0, 1)
y         <- x^2+error
```
(ヒント：付録 C.6.1 を手本にせよ)

(6.4)　サケ科2種間の遺伝子浸透の研究において，標本が採集された川とその周辺の森林についての環境特性を含めて以下のようなデータがとられた．変数増加法と変数減少法は異なるモデルを与えている．どちらのモデルが良い予測を果たすだろうか？相対的に観測値の数が少ないので，データの 20 % を検査データセットとして使い，交差検定を 100 回行え（ヒント：付録 C.6.1 を手本にせよ）．「良い」方のモデルにおいて過適合を示すような証拠はあるだろうか（ヒント：1つのモデルの r^2 を計算するように，付録 C.6.1 にあるプログラムコードを変更せよ）？

INTR. INDEX	S. LENGTH	FOREST	S. COND	S. ABLE	S. TEMP
0.54	25.3	70.7	0.8	0.30	17.0
0.41	25.3	70.7	0.8	0.30	18.1
0.37	8.0	90.4	0.2	1.00	13.6
0.26	55.6	79.5	1.2	0.27	11.2
0.48	27.4	84.8	0.9	0.57	17.5
0.03	81.8	26.5	1.0	1.00	14.6
0.03	228.5	62.5	1.0	1.00	10.8
0.05	45.0	20.2	0.3	0.41	10.6
0.06	97.2	46.7	1.5	0.51	17.8
0.34	311.2	51.3	1.3	0.14	12.6
0.23	28.8	81.0	2.7	1.00	12.6
0.06	36.0	45.9	1.4	0.59	12.2
0.31	80.5	29.0	1.7	1.00	17.3
0.03	343.2	50.0	2.2	1.00	10.8
0.30	113.2	87.8	2.8	0.27	11.9
0.30	33.1	83.5	0.8	1.00	13.7
0.35	102.0	65.2	1.0	0.18	19.1
0.00	618.6	70.2	1.4	1.00	12.6
0.25	16.9	38.5	2.0	1.00	14,4
0.16	101.2	77.3	1.7	1.00	15.3
0.08	151.4	24.1	1.9	1.00	10.2
0.04	58.0	64.5	1.1	1.00	17.2
0.13	24.8	19.7	4.3	1.00	16.8
0.02	86.8	54.8	1.2	1.00	13.9
0.04	32.2	46.0	1.2	1.00	11.0
0.09	581.1	35.4	0.8	0.24	12.6
0.05	262.6	18.4	1.7	1.00	13.3
0.02	618.6	70.2	1.4	0.39	13.8
0.03	80.2	55.1	2.1	1.00	16.7
0.11	122.7	48.7	1.0	0.67	11.4
0.04	41.6	71.7	0.7	1.00	14.3

INTR. INDEX= 遺伝子浸透の指数，S. LENGTH= 川の長さ，FOREST= 森林の質に関する指数，S. COND= 川の伝導率，S. ABLE= 川の質の指数，S. TEMP= 川の水温．

(6.5) スパン = 0.2，次数 = 1 の場合と，スパン = 1，次数 = 1 の場合の 2 つの loess 関数（モデル 1，モデル 2）を練習問題 6.1 のデータに適合させよ．前者の関数モデルの方がデータに対して有意に良い適合を与えるだろうか？（また，付録 C.6.2 に与えられたプログラムコードを利用して，そのデータと残差をプロットしてみよ）

(6.6) 練習問題 6.1 のデータ点の数は少なすぎて 10 分割交差検定を行うことはできないが，3 分割交差検定ぐらいは十分にできそうである．付録 C.6.3 のプログラムコードを用いて前問のモデル 2 について 3 分割交差検定を行え．

(6.7) 練習問題 6.5 で使ったプログラムコードを修正して，データの 3 分の 1 を検査データセットとして無作為に取り出し，モデル 2 について交差検定を 100 回行え．訓練データセットに対する適合からの決定係数 R^2 と，予測データと観測データの間の r^2 を比較せよ．

(6.8) 以下の一般化加法モデルを使って，下の表にあるデータを解析せよ．(訳者注：これだけでは，ほとんど説明足らずであるが，下の条件の 3 つのモデルを，S-PLUS で Model <- gam (Y ~ lo (X), data=DATA)；anova (Model.1, Model.2, test="F") 等のコマンドを使って比較し，$X1$ の重要性を判定する問題である．)

(1) すべての予測変数を関数として含む．
(2) $X1$ を線形関数として含む．
(3) $X1$ を含まない．

#	$X1$	$X2$	$X3$	Y	#	$X1$	$X2$	$X3$	Y
1	1	9	2	90	16	5	0	3	44
2	4	9	9	813	17	3	0	2	11
3	3	8	0	86	18	7	9	0	111
4	6	2	0	11	19	3	2	3	35
5	0	5	1	29	20	8	6	5	167
6	0	4	0	7	21	5	2	7	368
7	2	7	2	81	22	8	4	1	20
8	9	0	9	761	23	4	6	4	117
9	4	0	0	9	24	3	5	3	51
10	2	3	8	536	25	1	0	9	732
11	9	6	1	44	26	2	5	6	260
12	7	4	3	77	27	5	3	6	226
13	0	2	3	40	38	8	3	3	64
14	9	1	7	350	29	8	3	1	24
15	9	5	9	773	30	9	4	3	67

(6.9) 下に示された樹木の図は，ある鳥類の絶滅確率に影響を与える要因を表している．

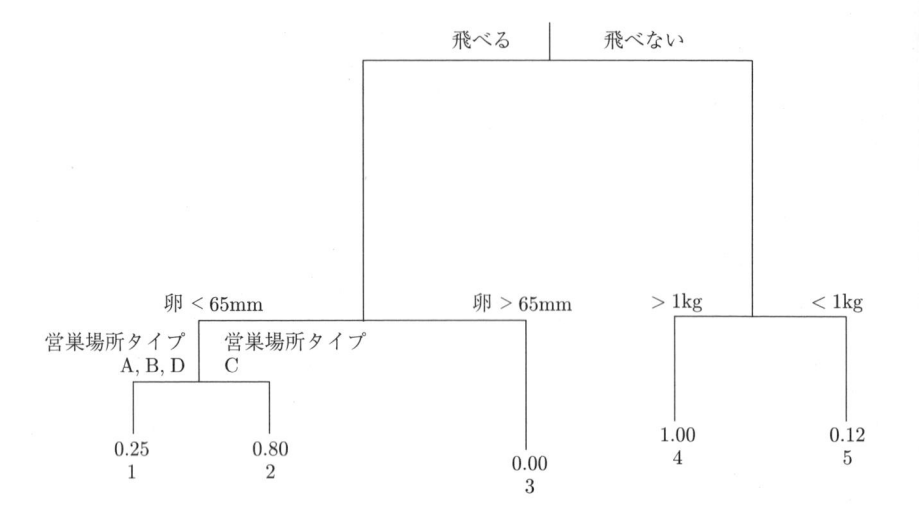

```
                              飛べる        飛べない
                    ┌────────────┴────────────┐
                    │                         │
          ┌─────────┴─────────┐    ┌──────────┴──────────┐
       卵<65mm              卵>65mm          >1kg              <1kg
    ┌─────┴─────┐
営巣場所タイプ   営巣場所タイプ
   A, B, D         C
     │               │                │               │              │
   0.25            0.80             0.00            1.00           0.12
     1               2                3               4              5
```

1000種からなる仮説上のデータセットが，上の樹木を使って作られた．そこでは各2値カテゴリー（飛翔能力＝WING，営巣タイプ＝NEST）においては50％の確率で分離が起こるように設定された．また2値の生息場所カテゴリーは絶滅確率とは無関係であるように作られた．体重と卵サイズは無作為な一様分布から採集された．その適切なプログラムコードは以下の通りである：

```
set.seed(1)
N <- 1000 # Number of species
# Create a vector with 50％ 0s and 50％ 1s
M <- N/2
Dummy <- c(rep(0,M), rep(1,M))
# Create vectors for the three binary variables with a randomized
# Dummy
Wing <- sample(Dummy) # 0 = flightless, 1 = volant
Nest <- sample(Dummy) # 0 nest type A, B, D, 1 = C
Habitat <- sample(Dummy) # Not connected to survival
# Create vectors of egg size and body size from random uniform
# distribution
Egg <- runif(N,0,130) # 0 < 65, 1 > 65 egg size
Body <- runif(N,0,2) # 0 < 1 kg, 1 > 1 kg
# Create expected response vector
p <- matrix(0,N,1)
# Cycle through conditions
for (i in 1:N)
```

```
{
  if (Wing [i] == 0 & Body [i] < 1) P [i] <- 0.12
  if (Wing [i] == 0 & Body [i] >= 1) P [i] <- 1
  if (Wing [i] == 1 & Egg [i] > 65) P [i] <- 0
  if (Wing [i] == 1 & Egg [i] <= 65 & Nest [i] == 0) P [i] <- 0.25
  if (Wing [i] == 1 & Egg [i] <= 65 & Nest [i] == 1) P [i] <- 0.80
}
# Now test to see if species is extinct or extant
# Generate uniform random numbers 0-1 to see if species survives
  Prand <- runif(N,0,1)
  for (i in 1:N) (if (Prand [i] < P [i]) P [i] <- 1 else P [i] <- 0)
# Combine variables into a single dataframe
  Q7.Data <- data.frame (Wing, Egg, Body, Nest, Habitat, P)
```

回帰木解析を用いて,「最良の」樹木を決定せよ.応答変数は数値変数として扱え(要因カテゴリー変数として扱っても同じ答えが得られるが,確率を数値変数として扱う利点は,リーフにおける絶滅確率を出すことができる点である).その最良の推定樹木とデータを作成するのに用いた元の樹木モデルを比較せよ.両者は異なっているだろうか?評価は慎重に行ってほしい.上で与えた元の樹木は,その最初の分岐が出力にあるようなものだったとしたならば,どのように見えていたかを考えてみよう.

ヒント:下の手順に従え.
ステップ1:樹木を推定し,候補樹木サイズに対してその逸脱度をプロットせよ.
ステップ2:樹木に対して交差検定を行い,最適な樹木サイズを求めよ(付録 C.6.6).
ステップ3:8個のリーフを持つ樹木に対して無作為化検定を行え(付録 C.6.7).

6章で使われた記号のリスト

記号は下付きにされることもある．

δ	Parameter that plays the same role as degrees of freedom in approximate F-statistic.	デルタ
ε	Error term	誤差項
θ	Parameter	母数
μ	Mean	平均
σ	Standard deviation	標準偏差
σ^2	Variance	分散
$\phi()$	Function	関数
AIC	Akaike's information criterion	赤池の情報量規準
D	Deviance	逸脱度
E	Entropy or infomation index	エントロピー，情報量指数
ENP	Equivalent number of parameters	等価パラメータ数
G	Gini coefficient	ジニ係数
L	Likelihood	尤度
$LL_{\max}$	Maximum log-likelihood	最大対数尤度
N	Sample size	標本サイズ
$PRSS$	Penalized residual sums of squares	罰則付き残差平方和
RSS	Residual sums of squares	残差平方和
$X1, X2$	Variables	変数
$f()$	Function	関数
k	(1) Number of parameters, (2) Number of division in cross-validation	(1) 母数の数 (2) 交差検定の分岐の数
P	Probability	確率
r, n	Number in two groups at tree node	樹木ノードでの群内データ数
$s(x)$	Smoother function	平滑化関数
x, y	Observations	観測値

第7章
ベイズ法

はじめに

　これまで調べてきた方法は，**頻度主義学派**（frequentist school）と呼ばれる統計学派に属する方法である．頻度主義者は，尤度関数を用いて，前提となる統計量の値に対してある特定の観測データセットを得る確率を計算する．つまり，一連の観測値 x を持つとき，頻度主義的方法はある統計量 θ があることを前提に，それに関わる観測データとして観測値 x を扱い，その発生確率を計算するのである．その確率を記号で表すと $P(x|\theta)$ と書ける．これは「θ が起こったことを前提にして x が起こる確率」である．

　ベイズ法（Bayesian approach）は頻度主義統計学とは異なり，確率についての命題が逆になる．つまり「x を前提として θ が発生する確率はいくらか」を問うものになる．その確率は記号で表すと $P(\theta|x)$ である．ベイズ法を適用するためには，統計量 θ に関する**事前確率分布**（prior probability distribution）が必要となる．そして現在持っているデータを使ってこの事前確率分布を修正し，その結果，**事後確率分布**（posterior probability distribution）を作成することになる．事前確率がない場合の取り扱いに，頻度主義統計学者とベイズ統計学者の間の対立があるが，多くの場合，この対立は実際にはあまり重要ではないことが，これから分かってくるだろう．

　両統計学とも一連のデータが持つ傾向を理解する上で有用である．とくにベイズ法は意思決定の際に提供された情報が果たす優れた役割を理解させてくれる．例えば，医者は「ある患者が，ある病気にかかった患者の 99％が示す一連の症状を持つとき，その患者が実際にその病気に罹っている確率はいくらか？」を問

うかもしれない．この単純に思える質問に対して，その症状を持つ人が病気にかかっている確率は極めて低いという驚くべき答えが返ってくる可能性がある．この例は，もっと一般的な文脈で後ほど議論することにしよう．その文脈とは，ある観測可能な形質を基に生物種を正しく配置するやり方に関する問題である．ベイズ法で困難なことは，事前確率の設定と，事後確率の計算の作業である．この章では，ベイズ法を説明するために幾つかの簡単な例を紹介する．そして，この方法のさらなる有効性とその実行に関する問題点を説明するために，いくつかのもっと複雑で「現実的な」例を紹介しよう．

ベイズの定理の導出

ベイズ法の考え方を理解するために，**条件付き確率**（conditional probability）を知ることから始めよう．これまで，$P(A) = p$，つまり事象 A の確率が p であるという場合だけを考えてきた．ここで，条件付き確率，$P(A|B) = p$ を考えてみる．これを言葉で表すと，「事象 B が観察されたことを前提にして，事象 A が観察される確率は p である」である．極めて明らかなことであるが，これは前者の $P(A) = p$ とは異なる命題であり，p の値も異なるものになるだろう．この状況をベン図（Venn diagram）を用いて表すことができる．そこでは A と B は全体集合（universal set）の中の交わった円盤を表す（図 7.1）．ここで，事象 B が観察されたことを前提にすると，円盤 B は起こり得た出来事の全体のセットを表す．そして事象 A の確率は，A とラベルされた円盤（セット）内に含まれる B の面積の比率となる．それを単純な幾何学で表すと次のようになる：

$$P(A|B) = \frac{P(A \cap B)}{P(B)} \tag{7.1}$$

このとき，$A \cap B$ は A と B の交わり部分を表す簡単な記述方法である．式 (7.1) から A かつ B であるときの確率が次のように与えられる：

$$P(A \cap B) = P(A|B)P(B) \tag{7.2}$$

この式は次と等しい：

$$P(A \cap B) = P(B|A)P(A) \tag{7.3}$$

そこで，式 (7.1) を次のように書き換えることができる：

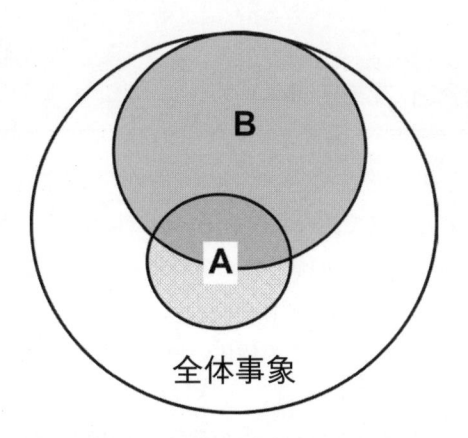

図 7.1 事象 B と関連した事象 A の発生に対して図を使った表現.
外側を囲む全体の円は可能なすべての事象を表す（簡単に，全体事象と呼ぶ）．事象 B の発生の比率は灰色の円の内部で示される．事象 A は細かい格子線の円の内部である．A と B の重なりは，$A \cap B$ で定義され，事象 A と B の結合部分を表す．

$$P(A|B) = \frac{P(B|A)P(A)}{P(B)} \tag{7.4}$$

分母はそれ自身を条件付き確率のセットとして書き直すことができるので：

$$P(B) = P(B|A)P(A) + P(B|A^c)P(A^c) \tag{7.5}$$

ここで，A^c は「非 A」を表す簡単な記述方法である．この式を式 (7.4) に代入すると，ベイズの定理 (Bayes' Theorem) が得られる：

$$P(A|B) = \frac{P(B|A)P(A)}{P(B|A)P(A) + P(B|A^c)P(A^c)} \tag{7.6}$$

$P(A)$ は事前確率を表し，$P(A|B)$ は事後確率を表す．つまり，事象 B が観察された後，その観察を前提にして事象 A が起こる確率を更新する．上の式は 3 つ以上の事象の場合に拡張でき，またこの本で採用されているような一般的な書き方で，次のように表すこともできる：

$$L(\theta|x) = \frac{L(x|\theta)P(\theta)}{\int L(x|\theta)P(\theta)\mathrm{d}\theta} \tag{7.7}$$

このとき，θ は注目する統計量であり，x は一連の観測値であり，$L(\theta)$ は尤度関数である（原理的に尤度を使う必要はないので，おそらくこれは**損失関数** (loss function) と呼んだ方が良いかもしれない．これは一般的な呼び方である）．そして $P(\theta)$ は θ に対する事前確率である．

2つの簡単なベイズモデル

簡単な分類問題

　ここでは,「はじめ」の節で紹介した病気の例ではなく,「生態学」の例を考えてみる.種 A の一部の割合 p_A の個体がある特徴 B を持っているとしよう.A でない種の集団では,特徴 B を持つ個体の割合は p_{A^c} であるとする.目前に特徴 B を持つ個体が 1 匹いたとすると,その個体が種 A に属する個体である確率,つまり $P(A|B)$ はいくらであろうか?

　ある個体が A である確率 $P(A)$ は,その動物相の中での種 A の個体の比率になる.そのとき,ある個体が A でない確率 $P(A^c)$ は $1 - P(A)$ である.ある個体が A 種であることは分かっているとき,その個体が特徴 B を持つ確率 $P(B|A)$ は p_A である.一方,A 種でないことが分かっているとき,その個体が特徴 B を持つ確率 $P(B|A^c)$ は p_{A^c} である.これらの情報から,式 (7.6) を書き換えると次のようになる:

$$P(A|B) = \frac{p_A P(A)}{p_A P(A) + p_{A^c}[1 - P(A)]} \tag{7.8}$$

上の式は,種 A の個体の 99 %が特徴 B を持っていたとしても,B を持っている個体の中から無作為に選ばれた個体が,実際に種 A である確率は非常に小さい場合もあり得ることを教えているのである.これが理解できると,特別に印象深く感じるかもしれない(図 7.2).なぜなら,特徴 B を持つことが分かっている個体が種 A である確率は,全体集団の中での種 A の個体の割合と特徴 B を持つ非 A 種の個体の割合を考量しなければならないからである.例えば,種 A の個体は全動物相の中で 1 %しかなく,他種の個体もその 50 %が特徴 B を持っている場合は,特徴 B を持っている個体の中から無作為に選んだ個体が種 A である確率はわずか 0.02 に過ぎない(図 7.2).

正規分布の平均を推定する

　まず,分散(つまり σ^2)が既に分かっていることを前提にして,平均 θ を推定する問題を考えよう.正規分布から 1 個の変数値 x を観測する尤度は次で与えられることを,2 章から思い出して欲しい:

$$L(x|\theta) = \frac{1}{\sqrt{2\pi}\sigma} \mathrm{e}^{-\frac{1}{2}\left(\frac{x-\theta}{\sigma}\right)^2} = \varphi(x-\theta, \sigma) \tag{7.9}$$

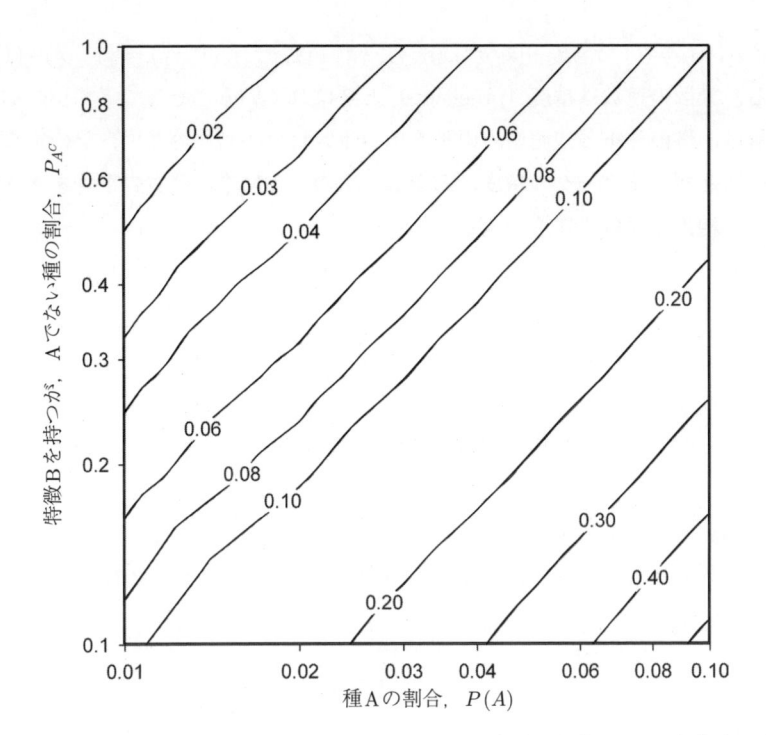

図 7.2 種 A の個体の 99 %が特徴 B を示すとき，特徴 B を持つ個体の中から無作為に選んだ個体が種 A である確率を表す等位線の図．

横軸と縦軸の変数をそれぞれ x，y とすると，求める確率の式は次のようになる：

$$P(A|B) = \frac{0.99x}{0.99x + y(1-x)}$$

ここでは，事前確率分布も平均 μ_0 と分散 σ_0^2 を持つ正規分布であると仮定しよう．事前確率分布のこれら母数が固定されないものであった場合，それらの母数は**超母数**（hyperparameter）として知られている[*1]．ベイズの定理を使うと，観測値 x があることを前提に，θ に対する尤度を次のように表すことができる：

$$L(\theta|x) = \frac{\varphi(x-\theta,\sigma)\varphi(\theta-\mu_0,\sigma_0)}{\int \varphi(x-\theta,\sigma)\varphi(\theta-\mu_0,\sigma_0)\mathrm{d}\theta} \quad (7.10)$$

この分子は 2 つの指数式の積で表され，代数処理の後，次の式を満たす[*2]：

$$L(\theta|x) \propto \varphi(\theta-\mu_1,\sigma_1) \quad (7.11)$$

---

*1 （訳者注）これらの母数の超事前分布の母数を超母数というときもあり，一般の用語使用に混乱がみられるが，ここでは著者のとおりにした．

*2 （訳者注）ここの μ_1，σ_1 はそれぞれ事後分布の平均と標準偏差である

このとき, $\mu_1 = ((1/\sigma_0^2)\mu_0+(1/\sigma^2)x)/((1/\sigma_0^2)+(1/\sigma^2))$, $(1/\sigma_1^2) = (1/\sigma_0^2)+(1/\sigma^2)$ である. 分散の逆数は精度（precision）と呼ばれている. そして平均値のベイズ推定値は，事前分布と観測値の両平均値の重み付け平均に等しい. その重みとは事前分布と観測値データの精度にあたる. 次のように事後分布の平均を書き下してみると，結果を面白く理解できる：

$$\mu_1 = x - (x - \mu_0)\frac{\sigma^2}{\sigma^2 + \sigma_0^2}$$
$$\mu_1 = \mu_0 - (x - \mu_0)\frac{\sigma_0^2}{\sigma^2 + \sigma_0^2}$$
(7.12)

1つのデータ点はそれ自身が θ の推定値である. よって上の式は, θ のデータからの推定値が事前分布の平均の方へ「収束」したり（前掲の下の式），あるいは観測値の方へ調整されたりする（前掲の上の式）ことを示している[*3].

上の結果を複数の観測値に対しても適用するには, $\bar{x}$ を単一の観測値として見なせばよい：

$$L(\theta|x_1, x_2, \ldots, X_n) = L(\theta|\bar{x}) \propto \varphi(\theta - \mu_n, \sigma_n)$$
(7.13)

ここで, $\mu_n = ((1/\sigma_0^2)\mu_0+(n/\sigma^2)\bar{x})/((1/\sigma_0^2)+(n/\sigma^2))$, $(1/\sigma_n^2) = (1/\sigma_0^2)+(n/\sigma^2)$ である.

上の公式を適用するには，事前分布の母数に対して値を与える必要がある. これは次の節で詳しく議論することになるが，それは事前分布を決定する際に「主観性」が入り込む問題として，多くの研究者を悩ませているということは，ここで認識しておく価値があるだろう.

事前分布の決定

無情報事前分布

事前分布に対して設定されることがある簡単な仮定は，すべての値は同等に起こり得るというものである. このような事前分布は**無情報的な**（noninformative），**不確かな**（vague），**重要でない**（indifferent）と言われる事前分布である. 正規分布では，分散が無限大になる場合を意味する. 一方，このような分布は**変則な事**

[*3] （訳者注）事前分布の信頼性が高ければ $\sigma_0^2 \to 0$ で $\mu_1 \to \mu_0$ となり，低ければ $\sigma_0^2 \to \infty$ で $\mu_1 \to x$ となることを言いたいだけであろう．

前分布 (improper prior) と言われるものにあたるが (積分すると発散してしまうという意味で),それは範囲を設定することによって正当化され,**正則な事後分布** (proper posterior) を与えることができる.そしてそのときの結果は最尤法と一致する.一様な無情報事前分布の仮定には,多くの非ベイズ統計学者が困惑してきた.とくに,それは答えに影響しないはずの1対1の変換が,事前分布の効果を変化させ得るからである (この問題に対して比較的易しく議論した数学の解説は,Press (1989) の pp. 48-52 にある).これを出発点に,変換しても不変となる無情報事前分布を探索する研究が始まった.たとえば,θ が2値変数である場合を考えよう.当然ながら,母数の範囲を0-1としたときの,無情報的で一様な事前分布は $P(\theta) = 1$ である (この章では,これ以降,関数 $P(*)$ を事前分布ということにする).これ以外で提出された3つの事前分布は,$P(\theta) = \theta^{-1}(1-\theta)^{-1}$,$P(\theta) \propto [\theta(1-\theta)]^{-\frac{1}{2}}$,$P(\theta) \propto \theta^{\theta}(1-\theta)^{(1-\theta)}$ である (Berger 1985, p. 89).これらはすべて無情報事前分布として妥当な事前分布である.もしどの事前分布を使うかで違いが生じるならば,それはモデルの方に何か間違いがあるといえる.なぜならそのような場合,事前分布が明らかに無情報的ではないといことを示すからである.

1個の観測値を基に,正規分布の平均を推定するために無情報事前分布を用いるときには,つまるところ単なる簡単な最尤推定になってしまう:

$$L(\theta|x) = \varphi(x - \theta, \sigma) \tag{7.14}$$

$\sigma = 0.5$ とした場合の事後分布を図7.3に示している.

自然共役事前分布

いくつかの確率分布の中には,少なくとも事後分布の形がその事前分布から推察できるような「自然な」事前分布をとることができるものがある.事前分布が,事後分布と同じ形式の分布族に属している場合,その事前分布を**共役事前分布** (conjugative prior) と呼ぶ.このような事前分布は,ベイズの公式を解くときに数学的な簡便さのため頻繁に利用される.たとえば,興味を持っている事象が2項分布に従うならば,その尤度関数は,

$$L(\theta) = {}_nC_x \theta^x (1-\theta)^{n-x} \tag{7.15}$$

となる.ただし n は観測値の数で,x は2値のうちの「成功」の数である.これに対する尤度はベータ分布 (beta distribution) を使って書くことができる:

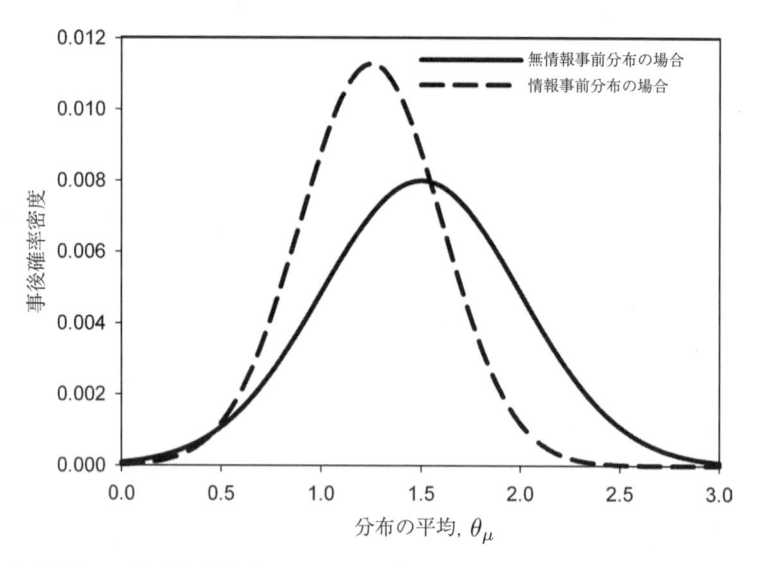

図 7.3 1 個の観測値を基にした正規分布の平均を推定したときの事後分布.

事前分布として，無情報事前分布（noninformative prior）を用いる場合と，既知の分散を持つ情報事前分布（informative prior）を用いる場合が示されている．S-PLUS におけるプログラムコードは以下のとおりである：

```
x                    <- 1.5                         # Value of x
sd                   <- 0.5                         # σ
Posterior1           <- dnorm (x, Theta, sd)        # Unscaled posterior
Posterior1           <- Posterior1/sum (Posterior1) # Scaled posterior
Plot (Theta, Posterior1)                            # Plot
mu0                  <- 1                           # μ0
mu1                  <- (mu0+x)/2                   # μ0
sd1                  <- 0.5/sqrt (2)                # σ1
Posterior2           <- dnorm (Theta, mu1, sd1)     # Unscaled posterior
Posterior2           <- Posterior2/sum (Posterior2) # Scaled posterior
plot (Theta, Posterior2)
```

$$L(\theta) = \frac{\theta^x(1-\theta)^{n-x}}{\int \theta^x(1-\theta)^{n-x}d\theta} = \frac{\theta^x(1-\theta)^{n-x}}{B(x+1, n-x+1)} \tag{7.16}$$

ここでの，$B(x,n)$ がベータ分布である．ベイズの定理から次が得られる：

$$L(\theta|x) = \frac{{}_nC_x\theta^x(1-\theta)^{n-x}P(\theta)}{\int {}_nC_x\theta^x(1-\theta)^{n-x}P(\theta)d\theta} \tag{7.17}$$

このとき，$P(\theta)$ が事前確率分布である．n_0 回の試行のうち x_0 回の「成功」を観察した実験の事前データがあることから，次の尤度を事前分布としてとることが

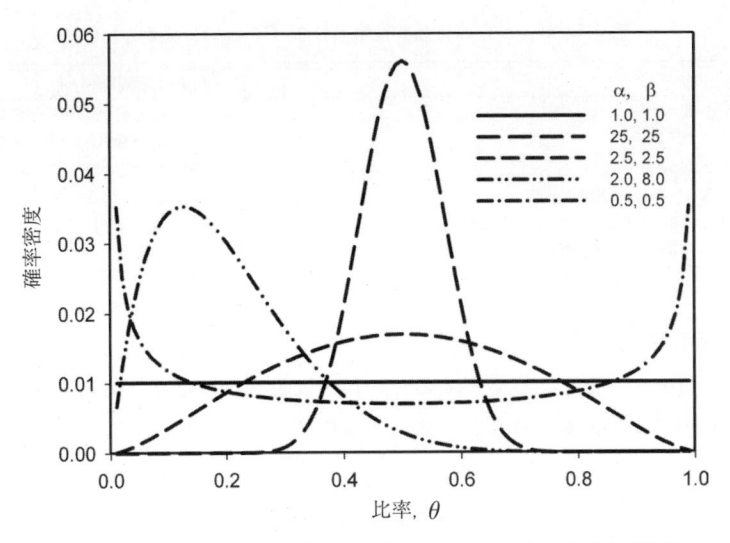

図 7.4 α と β に様々な値を代入したときのベータ分布の確率密度関数.

S-PLUS では，下のプログラムコードを使って曲線を描かせることができる：

```
x          <- seq (0.01, 0.99, .01)    # Generate proportions
alpha      <- 24                        # Set alpha
beta       <- 25                        # Set beta
y          <- dbeta (x, alpha, beta)    # Generate densities
plot (x, y)                             # Plot data
```

できる：
$$P(\theta) = L(\theta) = \frac{\theta^{x_0}(1-\theta)^{n_0-x_0}}{B(x_0+1, n_0-x_0+1)} \tag{7.18}$$

x_0 の n_0 の事前の値はどうせ知り得ないので，2つの任意の母数 α, β を使うことにする．これらは正の実数値をとる．よって，この式は次のように書き換えられる：

$$P(\theta) = L(\theta) = \frac{\theta^{\alpha-1}(1-\theta)^{\beta-1}}{B(\alpha,\beta)}, \alpha > 0, \beta > 0 \tag{7.19}$$

この分布の有益な特徴は，ベル型の分布から一様分布を経由してU字型の分布まで広い範囲の分布形になれる柔軟性を持つことである（図7.4）．さらに，観測データの尤度と同じ母数を持つので，その事後分布は簡単に解析的に求めることができる：

$$\begin{aligned} L(\theta|x) &\propto \theta^{x}(1-\theta)^{n-x}\theta^{\alpha-1}(1-\theta)^{\beta-1} \\ L(\theta|x) &\propto \theta^{x+\alpha-1}(1-\theta)^{n-x+\beta-1} \end{aligned} \tag{7.20}$$

表7.1 は自然共役事前分布の例を示している．

表 7.1 いくつかの自然共役事前分布（Press 1989 から）．

標本分布	自然共役事前分布
2 項分布	「成功」確率がベータ分布
負の 2 項分布	「成功」確率がベータ分布
ポアソン分布	平均がガンマ分布
平均 λ^{-1} を持つ指数分布	λ がガンマ分布
既知の分散と未知の平均を持つ正規分布	平均が正規分布
未知の分散と未知の平均を持つ正規分布	分散が逆ガンマ分布

単純な情報事前分布

事前分布をもっと正確に定義するために，仮説を設けたり，情報を利用したりすることができるかもしれない．そして事後確率関数の母数の数を減らすことができるかもしれない．たとえば，正規分布の平均の推定において，$\sigma = \sigma_0$，つまりデータの分散が事前分布の分散と等しいと仮定できるかもしれない．このときには，事後分布の平均と分散は，

$$\mu_1 = \frac{\left(\frac{1}{\sigma_0^2}\right)\mu_0 + \left(\frac{1}{\sigma^2}\right)x}{\left(\frac{1}{\sigma_0^2}\right) + \left(\frac{1}{\sigma^2}\right)} = \frac{\mu_0 + x}{2}$$

$$\frac{1}{\sigma_1^2} = \frac{1}{\sigma_0^2} + \frac{1}{\sigma^2} = \frac{2}{\sigma^2}$$

(7.21)

となる．事後分布は依然と正規分布であるが，その平均と分散は事前分布とは異なるものになる：

$$L(\theta_\mu|x) = \varphi(\theta - \mu_1, \sigma_1)$$

(7.22)

このモデルを適用するには，μ_0 の値が必要である．これを説明するために，$\mu_0 = 1$ として解析すると，新しい情報事前分布は事後確率分布の平均値をずらし，分散を減少させた（図 7.3）．

階層ベイズ法

前述の解析では，事前分布の μ_0 と σ_0 は既知であると仮定した．しかし，一般的に事前分布の母数が既知であることはあまりなく，そのような問題を解決するために，2 つの方法が提出されている．1 つ目は最も簡単なものであるが，データからそれらの母数を推定する方法である．その場合の推定量は**経験ベイズ推定量**（Empirical Bayes' estimator）として知られている．2 つ目は事後確率と同じ様式で，つまりベイズの定理を経て，事前確率を導こうとするものである．その場合の推定量は**階層ベイズ推定量**（Hierarchical Bayes' estimator）と呼ばれてい

る．事前分布の母数を推定するための事前確率は超事前分布（hyperprior）と呼ばれている．その方法の概略は比較的単純であるが，その実行についてはかなり複雑で，大変な数値計算を伴うものである．

正規分布の平均を推定する場合，事前分布の2つの未知の超母数 μ_0, σ_0 の推定値が必要である．簡単にするために，これら2つの母数は独立であるとしよう．独立であれば，結合した確率密度関数はそれぞれの関数の積で表すことができる：$p(\mu_0, \sigma_0) = p_1(\mu_0)p_2(\sigma_0)$．これによって，それ自身が条件付き確率分布である事前分布を作ることができる．すると θ の事前分布は，

$$P(\theta) = \int L(\theta|\mu_0, \sigma_0)p_1(\mu_0)p_2(\sigma_0)\mathrm{d}\mu_0\mathrm{d}\sigma_0 \qquad (7.23)$$

となる[*4]．ここで，$L(\theta|\mu_0, \sigma_0) = L(\theta) = \varphi(\theta_\mu - \mu, \sigma_0)$ である．このとき上の式から結合した尤度（事前分布）は，μ_0 と σ_0 の確率分布を積分することによって得られることが分かる．すると事後分布は次のように書き表すことができる[*5]：

$$L(\theta|x) = \int L(\theta|x, \mu_0, \sigma_0)p_1(\mu_0|x)p_2(\sigma|x)\mathrm{d}\mu_0\mathrm{d}\sigma_0 \qquad (7.24)$$

条件付き確率関数 p_1 と p_2 を得るためには，再びベイズの定理を使わなければならない：

$$p_i(\nu|x) = \frac{L(x|\nu)p_i(\nu)}{\int L(x|\nu)p_i(\nu)\mathrm{d}\nu} \qquad (7.25)$$

ただし，ν は μ_0 あるいは σ_0 である．後は μ_0 と σ_0 の分布関数とその尤度関数を決める問題が残っているだけである，後者の尤度関数は，実際には既に正規分布として定義されている．よって，

$$L(x|\mu_0, \sigma_0) = \varphi(x - \mu_0, \sigma_0) \qquad (7.26)$$

である．確率分布 p_1 と p_2 に対して適切なものが選択されると，解析的な解に到達するかもしれないが，多くの場合，数値計算的方法に頼らなければならない．その方法を説明するために，その事前分布に対しては表7.2にあるように，2つの未知の母数（μ_0 と σ_0）のそれぞれに4つの値を当てはめ，それらに対する確率を設定してみよう．σ_0 の値については，ある値（$\sigma = 0.50$）の確実性が極めて高いが，μ_0 の推定値については，各値への確実性はそれほど高くないようにしている．

[*4] （訳者注）基本的に，式 (7.5) と同じやり方である．
[*5] （訳者注）以下のように，上と同じやり方である：$P(B|A) = P(B \cap A)/P(A) = \{P(B \cap A \cap C) + P(B \cap A \cap C^c)\}/P(A) = \{P(B|A, C)P(A \cap C) + P(B|A, C^c)P(A \cap C^c)\}/P(A) = \{P(B|A, C)P(C|A)P(A) + P(B|A, C^c)P(C^c|A)P(A)\}/P(A) = P(B|A, C)P(C|A) + P(B|A, C^c)P(C^c|A)$

表 7.2 μ_0 と σ_0 の各値に対する確率値と，$x = 1.5$ の観測値を前提にそれら確率値の 16 通りの組み合わせに対する尤度

σ_0	$\mu_0 =$ $P_1(\mu_0) =$ $P_2(\sigma_0)$	0.0 0.1	0.5 0.2 $L(\mu_0, \sigma_0\|x = 1.5)$	1.0 0.5	3.0 0.2
0.25	0.01	10^{-10}	4.1×10^{-6}	0.0042	2×10^{-10}
0.30	0.05	9.5×10^{-8}	2.0×10^{-4}	0.0319	1.9×10^{-7}
0.50	0.90	0.0031	0.0747	0.8371	0.0061
0.75	0.04	0.0011	0.0067	0.0327	0.0022

2つの母数は互いに独立であるので，全部で 16 通りの組み合わせが存在する．それぞれの組み合わせに対して，x の値も考慮して，以下の確率が式 (7.25) によって計算される：

$$L(\mu_0, \sigma_0|x) = \frac{\varphi(x - \mu_0, \sigma_0)p_1(\mu_0)p_2(\sigma_0)}{\sum \varphi(x - \mu_0, \sigma_0)p_1(\mu_0)p_2(\sigma_0)} \quad (7.27)$$

このとき $\sum$ は 16 通りの組み合わせをとおして実行される．その計算結果は，組み合わせ $\mu_0 = 1.0$ と $\sigma_0 = 0.50$ の場合が圧倒的に一番起こりやすいものとなった．θ の事後分布を得るために．θ の値を選び，μ_0, σ_0, x の与えられた値から尤度を計算し，それらの 16 組の組み合わせのすべてをとおしてその和をとる必要がある：

$$L(\theta|x) = \sum L(\theta|\mu_0, \sigma_0, x)L(\mu_0, \sigma_0|x) \quad (7.28)$$

その事前確率は，式 (7.23) から，同様に，全組み合わせをとおした和をとっていくことによって得られる（付録 C.7.1）．

ベイズ解析のさらなる例

異なる事前分布の効果：2つの平均の違い

標本サイズ n_i，平均 $\bar{x}_i$ $(i = 1, 2)$ の 2 つの標本があるとしよう．調査の対象は，2 つの母平均 θ_1, θ_2 の間の差であり，そのため $\theta = \theta_1 - \theta_2$ の分布に興味を持っているとする．すると，それぞれの標本の母集団に対する尤度関数は，i ($=1$, 2) を使って次のように書き表される（2 章）：

$$L(x_i|\theta_i) = \varphi(x_i - \theta_i, \sigma_i) \quad (7.29)$$

事前分布は正規分布が仮定され，共通の平均 μ_0 と分散 σ_0^2 を持つという以外には情報がない中で，各母集団の平均に対する尤度（事前確率）は次のように設定される：

$$L(\theta_i) = \varphi(\theta_i - \mu_0, \sigma_0) \tag{7.30}$$

よって，2つの平均の差に対する事前分布は，

$$P(\theta) = \varphi(0 - \theta, \sigma_0\sqrt{2}) = \varphi(\theta, \sigma_0\sqrt{2}) \tag{7.31}$$

とすればよい[*6]．θ に条件付けられた $X = \bar{x}_1 - \bar{x}_2$ の尤度関数は次のようになる．

$$L(X|\theta) = \varphi(X - \theta, \sigma) \tag{7.32}$$

ただし，$\sigma^2 = \frac{\sigma_1^2}{n_1} + \frac{\sigma_2^2}{n_2}$ である[*7]．求めたいのは，$X = \bar{x}_1 - \bar{x}_2$ に条件付けられた θ の尤度[*8]である：

$$\begin{aligned} L(\theta|X) &= \frac{\varphi(X - \theta, \sigma)\varphi(\theta, \sigma_0\sqrt{2})}{\int \varphi(X - \theta, \sigma)\varphi(\theta, \sigma_0\sqrt{2})\mathrm{d}\theta} \\ &= \varphi(Y - \theta, V) \end{aligned} \tag{7.33}$$

このとき，$Y = \dfrac{2\sigma_0^2 X}{2\sigma_0^2 + \sigma^2}$ であり，$V^2 = \dfrac{2\sigma_0^2 \sigma^2}{2\sigma_0^2 + \sigma^2}$ である．

問題は事前分布の決定である．無情報事前分布を使うと，事後分布は $\varphi(X - \theta, \sigma)$ となるはずである．つまり，

$$L(\theta|X) = \varphi(X - \theta, \sigma) \tag{7.34}$$

このとき研究者は，θ_i の差が θ のとるある特定の値に等しいかあるいはそれ以上にならないかぎり，その差の確率に大きな興味を抱くことはないかもしれない．その差の確率は簡単な累積正規分布で表すことができる．たとえば，2つの標本の差の観測値が1.5単位分あり，また標本が十分大きく，2つの分散を上の公式に代入して σ を計算できるとすると（ここでは $\sigma = 0.5$ としよう），差が ある特定の θ 値と少なくとも同じくらいの大きさとなる確率は $\int \varphi(\frac{1.5-\theta}{0.5})\mathrm{d}\theta$ で計算できる

[*6] （訳者注）平均 μ_0 と分散 σ_0^2 をもつ2つの正規分布の差の正規分布 $N(\mu_0 - \mu_0, \sigma_0^2 + \sigma_0^2)$ をとったもの．

[*7] （訳者注）互いに独立な変数 $\bar{x}_1$ と $\bar{x}_2$ が従う2つの正規モデル $N(\mu_1, \sigma_1^2/n_1)$, $N(\mu_2, \sigma_2^2/n_2)$ の差の合成の正規モデルは $N(\mu_1 - \mu_2, \sigma_1^2/n_1 + \sigma_2^2/n_2)$ となる．

[*8] （訳者注）これは尤度というよりも事後分布である．

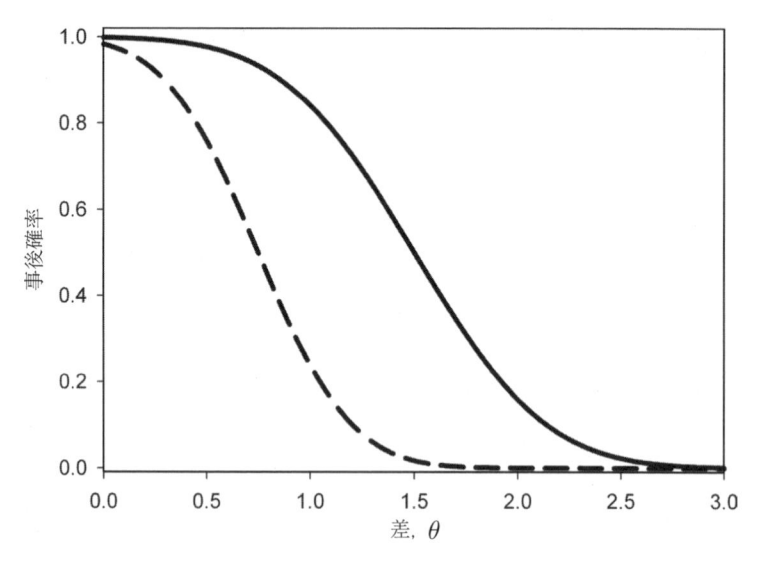

図 7.5 単純な無情報事前分布（—）あるいは単純な情報事前分布（− − −）を使ったときの，正規分布に従う 2 つの変数の差の事後確率分布．

単純な無情報事前分布に対するデータは以下のような S-PLUS のプログラムコードを用いて発生させた：

```
Theta            <- seq (0,3,0.01)           # Vector of theta values
cum              <- pnorm (1.5-Theta,0,0.5)  # Cumulative probability
plot (Theta, cum)                            # Plot data
```

（図 7.5）[*9]．その研究者自身は，生物学的に重要な性質についての知識から，そのような差が「高い」確率であるかどうかを決定することになる．例えば，2 単位分の差が生物学的に重要であると仮定して，θ が少なくとも 2 ぐらい（2 以上）の大きさになるときの確率を見てみると，それはおおよそ 0.16 である．その値を「重要でない」と考えるのは適切ではないと多くの研究者が認めるであろう．

無情報事前分布を用いるよりも，式（7.31）と式（7.32）の 2 つの分散が等しい（両方とも 2 つの平均の差の分散である），つまり $\sigma^2 = 2\sigma_0^2$ であると仮定することによって，単純な情報事前分布を使うことができる．これを式（7.33）の平均と分散に代入すると，

$$Y = \frac{2\sigma_0^2 X}{2\sigma_0^2 + \sigma^2} = \frac{2\sigma^2 X}{2\sigma^2 + \sigma^2} = 0.5X$$
$$V^2 = \frac{2\sigma_0^2 \sigma^2}{2\sigma_0^2 + \sigma^2} = \frac{2\sigma^2 \sigma^2}{2\sigma^2 + \sigma^2} = 0.5\sigma^2$$
(7.35)

[*9] （訳者注）正規分布 $\varphi(\frac{1.5-\theta}{0.5})$ において，ある特定の θ 値以上の範囲で積分 $\int \varphi(\frac{1.5-\theta}{0.5}) \mathrm{d}\theta$ を行うことになる．

となる．このとき，「既知であるべき」σ^2 だけが残っている（前と同じように，$\sigma = 0.5$ として計算してみよう），すると，事後分布は次のようになる：

$$L(\theta|X) = \varphi\left(\frac{0.5X - \theta}{\sigma\sqrt{0.5}}\right) \tag{7.36}$$

これより，少なくとも2ぐらいの差になる確率は0.0002となり，それはほとんど起こらない事象であることが分かる（図7.5）．よって，2つの母数の仮定についての簡単な変更は，2つの母集団の間の差の確率の査定において大きな変化を生み出している．この結果は，ある事前確率分布を設定するとき，それに対して十分に注意深い評価が重要であることを強調するものである．

ここの例では，これまで2つの正規分布の平均と分散がそれぞれ同じである（θ_1 と θ_2 は共通の正規分布に従う）事前分布を仮定してきた．これは適切な帰無仮説であるかもしれないけれども，何も情報がない状況の中で作られるもっと一般的な仮説は，各平均が異なる正規母集団から来ているというものであろう．すると事前分布は2つの正規分布の合成したものになり，それは平均 μ と分散 ν^2 を持つ正規分布であるが，その母数値に関しては不確かなものになる．この複雑さを推定作業に組み込むためには，階層ベイズ法を用いなければならない．2つの母数が独立であると仮定すると，結合した確率密度関数は2つの関数の積で書き表すことができる：$p(\mu,\nu) = p_1(\mu)p_2(\nu)$．すると θ_1 と θ_2 の事前分布は，

$$P(\theta_1, \theta_2) = \int L(\theta_1, \theta_2|\mu, \nu)p_1(\mu)p_2(\nu)\mathrm{d}\mu\mathrm{d}\nu \tag{7.37}$$

となる．このとき，$L(\theta_1, \theta_2|\mu, \nu) = L(\theta_1|\mu, \nu)L(\theta_2|\mu, \nu)$ である．これは μ と ν に対して式（7.30）で与えた尤度の積である．上の式から，結合した尤度（事前分布）は μ と ν の確率分布全体を積分することによって得られることが分かる．すると事後分布は，

$$L(\theta_1, \theta_2|x_1, x_2) = \int L(\theta_1, \theta_2|x_1, x_2, \mu, \nu)p_1(\mu|x_1, x_2)p_2(\nu|x_1, x_2)\mathrm{d}\mu\mathrm{d}\nu \tag{7.38}$$

となる．知りたいのはこの分布の累積確率であるので，上の式を θ で積分すると次のように書き表せる：

$$\int g(\theta|X)p_1(\mu|x_1, x_2)p_2(\nu|x_1, x_2)\mathrm{d}\mu\mathrm{d}\nu \tag{7.39}$$

ただし，$g(\theta|X) = \int L(\theta|X)\mathrm{d}\theta$ である．累積確率の推移は，$p_1(\mu|x_1, x_2)$ には依存しないので，$p_2(\nu|x_1, x_2)$ の関数となる．後者を求めるために，再びベイズの定

理を用いると，
$$p_2(\nu|x_1,x_2) = \frac{L(x_1,x_2|\nu)p_2(\nu)}{\int L(x_1,x_2|\nu)p_2(\nu)\mathrm{d}\nu} \tag{7.40}$$
となる．そして，2つの条件付き確率を用いて次が成り立つ[*10]：

$$\begin{aligned}L(x_1,x_2|\nu) &= \int L(x_1,x_2|\mu,\nu)p_1(\mu)\mathrm{d}\mu \\ L(x_1,x_2|\mu,\nu) &= \int L(\bar{x}_1,\bar{x}_2|\theta_1,\theta_2)L(\theta_1,\theta_2|\mu,\nu)\mathrm{d}\theta_1\mathrm{d}\theta_2 \\ &= \prod_{i=1}^{2}\varphi\left(\frac{\bar{x}_i-\mu}{\sqrt{(\nu^2+\sigma_i^2)/n_i}}\right)\end{aligned} \tag{7.41}$$

これを式（7.40）に代入すると次が得られる：

$$p_2(\nu|x_1,x_2) = \frac{\prod_{i=1}^{2}\varphi\left(\frac{\bar{x}_i-\mu}{\sqrt{(\nu^2+\sigma_i^2)/n_i}}\right)p_2(\nu)}{\int \prod_{i=1}^{2}\varphi\left(\frac{\bar{x}_i-\mu}{\sqrt{(\nu^2+\sigma_i^2)/n_i}}\right)p_2(\nu)\mathrm{d}\nu} \tag{7.42}$$

さらに $p_2(\nu)$ の関数形と σ_1 と σ_2 の値を設定する必要がある．これらが行われると，事後確率分布を計算によって求めることができる．この例から得られる重要な教訓は，事前分布の設定は，ごく単純な場合であっても，極めて複雑のものになる可能性があり，あえて採用する分布と母数値に関しては仮定が必要であるということである．これは，ベイズ法を悪く言っているのではなく，とりわけ事前分布の設定に関する仮定は，常に明確に言明されなければならないということを単に言いたいだけである．

連続的なベイズ推定：生存率の推定値

生死のような2値現象に関する確率を推定することに興味があるとしよう．トゲウオのような捕食者のいる環境に，n 匹のミジンコを放し，そのうち x 匹が生き残ったとする．2章で議論したように，この状況の尤度は次のようになる：

$$L(\theta) = {}_nC_x\theta^x(1-\theta)^{n-x} \tag{7.43}$$

ただし，θ は各試行での「生存」の確率である．θ の観測値は $8/10 = 0.8$ であるとする．事前情報は何もない状況なので，θ は 0 と 1 の間の値を同等な起こりや

[*10] （訳者注）x_1 と x_2 はそれぞれ1個の値なので，$x_1 = \bar{x}_1$，$x_2 = \bar{x}_2$ である．また互いに独立であるので，$L(x_1,x_2|\mu,\nu) = L(x_1|\mu,\nu)L(x_2|\mu,\nu)$ が成り立つ．

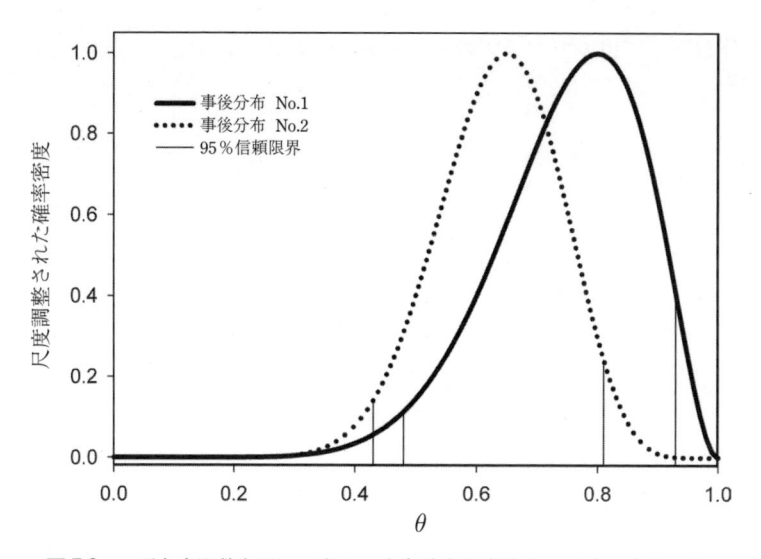

図 7.6 2 項尤度関数を用いて求めた生存確率推定値 θ に対する事後確率.最初の事後確率は $x = 8(8/10)$ から求められた.2 番目の事後分布は,最初の事後分布を新しい事前分布として用いて,$x = 5(5/10)$ となる 2 番目の試行結果から得られた.

すさでとるという,よくあるベイズ仮説を置くことにしよう.つまりそれは一様分布である.よって,事前分布は 1 という定数である(0 から 1 の間の一様確率分布に対しては,$\int c d\theta = 1$,すなわち $[c\theta]_0^1 = 1$ が成り立つ).このとき事後分布は次によって与えられる:

$$L(\theta|8) = \frac{{}_{10}C_8 \theta^8 (1-\theta)^2}{\int {}_{10}C_8 \theta^8 (1-\theta)^2 d\theta} \tag{7.44}$$

事後確率分布は数値計算法によって簡単に求められる(付録 C.7.2.ここではこの方法を紹介することにする.というのも,多くの場合,分布が非常に複雑なため解析的には解くことができないからである.よって解析的に解ける上の例は例外である).事後分布は単にその累積確率が 1 になるように縮尺された尤度関数にすぎない.この式の中にある情報は尤度を使って行き着いた情報と同じものである(図 7.6).

実験を繰り返して $x = 2$ を得たとしよう.フィッシャーの直接確率検定を当てはめて,2 つの試行の間に有意な違いがあることを確かめたとする($P = 0.023$).この時点で,データを結合させることはできず,それぞれの実験を別々に考えなければならない.しかし 2 回目の実験で $x = 5$ が得られ,それは最初の実験と有意に異なる結果ではなかったとしよう($P = 0.3498$).このとき,前の事後分布

を事前分布として用いてベイズの定理を適用することができる．そこで次の式が得られる：

$$L(\theta|5) = \frac{{}_{10}C_5\theta^5(1-\theta)^5 \, {}_{10}C_8\theta^8(1-\theta)^2}{\int {}_{10}C_5\theta^5(1-\theta)^5 \, {}_{10}C_8\theta^8(1-\theta)^2 d\theta}$$
$$\propto \theta^{13}(1-\theta)^7 \tag{7.45}$$

これは結合させたデータに対する尤度を単に縮尺したものに過ぎない（つまり一様分布を事前分布に用いたときの $L(\theta|13)$，図 7.6）．頻度主義的方法とベイズ法の違いは，ベイズ法が意思決定の拠り所として事後分布に注目し，頻度主義的方法は一般に意思決定の拠り所として信頼区間や仮説検定に注目していることである．強く強調したいことは，前にも述べたように，両方の方法はそれぞれの利点を持っているということである．よって両方の視点から，データを解析しない理由はないだろう．

連続ベイズ推定の応用：標識再捕法を使った母集団の推定

閉鎖個体群（移出入がない）の動物の数を推定したいとしよう．そのときの 1 つの方法は標識再捕法である．この方法では，まずサイズ M の標本を採り，動物を標識したのち放し，再度，母集団から標本を無作為に採集する．このとき，2 番目のサイズ n の標本の中には m 頭の標識された動物が含まれているだろうと考える．同等な捕獲率で，しかも新たな出生や死亡がないと仮定すると，2 回の標本の間には次が成り立つ：

$$\frac{M}{N} = \frac{m}{n} \tag{7.46}$$

ただし，N は個体群サイズである．上の式を書き換えると，個体群サイズのリンカーン・ピーターセン推定量（Lincoln and Petersen estimate）が得られる：

$$\hat{N} = \frac{Mn}{m} \tag{7.47}$$

標本採集が，2 項分布に従う事象としてモデル化できると仮定すると（標本採集は個々の個体を戻すこと無く行われるので，明らかに超幾何分布も可能である），サイズ n の標本中に m 頭の標識動物がいる尤度は次のように表される：

$$L(\theta|m) \propto {}_nC_m\theta^m(1-\theta)^{n-m} \tag{7.48}$$

ただし，$\theta = M/N$ である．このとき，個体群サイズ N の推定に興味を持つであろう．M が既知であるとすると，任意の θ に対して，個体群サイズが与えられ，

表 7.3 シミュレーションモデルを用いた標識再捕法からの個体群サイズの推定値.そのシミュレーションでは,個体群サイズは動物 10000 頭に安定した.Cazey and Staley (1986) を修正したものである.

推定量	推定された N	95％信頼区間
Schnabel 法	8688	5256-25035
修正 Schnabel 法	8019	4964-16814
Schumacher and Eschmeyer 法	8498	5596-17652
ベイズ法（平均値）	10355	5650-18600

その尤度は次のように書き表すことができる：

$$L(N|m) \propto {}_nC_m(M/N)^m(1-(M/N))^{n-m} \tag{7.49}$$

ただし,$N = M/\theta$ である.何も事前情報がないので,前と同じように,個体群サイズに対して一様分布を事前分布として仮定することにする.そこでは,最小の値でも,実際に採集された異なる動物の頭数 $M+n-m$ を下回らないようにすることが必要である.もしさらなる標本採集が行われたならば,その後の事後分布のための事前分布としてこれを繰り返すことができる.前の標本とは違って,標識された動物の数が標本の間で変化するので（放逐前にすべての捕獲個体が標識されることを仮定すると）,θ の真の値は各標本採集毎に変化する.

図 7.7 は,シミュレーションにより発生させたデータを,このモデルに当てはめた結果を示している.そのデータでは,実際の個体群サイズは 10000 頭である.また標本サイズと再捕獲数は図のキャプションに与えたとおりである（プログラムコードは付録 C.7.3 にある）.いくつかの「伝統的な方法」とは違って,連続ベイズ法は個体群サイズを過小評価せず（Gazey and Staley 1986），しかも同じように 95 ％信頼限界を与える（表 7.3）.ベイズ推定は,もっと複雑な標識再捕法のシナリオに対しても,用いられてきている（例えば,Casteldine 1981；George and Robert 1992；Madigan and York 1997；Bartolucci et al. 2004）.

経験ベイズ推定：平均のジェームス-スタイン推定量

生物のある形質値を推定したいが,比較的小標本しか持っていないという状況はよくある.しかし,それは推定に大きな不確実性をもたらす結果につながるだろう.例えば,分類群 B に属する鳥類のある特定の種 A の平均 1 腹卵数を推定したいとしよう.そしてこの種に対して平均が $\hat{\mu}_A$ である標本を持っているとする.しかし分類群 B 全体としてはもっと大きなデータを持っており,それは,種 A を除いても.分類群 B の平均 1 腹卵数は正規分布 $N(\mu, \sigma)$ に従うと言うことができ

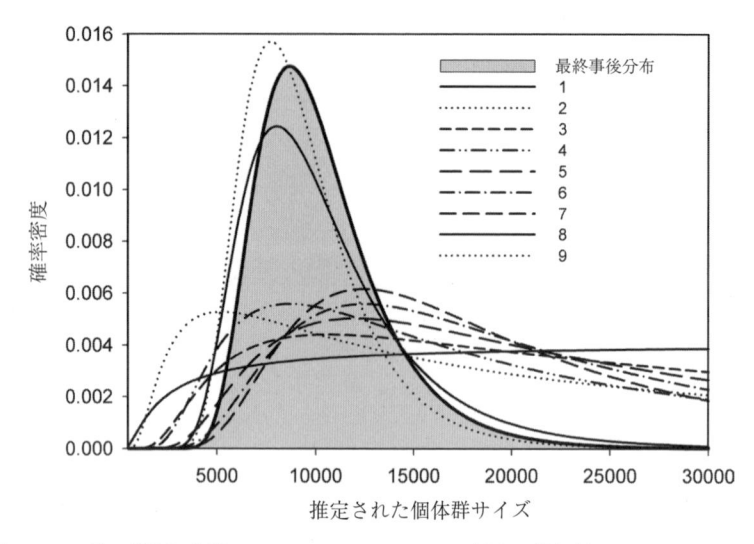

図 7.7 10000 頭の動物個体群のシミュレーションによる標識再捕解析からの，連続ベイズ推定の事後分布．標識再捕の履歴は下の表のとおりである．そのプログラムコードは付録 C.7.3 にある．

標本	n	M	m
1	34	50	0
2	42	84	1
3	43	125	0
4	40	168	1
5	32	207	0
6	56	239	1
7	42	294	1
8	44	335	4
9	56	375	3
10	44	428	1

るぐらい十分な大きさであるとする．簡単にするために，その正規分布の分散を 1 にしよう．つまり $N(\mu, 1)$ である．種 A がその分類群の代表的な種ではないと疑う理由はないと仮定すると，種 A の平均 1 腹卵数の査定を修正するための事前分布は，その分類群の分布を使うことができる．そのためのベイズ解析の公式は，正規分布の平均の推定のときに既に導いていたことを思い出そう（式 (7.10-7.12)）．つまり種 A の平均 1 腹卵数のベイズ査定は，その平均を 1 つのデータとして扱うことによって，

$$\mu_A = \mu + (\hat{\mu}_A - \mu)\frac{1}{1+\sigma_A^2}$$
$$= \mu + (\hat{\mu}_A - \mu)\left(1 - \frac{\sigma_A^2}{1+\sigma_A^2}\right) \tag{7.50}$$

となる．σ_A^2 の値は分からないが，$\sigma_A^2/(1+\sigma_A^2)$ の不偏推定量は，

$$\frac{n-2}{\sum_{i=1}^{n}(\hat{\mu}_i - \mu_i)^2} \tag{7.51}$$

である．ただし，μ_i は i 番目の種の平均であり，$\hat{\mu}_i$ は観測推定値である．式 (7.51) を式 (7.50) に代入すると，

$$\mu_A = \mu + (\hat{\mu}_A - \mu)\left(1 - \frac{n-2}{\sum_{i=1}^{n}(\hat{\mu}_i - \mu_i)^2}\right) \tag{7.52}$$

が得られる．これは，ジェームス-スタイン推定量（James-Stein estimator）に他ならない（この推定量の一般的な設定に対する数学的議論については Efron and Morris 1973 を参照せよ．またもっと易しい説明を見たければ Efron and Morris 1977 を参照せよ）．この推定量は，一般的にはあまりないことであるが，真の平均 μ_i が分かっているものと仮定している．そこで，μ_i の代わりに，全体平均 $\mu = \sum \mu_i/n$ を近似値として置き換えることもできる．そして，その全体平均は経験的に導かれた値 $\hat{\mu} = \sum \hat{\mu}_i/n$ によって推定することができる（Efron and Morris 1973）ので，これは次の推定値を与える：

$$\mu_A = \hat{\mu} + (\hat{\mu}_A - \hat{\mu})\left(1 - \frac{n-3}{\sum_{i=1}^{n}(\hat{\mu}_i - \hat{\mu})^2}\right) \tag{7.53}$$

ここでは，分子にあった $n-2$ が $n-3$ に置き換わっている．これは追加される 1 つの母数の推定を考慮したものである．上では種 A は全体平均の推定には含まれないということを仮定した．しかし実際は，全体平均にすべての種を含めて，各種において独立に推定を行うこともある．ただし，その場合，事前分布と事後分布を交絡させているという批判を受けるかもしれない．

Efron and Morris (1973) は上の方法を 18 人のメジャーリーグ野球選手の打率の推定に適用した．そのようなデータは，ある分類群に属する色々な種の生存率や寄生率（下で議論する例）のデータと同等であるだろう．最尤推定量とジェームス-スタイン推定量の効果を検証するために，Efron and Morris は，これらの選手に対する打率を，シーズンが始まってから 45 打席までのデータを基に決定した（$\hat{\mu}_i, i = 1, 2, 3, \ldots, 18$）．そしてこれらのデータからの予測と，残りのシーズンで達成した打率を比較した（およそ 300 回を超える打席）．最尤法による予測は，

生データから計算される平均値である．一方，ジェームス-スタイン推定量の値を決定するために，データがまず比率であることから逆正弦変換された．この処理によって分散はおおよそ 1 になった．そして推定は式 (7.53) を使って行われた．そのとき $\hat{\mu}$ は全データを使って推定された．その結果，得られた式は，

$$\mu_i = 0.209\hat{\mu}_i - 2.59 \tag{7.54}$$

となった．Efron and Morris は，2 つの推定量の全平方予測誤差 $(\sum(\hat{\mu}_{i,\text{predicted}} - \hat{\mu}_{i,\text{observed}})^2)$ を，変換した値を用いて比較した．すると，最尤推定値の全平方予測誤差は 17.56 であったが，ジェームス-スタイン推定量の場合，それは 5.01 に過ぎなかった．しかし，推定値は完全に良好なものであるのかどうか，すなわち「予測推定値と観測値の間に有意な相関はあるのか？」を問う必要があるかもしれない．ジェームス-スタイン推定量はデータからの単なる縮尺変換に過ぎないので，観測値と予測値の間の相関は両推定量で同じになるけれども，傾きと切片の推定値は異なるだろう．この例での相関は有意ではなかった $(r = 0.34, P = 0.167)$．一方 2 つの回帰式は次のようになった：

$$\begin{aligned} Y &= -2.68 + 0.18 X_{\text{MLE}} \\ Y &= -0.38 + 0.89 X_{\text{James-Stein}} \end{aligned} \tag{7.55}$$

ここで，Y は実際の観測打率であり，X はその予測値である．よって，相関はジェームス-スタイン推定量によって改善されず，その推定値はその後の打率に対して悪い予測しかできなかったけれども，観測値と予測値の実際の関係は，比率 1:1 に近いという意味では，改善されたと言えるかもしれない．これは，戻し変換値を用いた図 7.8 において示されている．

予測分布：コウウチョウの寄生率の推定

コウウチョウによる寄生率の推定に対して，前節と類似した方法が Link and Hahn (1996) によって用いられた．基本のデータセットは 26 種の寄主種における寄生率についての観測値である．Link and Hahn は，正規分布の代わりに 2 項分布を用いて，このデータから，直接，経験ベイズ推定値を導いた．この研究を解説する前に，予測分布 (predictive distribution) を考える必要がある．それは，実際には観察できない母数ではなく，観察可能な事象を予測することを意味している．

x を観察する尤度を，1 つの母数 θ の関数であるとしよう．それは $L(x|\theta)$ と表され，事前確率密度 $P(\theta)$ を伴っているとする．n 個の観測値 $x_1, x_2, \ldots, x_n$ の事

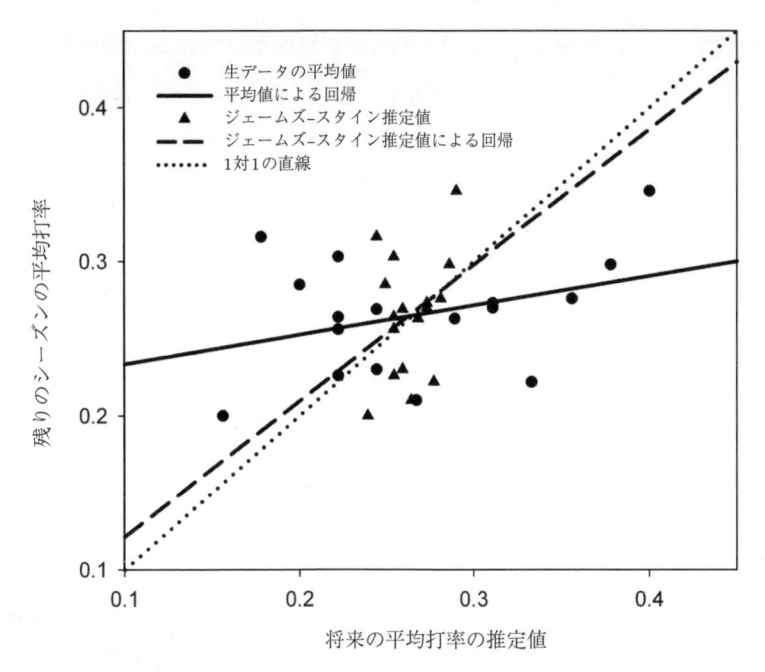

図7.8 最初の45打席の平均値を用い場合，あるいはその45打席の成績を基にジェームズ-スタイン推定値を用いた場合の打率の予測値に対する観測値のプロット．
Efron and Morris（1973）からのデータである．

後確率密度は，

$$L(\theta|x_1, x_2, \ldots, x_n) = \propto \prod_{i=1}^{n} L(x_i|\theta) P(\theta) \tag{7.56}$$

となる．ここで新しい観測値 y を予測したいわけであるが，以前に超事前分布のところで議論したようにすると，y の予測確率密度は次のようになる：

$$p(y|x_1, x_2, \ldots, x_n) = \int L(y|\theta) L(\theta|x_1, x_2, \ldots, x_n) \mathrm{d}\theta \tag{7.57}$$

Link and Hahn（1996）の研究の文脈で，上のことを利用するために思い出して欲しいのは，比率 θ の推定値の事後尤度が，2項分布に対する自然共役事前分布を使って次のように表されることである（式 (7.20)）：

$$L(\theta|x) \propto \frac{\theta^{x+\alpha-1}(1-\theta)^{n-x+\beta-1}}{B(\alpha, \beta)} \tag{7.58}$$

ただし，α, β はベータ分布の母数であり，x は「成功」の観察数であり，n は観察総数である．サイズ N の標本において y 回の成功を観察する尤度は，

$$L(y|\theta) = {}_N\mathrm{C}_y \theta^y (1-\theta)^{N-y} \tag{7.59}$$

である．式 (7.57) を使うと，y の予測確率密度関数は次のようになる：

$$p(y|x) = \int_0^1 {}_N C_y \theta^y (1-\theta)^{N-y} \frac{\theta^{x+\alpha-1}(1-\theta)^{n-x-\beta-1}}{B(x+\alpha, n-x+\beta)} d\theta$$

$$= \frac{{}_N C_y}{B(x+\alpha, n-x+\beta)} \int_0^1 \theta^{x+\alpha-1+y}(1-\theta)^{n-x-\beta-1+N-y} d\theta \quad (7.60)$$

$$= \frac{{}_N C_y B(x+y+\alpha, N-y+n-x+\beta)}{B(x+\alpha, n-x+\beta)}$$

これはベータ 2 項分布の確率質量関数 (probability mass function of a beta binomial distribution) と言われるものである．ここで，一般化する労は省略するが，α と β を $\alpha = \alpha + x$，$\beta = n - x + \beta$ のように再定義すると，N 回試行において y 回成功する確率に関する公式を次のように書き表すことができる：

$$p(y|N) = \frac{{}_N C_y B(y+\alpha, N-y+\beta)}{B(\alpha, \beta)} \quad (7.61)$$

本例における，この分布の重要性は，それが 2 つの母数 α と β の経験的な推定を与えることにある．コウウチョウによる寄生に関して，上の式は N 種のリストの中から寄主を無作為に選び，y 個の寄生された巣を見つける確率になる．前節で議論したジェームス-スタイン推定量のときのように，データから α と β を推定してみよう．i 番目の寄主種に対する観察された寄生巣の比率を $\hat{\theta}_i = x_i/n_i$ とおく．このとき，x_i は寄生された巣の数で，n_i は調べられた巣の総数である．すると，近似的な推定値は次のようになる：

$$\hat{\alpha} = \hat{\theta}\left(\frac{\hat{\theta}(1-\hat{\theta})}{\hat{\sigma}_\theta^2}\right)$$

$$\hat{\beta} = (1-\hat{\theta})\left(\frac{\hat{\theta}(1-\hat{\theta})}{\hat{\sigma}_\theta^2} - 1\right) \quad (7.62)$$

ただし，$\hat{\theta} = \sum_{i=1}^N \hat{\theta}_i/N$，$\hat{\sigma}_\theta^2 = \frac{1}{N}\sum_{i=1}^N \sqrt{\hat{\theta}_i(1-\hat{\theta}_i)/n_i}$ である．i 番目の寄主種において，観察された寄生率 $\hat{\theta}_i$ を前提に，さらにある寄生率を観察する事後確率は，

$$L(\theta_i|\hat{\theta}_i) = \frac{\theta^{x_i+\alpha-1}(1-\theta)^{n_i-x_i+\beta-1}}{B(\alpha+x_i, \beta+n_i-x_i)} \quad (7.63)$$

となる．$\hat{\theta}_i$ が与えられた上での θ_i の期待値 $E(\theta_i|\hat{\theta}_i)$ は次のような意外に簡単な公式となる：

$$E(\theta_i|\hat{\theta}_i) = \frac{\hat{\alpha} + x_i}{\hat{\alpha}_i + \hat{\beta}_i + n_i}$$

$$= \left(\frac{\hat{\alpha}}{\hat{\alpha} + \hat{\beta}}\right)\left(\frac{\hat{\alpha} + \hat{\beta}}{\hat{\alpha} + \hat{\beta} + n_i}\right) + \hat{\theta}_i\left(\frac{n_i}{\hat{\alpha} + \hat{\beta} + n_i}\right) \quad (7.64)$$

標本サイズが小さい場合を除いては，推定された寄生率に相対的な変化はほとんどない（図7.9）．平均に対して前節で与えた公式とは異なり，n_i のために，上の公式は非線形関数となり，順位は保存されない．多分，最も大きな変化は，元の順位では8番であったモリツグミへの寄生が1番に上っているということである（図7.9）．その順位の上昇は，モリツグミでは標本サイズが大きく，元の順位の高かった種は逆に標本サイズが小さいことに起因する可能性が高い．

ベイズ法の枠組みの中での仮説検定：目撃データからの絶滅確率

2つの競合するモデルがあるとしよう．それらに対してそれぞれ事後確率 $L_0(\theta_0|x)$，$L_1(\theta_1|x)$ を当てはめることができる．モデル1の方がモデル2よりもどれくらい良いかを測る測定量は，次の簡単な比で表される：

$$BF = \frac{L_0(\theta_0|x)}{L_1(\theta_1|x)} \quad (7.65)$$

これはベイズ因子（Bayes' factor）として知られている[*11]．頻度主義統計学にある仮説検定とは違って，仮説が採用されるか棄却されるかを判断するための，一般的に受け入れられるベイズ因子の値は無い．ベイズ因子の使用の原理は，一方のモデル，あるいは他方のモデルを支持するとき，その証拠の重さを量ることである．競合する仮説 H_0 と H_1 に関して，ベイズ因子を書くことができる．それは，ベイズの定理から，観測値 x が与えられた条件で，H_0 が真である確率が次のようになることを利用すればよい：

$$L(H_0|x) = \frac{L(x|H_0)P(x)}{L(x|H_0)P(x) + L(x|H_1)(1-P(x))} \quad (7.66)$$

ここで，$P(x)$ は x に対する事前確率である[*12]．ベイズ因子の具体的な値は，分子に配置される仮説に依存して決まる．ベイズ因子が1より大きくなるように配

[*11] （訳者注）訳者の不勉強かもしれないが，このようなベイズ因子の定義は初めてである．おそらく著者の思い違いであろう．通常，ベイズ因子は周辺尤度の比である．つまり，各モデルが θ_i ($i = 0, 1$) で表されるとき，その事後確率は $L(\theta_i|x) = \frac{L(x|\theta_i)P(\theta_i)}{P(x)}$ であるので，事後確率の比は $\frac{L(\theta_0|x)}{L(\theta_1|x)} = \frac{L(x|\theta_0)}{L(x|\theta_1)} \times \frac{P(\theta_0)}{P(\theta_1)}$ となる．この式の右辺の前半，$\frac{L(x|\theta_0)}{L(x|\theta_1)}$ がベイズ因子である．

[*12] （訳者注）上の式を含め，ここは明らかに著者の間違いと思われる．上の式は $L(H_0|x) = \frac{L(x|H_0)P(H_0)}{L(x|H_0)P(H_0)+L(x|H_1)P(H_1)}$ となるべきで，$P(H_0)$ と $P(H_1)$ が各仮説の事前確率であると言うべきところであろう．

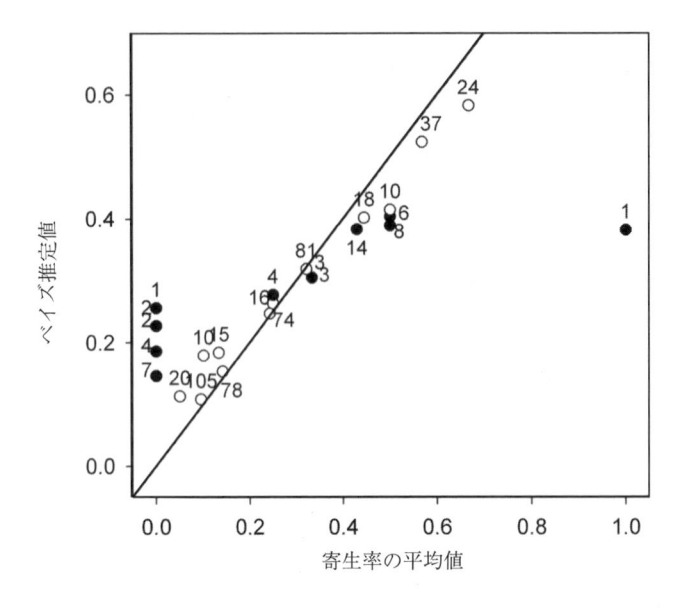

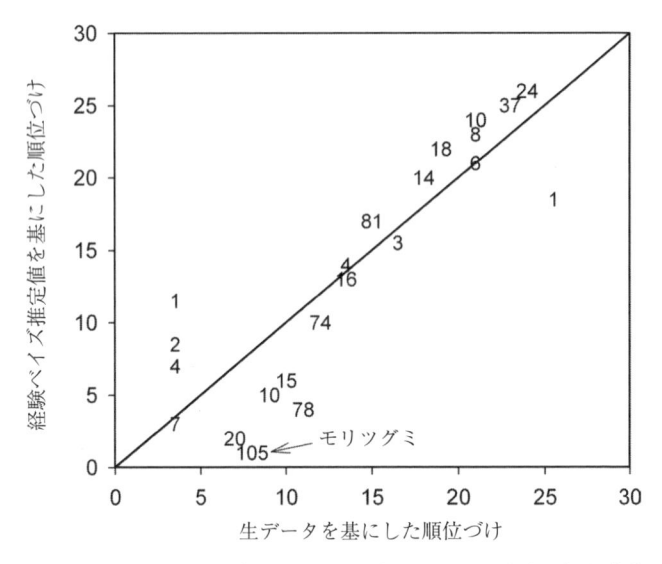

図 7.9 コウウチョウによる他の鳥種への平均寄生率と経験ベイズ（EB）推定値の一致性．データ点の数字は標本サイズを示している（● < 10, ○ ≥ 10）．Link and Hahn (1996) からのデータである．

置する方が一般的には考えやすいので，そのように尤度を配置すればよい．また，その方が一般化の労を伴わない．では，どのような比の値が，分子にある仮説を支持する強い証拠となるのであろうか？ Blau and Neely (1975, p. 141) は，「10:1

という比は，普通，明確に現実的な違いを示し，一方，100:1 は非常に強い好ましさを示すものとして採用される」としている．

この方法を説明するために，Solow (1993) が目撃データから絶滅確率を推定するときに用いたベイズ法の解析を使ってみよう．モデル化に使われたデータセットは，カリブモンクアザラシ (Caribbean monk seal) の目撃データであり，それは 1915 年から始まり 1952 年を最後にその後 1992 年まで目撃されていない．具体的には，1915 年を 1 回目の目撃として，その後 4 回の目撃が得られた (1922, 1932, 1948, 1952)．これら 4 回の目撃を $x_1, x_2, x_3, x_4 = \mathbf{x}$ としよう．X 年間 (1916-1992) の間に $n = 4$ 回の目撃を観測する尤度は，ある未知の率 θ を持つポアソン過程となる．モンクアザラシが絶滅していないとする仮説を H_0 とすると，それを前提にしてこれらの目撃が生じる尤度を次のように書くことができる：

$$L(\mathbf{x}|H_0) = \int_0^\infty L(\mathbf{x}|\theta) \mathrm{d}P(\theta)$$
$$= \int_0^\infty \theta^n \mathrm{e}^{-\theta X} \mathrm{d}P(\theta) \tag{7.67}$$

Solow は無情報事前分布として $\mathrm{d}P(\theta) = \mathrm{d}\theta/\theta$ $(0 \le \theta \le \infty)$ を用いた．対立仮説 H_1 は，最初の目撃を起点としてモンクアザラシが x_n 年目 (1952) まで生息し，その翌年から X 年目 (1992) までに (1953-1992) 絶滅するというものである．絶滅時までの期間を x_E とすると，その尤度は，

$$L(\mathbf{x}|H_1) = \int_{x_n}^{X} L(\mathbf{x}|x_E) \mathrm{d}P(x_E) \tag{7.68}$$

である．一方，x_E を条件にしたときの $\mathbf{x}$ の尤度は次に等しい：

$$L(\mathbf{x}|x_E) = \int_0^\infty \theta^n \mathrm{e}^{-\theta x_E} \mathrm{d}P(\theta) \tag{7.69}$$

θ のときと同様に，Solow は無情報事前分布を $\mathrm{d}P(x_E) = \mathrm{d}x_E/X$ $(0 \le x_E \le X)$ と仮定した．上の式を積分すると，ベイズ因子は次のように求められる：

$$BF = \frac{n-1}{(X/x_n)^{n-1} - 1} = \frac{3}{(77/37)^3 - 1} = 0.37 \tag{7.70}$$

この比の逆数は 2.7 となり，これは「与えられた観測値セットから，カリブモンクアザラシが絶滅しているとする尤度は，絶滅していないとする尤度の 2.7 倍である」という結果である．この比の値は，強い証拠であると言えるだろうか？ 10：1 という基準を採用すると，これらの仮説を区別することはできないという判断

となる．10：1という比が達成されるまでには，どれくらい長い年数，目撃され続けない必要があるだろうか？式（7.69）から，その答えは116年間（2031年まで）である．

一方，これら2つの仮説に対する「古典的」な仮説検定として，その種が絶滅していないことを前提に，それを目撃しない確率 $(x_n/X)^n$ を用いるものがある．この検定の場合，P 値は0.053であった（Solow 1993）．よってこの検定でも，カリブモンクアザラシは絶滅していないとする帰無仮説を有意水準ぎりぎりで棄却できない結果となった．ただし $P = 0.05$ を得るには，78年間，目撃されないことが必要であり，また P 値が0.01になる場合には，117年間，目撃されないことが必要であった．

まとめ

(1) この本の前章までは，$P(x|\theta)$ という確率の記述を基本にして，解析を行ってきた．これは，いわゆる「母数 θ が成り立つことを前提に x が生じる確率」である．最尤法の原理を用いると，θ の推定値を求めることができる．この理論的枠組みの中で，同じように仮説を検定することもできる．しかし，ベイズ法の考え方では，この確率の記述が逆になる：$P(\theta|x)$．これは，いわゆる「x が生じたことを前提に，θ が成り立つ確率」であり，母数の確率分布にその興味の焦点が当てられている．ベイズ法による解析は，ベイズの定理，$L(\theta|x) =\propto L(x|\theta)P(\theta)$，を基にしている．この等式の $L(\theta|x)$ は事後（尤度）確率であり，$P(\theta)$ は事前確率である．

(2) ベイズ解析の中で，基本となる難しい課題は事前分布の選択である．何も情報がないときには，普通，無情報事前分布が選択される．いくつかの確率分布の場合，自然共役事前分布と呼ばれる分布を事前分布として利用することもできる．このような事前分布は，使われる尤度分布と同じパラメトリック形式をとり，事後分布を解析的に導くことが比較的容易であるという便利な性質を持っている．問題の複雑さは，ときどき母数間の関係に，ある仮定をおくことによって減らすこともできる．Deely (2004) は，そのような場合の事前分布を単純な情報事前分布と呼んでいる．事前分布を設定するときの最も一般的な方法は，超事前分布と呼ばれる分布からベイズ

法によって事前分布自身を導く階層的方法である．

(3) ベイズ法は連続的に用いることができる．そのとき，先に求めた事後分布を次の事前分布として使うことになる．この章で紹介した2つの例は（生存率の推定，標識再捕法による個体群サイズの推定），2項分布の解析を基にしている．

(4) 事前分布の母数はデータから推定されることもある．そのとき結果として得られる推定量は，経験ベイズ推定量と呼ばれている．ジェームス-スタイン推定量を用いて，データに対して実行すればよい．

(5) 2つの事後分布の比はベイズ因子として知られており，それは競合する仮説を区別するために使われる．ベイズ因子の値が10のとき，それはモデル間の違いに対するよい証拠であると多くの研究者が考えている．またベイズ因子の値が100のときは，それは非常に強い証拠であると考えてよい．

■ さらに読んでほしい文献

Berger, J. O. (1985). *Statistical Decision Theory and Baysian Analysis.* New York: Springer-Verlag.
Gelman, A., Carlin, J. B., Stern, H. S. and Rubin, D. B. (1995). *Bayesian Data Analysis.* London: Chapman and Hall.
Gotelli, N. J. and Ellison, A. M. (2004). *A Primer of Ecological Genetics.* Sunderland: Sinauer Associates, Inc.
Leonard, T. and Hsu, J. S. J. (2001). *Bayesian Methods.* Cambridge: Cambridge University Press.
Press, S. J. (1989). *Bayesian Statistics: Prindiples, Models and Applications.* New York: John Wiley & Sons.

■ 練習問題

(7.1) ある種の線虫に寄生されたカタツムリは特徴的な行動的「不調状態」を示す．行動検定によると，それは感染したカタツムリの97％に現れることが分

かっている．しかし，この行動の発現には他の要因も原因となる可能性もあり，非感染個体の 67％がこの行動を示すことが明らかとなった．個体群における非感染個体の比率が 83％であることを前提にすると，この行動を示す 1 匹のカタツムリ個体が感染している確率はいくらになるだろうか？

(7.2) めったに起こらない現象に対して使われる一般的な分布は，ポアソン分布 $L(x) = \frac{\theta^x}{e^\theta x!}$ である．このとき，$L(x)$ は平均 θ 回起こるはずの事象が実際には x 回起こる確率である．θ の事前分布が 0 から c の間の一様分布であるとき，θ の事後分布はどうなるか？

(7.3) 事前情報から，上の問題の c の値は 0.1 であると推定された．手持ちの標本としては，事象が 1 回 ($x = 1$) 起きたことがわかっている．事後分布を 0.001 の間隔でプロットせよ．意味があるように見えるであろうか？ c に対して上限を設けないで，その解析を再度行え（ヒント：θ の最大値を 10 に設定せよ）．

(7.4) 下のデータは，平均 0，分散 1 に正規化した鳥類 10 種のある測定値の平均値を示している．そして各標本は 5 個体からの平均値である．経験ベイズ法を使って，これらの値の「より良い」推定を行え．新しい推定値は，改善されたものになっているだろうか？

種の番号	1	2	3	4	5	6	7	8	9	10
真の値	-1.88	-1.02	-0.36	-0.13	-0.04	-0.03	0.00	0.01	0.34	1.21
観測値	-3.85	-1.74	1.74	0.32	4.10	-1.47	1.80	2.03	1.81	0.46

(7.5) 下のプログラムコードは，上の問題でデータを発生させるために使われたものである．それを，鳥種の測定値の分布が正規分布ではないときの結果を解析するために用いよ．正規性の仮定は重要であるだろうか？

```
# Seed for random number generator
set.seed (0)
nspecies       <- 10               # Number of species
nsample        <- 5                # Sample size per species
N              <- nspecies*nsample # Total sample size
# Create vector of species values
Species.means  <- rnorm(nspecies, mean=0, sd=1)
Species        <- sort(Species.means)  # Sort and store values
# Replicate species means to total sample size
Species.means  <- sort(rep(Species, nsample))
```

```
# Set up index for by routine
index           <- sort(rep(seq(1, nspecies), nsample))
# Create individual values from normal with mean=Species.means
# and sd=5
Species.values  <- rnorm(N, Species.means, sd=5)
# combine
Data0           <- data.frame(Index, Species.means, Species.values)
# Calculate means per species
Obs             <- unlist(by(Data0, Data0[,1], function(Data0),
                  mean(Data0[,3])))
# sumes of squares
sum.var         <- (nspecies-1)*var(Obs)
# Grand mean
GM              <- mean(Obs)
# EB estimates
EB.estimate     <- GM+(Obs-GM)*(1-(nspecies-3)/sum.var)
# Bind for data set
Data            <- cbind(Species, Obs, EB.estimate)
# Print SS using obs means and SS using EB estimates
print(c(sum(Data[,1]-Data[,2])^2), sum((Data[,1]-Data[,3])^2)))
```

7章で使われた記号のリスト

記号は下付きにされることもある.

α, β	Parameter in the beta function	ベータ関数の母数
θ	Parameter	母数
σ^2	Variance	分散
$\phi(x-\theta, \sigma)$	Probability density for normal with mean θ and standard deviation σ	平均 θ と標準偏差 σ を持つ正規分布の確率密度
μ	Mean	平均
$\hat{\mu}$	Estimate of μ	μ の推定値
ν	Symbol standing for either μ or σ	μ あるいは σ を表す記号
BF	Bayes' Factor	ベイズ因子
$B(\alpha, \beta)$	Beta function	ベータ関数
$L(\theta)$	Likelihood given parameter θ	母数 θ を持つ尤度
$L(x\|\theta)$	Likelihood of x given θ	θ を前提にしたときの x の尤度
M	Number of marked animals in first sample	最初のサンプリングでマークした個体の数
N	Population size	個体群サイズ
$\hat{N}$	Estimate of N	N の推定値
$P(A \cap B)$	Probability of A and B	A と B が同時に成り立つときの確率
$P(A^c)$	Probability of "not A". Upper case P is also used primarily in this chapter to denote the prior probability	「非 A」の確率. この章では上の場合でも, 事前確率を示すために記号 P が主に使われた.
$P(x\|\theta)$	Probability of x given θ	θ を前提にしたときの x の確率
$_nC_x$	$x!/[n!(n-x)!]$	
X	$\bar{x}_1 - \bar{x}_2$	
$X_{\text{MLE}}, X_{\text{James-Stein}}$	Estimated values	推定値
m	Number of marked animales in samples subsequent to the first	2 回目以降の標本におけるマーク個体の数
n	Sample size	標本サイズ
p	Probability or probability function	確率あるいは確率関数
p_A	Probability of A	A の確率
x	Observed value	観測値
$\bar{x}$	Observed mean	観測値の平均

引用文献

Alatalo, R. V. (1997). Bird species distributions in the Galapagos and other archipelagoes: competition of chance?. *Ecology*, **63**, 881–7.

Anderson, M. J. and ter Braak, C. J. F. (2003). Permutation tests for multifactorial analysis of variance. *Journal of Statistical Computation and Simulation*, **73**, 85–113.

Anderson, T. W. (1 958). *An Introduction to Multivariate Statistical Analysis*. New York: Wiley.

Arditi, R. (1989). Avoiding fallacious significance tests in stepwise regression; a Monte Carlo method applied to a meteorological theory for the Canadian lynx cycle. *Inter-national Journal of Biometeorology*, **33**, 24–6.

Armbruster, W. S. (1986). Reproductive interactions between sympatric Dalechampia species: are natural assemblages "random" or organized? *Ecology*, **67**, 522–33.

Armbruster, W. S., Ed-wards, M. E. and Debevec, E. M. (1994). Floral character displacement generates assemblage structure of Western Australian triggerplants (Stylidium). *Ecology*, **75**, 315–29.

Arvesen, J. N. and Schmitz, T. H. (1970). Robust procedures for variance component problems using the jackknife. *Biometrics*, **26**, 677–86.

Avise, J. C., Reeb, C. A. and Sanders, N. C. (1987). Geographic population and species differ-ences in mitochondrial DNA of mouthbrooding catfishes (Ariidae) and dmersal spawning toad-fishes (Batrachoididae). *Evolution*, **41**, 991–1002.

Bartolucci, F., Mira, A. and Scaccia, L. (2004). Answering two biological questions with latent class model via MCMC applied to capture-recapture data. In M. Di Bacco, G. D'Amore, and F. Scalfari, eds., *Applied Bayesian Statistical Studies in Bi-ology and Medicine*, pp. 7–24. Boston: Kluwer Academic Publishers.

Begin, M. and Roff, D. A. (2004). The effect of temperature and wing morphology on quantita-tive genetic variation in the cricket, Gryllus firmus, with an appendix examining the statistical properties of the Jackknife-MANOVA method of matrix comparison. *Journal of Evolutionary Biology*, **17**, 1255–67.

Bentzen, P., Leggett, W. C. and Brown, C. G. (1988). Length and restriction site heteroplasmy in the mitochondrial DNA of American shad(Alosa sapidissima). *Genetics*, **118**, 509–18.

Berger, J. O. (1985). *Statistical Decision Theory and Bayesian Analysis*. New York: Springer-Verlag.

Besag, J. and Clifford, P. (1989). Generalized Monte Carlo significance Tests. *Biometrika*, **76**, 633–42.

Besag, J. and Clifford, P. (1991). Sequential Monte Carlo p-Values. *Biometrika*, **78**, 301–4.

Blau, G. E. and Neely, W. B. (1975). Mathematical model building with an application to de-termine the distribution of Dursban insecticide added to a simulated ecosystem. In A. Macfad-yen, ed., *Advances in Ecological Research*, vol. 9, pp. 133–63. London: Academic Press.

Bliss, C. I. (1 935). The calculation of the dosage-mortality curve. *Annals of Applied Biology*, **22**, 220–33.

Bowers, M. A. and Brown, J. H. (1982). Body size and coexistence in desert rodents: chance or community structure? *Ecology*, **63**, 391–400.

Brandl, R. and Topp, W. (1985). Size structure of *Pterostichus* spp. (Carabidae): aspects of competition. *Oikos*, **44**, 234–8.

Breiman, L., Friedman, J. H., Olshen, R. A. and Stone, C. G. (1984). *Classification and Regression Trees*. Belmont, California: Wadsworth International Group.

Buonaccorsi, J. P. and Liebhold, A. M. (1988). Statistical methods for estimating ratios and products in ecological studies. *Environmental Entomology*, **17**, 572–80.

Capone, T. A. and Kushlan, J. A. (1991). Fish community structure in dry-season stream pools. *Ecology*, **72**, 983–92.

Carpenter, J. R. (1999). Test inversion bootstrap confidence intervals. *Journal of the Royal Statistical Society,B*, **61**, 159–172.

Case, T. J., Faaborg, J. and Sidell, R. (1983). The role of body size in the assembly of West In-dian bird communities. *Evolution*, **37**, 1062–74.

Castledine, B. J. (1 981). A Bayesian analysis of multiple-recapture sampling for a closed popu-lation. *Biometrika*, **67**, 197–210.

Chambers, J. M. and Hastie, T. J. (1992). *Statistical Models*. New York: S. Chapman & Hall/CRC.

Chemini, C., Rizzoli, A., Merler, S., Furlanello, C. and Genchi, C. (1997). *Ixodes ricinus* (Acari: Ixodidae) infestation on roe deer (*Capreolus capreolus*). Trentino, Italian Alps. *Parassitologia*, **39**, 59–63.

Cleveland, W. S., Grosse, E. and Shyu, W. M. (1992). Local regression models. In J. M. Chambers, and T. J. Hastie, eds., *Statistical Models in S*. pp. 309–76. London: Chapman and Hall.

Cochran, W. G. (1954). Some methods for strengthening the common 2 tests. *Biometrics*, **10**, 417–51.

Cole, B. J. (1981). Overlap, regularity, and flowering phenologies. *American Naturalist*, **117**, 993–7.

Connor, E. F. and Simberloff, D. (1979). The assembly of species communities: chance or com-petition? *Ecology*, **60**, 1132–40.

Connor, E. F. and Simberloff, D. (1986). Competition, scientific method, and null models in ecology. *American Scientist*, **74**, 155–62.

Conover, W. J., Johnson, M. E. and Johnson, M. M. (1981). A comparative study of tests for homogeneity of variances, with applications to the outer continental shelf bidding data. *Technometrics*, **23**, 351–61.

Cordell, H. J. and Carpenter, J. R. (2000). Bootstrap confidence intervals for relative risk param-eters in affected-sib-pair data. *Genetic Epidemiology*, **18**, 157–72.

Cordell, H. J. and Olson, J. M. (1997). Confidence intervals for relative risk estimates obtained using affected-sib-pair data. *Genetic Epidemiology*, **14**, 593–98.

Couteron, P., Seghieri, J. and Chadoeuf, J. (2003). A test for spatial relationships between neighbouring plants in plots of heterogeneous plant density. *Journal of Vegetation Science*, **14**, 163–72.

Cox, D. R. and Hinkley, D. V. (1974). *Theoretical Statistics*. London: Chapman and Hall.

Cox, D. R. and Snell, E. J. (1989). *Analysis of Binary Data*. London: Chapman and Hall.

Crowley, P. H. (1992). Resampling methods for computation-intensive data analysis in ecology and evolution. *Annual Review of Ecology and Systematics*, **23**, 405–48.

Dalaka, A., Kompare, B., Robnik-Sikonja, M. and Sgardelis, S. P. (2000). Modelling the effects of environmental conditions on apparent photosynthesis of Stipa bromoides by machine learning tools. *Ecological Modelling*, **129**,

245–57.

Damgaard, C. and Weiner, J. (2000). Describing inequality in plant size or fecundity. *Ecology*, **81**, 1139–42.

Davison, A. C. and Hinkley, D. V. (1999). *Bootstrap Methods and their Applications*. Cambridge: Cambridge University Press.

De'ath, G. and Fabricius, K. E. (2000). Classification and regression trees: a powerful yet simple technique for ecological data analysis. *Ecology*, **81**, 3178–92.

Deely, J. (2004). Comparing two groups or treatments -a Bayesian approach. In M. Di Bacco, G. D' Amore, and F. Scalfari, eds., *Applied Bayesian Statistical Studies in Biology and Medicine*. pp. 89–107. Boston: Kluwer Academic Publishers.

Diamond, J. M. and Gilpin, M. E. (1982). Examination of the "null" model of Connor and Simberloff for species co-occurrences on islands. *Oecologia*, **52**, 64–74.

Dietz, E. J. (1983). Permutation tests for association between two distance measures. *Systematic Zoologist*, **32**, 21–26.

Dillon, R. T. J. (1981). Patterns in the morphology and distribution of gastropods in Oneida lake, New York, detected using computer-generated null hypotheses. *American Naturalist*, **118**, 83–101.

Dixon, P. M., Weiner, J., Mitchell-Olds, T. and Woodley, R. (1987). Bootstrapping the Gini coefficient of inequality. *Ecology*, **68**, 1548–51.

Dobson, A. J. (1983). *An Introduction to Statistical Modelling*. London: Chapman and Hall.

Draper, N. R. and Smith, H. (1981). *Applied Regression Analysis*. New York: John Wiley & Sons.

Dzeroski, S., and Drumm, D. (2003). Using regression trees to identify the habitat preference of the sea cucumber (*Holothuria leucospilota*) on Rarontonga, Cook Islands. *Ecological Modelling*, **170**, 219–26.

Edgington, E. S. (1987). *Randomization Tests*. New York: Marcel Dekker, Inc.

Efron, B. (1979). Computers and the theory of statistics: thinking the unthinkable. *Siam Review*, **2**, 460–80.

Efron, B. (1981). Nonparametric standard errors and confidence intervals. *The Canadian Journal of Statistics*, **9**, 139–72.

Efron, B. (1982). *The Jackknife,the Bootstrap and Other Resampling Plans*. Philadelphia: Society for Industrial and Applied Mathematics.

Efron, B. (1987). Better bootstrap confidence intervals. *Journal of the American Statistical Association*, **82**, 171–200.

Efron, B., Halloran, E. and Holmes, S. (1996). Bootstrap confidence levels for phylogenetic trees. *Proceedings of the National Academy of Science USA*, **93**, 13429–34.

Efron, B. and Morris, C. (1973). Stein's estimation rule and its competitors-an empirical Bayes approach. *Journal of the American Statistical Association*, **68**, 117–30.

Efron, B. and Morris, C. (1977). Stein's paradox in statistics. *Scientific American*, **238**, 119–27.

Efron, B. and Tibshirani, R. J. (1993). *An Introduction to the Bootstrap*. New York: Chapman and Hall.

Eliason, S. R. (1993). *Maximum likelihood estimation*. Newbury Park: Sage Publications.

Fel-senstein, J. (1985). Confidence limits on phylogenies: an approach using the bootstrap. *Evolution*, **39**, 783–91.

Felsenstein, J. and Kishino, H. (1993). Is there something wrong with the bootstrap on phyloge-nies? A reply to Hillis and Bull. *Systematic Biology*, **42**, 193–200.

Flury, B. (1988). *Common Principal Components and Related Multivariate Models*. New York: Wiley.

Fong, D. W. (1989). Morphological evolution of the amphipod Gammarus minus in caves: quantitative genetic analysis. *American Midland Naturalist*, **121**, 361–78.

Garthwaite, P. H. (1996). Confidence intervals from randomization tests. *Biometrics*, **52**, 1387–93.

Gazey, W. J. and Staley, M. J. (1986). Population estimation from mark-recapture experiments using a sequential Bayes algorithm. *Ecology*, **67**, 941–51.

Gelman, A., Carlin, J. B., Stern, H. S. and Rubin, D. B. (1995). *Bayesian Data Analysis*. London: Chapman and Hall.

George, E. I. and Robert, C. P. (1992). Capture-recapture estimation via Gibbs sampling. *Biometrika*, **79**, 677–83.

Gilpen, M. E. and Diamond, J. M. (1982). Factors contributing to non-randomness in species co-occurrences on islands. *Oecologia*, **52**, 75–84.

Gonzalez, L. and Manly, B. F. J. (1998). Analysis of variance by randomization with small data sets. *Environmetrics*, **9**, 53–65.

Gotelli, N. J. (2000). Null model analysis of species co-occurrence patterns. *Ecology*, **81**, 2606–21.

Gotelli, N. J. and Ellison, A. M. (2004). *A Primer of Ecological Genetics*.

Sunderland: Sinauer Associates, Inc.

Hanski, I. (1982). Structure in bumblebee communities. *Annales Zoologici Fennici*, **19**, 319–26.

Harvey, P. H., Colwell, R. K., Silvertown, J. W. and May, R. M. (1983). Null models in ecology. *Annual Reviews of Ecology and Systematics*, **14**, 189–211.

Hastie, T. J. and Tibshirani, R. J. (1990). *Generalized Additive Models*. London: Chapman and Hall.

Hellmann, J. J. and Fowler, G. W. (1999). Bias, precision, and accuracy of four measures of species richness. *Ecological Applications*, **9**, 824–34.

Hendrickson, J. A. J. (1981). Community-wide character displacement reexamined. *Evolution*, **35**, 794–810.

Hillis, D. M. and Bull, J. J. (1993). An empirical test of bootstrapping as a method for assessing confidence in phylogenetic analysis. *Systematic Biology*, **42**, 182–92.

Hizer, S. E., Wright, T. M. and Garcia, D. K. (2004). Genetic markers applied in regression tree prediction models. *Animal Genetics*, **35**, 50–2.

Holyoak, M. (1993). The frequency of detection of density dependence in insect orders. *Ecological Entomology*, **18**, 339–47.

Jackson, D. A., Somers, K. M. and Harvey, H. H. (1992). Null models and fish communities evidence of nonrandom patterns. *American Naturalist*, **139**, 930–51.

Jacobsen, N. O. (1984). Estimates of pup production, age at first parturition and natural mortality for hooded seals in the west ice. *Fiskeridirektoratet. Skrifter. Serie Havundersoekelser*, **17**, 483–98.

Jernigan, R. W., Culver, D. C. and Fong, D. W. (1994). The dual role of selection and evolutionary history as reflected in genetic correlations. *Evolution*, **48**, 587–96.

Joern, A. and Lawlor, L. R. (1980). Food and microhabitat utilization by grasshoppers from arid grasslands: comparisons with neutral models. *Ecology*, **61**, 591–9.

Kendall, M. G. and Buckland, W. R. (1982). *A Dictionary of Statistical Terms*. London: Longman Group Ltd.

Kennedy, P. E. and Cade, B. S. (1996). Randomization tests for multiple regression. *Communications in Statistics,Simulation and Computing*, **25**, 923–36.

Kimura, D. K. (1980). Likelihood methods for the von Bertalanffy growth curve. *Fishery Bulletin*, **77**, 765–76.

Knapp, S. J., Bridges, J. W. C. and Yang, M. (1989). Nonparametric confidence interval estimators for heritability and expected selection response. *Genetics*, **121**, 891–8.

Kochmer, J. P. and Handel, S. N. (1986). Constraints and competition in the evolution of flowering phenology. *Ecological Monographs*, **56**, 303–25.

Krause, A. and Olson, M. (1997). *The Basics of S and S-PLUS*. New York: Springer.

Lawlor, L. R. (1 980). Overlap, similarity, and competition coefficients. *Ecology*, **6**, 245–51.

LeBlanc, M. and Crowley, J. (1992). Relative risk trees for censored survival data. *Biometrics*, **48**, 411–25.

Leonard, T. and Hsu, J. S. J. (2001). *Bayesian Methods*. Cambridge: Cambridge University Press.

Link, W. A. and Hahn, D. C. (1996). Empirical Bayes estimation of proportions with application to cowbird parasitism rates. *Ecology*, **77**, 2528–37.

Losos, J. B., Naeem, S. and Colwell, R. K. (1989). Hutchinsonian Ratios and Statistical Power. *Evolution*, **43**, 1820–6.

Lynch, M. and Walsh, B. (1998). *Genetics and Analysis of Quantitative Traits*. Sunderland, MA: Sinauer Associates.

Madigan, D. and York, J. C. (1997). Bayesian methods for estimation of the size of a closed population. *Biometrika*, **84**, 19–31.

Magnuson, J. J., Tonn, W. M., Banerjee, A., Toivonen, J., Sanchez, O. andRask, M. (1998). Isolation vs. extinction in the assembly of fishes in small northern lakes. *Ecology*, **79**, 2941–56.

Manly, B. F. J. (1991). *Randomization and Monte Carlo Methods in Biology*. London: Chapman and Hall.

Manly, B. F. J. (1993). A review of computer-intensive multivariate methods in ecology. In G. P. Patil, and C. R. Rao, eds., *Multivariate Environmental Statistics*. pp. 307–46. Amsterdam: Elsevier Science Publishers.

Manly, B. F. J. (1995). A note on the analysis of species co-occurrences. *Ecology*, **76**, 1109–15.

Manly, B. F. J. (1997). *Randomization,Bootstrap and Monte Carlo Methods in Biology*. New York: Chapman and Hall.

Marshall, R. J. (2001). The use of classification and regression trees in clinical epidemiology. *Journal of Clinical Epidemiology*, **54**, 603–9.

Meyer, J. S., Ingersoll, C. G., McDonald, L. L. and Boyce, M. S. (1986). Estimating uncertainty in population growth rates: jackknife vs. bootstrap techniques. *Ecology*, **67**, 1156–66.

Miller, R. G. (1974). The jackknife –a review. *Biometrika*, **61**, 1–15.

Mingoti, S. A. and Meeden, G. (1992). Estimating the total number of distinct species using presence and absence data. *Biometrics*, **48**, 863–75.

Mooney, C. Z. and Duval, R. D. (1993). *Bootstrapping: A nonparametric approach to statistical inference*. Newbury Park: Sage Publications.

Mueller, L. D. (1979). A comparison of two methods for making statistical inferences on Nei's measure of genetic distance. *Biometrics*, **35**, 757–63.

Mueller, L. D. and Altenberg, L. (1985). Statistical inference on measures of niche overlap. *Ecology*, **66**, 1204–10.

Negron, J. F. (1998). Probability of infestation and extent of mortality associated with the Douglas-fir beetle in the Colorado Front Range. *Forest Ecology and Management*, **107**, 71–85.

Phillips, P. C. and Arnold, S. J. (1999). Hierarchical comparison of genetic variance-covariance matrices. I. Using the Flury hierarchy. *Evolution*, **53**, 1506–15.

Pleasants, J. M. (1990). Null-model tests for competitive displacement: the fallacy of not focus-ing on the whole community. *Ecology*, **71**, 1078–84.

Pollard, E. and Lakhani, K. H. (1987). The detection of density-dependence from a series of annual censuses. *Ecology*, **58**, 2046–55.

Potvin, C. and Roff, D. (1996). Permutation tests in ecology: A statistical panacea? *Bulletin of the Ecological Society of America*, **77**, 359

Press, S. J. (1989). *Bayesian Statistics: Principles,Models,and Applications*. New York: John Wiley & Sons.

Quenouille, M. (1949). Approximate tests of correlation in time series. *Journal of the Royal Statistical Society,Series B*, **11**, 18–84.

Ranta, E. (1982a). Animal communities in rock pools. *Annales Zoologi Fennici*, **19**, 337–47.

Ranta, E. (1982b). Species structure of North European bumblebee communities. *Oikos*, **38**, 202–9.

Reichard, S. H. and Hamilton, C. W. (1997). Predicting invasions of woody plants introduced into North America. *Conservation Biology*, **11**, 193–203.

Rejwan, C., Collins, N. C., Brunner, L. J., Shuter, B. J. and Ridgway, M. S. (1999). Tree regression analysis on the nesting habitat of smallmouth bass. *Ecology*, **80**, 341–8.

Ricklefs, R. E., Cochran, D. and Pianka, E. R. (1981). A morphological analysis of the structure of communities of lizards in desert habitats. *Ecology*, **62**, 1474–83.

Roff, D. A. (1997). *Evolutionary Quantitative Genetics*. New York: Chapman and Hall.
Roff, D. A. (2000). The evolution of the G matrix: selection or drift? *Heredity*, **84**, 135–42.
Roff, D. A. (2002). Comparing G matrices: a MANOVA method. *Evolution*, **56**, 1286–91.
Roff, D. A. and Bentzen, P. (1989). The statistical analysis of mitochondrial DNA polymorphisms: 2 and the problem of small samples. *Molecular Biological Evolution*, **6**, 539–45.
Roff, D. A. and Bradford, M. J. (1996). Quantitative genetics of the trade-off between fecundity and wing dimorphism in the cricket *Allonemobius socius*. *Heredity*, 76, 178–85.
Roff, D. A. and Preziosi, R. (1994). The estimation of the genetic correlation: the use of the jackknife. *Heredity*, **73**, 544–8.
Roff, D. A. and Roff, R. J. (2003). Of rats and Maoris: a novel method for the analysis of patterns of extinction in the New Zealand avifauna prior to European contact. *Evolutionary Ecology Research*, **5**, 1–21.
Roff, D. A., Mousseau, T. A. and Howard, D. J. (1999). Variation in genetic architecture of calling song among populations of *Allonemobius socius*, *A. fasciatus* and a hybrid population: drift or selection? *Evolution*, **53**, 216–24.
Roff, D. A., Mousseau, T., M?ller, A. P., Lope, F. D. and Saino, N. (2004). Geographic variation in the G matrices of wild populations of the barn swallow. *Heredity*, **93**, 8–14.
Sahai, H. and Ageel, M. I. (2000). *The Analysis of Variance*. Boston: Birkhauser.
Saitoh, T., Bjornstad, O. N. and Stenseth, N. C. (1999). Density dependence in voles and mice: a comparative study. *Ecology*, **80**, 638–50.
Schluter, D. (1988). Estimating the form of natural selection on a quantitative trait. *Evolution*, **42**, 849–61.
Schluter, D. and Nychka, D. (1994). Exploring fitness surfaces. *American Naturalist*, **143**, 597–616.
Schoener, T. W. (1984). Size differences among sympatric, bird-eating hawks: a worldwide survey. In D. R. Strong, D. Simberloff, L. G. Abele, and A. B. Thistle, eds., *Ecological Communities: Conceptual Issues and the Evidence*, pp. 245–81. Princeton, NJ: Princeton University Press.
Segal, M. R. and Bloch, D. A. (1989). A comparison of estimated proportional hazards models and regression trees. *Statistics in Medicine*, **8**, 539–50.

Shackell, N. L., Lemon, R. E. and Roff, D. A. (1988). Song similarity between neighbouring American redstarts (Setophaga ruticilla): a statistical analysis. *The Auk*, **105**, 609–15.

Shaw, R. G. (1991). The comparison of quantitative genetic parameters between populations. *Evolution*, **45**, 143–51.

Shaw, R. G. and Mitchell-Olds, T. (1993). ANOVA for unbalanced data: an overview. *Ecology*, **74**, 1638–45.

Silvertown, J. and Wilson, J. B. (1994). Community structure in a desert perennial community. *Ecology*, 75, 409–17.

Simons, A. M. and Roff, D. A. (1994). The effect of environmental variability on the heritabilities of traits of a field cricket. *Evolution*, **48**, 1637–49.

Skov, F. (1997). Stand and neighbourhood parameters as determinants of plant species richness in a managed forest. *Journal of Vegetation Science*, **8**, 573–8.

Solow, A. R. (1993). Inferring extinction from sighting data. Ecology, **74**, 962–4.

Soltis, P. S. and Soltis, D. E. (2003). Applying the bootstrap in phylogeny reconstruction. *Statistical Science*, **18**, 256–67.

Stratoudakis, Y., Gallego, A. and Morrison, J. A. (1998). Spatial distribution of developmental egg ages within a herring Clupea harengus spawning ground. *Marine Ecology-Progress Series*, **174**, 27–32.

Strong, D. R. J. (1979). Tests of community-wide character displacement against null hypothe-ses. *Evolution*, 33, 897–913.

Strong, D. R. J. (1982). Null hypotheses in ecology. In E. Saarinen, ed., *Conceptual Issues in Ecology*, Dordrecht: D. Reidel, pp. 245–59.

Strong, D. R. J. and Simberloff, D. S. (1981). Straining at gnats and swallowing ratios character displacement. *Evolution*, **35**, 810–12.

Strong, D. R., Simberloff, D., Abele, L. G. and Thistle, A. B. (1984). *Ecological communities: conceptual issues and the evidence.* Princeton, N.J: Princeton University Press.

Stuart, A., Ord, K. and Arnold, S. (1999). Kendall's Advanced Theory of Statistics. In *Classical Inference and the Linear Model*. Vol. 2A. London: Arnold.

ter Braak, C. J. F. (1992). Permutation versus bootstrap significance tests in multiple regression and ANOVA. In G. R. K. -H. Jöckel, W. Sendler, eds., *Bootstrapping and related techniques: proceedings of an International Conference held in Trier, Germany*, June 4–8, 1990, pp. 79–86. New York: Springer-Verlag.

Tibshirani, R. J. (1988). Variance stabilization and the bootstrap. *Biometrika*, **75**, 433–44.

Tokeshi, M. (1986). Resource utilization, overlap and temporal community dynamics: a null model analysis of an epiphytic chironomid community. *The Journal of Animal Ecology*, **55**, 491–506.

Tukey, J. W. (1958). Bias and confidence in not quite large samples. *Annals of Mathematical Statistics*, **29**, 614.

Venables, W. N. and Ripley, B. D. (2002). *Modern Applied Statistics with S*. New York: Springer.

Vitt, L. J., Sartorius, S. S., Avila-Pires, T. C. S., Esposito, M. C. and Miles, D. B. (2000). Niche segregation among sympatric Amazonian teiid lizards. *Oecologia*, **122**, 410–20.

Watters, G. and Deriso, R. (2000). Catches per unit of effort of bigeye tuna: a new analysis with regression trees and simulated annealing. *Inter-American Tropical Tuna Commission Bulletin*, **21**, 531–71.

Willis, J. H., Coyne, J. A. and Kirkpatrick, M. (1991). Can one predict the evolution of quantitative characters without genetics? *Evolution*, **45**, 441–4.

Wilson, J. B. (1987). Methods for detecting non-randomness in species co-occurrences: a contribution. *Oecologia*, **73**, 579–82.

Zhou, X.-H., Gao, S. and Hui Siu, L. (1997). Methods for comparing the means of two independent log-normal samples. *Biometrics*, **53**, 1129–35.

付録A
この本で使われるS-PLUS法の概要

データ格納法

S-PLUS には，この本のプログラムに適切なデータ格納法として3つの方法がある．

データフレーム

これは，列に対して様々な様式を許す「行列」である．例えば，ある列は数値で，別の列は種類であってもよい．それらは，多くの統計パッケージ，表計算シート，グラフィックパッケージなどで使われる一般的なデータセットと同等なものである．下のデータフレームの例を見てみよう．それを「X」，「Y」，「GROUP」とラベルされた3つの列を持つ「データ」と呼ぶことにする．

X	Y	GROUP
1	7	A
2	**9**	B
4	10	C
3	2	D

データフレームに入力されている事項はいくつかの方法で呼び出すことができる．上のデータフレーム内で太字で書かれたデータを呼び出したいとしよう．そのときには，命令文「Data$Y[2]」あるいは「Data[2,2]」を使えばよい．列2のすべての値を呼び出すには命令文「Data$Y」あるいは「Data[,2]」を使う．複数の形式からなるデータを必要とする関数には（たとえば，ANOVA では，従属変数には数値形式を，独立変数にはカテゴリカル形式を取る）データフレームが必

要であるが，そうでない関数には（たとえば，線形回帰）データフレームだけでなく行列も使うことができる．

行列

行列は1つの形式だけのデータを含むものである（例えば，すべて数値形式）．行列の要素を呼び出す普通の方法は，次のように行と列の番号を特定すればよい．例えば，文「X[3,5]」は行列 X の3行目かつ5列目のセルに存在する要素を表す．

リスト

リストは異なるクラスの対象データを1続きにしたものである．この本のプログラムで主に関係することは，統計関数の出力がリスト形式で保存されるということである．関連する変数を得るには，リストの適切な成分を呼び出す必要がある．説明のために，「Data.df」という名前のデータフレームに含まれるデータを使って1元配置分散分析を考えてみよう．従属変数は「X」でラベル（数値）されており，処理は「GROUP」でラベル（要因）されている．次の命令文，

```
ANOVA.model <- aov (X~GROUP.model, data=data.df)
```

は ANOVA の結果を与えるものであり，命令「summary」を使ってその ANOVA 表を作ることができる．そして，それを次のように新しいオブジェクト[*1]である「ANOVA.S」に格納するとよい：

```
ANOVA.S <- summary (ANOVA.model, ssType=3)
```

「ANOVA.S」とタイプすると次の出力が得られる：

```
> ANOVA.S
   Type III Sum of Squares
             Df   Sum of Sq   Mean Sq    F Value     Pr(F)
    GROUP     1     0.18212   0.182116   0.130879   0.7191101
Residuals    48    66.79133   1.391486
```

ここで，分散成分を計算するために平均平方と自由度が必要であるとしよう．そのとき，オブジェクト「ANOVA.S」からその情報を抜き出すことができる．まず「ANOVA.S」にあるリスト項目の名前を確かめるために，「names(ANOVA.S)」とタ

[*1] （訳者注）S-PLUS や R では，プログラムコード内で指定される変数，データフレームなどの対象を総称して「オブジェクト」と呼んでいる．

イプすると,

    [1] "Df" "Sum of Sq" "Mean Sq" "F Value" "Pr(F)"

が得られる．このリストの先頭の項目は自由度「"Df"」である．これは「ANOVA.S$Df」とタイプすると呼び出すことができ，その結果，次が得られる：

```
> ANOVA.S$Df
    GROUP    Residuals
      1          4
```

平均平方を呼び出すには，「ANOVA.S$"Mean Sq"」あるいは「ANOVA.S$Mean」とタイプすればよい（他の名前との意味上の混乱は無いので，名前は省略してもよい）．分散の群間成分は $(MS_{\text{GROUP}} - MS_{\text{Residuals}})/25$ によって与えられる．このとき MS は平均平方を表す．S-PLUSでは，これは次の命令によって直接計算される：

    (ANOVA.S$Mean[1]-ANOVA.S$Mean[2])/25

値を代入し比較する

S-PLUSは，値を変数に代入（付値）するとき，他の多くの統計パッケージとは異なるやり方をとる．例えば，変数 X が5に等しいことを指定するとき，$X = 5$ではなく，命令文「$X <- 5$」を用いる．一方，等号は関数の呼び出し文の中でデータを代入するために使われる．例えば，平均0，標準偏差1の正規分布からサイズ10の無作為標本を発生させるときには，関数「rnorm」を利用して，詳しい情報も付帯させ，命令文「rnorm(n=10,mean=0,sd=1)」のように書けばよい．

論理演算のためのいくつかの記号もあまり「標準的ではない」：

記号	関数
<	より小さい
>	より大きい
<=	以下
>=	以上
==	等しい
!=	等しくない

いくつかの例

(1) 値5を変数「X1」という名前の変数に代入する：

    X1 <- 5

(2) 3つの値 5, 3, 9 を「Xvector」という名前のベクトルに代入する：

```
Xvector <- c(5,3,9)
```

(3) 3つの値 5, 3, 9 を「Xmatrix.1」という名前の 3×1（行×列）の行列に代入する：

```
Xmatrix.1 <- matrix(c(5,3,9),nrow=3,ncol=1)
```

(4) 6 個の値を「Xmatrix.2」という名前の 3×2 の行列に，列 1=5, 3, 9，列 2=2, 4, 1 となるように代入する：

```
# Note that rows are filled first
Xmatrix.1 <- matrix(c(5,3,9,2,4,1),3,2)
```

(5) 平均 0, 標準偏差 1 の正規分布からサイズ 10 の無作為標本を発生させ，それらをオブジェクト「Xnormal」に格納する：

```
Xnormal <- rnorm(n=25,mean=0,sd=1)
```

(6) 「Xnormal」の 8 番目の値を，「y」という名前の変数に代入する：

```
# Note that positions in datasets are denoted by square brackets
y <- Xnormal[8]
```

(7) 行列「Xmatrix.2」のセル (2, 1)（行，列）にある値を，「y」という名前の変数に代入する：

```
y <- Xmatrix.2[2,1]
```

(8) 平均 0, 標準偏差 1 の正規分布からサイズ 25 の無作為標本を 2 つ発生させ，それらを代入した「DATA」という名前の 2 列の行列を作る：

```
X1 <- rnorm(n=25,mean=0,sd=1)
X2 <- rnorm(n=25,mean=0,sd=1)
DATA <- matrix(c(X1,X2),ncol=2)
```

(9) 平均 0, 標準偏差 1 の正規分布からサイズ 25 の無作為標本を 2 つ発生させ，それらを代入した「DATA.DF」という名前の 2 列のデータフレームを作る．ただし，各列は「X1」，「X2」と自動的にラベルされるであろう：

```
X1 <- rnorm(n=25,mean=0,sd=1)
```

```
X2 <- rnorm(n=25,mean=0,sd=1)
DATA.DF <- data.frame(X1,X2)
```

(10) 平均0，標準偏差1の正規分布と平均0.5，標準偏差1の正規分布からそれぞれサイズ25の無作為標本を発生させる（「mean=」と「sd=」は命令文から省略できる）．「data.df」という名前の2列のデータフレームに対して，1列目には合わせて50個の無作為化値を代入し，2列目には標本を区別する番号（1あるいは2）を代入する．

```
X <- c(rnorm(25,0.5,1),rnorm(25,0.0,1))
GROUP <- c(rep(1,times=25),rep(2,times=25))
data.df <- data.frame(X,GROUP)
```

(11) 線形回帰モデル $Y = a + bX + \varepsilon$ をシミュレートする．ただし，$a=2$，$b=3$ とし，ε は平均0，標準偏差10の正規分布に従う確率変数とする．1から20までの間で等間隔に並ぶ予測値を使って，「X.lin」，「Y.lin」という名前の2つのベクトルにデータを配置する：

```
X.lin <- seq(from=1, to=20, length=20)    # X values
error <- rnorm(20,0,10)                   # Vector of errors
Y.lin <- 2 + 3*X + error                  # Y values
```

データを演算する

(1) 「Xnormal」の平均値を計算する：

```
mean(Xnormal)
```

(2) 「Xmatrix.2」の列2の平均値を計算する（2つの方法を示した）．：

```
mean(Xmatrix.2[1:2,2])
mean(Xmatrix.2[,2])
```

(3) 「Xnormal」の値で，0より大きいすべての値を選択し，「y」に代入する：

```
y <- Xnormal[Xnormal>0]
```

(4) 「Xnormal」に含まれる値の個数を求める：

```
length(Xnormal)
```

(5) 「Xnormal」の値で，0より大きいすべての値の個数を求める：

```
length(Xnormal[Xnormal>0])
```

(6) 「Xmatrix.2」の 2 番目の列にある値で，1 より大きな値の個数を求める：

```
y <- Xmatrix.2[,2]      # Assign column to y
length(y[y>1])          # Find number > 1
```

(7) 「DATA.DF」のデータに対して，「X1」と「X2」を比較するために 2 標本 t 検定を当てはめる（2 つの方法を示した）：

```
t.test(DATA.DF$X1,DATA.DF$X2)
t.test(DATA.DF[,1],DATA>DF[,2])
```

出力

```
Standard Two-Sample t-Test
data:DATA.DF[,1] and DATA.DF[,2]
t=-1.1368, df=48, p-value=0.2613
alternative hypothesis:  difference in means is not equal to 0
95 percent confidence interval:
-1.0501346 0.2915413
sample estimates:
mean of x mean of y
-0.100205 0.2790916
```

(8) 1 元配置 ANOVA とタイプ III の平方和を用いて，「DATA.DF」にある群間の比較を行う．まず群への属性を表す数値を要因尺度に変換する．ANOVA モデルの中で「~」を使っていることに注意しよう．これは関数式において関係性を表す一般的な表現方法である：

```
data.df <- convert.col.type(data.df, "GROUP", "factor")
ANOVA.model <- aov(X~GROUP, data=data.df)
summary(ANOVA.model, ssType=3)
```

出力

```
Type III Sum of Squares
            Df   Sum of Sq   Mean Sq    F Value     Pr(F)
    GROUP    1     0.18212   0.182116   0.130879   0.7191101
Residuals   48    66.79133   1.391486
```

(9) 「X.lin」と「Y.lin」を使って線形回帰分析を行う：

```
Lin.Model <- lm(Y.lin~X.lin)
summary(Lin.Model)
```

出力

```
Call:  lm(formula = Y ~ X)
Residuals:
  Min     1Q      Median   3Q      Max
 -16.23  -6.459   2.202    3.347   14.41
Coefficients:
                Value    Std.Effor   t value   Pr(>|t|)
  (Intercept)  -1.1979   3.8007     -0.3152    0.7562
   X.lin        3.0854   0.3173      9.7245    0.0000
Residual standard error:  8.182 on 18 degrees of freedom
Multiple R-Squared:   0.8401
F-statistic:  94.57 on 1 and 18 degrees of freedom, the p-value is
1.37e-008
Correlation of Coefficients:
(Intercept)
X.lin -0.8765
```

(10) 上の結果から回帰係数を抽出する（2つの方法を示した）：

```
Lin.Model$coeff
Lin.Model[1]
```

出力

```
 (Intercept)    X.lin
  -1.197929    3.085367
```

(11) 傾きを抽出する：

```
Lin.Model$coeff[2]
```

出力

```
X.lin
3.085367
```

付録B
この本で使用するS-PLUSのサブルーチンの簡単な説明

「log」や「print」などの一般的な作業ルーチンの説明は省いた．またデフォルト値のセットを含んだ表現は用いなかった．完全な表現については，S-PLUSにある言語参照セクションを参照して欲しい．

anova(Model)：Model に対する ANOVA 表を求める．

anova(Model1, Model2, test="F")：Model1 と Model2 を比較する．

aov(formula, data=)：分散分析のモデルを formula を使って data に適合させる．

as.numeric(x)：x というベクトルを返答する．しかし，もし x がモード「numeric」の単純なオブジェクトならば，格納モード「double」でそれを返答する．さもなければ as.numeric(x) は，x の要素を強制的にモード「numeric」にする結果得られるデータである x と同じ長さの数値オブジェクトを返答する．

bootstrap(data=, statistic, B=, trace=F)：data= の中の観測値に対して，statistic によって特定される統計量を使ってブートストラップを実行する．反復数は B であり，trace は計算中の反復数を印刷するかどうかを決定する．

by(X, Indices, function)：indices によってデータセット X を分割し，各分割部分に対して function を適用する．

c：オブジェクトをベクトルあるいはリストとして連結する（例えば，c(0.5, 0.2)）．

cbind()：複数のベクトルや行列からの列を使ってそれらをまとめた行列を返答する．

ceiling()：隣にある大きい方の整数を取ることによって浮動小数点で表された数を整数化する．

chisq.test(x, correct=F)：x を使って χ^2 分割表検定を行う．もし correct=T なら，イェーツの修正を行う．

choose(n, k)：2項係数，n!/(k!(n-k)!)

contourplot(Z~X*Y, data=, at=0, xlab="X", ylab="Y")：XとYに対するZの等高曲線をプロットする．この例では，1本のat=0の曲線だけが描かれる．

convert.col.type(target=X,column.spec=, column.type=)：1次元あるいは2次元のデータセットXのcolumn.spec=で指定する列を，column.type=で指定する別のデータタイプに変換する．

cor(X,Y,na.method="omit")：データの相関ベクトルあるいは相関行列を返答する．欠損値があるとき，"omit"であればそれを省いて計算するが，"fail"であれば計算できない．

dimnames：配列の「dimnames」の属性を返答する，あるいは変更する．

dnorm(x, mean=0, sd=1)：平均meanと標準偏差sdを指定した正規分布の確率密度関数を呼び出す．

factor(x)：xを要因変数とする．

fitted(Model)：Modelへの適合値を抽出する．

floor(x)：x以上の最も小さな整数値に，xを変換する．

gam(formula, data=)：与えられたdataを使って，formulaに従って一般化加法モデルを適合させる．

is.random：varcomp関数を利用する際，ある要因が無作為であると考えられるかどうかを宣言，あるいは変更する．

jackknife(data=, statistic)：data=に与えた観測値を，statisticで指定した統計量を使ってジャックナイフする．

length(X)：オブジェクトXの長さを示す整数値を返答する．例えば，Xがベクトルや行列ならば，length(X)はXの中の要素数となる．

lines(x, y)：表示されたプロットに直線を追加する．

lm(formula,data=)：dataにある観測値とformulaで指定した式を使って線形回帰モデルを適合させる．

loess(formula, span=, degree=)：spanとdegreeを持つformulaを使って局所回帰モデルを適合させる．

manova(formula, data=)：data=に指定したデータに対して，formulaに従ってMANOVAモデルを適合させる．

matrix(data, nrow=, ncol=)：行列を作成する．dataはその行列のためのデータ値を含むベクトルである（もし0のような単一の値ならば，行列はその

値をすべての要素とするものになる）．欠損値 (NAs) があっても許容される．nrow は行数を表し，ncol は列数を表す．

mean(X)：X の平均を返答する（欠損値があっても許容される）．

menuTable(varnames=, data=, print.p=F, save.name=)：data= によって指定したデータセットにおいて，varnames= で指定した変数を配列するための表関数を呼び出す．ただし結果は出力せず（print.p=F），save.name= で命名した上で保存する．

ncol(X)：行列 X の列数を与える．

nrow(X)：行列 X の行数を与える．

nlmin(F, V)：一般疑似ニュートン最適化法を用いて非線形関数 F の局所最小解を見つける．開始値はベクトル V で与える．例：C2.2, C2.4, C2.6, C2.7, C2.8, C2.9.

nlminb(F, V, L, U)：境界制限された母数を持つ平滑化非線形関数に対する局所最小解を見つける．F は関数であり，V は開始値のベクトルであり，L は範囲の下限値であり，U は上限値である．例：C2.1, C2.3.

nls(F, data=D, start=list(....))：最小 2 乗法によって非線形回帰モデルを適合させる．誤差はガウス分布に従うと仮定する．F は関数である．data=D はデータ行列を指定し，start=list(....) は開始値のベクトルを指定する．例：C2.10, C2.11.

numerical.matrix(x)：x を数値行列に変換する．

pchisq(q, df)：χ^2 分布に対する百分位を返答する．

pf(q, df1, df2)：F 分布に対する累積確率を返答する．

pnorm(x, mean=, sd=)：平均 mean と標準偏差 sd を持つ正規分布に対する確率を返答する．

pointwise(Model, coverage=0.95)：関数 predict によって求めた予測値に対して，各点ごとの信頼限界（coverage=）を計算する．

predict(Model, newdata)：newdata と適合 Model を用いて値を予測する．

predict.loess(Model, newdata)：局所回帰曲面の曲面値とその標準誤差を返答する．

prune.tree(Model, best=)：損失-複雑性を基に剪定し．適合樹木 Model を求める．樹木の最終サイズは最良のものに特定される．

qnorm(x, mean=, sd=)：平均 mean と標準偏差 sd を持つ正規分布の百分位を返答する．

qt(p, df)：p と自由度 df を持つ t 分布の百分位を返答する．

rep(X, times=)：X の入力をある回数だけ繰り返す（あるいはある長さだけ．引数は示されていない．）．

residuals(Model)：Model から残差を抽出する．

rgamma(n, shape=, rate=)：母数 shape と rate を持つガンマ分布から n 個の変数値を発生させる．

rnorm(n, mean=, sd=)：平均 mean と標準偏差 sd を持つ正規分布から n 個の無作為値を発生させる．

runif(n, min=, max=)：最小値 min と最大値 max を持つ一様分布から n 個の無作為値を発生させる．

sample(X, size=, replace=T)：あるオブジェクトを長さ size のベクトルの形で X から無作為にサンプリングする．もし replace=T なら，サンプリングは反復して実行される．

scatter.smooth(X, Y, span=, degree=)：散布図を作成し，loess 適合法によって求めた平滑化曲線を記入する．

seq(from=, to=, by=, length=)：均等に間隔を置いた数のベクトルを作成する．その連続した数のセットに対して，最初の数，最後の数，間隔，長さを指定できる．

set.seed(i)：乱数の反復発生を指定する．こうすることで決まった乱数を数列としてを発生させる．i は 0 から 1023 までの整数をとる．

sort(X)：ベクトル X を昇順で並べ替える．

sum(X)：引数 X の全要素の合計を返答する．計算の前に欠損値は任意で省いてもよい．summary はオブジェクの概要を与える．この関数を含む関数群には，他に aov, aovlist, data.frame, factor, gam, glm, lm, loess, mlm, ms, nls, ordered, terms, tree などがある．

supsmu(x, y)：変数 x, y に対する超平滑化作業ルーチンを実行する．

tree(formula, data=)：データに対して回帰木あるいは分類木を適合させる．

t.test(X, Y)：数ベクトル X と Y の間で独立 2 標本 t 検定を実行する．1 標本 t 検定，関連 2 標本 t 検定，ウェルチによる修正 2 標本 t 検定も可能である．

unlist：入力リストの再帰的構造を単純にした結果であるベクトルあるいはリストを返答する．

varcomp(formula, data=, method=)：モデル formula, data= と method= を指定して，分散成分を推定する（この本の例では，制限付き最大尤度が使わ

れた).

write(X, file=, ncolumns=, append=T)：データ X を file= で指定した列構成のアスキーファイルに書き下す．もし append=T なら，データはファイルに追加される．そうでなければ，データは書き換えられる．

付録C
この本で使われるS-PLUSのプログラムコード

　この本で議論されるS-PLUSのプログラムコードは，章番号とその中の番号で標識されている．例えば，C.2.3は2章のコードセット3番を意味する．多くの場合，計算の1部あるいは全部が，ダイアログボックスを通して実行される（これはRにはない機能である）．この付録は，http://www..biology.ucr.edu/people/faculty/Roff.html に「WORD」ファイルとして掲載しているので，コメント，助言，質問があれば，Derek.Roff@ucr.edu まで送って頂きたい．

C.2.1 閾値モデルに対する母数値を計算する

```
# Set up function to calculate negative of the log likelihood (minus
# constants)
# THETA is a vector containing the two parameters to be estimated.
# THETA[1] is p, THETA[2] is the heriability
# r is a vector containing the two values of r
# n is a vector containing the two values of n
   LL <- function(THETA)
   {
# Calculate log likelihood for the initial sample
   L0 <- r[1]*log(THETA[1])+(n[1]-r[1])*log(1-THETA[1])
# Calculate the initial population mean of the liability $\mu_0$
   mu0 <- qnorm(THETA[1],0,1)
# Calculate the mean liability of the offspring $\mu_1$
   mu1 <- mu0*(1-THETA[2])+THETA[2]*(mu0+dnorm(mu0,0,1)/THETA[1])
# Calculate predicted proportion, p2, of the designated morph in the
```

```
# offspring
    p2 <- pnorm(mu1,0,1)
# Calculate log likelihood (minus constants) for the second sample
    L1 <- r[2]*log(p2)+(n[2]-r[2])*log(1-p2)
# Return negative of the sum of the two log "likelihoods"
# return (-(L0+L1))
    }
# Main Program
# Set values for r and n
    r <- c(50,68)
    n <- c(100,100)
# Set initial estimates for THETA
    THETA <- c(0.8,0.1)
# Call minimization routine setting lower and upper limits to 0.0001
# and 0.999, respectively
    min.func <- nlminb(THETA, LL, lower=0.0001, upper=0.9999)
# Print out estimates min.func$parameters
```

出力

```
min.func$parameters
0.5000000 0.5861732
```

C.2.2 簡単なロジスティック曲線の母数推定

作業ルーチン glm を使った別の方法を知りたければ，C.2.8 を参照すればよい．

```
# Data (see Figure 2.5) are in a matrix or data frame called D.
# Col 1 is dose(x), col 2 is n, col 3 is r
    Dose <- c(1.69,1.72,1.76,1.78,1.81,1.84,1.86,1.88)
    n <-c(59,60,62,56,63,59,62,60)
    r <- c(6,13,1 8,28,52,53,61,60)
    D <- data.frame(Dose, n, r)
# Define function LL that will calculate the loss function
# b is a vector with the estimates of y1 and y2
    LL <- function(b)-sum(D[,3]*(b[1]+b[2]*D[,1])-D[,2]*log(1+exp(b[1]
    +b[2]*D[,1])))
    b <- c(-50,20) # Create a vector with initial estimates
```

```
min.func <- nlmin(LL, b) # Call nonlinear minimizing routine
min.func$x # Print out estimates
```

出力

```
min.func$x
-60.1 0328 33.93416
```

C.2.3 子のデータから，閾値形質の遺伝率に対する信頼区間の上限値と下限値を見つける

```
# Set up function to calculate negative of the log likelihood
# (omitting constants)
   LL <- function(h2)
   {
# Calculate the mean liability of the offspring μ₁
   mu1 <- mu0*(1-h2)+h2*Parental.mean
# Calculate predicted proportion, p2, of the designated morph in the
# offspring
   p2 <- pnorm(mu1,0,1)
# Calculate log likelihood for the offspring sample using the library
# routine dbinom
   L1 <- log(dbinom(r, n, p2))
# Return negative of the log-likelihood
   return (-L1)
   }
# MAIN PROGRAM
   r <- 68 # Number of "successes"
   n <- 100 # Sample size
   p <- 0.5 # Set initial proportion
   mu0 <- qnorm(p,0,1) # calculate the mean liability
   Parental.mean <- mu0+dnorm(mu0,0,1)/p # Calculate Parental mean
   h2 <- 0.5 # Set initial estimates for h2
# Call minimization routine setting lower and upper limits to 0.0001
# and 0.999
   min.func <- nlminb(h2, LL, lower=0.0001, upper=0.9999)
   MLE.h2 <- min.func$parameters # Save estimate
```

```
    Global.LL <- -LL(MLE.h2) # Calculate Log-Likelihood at MLE
# Create a function to square Diff so that minima are at zero
    Limit <- function(h2)(Global.LL + LL(h2)- 0.5*3.841)^2
# Find lower limit by restricting upper value below MLE.h2
    h2 <- 0.01
    min.func <- nlminb(h2, Limit, lower=0.0001, upper=0.9999*MLE.h2)
    Lower.h2 <- min.func$parameters # Save estimate
# Find upper limit by restricting lower value above MLE.h2
    h2 <- 0.99
    min.func <- nlminb(h2, Limit, lower=1.0001*MLE.h2, upper=0.9999)
    Upper.h2 <- min.func$parameters #Save estimate
    print(c(Lower.h2,MLE.h2,Upper.h2)) #Print out results
```

出力

```
print(c(Lower.h2, MLE.h2, Upper.h2))
0.2685602 0.5861735 0.9097963
```

C.2.4 ボン・ベルタランフィの式で，t_0 と分散に条件を与えた場合の母数 $L_{\max}$ と k に対する 95％信頼区間

```
# Data are in file called D (see Figure 2.3)
# Col 1 is Age, Col 2 is length of females, which is the only sex
# analyzed here
    Age <- c(1.0,2.0,3.3,4.3,5.3,6.3,7.3,8.3,9.3,10.3,11.3,12.3,13.3)
    Length <- c(15.4,28.0,41.2,46.2,48.2,50.3,51.8,54.3,57.0,58.9,59,
    60.9,61.8)
    D <- data.frame(Age, Length)
# Create function to calculate sums of squares for three variable
# parameters
    LL <- function(b) sum((D[,2]-b[1]*(1-exp(-b[2]*(D[,1]-b[3]))))^2)
# Calculate parameters for all three parameters
    b <- c(60,0.3,-0.1) # Set initial estimates in vector b
    min.func <- nlmin(LL,b) # Find minimum sums of squares
    MLE.b <- min.func$x # Save estimates
    t0 <- MLE.b[3] # Set t0 to its MLE value
    n <- nrow(D) # Get sample size n
```

```
  var <- LL(min.func$x)/n # Calculate MLE variance, called var
# Calculate log-likelihood at MLE and subtract 1/2 chi -square value
# for k=2
  Chi.Contour <- (-n*log(sqrt(2*pi*var))-(1/(2*var))*LL(min.func$x))
  -0.5*(5.991)
# Condition on var and t0
# Create a matrix with values of Lmax and k, the two parameters of
# interest
# Set number of increments
  Nos.of.inc <- 20
# Set values of Lmax
  Lmax <- rep(seq(from=58,to=64,length=Nos.of.inc), times=Nos.of.inc)
# Set values of k
  k <- rep(seq(from=0.25,to=0.35,length=Nos.of.inc), times=Nos.of.inc)
  k <- matrix(t(matrix(k,ncol=Nos.of.inc)), ncol=1)
# Place Data in cols 1 and 2 of matrix Results
  Results <- matrix(0,Nos.of.inc*Nos.of.inc,3)
  Results[,1] <- Lmax
  Results[,2] <- k
# Set number of cycles for iteration
  Nreps <- Nos.of.inc*Nos.of.inc for (I in 1:Nreps)
  {
# Calculate LL for this combination
  LL.I <- (-n*log(sqrt(2*pi*var))-(1/(2*var))*LL(c(Results[I,1],
  Results[I,2],t0)))
# Subtract Chi.Contour this from value
  Results[I,3] <- Chi.Contour-LL.I
  }
# Now plot contour
  contourplot(Results[,3]~Results[,2]*Results[,1], at=0, xlab="k",
  ylab="Lmax")
```

C.2.5　S-PLUSのダイアログボックスを使って，ボン・ベルタランフィモデルを適合させるときの出力

```
*** Nonlinear Regression Model ***
Formula:   LENGTH ~ Lmax * (1 - exp(- k * (AGE - t0)))
```

Parameters:

	Value	Std. Error	t value
Lmax	61.2333000	1.2141000	50.435300
k	0.2962530	0.0287412	10.307600
t0	-0.0572662	0.1753430	-0.326595

Residual standard error: 1.69707 on 10 degrees of freedom
Correlation of Parameter Estimates:

	Lmax	k
k	-0.843	
t0	-0.544	0.821

C.2.6 単一ロジスティック曲線の母数の推定と逸脱度の計算

```
# Data are in a matrix or data frame called D (see C.2.2 for data
# repeated here)
# Col 1 is dose (x), col 2 is n, col 3 is r
  Dose <- c(1.69,1.72,1.76,1.78,1.81,1.84,1.86,1.88)
  n <- c(59,60,62,56,63,59,62,60)
  r <- c(6,13,18,28,52,53,61,60)
  D <- data.frame(Dose,n,r)
# Define function LL that will calculate the loss function
# b is a vector with the estimates of $\theta_1$ and $\theta_2$
  LL <- function(b)-sum(D[,3]*(b[1]+b[2]*D[,1])-D[,2]*log(1+exp(b[1]
  +b[2]*D[,1])))
  b <- c(-50, 20) # Create a vector with initial estimates
  min.func <- nlmin(LL, b) # Call nonlinear minimizing routine
  b <- min.func$x # Save estimates
# Create function to calculate expected frequencies
  Expected <- function(x) exp(b[1]+b[2]*x)/(1+ exp(b[1]+b[2]*x))
# Calculate expected frequencies
  Exp.Freq <- Expected(D[,1])
# Create vectors with observed and expected cell numbers
# Add 0.0000001 to observed values to prevent undefined logs
  r.obs <- D[,3] + 0.0000001
  n.minus.r.obs <- (D[,2] - D[,3]) + 0.0000001
```

```
    r.exp <- Exp.Freq*D[,2]
    n.minus.r.exp <- (1 - Exp.Freq)*D[,2]
# Calculate Deviance
    Deviance <- (r.obs*log(r.obs/r.exp) + n.minus.r.obs*log (n.minus.
    r.obs / n.minus.r.exp))
# Print out estimate and Deviance
    print(c(b, 2*sum(Deviance)))
```

出力

```
print(c(b, 2 * sum(Deviance)))
-60.10328 33.93416 13.63338
```

C.2.7　nlmin作業ルーチンを使って，ボン・ベルタランフィモデルの3母数式と2母数式を比較する

　nlmin作業ルーチンを使った別の方法については，C.2.10とC.2.11を参照すればよい．データはDというファイルに存在する（実際のデータについては図2.3とC.2.4を参照せよ）．

```
    Age <- c(1.0,2.0,3.3,4.3,5.3,6.3,7.3,8.3,9.3,10.3,11.3,12.3,13.3)
    Length <- c(15.4,28.0,41.2,46.2,48.2,50.3,51.8,54.3,57.0,58.9,59,
    60.9,61.8)
    D <- data.frame(Age, Length)
# Set up function to calculate sums of squares for 3 parameter model
    LL.3 <- function(b) sum((D[,2]-b[1]*(1-exp(-b[2]*(D[,1]-b[3]))))^2)
# Calculate parameters for all three parameters
    b <- c(60, 0.3, -0.1) # Initial estimates
    min.func <- nlmin(LL.3,b) # Call nlmin
    MLE.b3 <- min.func$x # Save Estimates
    SS.3 <- LL.3(min.func$x) # Save Sums of squares
# Set up function to calculate sums of squares for 2 parameter model
    LL.2 <- function(b) sum((D[,2]-b[1]*(1-exp(-b[2]*D[,1])))^2)
# Calculate parameters for all two parameters
    b <- c(60,0.3) # Set initial values
    min.func <- nlmin(LL.2,b) # Call nlmin
    MLE.b2 <- min.func$x # Save Estimates
    SS.2 <- LL.2(min.func$x) # Save Sums of squares
```

```
    n <- nrow(D) # Get sample size n
    F.value <- (SS.2-SS.3)/(SS.3/(n-3)) # Compute F value
    P <- 1 - pf(F.value, 1, n-3) # Compute probability
# Print out results
    MLE.b3
    MLE.b2
    print(c(F.value, P))
```

出力

```
MLE.b3
61.21610737  0.29666467 -0.05492771
MLE.b2
60.9913705  0.3046277
print(c(F.value, P))
0.09273169  0.76697559
```

C.2.8 ロジスティックモデルの1母数式（＝一定比率）と2母数式を比較する

2つの方法が与えられている．1つ目は図2.5にあるデータを用いたものである．2つ目は各個体の結果（0, 1データ）にデータセットを変換し，「glm」を用いてモデルを適合させ，有意性を検定している．

```
# Data are in a matrix or data frame called D. See Fig 2.5 for data.
    Dose <- c(1.69,1.72,1.76,1.78,1.81,1.84,1.86,1.88)
    n <- c(59,60,62,56,63,59,62,60)
    r <- c(6,13,18,28,52,53,61,60)
    D <- data.frame(Dose,n,r)
# Function to calculate LL for 2 parameter model
    LL.2 <- function(b)-sum(D[,3]*(b[1]+b[2]*D[,1]) - D[,2]*log (1 +
    exp(b[1] + b[2]*D[,1])))
# Function to calculate LL for 1 parameter model
    LL.1 <- function(b)-sum(D[,3]*(b[1]*D[,1])-D[,2]*log(1+exp(b[1]*
    D[,1])))
# Function to calculate predicted proportion
    Expected <- function(x) exp(b[1]+b[2]*x)/(1+exp(b[1]+b[2]*x))
# Function to calculate Deviance
```

```
    D.fit.function <- function()
    {
    Exp.Freq <- Expected(D[,1]) # Expected frequencies
    r.obs <- D[,3]+0.0000001 # Add small amount to avoid zeros
    n.minus.r.obs <- (D[,2]-D[,3])+0.0000001# Add small amount to
# avoid zeros
    r.exp <- Exp.Freq*D[,2]
    n.minus.r.exp <- (1-Exp.Freq)*D[,2]
    return(2*sum(r.obs*log(r.obs/r.exp)+
    n.minus.r.obs*log(n.minus.r.obs/n.minus.r.exp)))
    }
# Calculate stats for 2 parameter model
    b <- c(-50,20) # Initial estimates
    min.func <- nlmin(LL.2,b) # Call nlmin
    b <- min.func$x # Extract final estimates of b
    D.2 <- D.fit.function() # Calculate deviance
# Calculate stats for 1 parameter model
    b <- 30 # Initial estimate
    min.func <- nlmin(LL.1,b) # Call nlmin
    b[1] <- min.func$x # Estimate
    b[2] <- 0 # Set b[2]=0 before using deviance function
    D.1 <- D.fit.function() # Calculate deviance
    n <- nrow(D) # Calculate n
    D.value <- (D.1-D.2) # Calculate "D"
    P <- 1-pchisq(D.value,1) # Compute probability
    print(c(D.value, P)) # Print out results
```

出力

```
print(c(D.value, P))
273.5865 0.0000
```

glmと0,1データを使った別の方法

```
# Data are in a matrix or data frame called D. See Fig 2.5 for data.
    Dose <- c(1.69,1.72,1.76,1.78,1.81,1.84,1.86,1.88)
    n <- c(59,60,62,56,63,59,62,60)
    r <- c(6,13,18,28,52,53,61,60)
    D <- data.frame(Dose,n,r)
    Successes <- D[,2]-D[,3] # Calculate a vector giving n-r for
```

```
# each row
  Outcome <- NULL # Set up vector to take 0,1 data
# Iterate over rows making a vector with appropriate numbers of 0s
# and 1s
  for ( i in 1:nrow(D))Outcome <- c(Outcome,rep(0,Successes[i]),
  rep(1,D[i,3]))
  Dose <- rep(D[,1],D[,2]) # Create a vector of doses for each
# individual
  D <- data.frame(Dose,Outcome) # Convert to dataframe
  Model <- glm(Outcome~Dose,data=D,family=binomial) # Use glm to
# fit
# logistic model
  summary(Model) # Print out summary stats
```

出力

```
Call: glm(formula = Outcome ~ Dose, family = binomial, data = D)
Deviance Residuals:
         Min         1Q      Median         3Q        Max
    -2.474745  -0.5696173   0.2217815  0.4297788   2.373283

Coefficients:
                 Value   Std. Error    t value
   (Intercept) -60.10328    5.163413  -11.64022
          Dose  33.93416    2.902441   11.69159

(Dispersion Parameter for Binomial family taken to be 1 )

    Null Deviance: 645.441 on 480 degrees of freedom

Residual Deviance: 374.872 on 479 degrees of freedom

Number of Fisher Scoring Iterations: 5

Correlation of Coefficients:
          (Intercept)
   Dose   -0.9996823
```

C.2.9　2つのボン・ベルタランフィ成長曲線（雄と雌）を，nlmin 関数を使って比較する

　nls を使う別の方法については C.2.10 と C.2.11 を参照すればよい．データは D というファイルに存在する．実際のデータについては図 2.9 を見て欲しい．データ行列は 3 つの列の形式を持っている：col 1 = age, col 2 = female length, col 3 = male length.

```
    Age <- c(1.0,2.0,3.3,4.3,5.3,6.3,7.3,8.3,9.3,10.3,11.3,12.3,13.3)
    Female.L <- c(15.4,28.0,41.2,46.2,48.2,50.3,51.8,54.3,57.0,58.9,59,
    60.9,61.8)
    Male.L<- c(15.4,26.9,42.2,44.6,47.6,49.7,50.9,52.3,54.8,56.4,55.9,
    57.0,56.0)
    D <- data.frame(Age, Female.L, Male.L)
# Set up function to calculate sums of squares for 3 parameter von
# Bertalanffy model
    LL.3 <- function(b) sum((length-b[1]*(1-exp(-b[2]*(Age-b[3]))))^2)
# Calculate parameters for Females, which are in col 2
# Create age and length vectors for function
    length <- D[,2]
    Age <- D[,1]
    b <- c(60, 0.3, -0.1)
    min.func <- nlmin(LL.3,b)
    b.Female <- min.func$x # Save MLE estimates
    SS.F <- LL.3(min.func$x) # Store sums of squares at MLE
# Calculate parameters for Males, which are in col 3
    length <- D[,3]
    b <- c(60, 0.3, -0.1)
    min.func <- nlmin(LL.3,b)
    b.Male <- min.func$x # Save MLE estimates
    SS.M <- LL.3(min.func$x) # Store sums of squares at MLE
    SS <- SS.F+SS.M # Calculate total SS
# Now Calculate parameters assuming no difference
    Age <- c(D[,1],D[,1])
    length <- c(D[,2],D[,3])
    b <- c(60, 0.3, -0.1)
    min.func <- nlmin(LL.3,b) # Save MLE estimates
```

```
  b.both <- min.func$x
  SS.FM <- LL.3(min.func$x) # Store sums of squares at MLE
  n <- nrow(D) # Get sample size n
  F.value <- ((SS.FM-SS)/(6-3))/(SS/(2*n-6)) # Compute F value
  P <- 1 - pf(F.value, 3, 2*n-6) # Compute probability
# Print out results
  print(c(b.Female,b.Male))
  b.both
  print(c(F.value, P))
```

出力

```
print(c(b.Female, b.Male))
61.23330039  0.29625325 -0.05726442 56.45743030  0.37279069  0.14258377
b.both
58.70717125  0.33299918  0.04869935
print(c(F.value, P))
4.73200642 0.01184351
```

C.2.10　2つのボン・ベルタランフィ成長曲線（雄と雌）を，nls関数を使って比較する

2つの異なる方法が以下に示されている．最初の方法は，検定を行うために必要な情報を抽出し，2番目の方法は，モデルを比較するためにS-PLUSのanova関数を使う．

データはDというファイルに存在する（図2.9を参照せよ）．データは3つの列で構成される：col 1 = AGE, col 2 = LENGTH, col 3 = SEX（0 = female, 1 = male）．

```
# Create data set
  Age <- c(1.0,2.0,3.3,4.3,5.3,6.3,7.3,8.3,9.3,10.3,11.3,12.3,13.3)
  Female.L <- c(15.4,28.0,41.2,46.2,48.2,50.3,51.8,54.3,57.0,58.9,
  59,60.9,61.8)
  Male.L <- c(15.4,26.9,42.2,44.6,47.6,49.7,50.9,52.3,54.8,56.4,
  55.9,57.0,56.0)
  LENGTH <- c(Female.L,Male.L)
  AGE <- rep(Age, times=2)
```

```
    n <- length(Age)
    Sex <- c(rep(0, times=n),rep(1, times=n))
    D <- data.frame(AGE, LENGTH, Sex)
# Fit von Bertalanffy function using dummy variable Sex (=0 for
# female, 1 for male)
    Model <- nls(LENGTH~(b1+b4*Sex)*(1-exp(-(b2+b5*Sex)*(AGE
    -(b3+b6*Sex)))), data=D, start=list(b1=60, b2=0.1, b3=0.1, b4=0,
    b5=0, b6=0))
    b.separate <- Model$parameters # Save parameter values
    SS <- sum(Model$residuals^2) # Save residual sums of squares
# Fit model assuming no difference between males and females
    Model <- nls(LENGTH~b1*(1-exp(-b2*(AGE- b3))), data=D,
    start=list(b1=60, b2=0.1, b3=0.1))
    b.both <- Model$parameters # Save parameter values
    SS.FM <- sum(Model$residuals^2) # Save residual sums of squares
    n <- nrow(D) # Get sample size n
    F.value <- ((SS.FM-SS)/(6-3))/(SS/(n-6)) # Compute F value
    P <- 1-pf(F.value, 3, n-6) # Compute probability
# Print out results
    b.separate
    b.both
    print(c(F.value, P))
```

出力

```
b.separate
          b1            b2            b3            b4            b5            b6
     61.21511    0.2966925    -0.05478805    -4.745226    0.07577554    0.1976811
b.both
          b1            b2            b3
     58.70635    0.3331111    0.05006876
print(c(F.value, P))
4.7376262 0.0117886
```

モデルを比較するためにanova関数を使う別のプログラムコード(結果は上と同様である)

```
# Fit von Bertalanffy function using dummy variable Sex (=0 for
# female, 1 for male)
    Model.1 <- nls(LENGTH~(b1+b4*Sex)*(1-exp(-(b2+b5*Sex)*(AGE-(b3
    +b6*Sex)))), data=D, start=list(b1=60, b2=0.1, b3=0.1, b4=0,
```

```
      b5=0, b6=0))
# Fit model assuming no difference between males and females
   Model.2 <- nls(LENGTH~b1*(1-exp(-b2*(AGE- b3))), data=D,
   start=list(b1=60, b2=0.1, b3=0.1))
# Compare models
   anova(Model.1,Model.2)
```

出力

```
Analysis of Variance Table
Response:  LENGTH
     Terms                                                        Resid. Df
 1   (b1+b4*Sex)*(1-exp(-(b2+b5*Sex)*(AGE-(b3+b6*Sex))))            20
 2   b1*(1-exp(-b2*(AGE-b3)))                                       23
         RSS       Test   Df   Sum of Sq    F Value      Pr(F)
 1   49.50852       1
 2   84.69146       2     -3   -35.18293    4.737626    0.0117886
```

C.2.11 $\theta_3(= t_0)$ に関連してボン・ベルタランフィ成長曲線を比較する．他の母数の中で雌雄間の違いを仮定する

2つの異なる方法が以下に示されている．最初の方法は，検定を行うために必要な情報を抽出し，2番目の方法は，モデルを比較するためにS-PLUSのanova関数を使う．

データはDというファイルに存在する（図2.9とC.2.10を参照せよ）．データは3つの列で構成されている：col 1 = AGE, col 2 = LENGTH, col 3 = SEX (0 = female, 1 = male)．

```
# Fit von Bertalanffy function using dummy variable Sex (=0 for
# female, 1 for male)
   Model <- nls(LENGTH~(b1+b4*Sex)*(1-exp(-(b2+b5*Sex)*(AGE-(b3+
   b6*Sex)))), data=D, start=list(b1=60, b2=0.1, b3=0.1, b4=0,
   b5=0, b6=0))
   b.separate <- Model$parameters # Save parameter values
   SS <- sum(Model$residuals^2) # Save residual sums of squares
# Fit model assuming no difference between males and females in t0
   Model <- nls(LENGTH ~ (b1+b4*Sex)*(1-exp(-(b2+b5*Sex)*(AGE))),
```

```
    data=D, start=list(b1=60, b2=0.1, b4=0, b5=0))
    b.both <- Model$parameters # Save parameter values
    SS.FM <- sum(Model$residuals^2) # Save residual sums of squares
    n <- nrow(D) # Get sample size n
    F.value <- ((SS.FM-SS)/(6-4) )/(SS/(n-6)) # Compute F value
    P <- 1 - pf(F.value, 2, n-6) # Compute probability
# Print out results
    b.separate
    b.both
    print(c(F.value, P))
```

出力

```
b.separate
           b1          b2           b3          b4          b5          b6
    61.21511   0.2966925  -0.05478805   -4.745226  0.07577554   0.1976811
b.both
           b1          b2           b4          b5
    60.99053   0.3046447    -4.083912  0.04157999
print(c(F.value, P))
0.4794997 0.6260291
```

モデルを比較するためにanova関数を使う別のプログラムコード（結果は上と同様である）

```
# Fit von Bertalanffy function using dummy variable Sex (=0 for
# female, 1 for male)
    Model.1 <- nls(LENGTH~(b1+b4*Sex)*(1-exp(-(b2+b5*Sex)*(AGE-(b3+
    b6*Sex)))), data=D, start=list(b1=60, b2=0.1, b3=0.1, b4=0,
    b5=0, b6=0))
# Fit model assuming no difference between males and females in t0
    Model.2 <- nls(LENGTH~(b1+b4*Sex)*(1-exp(-(b2+b5*Sex)*(AGE))),
    data=D, start=list(b1=60, b2=0.1, b4=0, b5=0))
# Compare models
    anova(Model.1,Model.2)
```

出力

```
Analysis of Variance Table
Response:  LENGTH
```

	Terms					Resid Df
1	(b1+b4*Sex)*(1-exp(-(b2+b5*Sex)*(AGE-(b3+b6*Sex))))					20
2	(b1+b4*Sex)*(1-exp(-(b2+b5*Sex)*(AGE)))					22

	RSS	Test Df	Sum of Sq	F Value	Pr(F)
1	49.50852	1			
2	2251.88246	2 -2	-2.373932	0.4794997	0.6260291

C.3.1 1000個の反復データセットを使った，分散のジャックナイフ解析：各データセットは，標準正規分布 $N(0,1)$ から無作為に採られた10個の観測値を持つ

　S-PLUS のジャックナイフ作業ルーチンは，ジャックナイフ推定値を計算しないことに留意しよう（反復値と呼ばれる，1データ除去推定値の平均だけを計算する）．疑似値はその作業ルーチンの一部から計算することができる．

```
set.seed(0) # Initialize random number seed
nreps <- 1000 # Set number of replicates
Output <- matrix(0,nreps,4) # Create matrix for output
n <- 10 # Sample size
Y <- rnorm(nreps*n,0,1) # Create nreps*n random normal values
X <- matrix(Y,10,nreps) # Put values into matrix with nreps columns
Tvalue <- qt(0.975,9) # Find appropriate t value for 95%

for (I in 1:nreps) # Iterate over nreps
{
x <- X[,I] # Place data into vector
Out <- jackknife(data=x, var(x)) # Jackknife data in Ith column of X
Pseudovalues <- n*Out$obs-(n-1)*Out$replicates # Calculate pseudovalues
Output[I,1] <- mean(Pseudovalues) # Store jackknife mean of variance
Output[I,2] <- sqrt(var(Pseudovalues)/n) # Store jackknife SE
}

Output[,3] <- xOutput[,1] + Tvalue*Output[,2] # Generate upper 95% limit
Output[,4] <- Output[,1] - Tvalue*Output[,2] # Generate lower 95% limit
N.upper <- length(Output[Output[,3]<1,3]) # Find number that are < 1
```

```
N.lower <- length(Output[Output[,4]>1,4]) # Find number that are > 1
print(c(mean(Output[,1]),N.upper/nreps, N.lower/nreps))
# Print out results
```

出力

```
print(c(mean(Output[, 1]), N.upper/nreps, N.lower/nreps))
1.009637 0.133000 0.001000
```

C.3.2 ジャックナイフ法による2つのデータセットの分散の違いを検定する

このシミュレーションでは帰無仮説が真である．また10個の観測値をそれぞれ持つ2つの標本が，平均0と標準偏差1を持つ正規分布 $N(0,1)$ から抽出されている．

```
set.seed(0) # Initialize random number seed
nreps <- 1000 # Set number of replicates
n <- 10 # Sample size per population
Output <- matrix(0,nreps,1) # Create matrix for output
X <- matrix(rnorm(nreps*n,0,1),n,nreps) # Put values in matrix with
# nreps cols
Y <- matrix(rnorm(nreps*n,0,1),n,nreps) # Put values in matrix with
# nreps cols

for (I in 1:nreps) # Iterate over nreps
{
x <- X[,I] # Place data into x vector
Out.x <- jackknife(data=x, var(x)) # Jackknife data in x
x.pseudovalues <- n*Out.x$observed-(n-1)*Out.x$replicates
# Calculate pseudovalues
y <- Y[,I] # Place data into y vector
Out.y <- jackknife(data=y, var(y)) # Jackknife data in y
y.pseudovalues <- n*Out.y $observed-(n-1)*Out.y$replicates
# Calculate pseudovalues
Ttest <- t.test(x.pseudovalues,y.pseudovalues) # Perform t test
Output[I] <- Ttest$p.value # Store probability
}
```

```
p <- length(Output[Output[,]<0.05])/nreps # Calculate proportion p
```

出力

```
p
0.035
```

C.3.3 両親が同じである兄弟姉妹のデータに対する遺伝分散共分散の疑似値を推定する

データは，同父母家族からのものとして (Data)，C.3.4 にあるプログラムから発生させた．そのプログラムは，遺伝分散共分散（ここでは Gmatrix と呼んでいる）を計算するために MANOVA を利用している．複数のデータセットを結合し，その結合されたデータセットを本文で概説した MANOVA 法を使って解析できるように，各データセットには識別コードを付けた．疑似値は Pseudovalues という行列に格納している．

```
# The following two constants are set according to the particular
# data set
   Nos.of.Traits <- 2 # Number of traits
   k <- 10 # Number in each family
# Note also that the group designator is labeled FAMILY
# Number of (co)variances
   Nos.of.Covariances <- (Nos.of.Traits^2+Nos.of.Traits)/2
# Create matrix for Genetic (co)variances
   Gmatrix <- matrix(0,nrow=Nos.of.Traits, ncol=Nos.of.Traits)
# Create matrix for G matrix estimated with one less group
   Gmatrix.minus.i <- matrix(0,nrow=Nos.of.Traits,
   ncol=Nos.of.Traits)
# Create matrix to take pseudovalues
   Gmatrix.Pseudo <- matrix(0,nrow=Nos.of.Traits,
   ncol=Nos.of.Traits)
# Set value of identifier variable
   Identifier <- 1
# The Group designator is here labeled FAMILY.
# Ensure that FAMILY columns are set as character
   Data <- convert.col.type(target = Trait.df,
```

```
      column.spec = list("FAMILY"), column.type = "character")
# Extract Family codes (=Group designator)
   menuTable(varnames="FAMILY", data=Data, print.p=F,
   save.name="Family.Sizes")
# Set up matrices for storage of genetic pseudovalues
   Nos.of.Families <- length(Family.Sizes$FAMILY)
# Add extra col added for population identifier
   Pseudovalues <- matrix(0,Nos.of.Families,Nos.of.Covariances+1)
# Do MANOVA on entire data set
   Data.manova <- manova(cbind(Trait.X,Trait.Y) ~ FAMILY, data=Data)
   Data.ms <- summary(Data.manova) # Calculate sums of squares
# Calculate variance components as given on page 43 of Roff (1997)
   MS.AF <- data.frame(Data.ms$SS[1])/(Nos.of.Families -1)
   MS.AP <- data.frame(Data.ms$SS[2])/(Total- Nos.of.Families)
   Gmatrix <- 2*(MS.AF-MS.AP)/k # Genetic (co)variance matrix
# Now Jackknife the data
   for ( i in 1:Nos.of.Families)
   {
   Ith.Family <- Family.Sizes[i,1] # Name of ith family
# Delete family from data
   Data.minus.one <- Data[Data$FAMILY!=Ith.Family,]
# Do MANOVA on reduced data set
   Data.manova <- manova(cbind(Trait.X,Trait.Y)~FAMILY,
   data=Data.minus.one)
   Data.ms <- summary(Data.manova)
   MS.AF <- data.frame(Data.ms$SS[1])/(Nos.of.Families-2)
   MS.AP <- data.frame(Data.ms$SS[2])/(Total-Nos.of.Families)
   Gmatrix.minus.i <- 2*(MS.AF-MS.AP)/k # Genetic variance-
# covariance matrix
   Gmatrix.Pseudo <- Gmatrix*Nos.of.Families-Gmatrix.minus.i*(Nos.
   of.Families-1)
# Add pseudovalues to output matrix using diagonal elements and one
# set of covariances
   Jtrait <- 0
   for ( Irow in 1:Nos.of.Traits) {
   for (Icol in Irow:Nos.of.Traits){
   Jtrait <- Jtrait+1
   Pseudovalues[i,Jtrait] <- Gmatrix.Pseudo[Irow,Icol] } }
   Pseudovalues[i,Jtrait+1] <- Identifier
```

```
    }
# Output information
    print(c(Identifier, Nos.of.Families,k))
    print(Gmatrix) #Observed G matrix
```

出力

```
print(c(Identifier, Nos.of.Families, k))
            1       100      10
print(Gmatrix)
numeric matrix:  2 rows, 2 columns.

           FAMILY.Trait.X    FAMILY.Trait.Y
Trait.X      0.7981739         0.3943665
Trait.Y      0.3943665         0.4970988
```

C.3.4 量的遺伝学アルゴリズムに従って，2つの遺伝形質に関するデータセットをシミュレートする

同父母家系構造を仮定して，2つの形質値を次の式から発生させることができる：

$$X_{i,j} = a_{X,i}\sqrt{\frac{1}{2}h_X^2} + b_{X,i,j}\sqrt{1-\frac{1}{2}h_X^2} \tag{1}$$

$$Y_{i,j} = r_A a_{X,i}\sqrt{\frac{1}{2}h_X^2} + a_{Y,i}\sqrt{\frac{1}{2}(1-r_A^2)h_Y^2} + r_E b_{X,i,j}\sqrt{1-\frac{1}{2}h_X^2} + b_{Y,i,j}\sqrt{(1-\frac{1}{2}h_Y^2)(1-r_E^2)} \tag{2}$$

ただし，$X_{i,j}$ と $Y_{i,j}$ は家族 i の j 番目の個体に対する形質値である．$a_{X,i}$ と $a_{Y,i}$ は家族 i に共通な値として，正規分布 $N(0,1)$ から無作為に採られた値である．$b_{X,i,j}$ と $b_{Y,i,j}$ は家族 i の j 番目の個体の値として，正規分布 $N(0,1)$ から無作為に採られた値である．h_X^2 と h_Y^2 は各形質の遺伝率である．r_A は2つの形質間の遺伝相関である．また r_E は2つの形質間の「環境的」相関である．これは次のように表現型相関 r_P から計算される：$r_E = (r_P - \frac{1}{2}h_X h_Y)/\sqrt{(1-\frac{1}{2}h_X^2)(1-\frac{1}{2}h_Y^2)}$．もし1つの形質だけのときは，$X$ の式を使えばよい．もっと詳しく知りたければ Simons and Roff (1994) を参照してほしい．

```r
# Initialize random number seed
   set.seed(0)
# Create a population with two traits
# Nos.of Families = Number of families
# k = Number in family
# H2X, H2Y = Heritabilities
# rg, rp, re = Genetic, phenotypic and environmental correlations
# Total = Total number of individuals
   Nos.of.Families <- 100
   k <- 10
   H2X <- 0.5
   H2Y <- 0.5
   rg <- 0.5
   rp <- 0.5
   re <-(rp-0.5*rg*sqrt(H2X*H2Y))/sqrt((1-0.5*H2X)*(1-0.5*H2Y))
   if(re > 1) re <- 0.99 # Rounding error can generate this
   Total <- k* Nos.of.Families
# Set up random normal values
   a.xi <- matrix(rep(rnorm(Nos.of.Families,0,1),k),Total,1)
   b.xij <- matrix(rnorm(Total,0,1),Total,1)
   a.yi <- matrix(rep(rnorm(Nos.of.Families,0,1),k),Total,1)
   b.yij <- matrix(rnorm(Total,0,1),Total,1)
# Compute required constants
   Tx1 <- sqrt(0.5*H2X)
   Tx2 <- sqrt((1-.5*H2X))
   Ty1 <- rg*sqrt(0.5*H2Y)
   Ty2 <- sqrt(0.5*H2Y*(1-rg^2))
   Ty3 <- re*sqrt(1-0.5*H2Y)
   Ty4 <- sqrt((1-re^2)*(1-0.5*H2Y))
# Generate vector of family codes
   FAMILY <-matrix(rep(seq(1,Nos.of.Families,1),k),Total,1)
# Generate values of traits X and Y and store in Trait
   Trait.X <- a.xi*Tx1 + b.xij*Tx2
   Trait.Y <- a.xi*Ty1 + a.yi*Ty2 + b.xij*Ty3 + b.yij*Ty4
# Convert Trait to a data.frame for analysis
   Trait.df <- data.frame(FAMILY, Trait.X, Trait.Y)
# Convert Family codes into characters
   Trait.df <- convert.col.type(target=Trait.df, column.spec
   =list("FAMILY"), column.type="character")
```

C.3.5 作業ルーチン「jackknife」を使って，同父母家族形式に対する遺伝率を推定するプログラムコード

データは Data というファイルに存在する．データ構造を理解するために，家族当たり5個体からなる10家族がいるとしよう．それらの家族を1, 2, 3, ..., 10のようにラベルすると，次の表のようなデータとなる：

家族コードの列					各家族の個体データの列				
1	1	1	1	1	0.7	0.5	0.6	0.3	0.1
2	2	2	2	2	0.2	0.5	0.9	0.3	0.2
.	.	.	.	.	.	.	.	.	.
10	10	10	10	10	0.1	0.6	0.4	0.8	0.9

```
# Function to convert data into two column format with Family code in
# column 1
# and data in col 2 and calculate h2
  H2.estimator <- function(d)
  {
# d is in block format First convert it to two column format
# Find number of rows.  This is necessary because of jackknife routine
  Nos.of.rows <- nrow(d)
  Nos.of.cols <- ncol(d)
# Set up constants setting range for variables
  n1 <- Nos.of.cols/2
  n2 <- n1+1
  n3 <- n1*2
# Set up 2 column matrix to take data
  D <- matrix(0,Nos.of.rows*n1,2)
# Now pass data to matrix D
  D[,1] <- d[,1:n1]
  D[,2] <- d[,n2:n3]
# Convert Data to a data.frame for analysis
  D.df <- data.frame(D)
# Convert Family codes into factors
  D.df <- convert.col.type(target=D.df,column.spec=list("D.1"),
  column.type="factor")
# Make Family a random effect for varcomp procedure
  is.random(D.df) <- c(T,F)
# Call varcomp to estimate variance components
```

```
  Model <- varcomp(D.2~D.1, data=D.df, method="reml")
# Calculate heritability
  h2.reml <- (2*Model$variances[1])/sum(Model$variances)
  return(h2.reml)
  }
# Call jackknife routine
  H2.jack <- jackknife(data=Data, H2.estimator)
  n <- nrow(Data) # Find number of rows
# Calculate pseudovalues
  Pseudovalues <- n*H2.jack$obs-(n-1)*H2.jack$replicates
  print(c(mean(Pseudovalues), sqrt(var(Pseudovalues)/n)))
```

C.3.6　ボン・ベルタランフィ関数に従うデータの発生

　ここにあるプログラムコードは，3つの列を持つデータフレーム「Data」を発生させる．列1は各個体の識別コードであり，列2は齢であり，列3は各齢でシミュレートされた体長である．

```
# Generate data
  set.seed(1) # Set seed for random number generator
  Age <- rep(seq(1:5),5) # Create 5 age groups with 5 individuals
# in each
  n <- length(Age) # Find total number of individuals
  Ind <- seq(1:n) # Create a vector with individual names
  Error <- rnorm(n,0,10) # Create vector of random normal errors
# N(0,10)
  Y <- 100*(1-exp(-1*Age))+Error # Generate length at age AGE
  Data <- data.frame(Ind,Age,Y) # Bind 3 vectors, convert to dataframe
```

C.3.7　C.3.6で示したプログラムコードによって発生させたボン・ベルタランフィ曲線式のデータに対する，母数値のジャックナイフ推定

　2つの方法が示されている．最初の方法は明示的なプログラムコードを用いて

いるが，2番目の方法はS-PLUSのジャックナイフ作業ルーチンを用いている．S-PLUSのジャックナイフ作業ルーチンは，ジャックナイフ推定値を計算しないことに留意しよう（反復値と呼ばれる，1データ除去推定値の平均だけを計算する）．疑似値はその作業ルーチンの一部から計算することができる．

```
# Estimate parameter values by least squares using all data
   Out<- nls(Y~b1*(1-exp(-b2*Age)), data=Data,
   start=list(b1=50, b2=.5))
   B.obs <- Out$parameters # Store parameter estimates
   Pseudovalues <- matrix(0,n,2) # Create matrix for storage of
# pseudovalues
# Jackknife the data
   for (i in 1:n)
   {
   Data.minus.one <- Data[Data$Ind!=i,] # Data set minus one individual
# Estimate parameter values by least squares using the reduced data
   Out.pseudo <- nls(Y~b1*(1-exp(-b2*Age)), data=Data.minus.one,
   start=list(b1=50, b2=.5))
   B <- Out.pseudo$parameters # Store parameter estimates
   Pseudovalues[i,] <- n*B.obs-(n-1)*B # Calculate pseudovalue
   }
# Print out statistics for MLE estimators
   summary(Out)
# Print means and SEs for jackknife estimates
   print(c(mean(Pseudovalues[,1]), sqrt(var(Pseudovalues[,1])/n))) # b1
   print(c(mean(Pseudovalues[,2]), sqrt(var(Pseudovalues[,2])/n))) # b2
```

出力

```
summary(Out)
Formula:  Y ~ b1 * (1 - exp( - b2 * Age))
Parameters:
numeric matrix:  2 rows, 3 columns.
        Value    Std. Error    t value
  b1   96.77800    2.58364    37.45810
  b2    1.11909    0.13374     8.36766
Residual standard error:  8.4837 on 23 degrees of freedom
Correlation of Parameter Estimates:
          b1
  b2   -0.693
```

```
print(c(mean(Pseudovalues[, 1]), sqrt(var(Pseudovalues[, 1])/n)))
96.620969  2.871182
print(c(mean(Pseudovalues[, 2]), sqrt(var(Pseudovalues[, 2])/n)))
1.1034496  0.1563441
```

ジャックナイフ作業ルーチンを使った別の方法

```
   PSEUDOVALUES <- matrix(0,n,2) # Create matrix to take pseudovalues
# Use jackknife routine to calculate required elements
   Out.jack <- jackknife(data=Data,nls(Y~b1*(1-exp(-b2*Age)),
   data=Data,start=list(b1=50, b2=.5))$parameters)
# Calculate pseudovalues
   for ( i in 1:2)PSEUDOVALUES[,i] <- n*Out.jack$obs[i]-(n-1) *Out.
   jack$replicates[,i]
# Output results
   print(c(mean(PSEUDOVALUES[,1]), sqrt(var(PSEUDOVALUES[,1])/n),
   mean(PSEUDOVALUES[,2]), sqrt(var(PSEUDOVALUES[,2])/n)))
```

C.3.8　ジャックナイフ法と最尤法（MLE）を使ったボン・ベルタランフィ関数の母数推定の解析

```
# Generate data
   set.seed(1) # Set seed for random number generator
   Age <- rep(seq(1:5),5) # Create 5 age groups with 5 individuals
# in each
   n <- length(Age) # Find total number of individuals
   Ind <- seq(1:n) # Create a vector with individual names
   nreps <- 100 # Set number of replicates
   Output <- matrix(0, nreps,8) # Create a matrix to store output
   for (irep in 1:nreps) # Iterate across replicates
   {
   Error <- rnorm(n,0,10) # Create vector of random normal errors N(0,10)
   Y <- 100*(1-exp(-1*Age))+Error # Generate length at age AGE
   Data <- data.frame(cbind(Ind,Age,Y)) # Bind 3 vectors, convert to
   dataframe
# Jackknife estimation
   Pseudovalues <- matrix(0,n,2) # Create matrix to take pseudovalues
```

```
# Use jackknife routine to calculate required elements
  Out.jack <- jackknife(data=Data, nls(Y~b1*(1-exp(-b2*Age)),
  data=Data, start=list(b1=50, b2=.5))$parameters)
# Calculate pseudovalues
  for (i in 1:2)Pseudovalues[,i] <- n*Out.jack$obs[i]-(n-1)*Out.jack
  $replicates[,i]
# Store means and SEs of the jackknife estimates
  Output[irep,1:2] <- c(mean(Pseudovalues[,1]),
  sqrt(var(Pseudovalues[,1])/n))
  Output[irep,3:4] <- c(mean(Pseudovalues[,2]),
  sqrt(var(Pseudovalues[,2])/n))
# Store means and MLE standard errors
# Here is one possible way to calculate SE
  D <- matrix(Out$R,2,2)
  SE <-sqrt((sum(Out$residuals^2)/(n-2))*solve(t(D)%*%D))
# Here is an alternate method using summary(Out)
  x <- summary(Out)
  SE <- x$parameters[,2]
  Output[irep,5:8] <-c(B.obs[1],SE[1],B.obs[2],SE[2])
  }
# Calculate coverage probabilities
# over is the proportion that lie above the upper confidence limit
# under is the proportion that lie below the lower confidence limit
# coverage is the proportion lying within the confidence limits
# M is the matrix containing the data
# Theta is the true value of the parameter
  CL.stats <- function(M,I,t.value,Theta,n.cols,n.reps)
  {
  over <- length(M[(M[,I] + t.value*M[,I+1]) < Theta,])/n.cols
  under <- length(M[(M[,I] - t.value*M[,I+1]) > Theta,])/n.cols
  coverage <- (n.reps-(over+under))/n.reps
  return(c(mean(M[,I]),over/n.reps,under/n.reps,coverage))
  }
# Print out stats.  Results shown in Table 3.6
  TV <- qt(0.975, n-1) # Get t value
  CL.stats(Output,1,TV,100,8,nreps) # Jackknife estimate of Lmax (=100)
  CL.stats(Output,3,TV, 1,8,nreps) # Jackknife estimate of k (=1)
  CL.stats(Output,5,TV,100,8,nreps) # MLE estimate of Lmax
  CL.stats(Output,7,TV, 1,8,nreps) # MLE estimate of k
```

C.3.9 統計モデルを使って，あるいは観測データセットをブートストラップすることによって，データセットをボン・ベルタランフィ関数から無作為に発生させる

以下の統計モデルを使ってデータを無作為に発生させる：$Y = \theta_1(1-\mathrm{e}^{-\theta_2*\mathrm{Age}}) - \varepsilon$. ただし，$\theta_1 = 100$, $\theta_2 = 1$ であり，Age は 1 から 5 までをとる．また ε は $N(0,1)$ に従う．

```
# Random generation using a particular statistical model
   set.seed(1) # set seed for random number generator
# Generate 25 integer ages between 1 and 5 from uniform probability
# distribution
   Age <- ceiling(runif(25, 0,5))
   error <- rnorm(25,0,10) # Generate 25 random normal variables
# N(0,10)
   Y <- 100*(1-exp(-1*Age))+error # Generate lengths at age
   Data <- data.frame(Age,Y) # Concatenate to make a single file
```

ブートストラップ法によって，データセットを無作為に発生させる．観測データはファイル Data にある．

```
# Random generation using a bootstrap approach
# Observed data are in data file called Data.
# For simplicity I use the file generated above
# Generation using SPLUS subroutine sample
   Data.random <- sample(Data, replace=T)
```

上のプログラムコードは，元データと同じサイズの標本を発生させる．異なるサイズのデータを発生させたければ，乱数の同じセットを用いて，別の列でそれをさせるのが最も簡単である．

```
# Generate 100 bootstrap samples from data set Data
   set.seed(1) # set seed for random number generator
   Age.sample <- sample(Data[,1],100,replace=T)
   set.seed(1) # reset seed for same set of random numbers
   Y.sample <- sample(Data[,2],100,replace=T)
   Data.random <- cbind(Age.sample, Y.sample)
```

C.4.1 正規分布から無作為に30個の値を発生させ，そのブートストラップ値を1000個発生させ，基本統計量を求めるためのプログラムコード

```
set.seed(0) # Set seed for random number generator
x <- rnorm(30,0,1) # Generate sample of 30 data points
# Call bootstrap routine, using routine mean to generate statistic
# "mean"
boot.x <- bootstrap(x, mean, B=1000, trace=F)
summary(boot.x) # Output stats
# Calculate bias-corrected estimate
Bias.corrected.estimate <- 2*boot.x$observed-boot.x$estimate[2]
Bias.corrected.estimate # Print out estimate
```

出力

```
Number of Replications:  1000
Summary Statistics:
       Observed      Bias     Mean     SE
 mean  -0.06844   -0.0022  -0.07064  0.186
Empirical Percentiles:
           2.5%       5%      95%    97.5%
 mean   -0.4257   -0.376   0.2398   0.2971
BCa Confidence Limits:
           2.5%       5%      95%    97.5%
 mean   -0.4179   -0.3541  0.2423   0.3105
Bias.corrected.estimate
              Mean
 mean   -0.06623903
```

注：Observed= 標本平均 $= \hat{\theta}$

Bias$= \theta^* - \hat{\theta}$

Mean$= \theta^*$

SE$= \sqrt{\frac{1}{999}\sum_{i=1}^{1000}(\theta_i^* - \theta^*)^2}$

BCa=BCa 百分位法

C.4.2 平均値を推定するブートストラップ法を検定するための，$N(0,1)$ からサイズ 30 の標本を 500 個発生させるプログラムコード

```
set.seed(0) # Set seed for random number generator
nreps <- 500 # Set number of replicates
Out <- matrix(0,nreps,8) # Create matrix to store output
for (i in 1:nreps) # Iterate over replications
{
x <- rnorm(30,0,1) # Generate sample of 30 data points
boot.x <- bootstrap(x,mean,B=250, trace=F) # Call bootstrap routine
y <- summary(boot.x) # Generate stats
# Store stats
Boot <- as.numeric(unlist(boot.x$estimate[2])) # Bootstrap estimate
# of mean
SE <- as.numeric(unlist(boot.x$estimate[3])) # Bootstrap estimate
# of SE
Out[i,1] <- Boot-1.96*SE # Lower 2.5% using SE
Out[i,2] <- Boot+1.96*SE # Upper 2.5% (97.5%) using SE
Out[i,3] <- y$limits.emp[1] # Lower 2.5% using empirical percentile
Out[i,4] <- y$limits.emp[4] # Upper 2.5% (97.5%)using Emp percentile
Out[i,5] <- y$limits.bca[1] # Lower 2.5% using BCa bootstrap
Out[i,6] <- y$limits.bca[4] # Upper 2.5% (97.5%) using BCa bootstrap
Out[i,7] <- Boot # Bootstrap estimate
Out[i,8] <- as.numeric(2*unlist(boot.x$observed))-
as.numeric(unlist(boot.x$estimate[2])) # Bias-corrected bootstrap
}
p1 <- nrow(Out[Out[,1]>0,])/nreps # L confidence limit excludes zero
p2 <- nrow(Out[Out[,2]<0,])/nreps # U confidence limit excludes zero
p3 <- nrow(Out[Out[,3]>0,])/nreps # L confidence limit excludes zero
p4 <- nrow(Out[Out[,4]<0,])/nreps # U confidence limit excludes zero
p5 <- nrow(Out[Out[,5]>0,])/nreps # L confidence limit excludes zero
p6 <- nrow(Out[Out[,6]<0,])/nreps # U confidence limit excludes zero
SE.Prob <- p1+p2 # Overall confidence limit for SE method
Percentile.Prob <- p3+p4 # Overall confidence limit for percentile
# method
BCa.prob <- p5+p6 # Overall confidence limit for BCa method
```

```
# One sample t test for difference from zero
   t.test(Out[,7])
   t.test(Out[,8])
   print(c("SE method", p1,p2, SE.Prob))
   print(c("E P method", p3,p4, Percentile.Prob))
   print(c("BCa method",p5,p6, BCa.prob))
```

出力

```
One-sample t-Test
data:  Out[, 7]
t = 0.8956, df = 499, p-value = 0.3709
One-sample t-Test
data:  Out[, 8]
t = 0.8441, df = 499, p-value = 0.399
```

Method	Lower P	Upper P	Overall P
"SE method"	"0.032"	"0.02"	"0.052"
"EP method"	"0.04"	"0.022"	"0.062"
"BCa method"	"0.038"	"0.022"	"0.06"

C.4.3 不均等性の指標であるジニ係数をブートストラップするためのプログラムコード

BCa ブートストラップ作業ルーチンはジャックナイフを用いており,そのためベクトル z のサイズが一定ではないので,ベクトル z は関数の内部になければならないことに留意しよう.

```
   set.seed(0) # Set seed for random number generator
   x <- runif(25,0,19) # Generate 25 data points from uniform
# distribution
# Function to calculate Gini coefficient
   Gini <- function(d)
   {
   g <- sort(d)
# Because of jackknife in BCa method it is necessary to have the
# following two lines within the function
   n <- length(g) # Number of observations
   z <- seq(1:n) # Generate vector of integers from 1 to n
```

```
    return(2*sum(z*g)/(n^2*mean(g))-(n+1)/n) # Gini coefficient
    }
# Bootstrap
    boot.x <- bootstrap(x,Gini,B=1000, trace=F) # Call bootstrap
# routine
    summary(boot.x) # Generate stats
```

出力

```
Number of Replications:   1000

Summary Statistics:
       Observed        Bias      Mean       SE
Gini    0.2873    -0.005916    0.2814   0.03863

Empirical Percentiles:
numeric matrix:  1 rows, 4 columns.
         2.5%       5%        95%      97.5%
Gini   0.2125    0.222     0.3465    0.3579
```

C.4.4 誤差が正規分布あるいはガンマ分布に従うような線形回帰のためのデータを発生させ，最小2乗法，ジャックナイフ法，ブートストラップ法を用いて母数を推定するためのプログラムコード

```
    set.seed(0) # Set random number seed
# Function is y = 0.0 + 0.2*x
# Set up dataframe for data
    n <- 300 # Sample size
    Data <- matrix(0,n,2) # Create matrix
    dimnames(Data) <- list(NULL,c("x","y")) # Set up column names
    Data <- data.frame(Data)
# Generate regression data with x = 1,2,3,...,10 with 30 points for
# each x
    Data$x <- rep(seq(1,10), times=30)
# Generate error terms with mean zero using a normal or gamma function
# Alternate error terms.  Second used here
    error <- rgamma(n,shape=2,rate=2)-1 # gamma error with mean zero
```

```
    error <-rnorm(n,0,0.5) # normal distributed error
    Data$y <- 0+0.2*Data$x+error # Now generate y
# Fit model
    fit.lm <- lm(y~x,Data)
    summary(fit.lm)
# Generate jackknife estimates
    Jack.lm <- jackknife(Data,coef(lm(y~x,Data)))
    summary(Jack.lm)
# Generate bootstrap estimates
    Boot.lm <- bootstrap(Data, coef(lm(y~x,Data)), B=100, trace=F)
    summary(Boot.lm)
```

出力

```
> summary(fit.lm)
Call: lm(formula = y ~ x, data = Data)
Residuals:
   Min     1Q   Median    3Q    Max
  -1.61  -0.345  0.0192  0.368  1.51

Coefficients:
              Value    Std. Error   t value   Pr(>|t|)
 (Intercept)  -0.009   0.067        -0.140    0.889
           x   0.199   0.011        18.568    0.000
Residual standard error: 0.533 on 298 degrees of freedom
Multiple R-Squared: 0.536
F-statistic: 345 on 1 and 298 degrees of freedom, the p-value is 0
Correlation of Coefficients:
     (Intercept)
 x    -0.886
> # Generate jackknife estimates
Jack.lm <- jackknife(Data, coef(lm(y ~ x, Data)))
> summary(Jack.lm)
Call:
jackknife(data = Data, statistic = coef(lm(y ~ x, Data)))
Number of Replications: 300

Summary Statistics:
              Observed        Bias         Mean       SE
 (Intercept)   -0.0093     0.00011905    -0.0093    0.06681
           x    0.1990    -0.00004197     0.1990    0.01061
```

```
Empirical Percentiles:
numeric matrix:  2 rows, 4 columns.
                2.5%        5%         95%        97.5%
 (Intercept) -0.01835   -0.01508   -0.003727   -0.0003836
           x  0.19768    0.19797    0.200091    0.2003331
Correlation of Replicates:
             (Intercept)         x
 (Intercept)      1.0000   -0.8872
           x     -0.8872    1.0000
> # Generate bootstrap estimates
Boot.lm <- bootstrap(Data, coef(lm(y~x, Data)), B=100, trace=F)
> summary(Boot.lm)
Call:
bootstrap(data=Data, statistic=coef(lm(y~x, Data)), B=100, trace=F)

Number of Replications:  100

Summary Statistics:
              Observed       Bias      Mean        SE
 (Intercept)   -0.0093   -0.008702   -0.0180   0.06622
           x    0.1990    0.002514    0.2015   0.01011
Empirical Percentiles:
numeric matrix:  2 rows, 4 columns.
              2.5%       5%       95%      97.5%
 (Intercept) -0.1433  -0.1345   0.09437   0.1201
           x  0.1803   0.1838   0.21747   0.2201

BCa Confidence Limits:
numeric matrix:  2 rows, 4 columns.
              2.5%       5%       95%      97.5%
 (Intercept) -0.1384  -0.1241   0.1166    0.1238
           x  0.1774   0.1785   0.2134    0.2174

Correlation of Replicates:
             (Intercept)        x
 (Intercept)      1.0000  -0.8471
           x     -0.8471   1.0000
```

C.4.5　線形回帰のための1000個のデータセットをシミュレートし,最小2乗法で解析し,95％被覆確率で検定するためのプログラムコード

```
    set.seed(0) # Set random number seed
# Function is y = 0.0 + 0.2*x
# Set up dataframe for data
    n <- 30 # Sample size
    nreps <- 1000 # set up iterations
    Est <- matrix(0,nreps,4) # Output matrix for estimates
    Total.rows <- n*nreps # Total number of rows
    Data <- matrix(0,Total.rows,3)
    dimnames(Data) <- list(NULL, c("x","y","Index")) # Column names
    Data <- data.frame(Data) # Convert to data frame
# Generate index
    Data$Index <- rep(seq(1,nreps), times=n)
    Data$Index <- sort(Data$Index)
# Generate regression data with x evenly distributed between 1 and 10
    Data$x <- rep(seq(1,10), times=3*nreps) # 3 data points per x value
# Generate error terms with mean zero using a normal or gamma function
    error <- rgamma(Total.rows,shape=2,rate=2)-1 # Gamma distribution
    error <- rnorm(Total.rows,0,0.5) # Normal distribution
    Data$y <- 0+0.2*Data$x+error # Now generate y
# Fit model using Index to split data set
    Output <- by(Data,Data$Index,function(Data)summary(lm(y~x,data=
    Data)))
    Output <- unlist(Output) # Unlist for storage
# Assign values of Estimates to matrix Est
# Estimates start in positions 37,38,39,40 and then the next are +60
# places
    J <- 37-60
    for (i in 1:nreps)
    {
    J <- J+60
    Est[i,1] <- Output[J] # Intercept
    Est[i,2] <- Output[J+1] # slope
    Est[i,3] <- Output[J+2] # SE Intercept
```

```
    Est[i,4] <- Output[J+3] # SE slope
    }
# Calculate coverage
    Est <- data.frame(Est) # Convert to data frame
# Convert cell entries from character to numeric
    Est <- convert.col.type(target=Est,column.spec= "@ALL",
    column.type="double")
# Calculate number that do not include true value
    Upper.intercept <- nrow(Est[Est[,1]+2.048*Est[,3]<0,]) # Number of
# UC < 0
    Lower.intercept <- nrow(Est[Est[,1]-2.048*Est[,3]>0,]) # Number of
# LC > 0
    Upper.slope <- nrow(Est[Est[,2]+2.048*Est[,4]<0.2,]) # Number of
# UC < 0
    Lower.slope <- nrow(Est[Est[,2]-2.048*Est[,4]>0.2,]) # Number of
# LC > 0
# Coverage
    1-sum(Upper.intercept+Lower.intercept)/nreps
    1-sum(Upper.slope+Lower.slope)/nreps
```

C.4.6 ボン・ベルタランフィ成長曲線に従うデータを発生させ，母数の最小2乗推定値をブートストラップすることによってモデルを適合させるためのプログラムコード

```
# Generate data
    set.seed(1) # Set seed for random number generator
    Age <- rep(seq(1:5),5) # Create 5 age groups with 5 individuals
# in each
    n <- length(Age) # Find total number of individuals
    Error <- rnorm(n,0,10) # Create vector of random normal errors
# N(0,10)
    Y <- 100*(1-exp(-1*Age))+Error # Generate length at age AGE
    Data <- data.frame(Age,Y) # Bind 2 vectors, convert to dataframe
# Set up function to Estimate parameter values by least squares
    VonBert <- function(D)
    {
    Out <- nls(Y~b1*(1-exp(-b2*Age)),data=D,start=list(b1=50,b2=.5))
```

```
    Ts <- matrix(c(Out$parameters[1],Out$parameters[2]))
# store parameters
    return(Ts) # Return parameter values
    }
    Boot.Bert <- bootstrap(Data, VonBert, B=1000, trace=F)
    summary(Boot.Bert) #Output bootstrap results
```

出力

```
Number of Replications:  1000
Summary Statistics:
           Observed      Bias     Mean        SE
VonBert1.1   96.778   0.05060   96.829    2.7435
VonBert2.1    1.119   0.01665    1.136    0.1549

Empirical Percentiles:
              2.5%       5%      95%     97.5%
VonBert1.1   91.79  92.7469  101.635   102.746
VonBert2.1    0.88   0.9099    1.415     1.474

BCa Confidence Limits:
              2.5%       5%      95%     97.5%
VonBert1.1  92.0940  92.8333  101.822  102.903
VonBert2.1   0.8802   0.9115    1.417    1.477

Correlation of Replicates:
             VonBert1.1   VonBert2.1
VonBert1.1      1.000       -0.723
VonBert2.1     -0.723        1.000
```

C.4.7 ボン・ベルタランフィ成長関数の標本を複数発生させ, ブートストラップ法によって適合させるためのプログラムコード

```
# Initiate random number generator
    set.seed(1)
# Set up function to generate data set
    Growth.Data <- function()
    {
    Age <- rep(seq(1:5),times=5) # Create 5 age groups with 5
# individuals in each
```

```r
    n <- 25 # Number of individuals in a sample
    Total.rows <- length(Age) # Find total number of individuals
    Error <- rnorm(Total.rows,0,10) # Create vector of random normal
# errors N(0,10)
    Y <- 100*(1-exp(-1*Age))+ Error # Generate length at age AGE
    D <- data.frame(Age,Y) # Bind 2 vectors, convert to dataframe
    return(D)
    }
# Set up function to Estimate parameter values by least squares
    VonBert <- function(D)
    {
    Out <- nls(Y~b1*(1-exp(-b2*Age)),data=D,start=list(b1=50,b2=.5))
    Ts <- matrix(c(Out$parameters[1],Out$parameters[2])) #store
# parameters
    return(Ts) # Return parameter values
    }
# Set up Bootstrap function
    Bootstrap.VonBert <- function(I)
    {
    D <- Growth.Data() # Call routine to create growth data
    b <- bootstrap(D, VonBert, B=100, trace=F) # Call bootstrap routine
    Est <- c(unlist(b$estimate[2]),unlist(b$estimate[3])) #Extract
# estimates and SEs
    print(c(I,Est)) # Print output as simulation proceeds
    return(Est) # Return estimates and SEs
    }
# Do Nreps runs passing output to text file Data.txt
    nreps <- 100
    for (Ith.rep in 1:nreps)
    {
    X <- Bootstrap.VonBert(Ith.rep) # Do bootstrap and store in Out
    write(t(X),file="Data.txt",ncolumns=4,append=T) # For safety
# write to text file
```

Data.txtを解析するためのプログラムコード

```r
# Read in data from text file called Data.txt
    Est <- read.table("Data.txt", row.names=NULL, header=F)
# Calculate number that do not include true value
    nreps <- nrow(Est) # Number of replicates
```

```
    Upper.Theta.1 <- nrow(Est[Est[,1]+2.069*Est[,3]<100,]) # Number
# of UC < 100
    Lower.Theta.1 <- nrow(Est[Est[,1]-2.069*Est[,3]>100,]) # Number
# of LC > 100
    Upper.Theta.2 <- nrow(Est[Est[,2]+2.069*Est[,4]<1,]) # Number of
# UC < 1
    Lower.Theta.2 <- nrow(Est[Est[,2]-2.069*Est[,4]>1,]) # Number of
# LC > 1
# Coverage
    P.Theta.1 <- 1-(Upper.Theta.1+Lower.Theta.1)/nreps
    P.Theta.2 <- 1-(Upper.Theta.2+Lower.Theta.2)/nreps
    print(c(nreps,P.Theta.1,P.Theta.2)) # Output results
```

出力

781.0000 0.9321 0.9398

C.5.1 2つの平均の差に関する無作為化検定

別の方法については C.5.2 を参照してほしい.

```
# Generate two normally distributed sets of data
    set.seed(20) # Initialize the random number generator
    n <- 10 # Set the number per sample
    M <- 2*n # Total sample
    Data <- rnorm(M,0,1) # Generate M random normal deviates
# Create group indices
    Group.Index <- matrix(c(rep(1,n),rep(2,n)),M,1)
# Calculate observed average absolute difference between the two groups
    Obs.abs.diff <- abs(mean(Data[Group.Index==1])-mean(Data
    [Group.Index!=1]))
# Routine to calculate the required statistic - here the diff between
# two means
# Group is the vector with the indexes for each group
# X is the vector of data
# Index is the value of one of the indexes
# Obs is the absolute observed difference
    Diff <- function(Group, X, Index, Obs)
```

```
  {
  R.Group <- sample(Group,replace=F) # Generate random randomization
  d <- mean(X[R.Group==Index])-mean(X[R.Group!=Index]) # Mean
# diffference
  d <- abs(d)-Obs
  return(d)
  }
# Iterate over randomizations
  N <- 5000 # Number of randomizations
  Difference <- matrix(0,N) # Set up matrix to store differences
  for (Irep in 1:N){Difference[Irep] <- Diff(Group.Index,Data,1,
  Obs.abs.diff)}
# Now calculate proportion greater than obs difference
  n.over <- sum(Difference>=0)
  P <- (n.over+1)/(N+1) # Remember to add 1 for observed value
  print(c(Obs.abs.diff,P))
```

出力

```
print(c(Obs.abs.diff, P)) [1] 0.2341589 0.5006999
```

C.5.2　無作為化検定を行うためにS-PLUSのブートストラップ作業ルーチンを使う

```
# Generate two normal distributed data
  set.seed(20) # Initialize the random number generator
  n <- 10 # Set the number per sample
  M <- 2*n # Total sample
  Data <- rnorm(M,0,1) # Generate N random normal deviates
  Group.Index <- matrix(c(rep(1,n),rep(2,,n)),M,1) # Create group
# indices
# Routine to calculate the required statistic - here the diff between
# two means
  Diff <- function(Group,X,Index){mean(X[Group==Index])-mean
  (X[Group!=Index])}
# samp.permute in "bootstrap" gives sampling without replacement
  N <- 5000 # Number of randomizations
```

```
    Meanboot <-bootstrap(Group.Index,Diff(Group.Index,Data,1),
    sampler=samp.permute,B=N)
# Calculate number of randomizations in which absolute difference >
# than observed
    n.over <- sum(abs(Meanboot$replicates) >= abs(Meanboot$observed))
    P <- (n.over+1)/(N+1) # Remember to add 1 for observed value
    P # Print P
```

C.5.3 2つの平均の差に対する無作為化検定のために必要な標本サイズを推定する

```
# Coding to compare two means
# Generate two normally distributed data sets
    set.seed(20) # Initialise random number generator
    n <- 10 # Set sample size for each group
    M <- 2*n # Total sample size
    Data <- rnorm(M,0,1) # Generate M random normal deviates
    n1 <- n+1 # Set starting row for group 2
    Data[n1:M] <- Data[n1:M] + 1 # Add 1 to group 2
    Group.Index <- matrix(c(rep(1,n),rep(2,,n)),M,1) # Create group
# indices
# Calculate observed average absolute difference
    Obs.abs.diff <- abs(mean(Data[Group.Index==1])-mean(Data
    [Group.Index!=1]))
# Routine to calculate the required statistic - here the diff between
# two means
    Diff <- function(Group,X,Index){mean(X[Group==Index])-
    mean(X[Group!=Index])}
    N <- 100 # Number of randomizations
    Meanboot <-bootstrap(Group.Index,Diff(Group.Index,Data,1),sampler=
    samp.permute, B=N)
    n.over <- sum(abs(Meanboot$replicates) >= abs(Meanboot$observed))
    P <- (n.over+1)/(N+1) # Remember to add 1 for observed value
# Calculate required number
    N.req <- 0
    if (P<0.05) N.req <- 4*P*(1-P)/(0.05-P)^2
    print(c(Obs.abs.diff, P, N.req))
```

出力

```
print(c(Obs.abs.diff,   P,          N.req))
        0.76584108      0.02970297  279.83343248
```

C.5.4　ジャッカルのデータについて，信頼区間の上位値と下位値を決める確率の推定

```
# Routine to calculate the required statistic - here the difference
# between two means
   Diff <- function(Group,X,Index){mean(X[Group==Index])-
   mean(X[Group!=Index])}
# Put data into two vectors, one identifying the group the other
# with the data
   Group.Index <- c(1,1,1,1,1,1,1,1,1,1,2,2,2,2,2,2,2,2,2,2)
   Data <- c(107, 110, 111, 112, 113, 114, 114, 116, 117, 120,
   105, 106, 107, 107 ,108, 110, 110, 111, 111, 111)
   Data.store <- matrix(Data[1:10],10) # Store the male values
   N <- 10000 # Number of randomizations
   set.seed(0) # Initialize random number seed
   nreps <- 10 # Set number of estimates to calculate
   High <- 7.5 # Set initial value for upper value
   Low <- 1.6 # Set initial value for lower value
   PC <- matrix(0,nreps,4) # Set up matrix to store output
   for (i in 1:nreps) # Iterate over values of Low and High
   {
   High <- High+0.05 # Increment High
   PC[i,1] <- High # Store High in column 1
   Low <- Low+0.05 # Increment Low
   PC[i,3] <- Low # Store Low in column 3
# Randomization test
   Data[1:10] <- Data.store[1:10]-High # Subtract High from males
   Meanboot <- bootstrap(Group.Index, Diff(Group.Index, Data, 1),
   sampler=samp.permute, trace=F, B=N)
# Calculate number <= observed
   n.over <- sum(Meanboot$replicates <= Meanboot$observed)
   PC[i,2] <- (n.over+1)/(N+1) # Store P for High in column 2
```

```
# Randomization test
  Data[1:10] <- Data.store[1:10]-Low # Subtract Low from males
  Meanboot <- bootstrap(Group.Index, Diff(Group.Index, Data, 1),
  sampler=samp.permute, trace=F, B=N)
# Calculate number <= observed
  n.over <- sum(Meanboot$replicates >= Meanboot$observed)
  PC[i,4] <- (n.over+1)/(N+1) # Store P for Low in column 4
# Print P
  print(PC[i,])
  }
```

C.5.5 3つの近似法を用いた標準誤差(SE)の推定

```
# Create Lizard data set
  Males <- c(16.4, 29.4, 37.1, 23, 24.1, 24.5, 16.4, 29.1, 36.7,
  28.7, 30.2, 21.8, 37.1, 20.3, 28.3)
  Females <- c(22.2, 34.8, 42.1, 32.9, 26.4, 30.6, 32.9, 37.5,
  18.4, 27.5, 45.5, 34, 45.5, 24.5, 28.7)
  n <- length(Males)
  Stamina <- c(Males,Females)
  Group <- c(rep(1, times = n), rep(2, times = n))
  Lizard.data <- data.frame(Stamina, Group)
# First do randomization test on lizard data
  Data <- Lizard.data$Stamina # Column containing data
  Group.Index <- Lizard.data$Group # Column giving group number
# Routine to calculate the required statistic - here the diff between
# two means
  Diff <- function(Group,X,Index)mean(X[Group==Index])-mean(X
  [Group!=Index])
  set.seed(20) #Initialize random number
  N <- 10000 # Number of randomizations
# Randomization test
  Meanboot <- bootstrap(Group.Index, Diff(Group.Index, Data, 1),
  trace=F, sampler=samp.permute, B=N)
  Lizard.Output <- Meanboot$replicates # Store replicates
# Calculating SE using normal approximation
  xobs <- abs(Meanboot$observed) # Observed mean difference
```

```
    df <- length(Data)-2 # degrees of freedom
    N <- length(Lizard.Output) # Output from randomizations
    n.over <- sum(abs(Lizard.Output) >= xobs) # Number exceeding xobs
    P <- (n.over+1)/(N+1) # Estimated P
    x.abscissa <- qt(P/2,df) # Calculate x from t distribution
    SE1 <- abs(xobs/x.abscissa) # Estimate SE
    t.value <- abs(qt(0.025,df)) # Compute t value
    U1 <- xobs+t.value*SE1 # Upper confidence bound
    L1 <- xobs-t.value*SE1 # Lower confidence bound
    print(c(xobs,P,SE1,L1,U1)) # Output
# Calculating SE using Average percentile method
    D1 <- abs(Lizard.Output) # Absolute values of randomized values
    D.sorted <- sort(D1) # Sort into ascending order
    Upper <- 0.95*length(D1) # Calculate upper 95% point
    C <- D.sorted[Upper] # Find value at this point
    t.value <- abs(qt(0.025,df)) # Compute t value
    SE2 <- C/t.value # SE
    U2 <- xobs+C # Upper confidence value
    L2 <- xobs-C # Lower confidence value
    print(c(C,SE2,L2,U2)) # Output
# Calculating SE using Percentile method
    D.sorted <- sort(Lizard.Output) # Sort into ascending order
    Upper <- 0.975*length(D1) # Calculate 97.5% point
    CU <- D.sorted[Upper] # Find value at this point
    Lower <- 0.025*length(D1) # Calculate 2.5% point
    CL <- D.sorted[Lower] # Find value at this point
    t.value <- abs(qt(0.025,df)) # Compute T value
    U3 <- CU+xobs # Upper confidence value
    L3 <- CL+xobs # Lower confidence value
    SE3 <- (U2-L2)/(2*t.value) # SE
    print(c(CL,CU,,SE3,L3,U3)) # Output
```

出力

```
    print(c( xobs,          P,        SE1,           L1,       U1))
            5.36   0.05649435   2.694143   -0.1587019   10.8787
    print(c(C,        SE2,        L2,           U2))
        5.5066667   2.6882677   -0.1466667   10.8666667
    print(c(CL,       CU,         SE3,         L3,         U3))
       -5.5066667   5.4666667   2.6785040   -0.1466667   10.8266667
```

● *327*

C.5.6 アリを摂食するデータにおける1元配置分散分析の無作為化法

```
    set.seed(0) # Set seed for randomization
# Enter data
    X.data <- c(13, 242, 105, 8, 59, 20, 2, 245, 515, 488, 88, 233,
    50, 600, 82, 40, 52, 1889, 18, 44, 21, 5, 6, 0)
    Month <- c("Jn","Jn","Jn","J","J","J","J","J","A","A","A","A",
    "A","A","A", "A","A","A","S","S","S","S","S","S")
    Group <- factor(Month) # Convert months to factor
    N <- 1000 # Set number of randomizations
    F.replicate <- matrix(0,N,1) # Set up matrix to take permuted Fs
    for (Iperm in 1:N) # Iterate over N randomizations
    {
# Note that on the first pass the F stats for original data calculated
    Data <- data.frame(Group,X.data) # Bind 2 variables into dataframe
    Model <- aov(Data[,2]~Data[,1], data=Data) # One-way anova.
    Model.summary <- summary(Model, SSType=3) # Do analysis
    F.value <- Model.summary$F[1] # Extract F value
    F.replicate[Iperm] <- F.value # Store F value
    X.data <- sample(X.data) # Permute set of observations
    }
    P <- mean(F.replicate >= F.replicate[1]) # Calculate P
    print(c(F.replicate[1], P)) # Output original F and P
```

出力

```
    print(c(F.replicate[1],      P))
                1.643906 0.196000
```

分散分析からの出力

	Df	Sum of Sq	Mean Sq	F Value	Pr(F)
Month	3	726695	242231.6	1.643906	0.2110346
Residuals	20	2947024	147351.2		

C.5.7 S-PLUSの「by」作業ルーチンを使った1元配置分散分析の無作為化法

```
  set.seed(0) # Initialize random number
  X.data <- c(13, 242, 105, 8, 59, 20, 2, 245, 515, 488, 88, 233,
  50, 600, 82, 40, 52, 1889, 18, 44, 21, 5, 6, 0)
  Month <- c("Jn","Jn","Jn","J","J","J","J","J","A","A","A","A",
  "A","A","A", "A","A","A","S","S","S","S","S","S")
  Group <- factor(Month) # Convert months to factor
  Perm.data <- X.data # Initiate collection of data
  N <- 999 # Number of randomizations
  Total <- N+1 # N + initial data results
# Produce N randomizations of data
  for (i in 1:N) {Perm.data <- c(Perm.data,sample(X.data))}
# Now add index and group membership
  Perm.Group <- rep(Group,Total) # Replicate N+1 times
  n <- length(X.data) # Size of data set
  Perm.Index <- sort(rep(seq(1:Total),n)) # Produce N+1 indices
  F.replicate <- matrix(0,Total,1) # Set up matrix to take permuted
# Fs
  d <- data.frame(Perm.Index,Perm.Group,Perm.data) # Bind three
# vectors together
# Use by routine to do N+1 anovas and store result in object ANOVA
  ANOVA <- by(d,d$Perm.Index,function(d) summary(aov(Perm.data~
  Perm.Group,data=d)))
  F.replicate <- matrix(0,Total,1) # Set up matrix to take permuted
# Fs
# Extract F values from ANOVA object
  for (i in 1:Total)
  {
  a <- unlist(ANOVA[i])
  F.replicate[i] <- a[7]
  }
  P <- mean(F.replicate >= F.replicate[1]) # Calculate P
  print(c(F.replicate[1],P)) # Output original F and P
```

出力

```
        print(c(F.replicate[1],        P))
                    1.643906    0.175000
```

分散分析からの出力

	Df	Sum of Sq	Mean Sq	F Value	Pr(F)
Month	3	726695	242231.6	1.643906	0.2110346
Residuals	20	2947024	147351.2		

C.5.8 2元配置分散分析の無作為化検定

データは3つの列を含む行列形式である．生データは下の左表に与えられている．セルの計数を同じにしたまま無作為化したデータセットを作成するために，データ列であるX列だけを無作為化した．その結果，1例として，右表が与えられる．

要因A	要因B	X
1	0	50
1	0	57
1	1	57
1	1	71
1	1	85
2	0	91
2	0	94
2	0	102
2	0	110
2	1	105
2	1	120

要因A	要因B	X
1	0	110
1	0	50
1	1	85
1	1	94
1	1	105
2	0	57
2	0	120
2	0	102
2	0	71
2	1	91
2	1	110

```
# Coding to do a two-way anova.
# Create data set
  Data <- c(50, 57, 57, 71, 85, 91, 94, 102, 110, 105, 120)
  Factor.A <- c(1, 1, 1, 1, 1, 2, 2, 2, 2, 2, 2)
  Factor.B <- c(0, 0, 1, 1, 1, 0, 0, 0, 0, 1, 1)
  Groups <- data.frame(Factor.A, Factor.B)
  Groups[,1] <- factor(Groups[,1]) # Ensure that variables are factors
  Groups[,2] <- factor(Groups[,2]) # Ensure that variables are factors
  Data <- Shaw.data[,3] # Extract data from column 3 of Shaw.data
  Obs.model <- aov(Data~Groups[,2]*Groups[,1]) # Initial ANOVA
  Obs.results <- summary(Obs.model,ssType=3) # Specifies Type 3 SS
   # summary(Obs.model)=Type I SS
```

```
# Function to get F statistics from two-way anova
   ANOVA <- function(Groups,Data)
   {
   Model <- aov(Data~Groups[,2]*Groups[,1])
   Fs <- summary(Model,ssType=3)$"F Value" # Type III sums of squares
   return(c(Fs[1],Fs[2],Fs[3]))
   }
# Do randomization
   N <- 1000 # Number of randomizations
   F.values <- matrix(0,N,3) # Set up matrix to take F values
   for (iperm in 1:N) # Iterate through randomizations
   {
   F.values[iperm,] <- ANOVA(Groups,Data) # Note that first pass is
# on original data
   Data <- sample(Data) # Randomize data vector
   }
# Print out results
   Obs.results
   for (i in 1:3)
   {print(c("Random P for ",i," = ", mean(F.values[,i]>=
   F.values[1,i])))}
```

出力

Type III Sum of Squares

	Df	Sum of Sq	Mean Sq	F Value	Pr(F)
Groups[, 1]	1	4807.934	4807.934	45.00908	0.0002752
Groups[, 2]	1	597.197	597.197	5.59061	0.0500130
Groups[, 1]:Groups[, 2]	1	11.408	11.408	0.10679	0.7533784
Residuals	7	747.750	106.821		

```
"Random P for "    "1"     " = "      "0.001"
"Random P for "    "2"     " = "      "0.061"
"Random P for "    "3"     " = "      "0.77"
```

C.5.9 分散の均一性に対するルベーン検定

```
# Calculating Levene's test
# Enter data
  Month <- c("Jn","Jn","Jn","J","J","J","J","J","A","A","A","A","A",
  "A","A","A", "A","A","S","S","S","S","S","S")
  Ants.eaten <- c(13, 242, 105, 8, 59, 20, 2, 245, 515, 488, 88,
  233, 50, 600, 82, 40, 52, 1889, 18, 44, 21, 5, 6, 0)
  Ant.data <- data.frame(Month,Ants.eaten)
# Function to calculate absolute differences from means within groups
  Levene <- function(x)abs(x-mean(unlist(x)))
# Calculate absolute differences between group means and observations
  Abs.diffs <- by(Ant.data$Ants.eaten, Ant.data$Month , Levene)
# Combine group designator "Group" with Absolute differences
  Abs.diffs <- unlist(Abs.diffs) # Remove list structure
# Sort Month to correspond with "by results"
  Month <- sort(Month)
# Combine into columns
  Data <- data.frame(Month,Abs.diffs)
# Do ANOVA
  summary(aov(Data$Abs.diffs~Data$Month, data=Data))
```

出力

	Df	Sum of Sq	Mean Sq	F Value	Pr(F)
Data.1	3	639142	213047.4	2.857091	0.06284734
Residuals	20	1491359	74567.9		

無作為化検定の結果(「Data」ファイルと C.5.6, C.5.7 にあるプログラムコードを使っている).

```
print(c(F.replicate[1],    P))
           2.857091  0.052600
```

C.5.10 無作為化による χ^2 分割表解析

```
  set.seed(3) # Initialize random number seed
  Data.File <- numerical.matrix(Shad.data) # Get data and convert
# to matrix
  n <- sum(Data.File) # Find total sample size
  nos.of.rows <- nrow(Data.File) # Find number of rows
  nos.of.cols <- ncol(Data.File) # Find number of columns
  rows <- NULL # Set up vector for row entries
  cols <- NULL # Set up vector for column entries
# Construct row and column vectors (= M matrix)
  for (irow in 1: nos.of.rows) # Iterate over rows
  {
  for(icol in 1:nos.of.cols) # Iterate over columns
  {
  rows <- c(rows, rep(irow,Data.File[irow,icol])) # Row entries
# correspond to r
  cols <- c(cols,rep(icol,Data.File[irow,icol])) # Column entries
# correspond to c
  }}
  obs.chi <- chisq.test(Data.File, correct=F) # Test on original data
# Create function to reconstruct data matrix from M matrix and do test
# n.rows = number of rows, n.cols = number of columns,
# r.s, c.s = vectors corresponding to columns of M matrix, m =
# number of entries
  Chi.random <- function(r.s,c.s,n.rows,n.cols,m)
  {
# Randomized data matrix
  M.random <- matrix(0,n.rows,n.cols)
  for ( i in 1:m) {M.random[r.s[i],c.s[i]] <- M.random[r.s[i],
  c.s[i]]+1}
# Chi-square test
  chi <- chisq.test(M.random, correct=F)
  return(chi$statistic) # Return chi-square value
  }
  N <- 1000 # Number of permutations
  Chi.replicate <- matrix(0,N,1) # Set up matrix to take permuted Fs
```

```
  for (Iperm in 1:N) # Iterate over N permutations
  {
# Note that on the first pass the Chi2 value for original data
# calculated
# Extract Chi value
  Chi.value <- Chi.random(rows,cols,nos.of.rows,nos.of.cols,n)
  Chi.replicate[Iperm] <- Chi.value # Store Chi value
  cols <- sample(cols) # Randomize column vector
  }
  P <- mean(Chi.replicate >= Chi.replicate[1]) # Calculate P
  obs.chi # Chi2 on original data
  print(c(Chi.replicate[1],P)) # Output original F and P
```

出力

```
obs.chi
Pearson's chi-square test without Yates' continuity correction
data:  Data.File
X-square = 236.4939, df = 117, p-value = 0

> # Chi2 on original data
 print(c(Chi.replicate[1],    P))
              236.4939   0.0010
There were 11 warnings (use warnings() to see them)
```

chisq.test 作業ルーチンでは，セル内の標本サイズが小さい場合に注意するよう警告が与えられる．この警告は無視できる．

C.5.11 発生させたデータにおける線形回帰の切片と傾きに対する無作為化解析

```
  set.seed(4) # Initialize random number seed
  x <- runif(20,0,1) # Generate 20 uniform random numbers
  y <- x + rnorm(20,0,1) # Generate 20 random normal, N(0,1) and
# add to x
# Routine to fit linear regression and extract coefficients
  Lin.reg <- function(x.data,y.data){coef(lm(y.data~x.data))}
```

```
  obs.regression <- summary(lm(y~x)) # Calculate regression stats
# for observations
# Use bootstrap routine to do permutations
  N <- 1000 # Number of permutations
  Meanboot <- bootstrap(x, Lin.reg(x,y), sampler=samp.permute, B=N,
  trace=F)
# Calculate number of permutations in which absolute difference > than
# observed
# intercept
  n.over.a <- sum(abs(Meanboot$replicates[,1]) >= abs(Meanboot
  $observed[1]))
# Slope
  n.over.b <- sum(abs(Meanboot$replicates[,2]) >= abs(Meanboot
  $observed[2]))
  Pa <- (n.over.a+1)/(N+1) # Remember to add 1 for observed value
  Pb <- (n.over.b+1)/(N+1) # Remember to add 1 for observed value
  obs.regression # Print observed regression stats
  print(c(Pa,Pb)) # Print P
```

出力

```
obs.regression
Call:  lm(formula = y ~ x)
Residuals:
    Min      1Q   Median      3Q     Max
 -1.642  -0.6467  0.07469  0.6928  1.423

Coefficients:
              Value    Std. Error   t value   Pr(>|t|)
 (Intercept)  0.2758   0.3814       0.7231    0.4789
           x  0.9142   0.7241       1.2625    0.2229
Residual standard error:  0.8685 on 18 degrees of freedom
Multiple R-Squared:  0.08135
F-statistic:  1.594 on 1 and 18 degrees of freedom, the p-value is
0.2229

Correlation of Coefficients:
     (Intercept)
 x    -0.8607
> # Print observed regression stats
 print( c(Pa,      Pb))
    0.8811189   0.2147852
```

C.5.12　図5.12に示された，distance行列とdifference行列を作成するためのプログラムコード

「Spacial.data」は以下のようなデータを含んでいる：

2	2	0	0	0
1	2	0	0	5
2	0	0	0	6
0	1	0	5	7
0	1	0	5	4
0	0	0	3	5

```
# First create three column matrix
# Col 1 contains "x" coordinate
# Col 2 contains "y" coordinate
# Col3 contains data
   Nrows <- 6 # Number of rows
   Ncols <- 5 # Number of columns
   N <- Nrows*Ncols
   M <- matrix(0,N,3)
   Row <- 0 # Set up row counter
   for ( irow in 1:Nrows){ # Iterate over rows
   for (icol in 1:Ncols){ # Iterate over columns
   Row <- Row+1 # Increment row counter
   M[Row,1] <- irow # Save x coordinate
   M[Row,2] <- icol # Save y coordinate
   M[Row,3] <- Spatial.data[irow,icol] # Save data
   }}
# Now form matrix of distances and differences using data in matrix
# Spatial.data
   Distance <- matrix(0,N,N) # Distance matrix
   Difference <- matrix(0,N,N) # Difference matrix
   for (irow in 1:N){ # Iterate over x coordinates
   for (icol in irow:N){ # Iterate over y coordinates
   Distance[irow,icol] <- sqrt((M[irow,1]-M[icol,1])^2+(M[irow,2]-M[icol,2])^2)
   Difference[irow,icol] <- abs(M[irow,3]-M[icol,3])
```

}}

C.5.13 マンテル検定

```
# Coding for Mantel Test using data shown in Fig. 5.12 and C.5.12
   set.seed(1) # Initialize random number
   Mx <- Distance # Enter X matrix
   My <- Difference # Enter Y matrix
# Function to Convert matrix into vector excluding duplicate elements
   Vector <- function(M)
   {
   n <- nrow(M) # Number of rows and columns
   V <- NULL # Set up vector
# Iterate over cols
   for (i in 1:n)
   {
# Iterate over rows
   for(j in i:n) if(i!=j)V <- c(V,M[i,j]) # Accumulate data
   }
# Note that diagonal is excluded.  In some cases it may be included
   return(V)
   }
   Vx <- Vector(Mx) # Create vector x
   Vy <- Vector(My) # Create vector y
   N <- 1000 # Number of permutations
# Use bootstrap routine to do permutations using cor
   Meanboot <- bootstrap(Vx,cor(Vx,Vy),sampler=samp.permute,B=N,
   trace=F)
# Calculate number of permutations in which absolute difference >
# than observed
   n.over <- sum(abs(Meanboot$replicates)>=abs(Meanboot$observed))
   P <- (n.over+1)/(N+1) # Remember to add 1 for observed value
   print(c(Meanboot$observed,P)) # Print observed correlation and P
```

出力

```
  print(c(Meanboot$observed,      P))
                 0.1598842    0.003996004
```

C.6.1　データセットの10％を検査データセットとして使った，2つの重回帰式に対する交差検定

```
set.seed(1) # Set random number seed
Data <- Cricket.Data # Pass data to file Data
Nreps <- 1000 # Number of randomizations
n <- nrow(Data) # Find number of rows in data set
Index <- rep(seq(1,10), length.out=n) # Create an index vector
# in ten parts
Data <- cbind(Data,Index) # Combine Data and index vector
Last.col <- ncol(Data) # Last column for index
# Function to determine residual sums of squares
# D=Data; I=Index value; K=col for Index; R=col for obs. value;
# Model=model object
SS <- function(D,I,K,R,Model)
{
Obs <- D[D[,K]==I,R] # Observed value
Pred <- predict(Model,D[D[,K]==I,]) # Predicted value using
# fitted model
return(sum((Obs-Pred)^2)) # Residual sums of squares
}
RSS <- matrix(0,Nreps,2) # Matrix for residual sums of squares
for (i in 1:Nreps) # Iterate over randomizations
{
Index <- sample(Index) # Randomize index vector
Data[,Last.col] <- Index # Place index values in last column of
# Data
# Compute model objects Note that Last.col is the column for the
# index values
Model1 <- lm(OVARY.WT~F.coef+MORPH+HEAD.WTH:MORPH,data=
Data[Data[,Last.col]!=1,])
Model2 <- lm(OVARY.WT~HEAD.WTH*F.coef*MORPH,data=
Data[Data[,Last.col]!=1,])
RSS[i,1] <- SS(Data,1,Last.col,1,Model1) # Store RSS for Model 1
RSS[i,2] <- SS(Data,1,Last.col,1,Model2) # Store RSS for Model 2
}
t.test(RSS[,1], y=RSS[,2],paired=T) # Do paired t test
```

```
print(c(mean(RSS[,1]), mean(RSS[,2]))) # Print means
```

出力

```
data:  RSS[, 1] and RSS[, 2]
t = -3.1672, df = 999, p-value = 0.0016
alternative hypothesis:  mean of differences is not equal to 0
95 percent confidence interval:
 -0.04489097 -0.01054436
sample estimates:
mean of x - y
   -0.02771766
```

C.6.2 loess 作業ルーチンを用いて平滑化関数を適合させるプログラムコード．プロットを発生させるプログラムコードは与えられるが，その出力は示されない

```
# Generate data for plots in Figure 6.12
   set.seed(1) # Set random number seed
   n <- 100 # Sample size
   Curves <- matrix(0,n,5) # Matrix for data
   x <- seq(5,20,length=n) # values of x
   Curves[,1] <- x # Store x
   error <- rnorm(n,0,0.06) # Errors
   Curves[,2] <- dnorm(x, 10,1 )+ dnorm(x,12,1) # Curve
   Curves[,3] <- dnorm(x, 10,1 )+ dnorm(x,12,1)+error # Add error to
# curve
# Fit function using loess
   SPAN <- 0.3 # Set span value
   DEG <- 2 # Set degrees (1 or 2)
# Fit loess model
   L.smoother1 <- loess(Curves[,3]~Curves[,1], span=SPAN, degree=DEG)
# Calculate predicted curve with standard errors
# Set range of x
   x.limits <- seq(min(Curves[,1]),max(Curves[,1]),length=50)
# Prediction model
   P.model <- predict.loess(L.smoother1, x.limits, se.fit=T)
```

```
C.INT <- pointwise(P.model, coverage=0.95) # Calculate values
Pred.C <- C.INT$fit # Predicted y at x
Upper <- C.INT$upper # Plus 1 SE
Lower <- C.INT$lower # Minus 1 SE
plot(Curves[,1], Curves[,3]) # Plot points
lines(Curves[,1], Curves[,2], lty=2) # Plot true function
lines(x.limits,Pred.C) # Plot loess prediction
lines(x.limits,Upper,lty=4) # Plot plus 1 SE
lines(x.limits,Lower,lty=4) # Plot minus 1 SE
Fits <- fitted(L.smoother1) # Calculate fitted values
Res <- residuals(L.smoother1) # Calculate residuals
# Plot residuals on fitted values with simple loess smoother
scatter.smooth(fitted(L.smoother1),residuals(L.smoother1),span=1,
degree=1)
summary(L.smoother1) # Output basic stats for smoothed function
```

出力

```
summary(L.smoother1)
Call:
loess(formula = Curves[, 3] ~ Curves[, 1], span = SPAN, degree = DEG)
Number of Observations:   100
Equivalent Number of Parameters:  9.8
Residual Standard Error:   0.05831
Multiple R-squared:  0.92
Residuals:
     min       1st Q     median     3rd Q      max
  -0.1357   -0.03365   -0.003501   0.03404   0.1517
```

C.6.3 loess 関数を適合させるときの 10 分割交差検定のプログラムコード

```
# Generate data as shown in Figure 6.2
set.seed(1) #initiate random number generator
n <- 100 # sample size
Curves <- matrix(0,n,3) # Matrix for data
x <- seq(5,20,length=n) # values of x
```

```
    error <- rnorm(n,0,0.06) # errors
    Curves[,1] <- x
    Curves[,2] <- dnorm(x, 10,1 ) + dnorm(x,12,1)+error # add error
# to curve
# Add index for cross validation.
# Note that because data is created sequentially index is also
# randomized
    Curves[,3] <- sample(rep(seq(1,10), length.out=n))
# For simplicity put Index numbers in separate vector
    Index <- Curves[,3]
# Do ten-fold cross validation
    for ( i in 1:10)
    {
    Data <- data.frame(Curves[Index!=i,]) # Select subset of data
    CV.data <- data.frame(Curves[Index==i,]) # Store remainder
# Fit model
    L.smoother <- loess(X1.2~X1.1,data=Data,span=0.3,degree=2)
    R2 <- summary(L.smoother)$covariance # Multiple r for fitted values
    Predicted <- predict.loess(L.smoother,CV.data) # Calculate
# predicted curve
# Calculate correlation between predicted and observed
    r <- cor(CV.data[,2], Predicted, na.method="omit")
    print(c(i,r^2, R2)) # Print predicted and observed multiple R
    plot(CV.data[,2],Predicted) # Plot not shown
    }
```

出力

2番目の列は識別番号,3番目の列は除去したデータに適合させたときのr^2, 4番目の列は訓練データセットのときのモデルの適合に対するr^2である.

```
    [1]    1.0000000    0.9441238    0.9223947
    [1]    2.0000000    0.9317727    0.9236801
    [1]    3.0000000    0.9173710    0.9226224
    [1]    4.0000000    0.9558029    0.9225427
    [1]    5.0000000    0.1852531    0.9328380
    [1]    6.0000000    0.8964556    0.9292294
    [1]    7.0000000    0.9436588    0.9231652
    [1]    8.0000000    0.9102181    0.9250648
    [1]    9.0000000    0.9553580    0.9211906
    [1]   10.0000000    0.8396268    0.9322675
```

C.6.4 多変量データに対してloess曲線を適合させるプログラムコード

```
# Generate data plotted in Figure 6.5
  set.seed(1) # Initialize random number
  N <- 100 # Number of data points
  X1 <-runif(N,15,19) # Generate values of X1
  X2 <-runif(N,0,20) # Generate values of X2
# Nest density at these sites
  Y <- matrix(0,N) # Set up matrix for Y values
  for ( i in 1:N)
  {
  if(X1[i]<17) Y[i] <- 5 + rnorm(1,0,2) # error N(0,2)
  if(X1[i]>=17 & X2[i] < 10) Y[i] <- 10 + rnorm(1,0,4)
# error N(0,4)
  if (X1[i] >= 17 & X2[i] >= 10) Y[i] <- 20 + rnorm(1,0,8)
# error N(0,8)
  }
# Plot perspective surface using interpolation (top row in Fig 6.5)
  persp(interp(X1,X2,Y), xlab="X1", ylab="X2", zlab="Y")
  Data <- data.frame(Y,X1,X2) # Create data file
# Fit loess function using quadratic
  Density <- loess(Y~X1*X2, data= Data, degree=2)
# Generate equally spaced grid (20x20) for plot of loess-generated
# surface
  X1.predict <- rep(seq(from=min(X1), to=max(X1), length=20),
  times=20)
  X2.predict <- sort(rep(seq(from=min(X2), to=max(X2), length=20),
  times=20))
  X.predict <- cbind(X1.predict,X2.predict) # Concatenate X1,X2
# values
  dimnames(X.predict) <- list(NULL, c("X1","X2")) # Add names to
# columns
  X.predict <- data.frame(X.predict) # Convert to data frame
  Density.predict <- predict.loess(Density, X.predict) # Predict Y
  X1 <- seq(from=min(X1), to=max(X1), length=20) # Set X1 for persp
  X2 <- seq(from=min(X2), to=max(X2), length=20) # Set X2 for persp
```

```
# Convert predicted values into matrix
   Z <- matrix(Density.predict,20,20)
   persp(X1,X2,Z,xlab="X1", ylab="X2", zlab="Y") # Plot loess plot
```

C.6.5　密度データを使って適合させた2つのloess平面の比較

```
# Generate data plotted in Figure 6.5
   set.seed(1) # Initialize random number
   N <- 100 # Number of data points
   X1<-runif(N,15,19) # Generate values of X1
   X2 <- runif(N,0,20) # Generate values of X2
# Nest density at these sites
   Y <- matrix(0,N) # Set up matrix for Y values
   for ( i in 1:N)
   {
   if(X1[i]<17) Y[i] <- 5 + rnorm(1,0,2) # error N(0,2)
   if(X1[i]>=17 & X2[i] < 10) Y[i] <- 10 + rnorm(1,0,4)
# error N(0,4)
   if (X1[i] >= 17 & X2[i] >= 10) Y[i] <- 20 + rnorm(1,0,8)
# error N(0,8)
   }
   Density1 <- loess(Y~X1*X2,data=Data,degree=1) # Fitted with
# degree 1
   Density2 <- loess(Y~X1*X2,data=Data,degree=2) # Fitted with
# degree 2
   Density1 # Output result for 1st fit
   Density2 # Output result for 2nd fit
   anova(Density1,Density2) # Compare with anova
```

出力

```
Call:
loess(formula = Y ~ X1 * X2, data = Data, degree = 1)

Number of Observations:   100
Equivalent Number of Parameters:   4.8
Residual Standard Error:   5.043
```

```
Multiple R-squared:   0.54

Call:
loess(formula = Y ~ X1 * X2, data = Data, degree = 2)

Number of Observations:   100
Equivalent Number of Parameters:   9.2
Residual Standard Error:   4.458
Multiple R-squared:   0.67

> anova(Density1, Density2)
Model 1:
loess(formula = Y ~ X1 * X2, data = Data, degree = 1)
Model 2:
loess(formula = Y ~ X1 * X2, data = Data, degree = 2)
Analysis of Variance Table
     ENP    RSS    Test    F Value    Pr(F)
1    4.8    2358.0 1 vs 2   6.15      0.000074947
2    9.2    1743.1
```

C.6.6 プロットを発生させ，図6.7に示したチャップマン・リチャードの方程式の曲線を適合させるプログラムコード．適合性の検定も与えられている．出力文はあるが，プロットは示されない

```
# Generate data
    set.seed(1) # initiate random number generator
    n <- 200 # Sample size
    X <- runif(n, 0.1,10) # values of X
    error <- rnorm(n,0,20) # error terms
    Y <- 5 + 95*(1-exp(-1*X))^5 # Chapman curve
    Y <- Y + error # Add error term
# Deterministic curve (error = mean=0)
    X.zero <- seq(min(X), max(X), length=n) # Set X values
    Y.zero <- 5 + 95*(1-exp(-1*X.zero))^5 # Calculate deterministic
# value
```

```
    Data <- data.frame(X,Y) # Combine X and Y into data frame
# Fit GAM to X, Y
    Fit.gam <- gam(Y~lo(X), data=Data)
# Fit linear (Fit.lin) and then quadratic (Fit.quad) regressions
    Fit.lin <- lm(formula=Y ~ X , data = Data, na.action = na.exclude)
    Fit.quad <- lm(formula=Y~X + X^2, data=Data, na.action=na.exclude)
# Calculate predicted value using quadratic fit
    pred.y <- predict(Fit.quad)
    d <- data.frame(X, pred.y) # Convert to data frame
# sort data to produce sequence for line plot
    newd <-sort.col(target=d, columns.to.sort="@ALL",columns.to.
    sort.by="X",ascending=T)
# Plot results with quadratic fit on first plot
    plot(X,Y) # Original data
    lines(X.zero, Y.zero) # Deterministic curve
    lines(newd[,1], newd[,2]) # Quadratic fit
    plot(Fit.gam, residuals=T, se=T,rug=F) # GAM fit
# Output Results
    anova(Fit.gam) # Fit of GAM model
    summary(Fit.lin) # Fit of linear regression
    summary(Fit.quad) # Fit of quadratic
    anova(Fit.quad,Fit.gam) # Compare quadratic and GAM models
```

出力（まとめたもの）

```
>anova(Fit.gam)
DF for Terms and F-values for Nonparametric Effects
            Df    Npar Df    Npar F    Pr(F)
  (Intercept)   1
       lo(X)   1     2.2     72.17551    0
>summary(Fit.lin)
Call:  lm(formula=Y~X, data=Data, na.action=na.exclude)
Coefficients:
              Value    Std. Error    t value    Pr(>|t|)
  (Intercept)   31.1040    3.6782     8.4564     0.0000
           X    8.8805    0.6428    13.8155     0.0000
Residual standard error:  27.51 on 198 degrees of freedom
Multiple R-Squared:  0.4908
F-statistic:   190.9 on 1 and 198 degrees of freedom, the p-value is
```

```
0>summary(Fit.quad)
Call:   lm(formula=Y~X + X^2, data=Data, na.action=na.exclude)
Coefficients:
              Value    Std. Error   t value   Pr(>|t|)
 (Intercept) -5.5812   4.1689      -1.3388    0.1822
           X 31.9984   2.0013      15.9887    0.0000
      I(X^2) -2.3082   0.1937     -11.9160    0.0000
Residual standard error:  21.03 on 197 degrees of freedom
Multiple R-Squared:  0.7041
F-statistic:  234.4 on 2 and 197 degrees of freedom, the p-value is
0>anova(Fit.lin, Fit.quad)
Analysis of Variance Table
Response:  Y
      Terms   Resid. Df      RSS    Test    Df   Sum of Sq
1         X        198  149894.1
2   X + X^2        197   87108.9  +I(X^2)   1    62785.15
                                           F Value   Pr(F)
                                       1
                                       2   141.9909        0
>anova(Fit.quad, Fit.gam)
Analysis of Variance Table
Response:  Y
      Terms   Resid. Df      RSS    Test      Df    Sum of Sq
1   X + X^2   197.0000   87108.94
2     lo(X)   195.7897   82594.88  1vs2    1.210328  4514.059
                                          F Value     Pr(F)
                                       1
                                       2  8.840986   0.001830153
```

C.6.7　回帰木を作成し，交差検定を行うプログラムコード

```
# Coding to generate the data shown in Fig.6.5
    set.seed(1) # Initialize random number
    N <- 100 # Number of data points
    X1 <-runif(N,15,19) # Generate values of X1
    X2 <-runif(N,0,20) # Generate values of X2
# Nest density at these sites
```

```
Y <- matrix(0,N) # Set up matrix for Y values
for ( i in 1:N)
{
if (X1[i]<17) Y[i] <- 5+rnorm(1,0,2) # error N(0,2)
if (X1[i]>=17 & X2[i] < 10) Y[i] <- 10+rnorm(1,0,4)
# error N(0,4)
if (X1[i] >= 17 & X2[i] >= 10) Y[i] <- 20+rnorm(1,0,8)
# error N(0,8)
}
Data.df <- data.frame(X1,X2,Y) # Concatenate into dataframe
# Coding to generate regression tree and perform cross-validation
set.seed(1) # Initiate random number
Tree <- tree(Y~X1+X2,Data.df) # Create tree
plot(Tree); text(Tree) # Plot tree with text
Pruned.Tree <-prune.tree(Tree) # Prune tree
plot(Pruned.Tree) # Plots deviance against size
Size <- NULL # set up Size vector
gtotal <- NULL # set up matrix for output data
for (i in 1:10) # Iterate over 10 cross-validations
{
Tr <- cv.tree(Tree,, prune.tree) # Apply cross-validation routine
plot(Tr) # Plot results
g <- cbind(Tr$dev,Tr$size) # Make matrix with 2 cols, dev & size
gtotal <- cbind(gtotal,g) # Save data for later plotting
g <- data.frame(g) # Convert to data frame and sort
g1 <- sort.col(target=g, columns.to.sort="@ALL",
columns.to.sort.by=list("g.1"), ascending=T)
Size <- c(Size,g1[1,2]) # Store size for smallest deviance
}
Size # Print best Size for the ten runs
Avg.Size <- floor(mean(Size)) # Get the integer value of mean Size
Tree.pruned <- prune.tree(Tree,best=Avg.Size) # Use Avg.Size to
# prune tree
summary(Tree.pruned) # Output results
Tree.pruned$size # Output possible tree sizes
plot(Tree.pruned);text(Tree.pruned) # plot tree
```

出力（プロットは示されていない）

```
# Print best Size for the ten runs
  Size
  3 3 3 3 3 4 4 4 3 3
# Use Avg.Size to prune tree
  summary(Tree.pruned)
  Regression tree:
  snip.tree(tree = Tree, nodes = c(2., 6., 7.))
  Number of terminal nodes:  3
  Residual mean deviance:  13.83 = 1342 / 97
```

C.6.8 与えられた回帰木に対して無作為化検定を行うための関数

```
# Function to perform randomization
  Tree.Random <- function(formula, data, Ypos, Ibest, N.Rand=100)
  {
# Check that a tree of required size actually exists for the real data
  Random.tree <- tree(formula, data) # Calculate tree
  R1 <- prune.tree(Random.tree, best=Ibest) # Prune tree
  R1.summary <- summary(R1) # Summary data
  if(R1.summary$size!=Ibest) stop("A tree of this size cannot be
  fitted to data")
  Deviances <- matrix(0,N.Rand) # Matrix to store deviances
  Sizes <- matrix(0,N.Rand) # Matrix to store actual sizes used
  nrows <- nrow(data) # Number of rows in data
  for (i in 1:N.Rand) # Iterate over randomizations
# Note that on first pass there is no randomization
  {
  Random.tree <- tree(formula, data) # Calculate tree
  R1 <- prune.tree(Random.tree, best=Ibest) # Prune tree
  R1.summary <- summary(R1) # Summary data
  Deviances[i] <- R1.summary$dev # Store deviances
  Sizes[i] <- R1.summary$size # Store number of terminal nodes
  data[,Ypos] <- data[sample(nrows),Ypos] # Randomize y
  }
```

```
   P <- length(Deviances[Deviances<=Deviances[1]])/N.Rand
# Calculate P
   SE <- sqrt(P*(1-P)/N.Rand) # Calculate SE
   print("Probability of random tree having smaller deviance (SE)")
   print(c(P, SE)) # Output P and SE
   print("Summary of sizes actually used in randomization")
   print(summary(Sizes)) # summary data of sizes
   }
# ***********************************
# Call to function
# Description of parameters in order:
# Model statement, e.g.  Y ~X1 + X2
# Data file, e.g.  Data.df, which is the dataframe created in C.6.7
# Column for Response variable, e.g.  Ypos = 3
# Size of tree to compare, e.g.  Ibest = 3
# Number of randomizations, e.g.  N.Rand=100
   Tree.R <-Tree.Random(Y~X1+X2,Data.df,Ypos=3,Ibest=3,N.Rand=100)
```

出力

```
[1] "Probability of random tree having smaller deviance (SE)"
[1] 0.010000000 0.009949874
[1] "Summary of sizes actually used in randomization"
    Min.  1st Qu.  Median   Mean  3rd Qu.   Max.
    3.00    3.00    4.00    4.24    5.00   12.00
```

C.7.1 平均と分散の事前分布および1つの観測値xを基にした，正規分布の平均に対する事後確率の計算

分かりやすくするために，ループ作業ルーチンを用いた．しかし，多くの場合，それはあまり効果的ではないだろう．

```
# Set up parameter values
   mu0 <- c(0,0.5,1,3) # μ0
   Pmu0 <- c(.1,.2,.5,.2) # p1(μ0)
   sigma0 <- c(.25,.3,.5,.75) # σ0
   Psigma0 <- c(0.01,0.05,0.9,0.04) # p2(σ0)
```

349

```
x <- 1.5 # x
# Calculate matrix of prior probabilities for μ0 and σ0 based on x
Px <- matrix(0,4,4) # Set up matrix for data
# Iterate over the 16 combinations
for (mu in 1:4)
{
for (sigma in 1:4)
{
Px[sigma,mu] <- dnorm(x,mu0[mu],sigma0[sigma])*Pmu0[mu]
*Psigma0[sigma]
}
}
Denom <- sum(Px)
Px <- Px/Denom
# Now iterate over values of theta
Theta <- seq(0,3,0.01) # Vector of theta values
n <- length(Theta) # Length of vector
sd <- 0.5 # σ
Posterior <- matrix(0,n,1) # Set up matrix for posterior
# Iterate over all combinations.  Note that theta does not require a loop
for (mu in 1:4)
{
for (sigma in 1:4)
{
sd1 <- 1/((1/sigma0[sigma]^2)+ (1/sd^2)) # σ1
mu1 <- sd1*((1/sigma0[sigma]^2)*mu0[mu]+(1/sd^2)*x) # μ1
P <- dnorm(Theta,mu1,sd1)*Px[sigma,mu] # P given μ0,σ0
Posterior <- Posterior + P # Posterior
}}
sum(Posterior)
plot(Theta, Posterior)
```

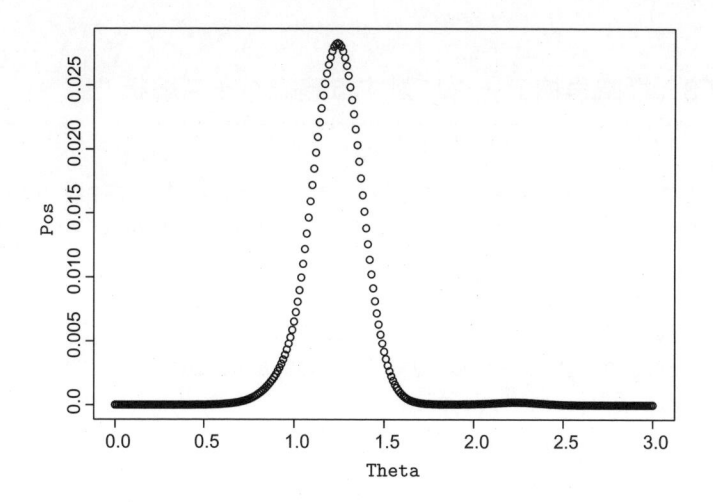

C.7.2 2値データに対するベイズ解析

曲線より下の部分はビン幅 0.001 の頻度ポリゴンを基にしていることに留意してほしい.

```
# Function to calculate likelihood)
    Likelihood <- function(theta,x,n) choose(n,x)*theta^x*(1-theta)^
    (n-x)
    Theta <- seq(0,1,0.001) # Vector of theta values
    L1 <- Likelihood(Theta,8,10) # Likelihoods
    Area <- sum(L1) # Approximate area under the curve
    Posterior <- L1/Area # Posterior probabilities
    Max.Prob <- max(Posterior) # Find maximum probability for
# scaling plot
    plot(Theta, Posterior/Max.Prob) # Plot scaled posterior probability
# Calculate new posterior based on further observation of x=5, n=10
    Prior <- Posterior # New prior
    L2 <- Likelihood(Theta,5,10)*Prior # Likelihoods x Prior
    Area <- sum(L2) # Approximate area under the curve
    Posterior <- L2/Area # Posterior probabilities
    Max.Prob <- max(Posterior) # Find maximum prbability for scaling
# plot
    plot(Theta, Posterior/Max.Prob) # Plot scaled posterior probability
```

C.7.3　標識再捕データに対する連続ベイズ解析

```
# Function to calculate probability of m marked in sample of n
    Recaptures <- function(theta,n,m){choose(n,m)*theta^m*(1-theta)^(n-m)}
# Get data elements
    n <- c(34,42,43,40,32,56,42,44,56,44)
    M <- c(50,84,125,168,207,239,294,335,375,428)
    m <- c(0,1,0,1,0,1,1,4,3,1)
# Analyze First sample
    Nmin <- 500 # Lowest N
    Npop <- seq(Nmin, 30000, by=100) # Values of N used
    Nvalues <- length(Npop) # Find number of N
# Set up matrix to take posterior probabilities
    Posterior <- matrix(0,Nvalues,10)
    Theta <- M[1]/Npop # Vector of theta values
    Prob <- Recaptures(Theta,n[1],m[1]) # Binomial probabilities
    Posterior[,1] <- Prob/sum(Prob) # Posterior probabilities
# Now iterate over remaining nine samples
    for ( i in 2:10)
    {
    Theta <- M[i]/Npop # Vector of theta values
    Prob <- Recaptures(Theta,n[i],m[i]) # Binomial probabilities
    Posterior[,i] <- Prob*Posterior[,i-1] # Posterior probabilities
    Posterior[,i] <- Posterior[,i]/sum(Posterior[,i])
# Posterior probabilities
    }
    plot(rep(Npop,10),Posterior[,]) # Plot all 10 curves
```

付録 D
練習問題の解答

2章の解答

コンピュータの違いによって，無作為化とブートストラップ化の作業ルーチンは少し異なる確率を計算するかもしれない．

問題 2.1
以下はこの問題を解くためのS-PLUSのプログラムコードである．

```
# The following two lines actually generated the X values
  set.seed(1) # Initialize random num-ber generator
  x <- rnorm(10,0,1) # Generate 10 normal deviates
# The following is the coding for calculating LL and plotting
  Mean.X <- mean(X) # Calculate mean of data set
# Generate a sequence of mu values from -3 to +3
  mu <- seq(from=-3, to=3, by=0.1)
  n <- l ength(mu) # Get the length of mu
# Create a matri x to store log-likelihoods
  LL <- matri x(0,n,1)
  constant <- log(1/sqrt(2*pi)) # Calculate constant
# Calculate log-likelihoods for each value of theta
  for (i in 1:n){LL[i] <- sum(constant-.5*(X-mu[i])^2)}
# Find maximum value and Concatenate mu and LL
  Out <-matrix(c(mu,LL), nrow=n, ncol=2)
  LLmax <- max(LL) # Find maxi mumLL
  mu.LL <- Out[Out[,2]==LLmax] # Find mu corresponding to this value
```

```
# Print results
  Mean.X
  mu.LL
# Plot data
  plot(mu,LL, xlab="mu", ylab="log-Likelihood", cex=1)
```

出力

```
Mean.X
0.2989654
mu.LL
0.30000-13.13142
```

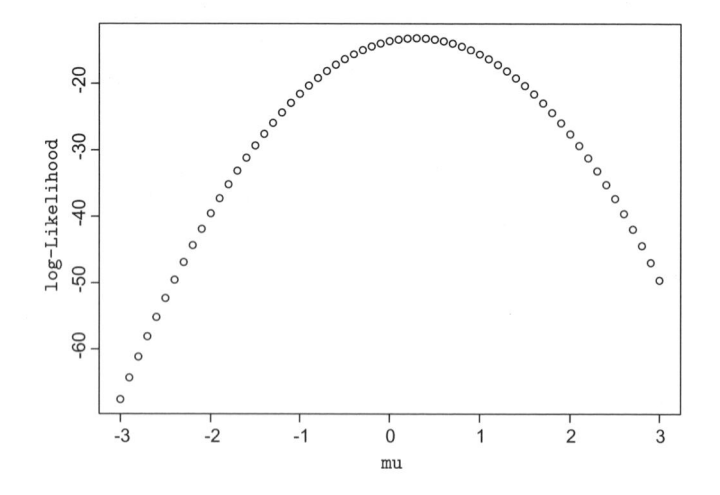

問題 2.2

$\sum_{i=1}^{n}(x_i - \bar{x})^2 = \sum_{i=1}^{n} x_i^2 - n\bar{x}^2$. $\mu = 0$ なので,$E(x)$ を「x の期待値」とすると,$E(x_i) = 0$, $E(\bar{x}) = 0$, $E(x_i^2) = \sigma^2$, $E(\bar{x}^2) = \sigma^2/n$ となる.よって,$E(\sum_{i=1}^{n}(x_i - \bar{x})^2) = n\sigma^2 - \sigma^2 = (n-1)\sigma^2$ であり,そのため $E((1/n)\sum_{i=1}^{n}(x_i - \bar{x})^2) = ((n-1)/n)\sigma^2$ となる.これは σ^2 よりも小さく,σ^2 の偏った推定値ということになる.この偏りは明らかに $n-1$ で $\sum_{i=1}^{n}(x_i - \bar{x})^2$ を割ることによって修正することができる.

問題 2.3

その尤度は $L = \prod_{i=1}^{m} e^{-\theta}(\theta^{r_i}/r_i!)$ である.ただし m はサンプリング単位の個数であり,r_i は i 番目のサンプリング単位で観察された数である.対数をと

ることによって，$LL = \sum_{i=1}^{m}(-\theta + r_i\ln\theta - \ln r_i)$ が得られる．微分すると，$(\mathrm{d}LL/\mathrm{d}\theta) = \sum_{i=1}^{m}(-1 + r_i/\theta) = -m + \sum_{i=1}^{m}(r_i/\theta)$ である．これを 0 にすることで $((\mathrm{d}LL/\mathrm{d}\theta) = 0)$, $\theta = (1/m)\sum_{i=1}^{m} r_i$ となる．

問題 2.4

以下のプログラムコードは，いくぶん動きが遅いが，理解はしやすい．推定された切片と傾きに非常に有意な相関があることに注意しよう．毎回，同じ結果を生み出すために，プログラムは乱数で走らされ，その乱数発生作業ルーチンには「set.seed」を使って初期設定が与えられる．

```
# Set up vectors for intercept A and slope B
   A <- matrix(0,20,1)
   B <- matrix(0,20,1)
# Construct X values evenly spaced from 1 to 10
   X <- seq(from=1, to=10)
   set.seed(1) # Set seed for random number generator
   for (irep in 1:20) # Iterate over 20 samples
   {
   Error <- rnorm(10, mean=0, sd=1) # Construct error term
   Y <- X + Error # Construct Y values
   Model <- lm(Y~X) # Calculate regression coefficients
# Store coefficients
   A[irep] <- Model$coefficients[1]
   B[irep] <- Model$coefficients[2]
   }
   cor.test(A,B) # Test correlation between A and B
```

出力

```
cor.test(A, B)
       Pearson's product-moment correlation
data:  A and B
t = -7.4259, df = 18, p-value = 0
alternative hypothesis:  true coef is not equal to 0
sample estimates:
       cor
-0.8682804
```

問題 2.5

S-PLUS の非線形回帰ダイアログボックスを使う

```
*** Nonlinear Regression Model ***
Formul a:  Eggs ~ b1*(1- exp( - b2 * (Day - b3))) * exp( - b4 * Day)
Parameters:
       Value       Std.Error    t value
  b1  107.613000   15.2729000    7.04598
  b2    0.829793    0.2745190    3.02272
  b3    1.173820    0.1019500   11.51370
  b4    0.103955    0.0168184    6.18103
Residual standard error:  3.53335 on 5 degrees of freedom
Correlation of Parameter Estimates:
        b1        b2        b3
  b2  -0.887
  b3  -0.534     0.758
  b4   0.965    -0.798    -0.455
```

問題 2.6

式 2.28 は, 2 つの試行を含めるように簡単に拡張できる: $L = \prod_{i=1}^{2} \frac{n_i!}{r_i!(n_i-r_i)!} p^{r_i}(1-p)^{n_i-r_i}$. 対数をとると, $\ln(L) = \left(\ln\left(\frac{n_i!}{r_i!(n_i-r_i)!} \right) + r_i \ln(p) + (n_i - r_i) \ln(1-p) \right)$ となる. 最大尤度を見つけるために, 微分し, それを 0 とおくことにする. $\frac{d\ln(L)}{dp} = \sum_{i=1}^{2} \frac{r_i}{p} - \sum_{i=1}^{2} \frac{n_i - r_i}{1-p} = \frac{1}{p} \sum_{i=1}^{2} r_i - \frac{1}{1-p} (\sum_{i=1}^{2} n_i - \sum_{i=1}^{2} r_i) = \frac{R}{p} - \frac{N-R}{p}$ であり, ただし, $R = r_1 + r_2$ かつ $N = n_1 + n_2$ である. $\frac{d\ln(L)}{dp} = 0$ とすると, $\frac{R}{p} - \frac{N-R}{p} = 0$ であることから, 求める $\hat{p} = R/N$ が得られる.

問題 2.7

推定されるべき母数は μ であり, それはプログラムコード内で「mu」と表示されている.

```
# Generate 10 normally distributed random numbers
# Set seed to make runs repeatable
  set.seed(1)
  Xobs <- rnorm(1 0,0,1)
  Mean.X <- mean(Xobs) # Calculate mean of data set
  SE.X <- sqrt(var(Xobs)/10) # Calculate SE by usual means
# Calculate lower and upper confidence values
```

```
   lower <- Mean.X-2.262*SE.X
   upper <- Mean.X+2.262*SE.X
# Generate a sequence of mu values from -2 to +2
   mu <- seq(from=-2, to=2, by=0.01)
   n <- length(mu) # Get the length of mu
   L <- matrix(0,n,1) # Create a matrix to store likelihoods
# Calculate likelihoods for each value of mu
   for (i in 1:n) {L[i] <- prod(exp(-.5*(Xobs-mu[i])^2))}
   Total <-sum(L) # Sum all likelihoods
# Divide by Total to make likelihoods sum to 1
   L <- L/Total
   Cum.L <- cumsum(L) # Calculate vector of cumulative sums
# Concatenate mu and Cum.L for easy reading
   Out <-matrix(c(mu,Cum.L), nrow=n, ncol=2)
# print out lower, mean and upper estimates of usual formula
   print(c(lower, Mean.X, upper))
```

出力

```
print(c(lower, Mean.X, upper))
0.3705279 0.2989654 0.9684587
```

　ファイル「Out」を調べると，下限値，上限値がそれぞれ -0.330, 0.910 であることがわかる．これらは普通の公式を使って推定される値とかなり近い．2つの推定値は標本サイズが増加するほど互いに近づくであろう．

問題 2.8

　以下は，付録 C.2.3 に与えたプログラムコードを元にしている

```
# Set up function to calculate negative of the log likelihood
# (omitting constants)
   LL <- function(mu)
   {
# Calculate log likelihood for the sample omitting constant
   L1 <- -(1/2)*sum((Xobs-mu)^2)
# Return negative of the log-likelihood
   return (-L1)
   }
# Main Program
```

```
set.seed(1)
Xobs <- rnorm(10,0,1)
mu <- 0.0 # Set initial estimates for Mean
min.func <- nlmin(LL,mu) # Call minimization routine
MLE.mu <- min.func$x # Save estimate
Global.LL <- -LL(MLE.mu) # Calculate Log-Likelihood at MLE
# Create a function to square Diff so that minima are at zero
Limit <- function(mu){(Global.LL+LL(mu)-0.5*3.841)^2 }
# Find lower limit by restricting upper value below MLE.mu
mu <- -1
min.func <- nlminb(mu, Limit, lower=-10, upper=MLE.mu-0.1)
Lower.mu <- min.func$parameters # Save estimate
# Find upper limit by restricting lower value above MLE.mu
mu <- 1
min.func <- nlminb(mu, Limit, lower=MLE.mu+0.01, upper=10)
Upper.mu <- min.func$parameters # Save estimate
# Print out results
print(c(Lower.mu, MLE.mu, Upper.mu))
```

出力

```
print(c(Lower.mu, MLE.mu, Upper.mu))
0.3207926 0.2989654 0.9187234
Using the standard error gives -0.37 to 0.97
```

問題 2.9

簡単にするために，$C_t = (1 - e^{-k(t-t_0)})$ としよう．対数尤度関数は $LL = -n\ln(\sigma\sqrt{2\pi}) - \frac{1}{2\sigma^2}\sum_{t=1}^{n}\theta C_t^2$ である．LL に関して 2 次導関数は $-\frac{1}{\sigma^2}\sum_{t=1}^{n} C_t^2$ となる．よって，θ の標準誤差は $\sqrt{-\{E(\frac{d^2 LL}{d\theta^2})\}^{-1}} = \sigma(\sum_{t=1}^{n} C_t^2)^{-\frac{1}{2}}$ である．

問題 2.10

```
# Set up dataframe for data
Age <- seq(1:10)
Length <- c(23.61,43.10,57.54,68.24,76.16,82.03,86.38,89.60,91.99,
93.76)
D <- data.frame(matrix(c(Age, Length), nrow=10))
# Data are contained in dataframe D
k <- 0.3
```

```
        t0 <- 0.05
# Fit von Bertalanffy function
    Model <- nls(D[,2]~b1*(1-exp(-k*(D[,1]-t0))), data=D, start=list
    (b1=60))
# Save Estimate as Theta
    Theta <- as.numeric(Model$parameters)
# Calculate predicted values
    D.fit <- Theta*(1-exp(-k*(D[,1]-t0)))
# Calculate squared difference between observed and expected
    D.fit2 <-(D[,2]-D.fit)^2
# Find number of observations
    n <-nrow(D)
# Calculate estimate of sigma (residual standard error)
    sigma.est <- sqrt(sum(D.fit2)/(n-1))
# Calculate estimate of standard error for Theta
    Sigma.Theta <- sqrt(sigma.est^2*(sum((1-exp(-k*(D[,1]-t0)))^2))^-1)
# Output results
    sum-mary(Model) print(c(sigma.est, Theta, Sigma.Theta))
```

出力

```
summary(Model )
Formula:  D[, 2] ~ b1*(1- exp( - k*(D[, 1] - t0)))
Parameters:
        Value    Std. Error   t value
 b1   98.4992    0.152934    644.064
Residual standard error:  0.366283 on 9 degrees of freedom
> print(c(sigma.est, Theta, Sigma.Theta))
  0.3662833 98.4991562 0.1529339
```

問題 2.11

S-PLUS の作業ルーチン「nls」を使う (付録 C.2.10).

```
# Enter data
    Eggs <- c(54.8,73.5,78,71.4,75.6,73.2,65.4,61.9,61.7,60.1,55.1,
    50.4,44.3,42.3)
    Day <- c(1,2,3,4,5,6,7,8,9,10,11,12,13,14)
    D <- data.frame(Day, Eggs)
# Fit four parameter Drosophila model
    Model <- nls(Eggs~b1*(1-exp(-b2*(Day-b3)))*exp(-b4*Day), data=D,
```

```
    start=list(b1=100, b2=0.5, b3=1, b4=0.1))
# Store results
    Four.Parameter.Model <- Model
# Save residual sums of squares
    SS.4 <- sum(Model$residuals^2)
# Fit model assuming b3=0
    Model <- nls(Eggs~b1*(1-exp(-b2*Day))*exp(-b4*Day), data=D,
    start=list(b1=100, b2=0.5, b4=0.1))
# Store results
    Three.parameter.Model <- Model
# Save residual sums of squares
    SS.3 <- sum(Model$residuals^2)
# Get sample size n
    n <-nrow(D)
# Compute F value
    F.value <- ((SS.3-SS.4)/(4-3))/(SS.4/(n-4))
# Compute probability
    P <- 1-pf(F.value, 1, n-4) # p-value of stat
# Print out results
    summary(Four.Parameter.Model)
    summary(Three.parameter.Model)
    print(c(F.value, P))
```

出力

```
summary(Four.Parameter.Model)
Formula:    Eggs~b1*(1-exp(- b2*(Day-b3)))*exp(-b4*Day)
Parameters:
            Value       Std. Error      t value
    b1    103.8250000    7.40431000    14.022200
    b2      0.6794940    0.20532000     3.309430
    b3     -0.2321230    0.32006400    -0.725242
    b4      0.0608795    0.00714721     8.517940
Residual standard error:  2.80399 on 10 degrees of freedom
Correlation of Parameter Estimates:
            b1          b2          b3
    b2    -0.873
    b3    -0.670      0.922
    b4     0.971     -0.808     -0.603
> summary(Three.parameter.Model)
Formula:    Eggs~b1*(1-exp(-b2*Day))*exp(-b4*Day)
```

```
Parameters:
          Value        Std. Error    t value
  b1    100.0260000    4.32433000    23.13100
  b2      0.8543150    0.09022010     9.46923
  b4      0.0574262    0.00488552    11.75440
Residual standard error: 2.73403 on 11 degrees of freedom
Correlation of Parameter Estimates:
           b1        b2
  b2    -0.837
  b4     0.945    -0.757
> print(c(F.value, P))
   0.4579748 0.5139206
```

$\theta_3 = 0$ という仮説は棄却できない．4 母数モデルの θ_3 の信頼区間は 0 を含むことに注意しよう．

3章の解答

問題 3.1

```
    set.seed(0) # Set random number seed
    n <- 100 # Number of replicates
    x <- rnorm(n,0,1) # n random normal values
    X.jack <- jackknife(data=x, var(x)) # Jackknife the data
# Create pseudovalues see appendix C.3.2
    Pseudovalues <- n*X.jack$observed-(n-1)*X.jack$replicates
    shapiro.test(Pseudovalues) # Test for normality
    hist(Pseudovalues, probability=T) # Plot data
```

出力

```
Shapiro-Wilk Normality Test
data:  Pseudovalues
W=0.7305, p-value=0
```

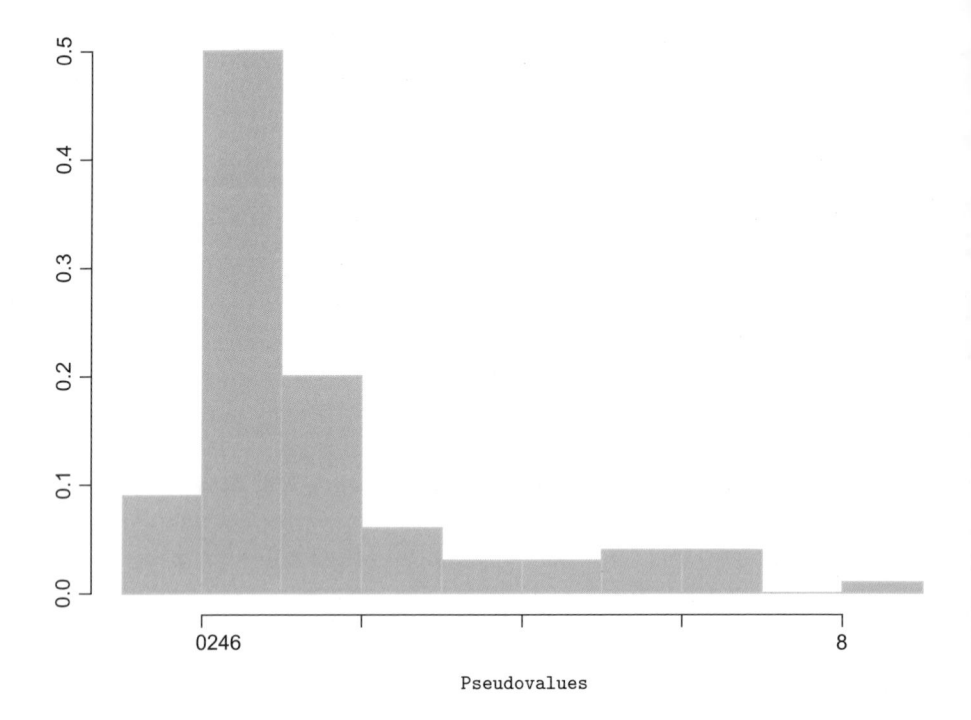

[Histogram of Pseudovalues, x-axis 0, 2, 4, 6, 8]

問題 3.2

データは $y = x + \varepsilon$ というモデルで作った．ただし ε は $N(0,1)$ に従うようにしている．以下はそのプログラム文である．

```
set.seed(1) # Set seed for random number generator
n <- 20 # Number of points
x <- runif(n,0,10) # Construct uniform X values
error <- rnorm(n, mean=0, sd=1) # Generate error term
y <- x + error # Construct Y values
```

問題の解答は次のプログラム文からである．

```
# Calculate regression coefficients
  Model <- lm(y~x)
  Obs.b <- matrix(Model$coefficients,2) # Store coefficients
# Create matrix to store pseudovalues
  Pseudovalues <- matrix(0,n,2)
# Create individual values
  ind <- seq(1,n)
```

```
    D <- data.frame(ind,x,y) # concatenate data
    for (i in 1:n)
    {
    D.minus.i <- D[D$ind!=i, ] # Delete ith row
# Fit model
    Model.minus.i <- lm(D.minus.i$y~D.minus.i$x)
# Pick out coefficients
    b.minus.i <- matrix(Model.minus.i$coefficients,2)
    Pseudo.b <- n*Obs.b-(n-1)*b.minus.i # Create pseudovalue
    Pseudovalues[i,] <- Pseudo.b # Store pseudovalues
    }
    summary(Model) # Print out results for least squares
# Print out Jackknife values
    print(c(mean(Pseudovalues[,1]), sqrt(var(Pseudovalues[,1])/n)))
    print(c(mean(Pseudovalues[,2]), sqrt(var(Pseudovalues[,2])/n)))
    t.test(Pseudovalues[,1],mu=0) # t testintercept = 0
    t.test(Pseudovalues[,2],mu=1) # t test slope = 1
    t.test(Pseudovalues[,2],mu=0) # t test slope = 0
```

ジャックナイフ作業ルーチンを使った別のプログラムコード

```
# Next lines answer questions asked
    D <- data.frame(ind,x,y) # concatenate data
# jackknife estimation
    Jack.Data <- jackknife(data=D, lm(y~x,data=D)$coef)
# Extract delete-one replicates
    Replicates <- matrix(Jack.Data$rep,n,2)
# Create Pseudovalues
    Pseudovalues <- matrix(0,n,2)
    for (i in 1:2) {Pseudovalues[,i] <- n*Jack.Data$obs[i]-(n-1)
    *Replicates[,i]}
# Print out Jackknife values
    print(c(mean(Pseudovalues[,1]), sqrt(var(Pseudovalues[,1])/n)))
    print(c(mean(Pseudovalues[,2]), sqrt(var(Pseudovalues[,2])/n)))
    t.test(Pseudovalues[,1],mu=0) # t test intercept = 0
    t.test(Pseudovalues[,2],mu=1) # t test slope = 1
    t.test(Pseudovalues[,2],mu=0) # t test slope = 0
```

出力（まとめたもの）

```
summary(Model)
Coefficients:
              Value    Std. Error   t value   Pr(>|t|)
 (Intercept)  0.0927   0.3111       0.2979    0.7692
           x  0.9332   0.0522      17.8877    0.0000
Residual standard error:  0.7338 on 18 degrees of freedom
Multiple R-Squared:   0.9467
F-statistic:   320 on 1 and 18 degrees of freedom, the p-value is
    6.554e-013
# Print out Jackknife values
    [1]  0.07761845   0.32774423
    [1]  0.93522574   0.06224435
# t test intercept = 0
    One-sample t-Test
    data:  Pseudovalues[, 1]
    t = 0.2368, df = 19, p-value = 0.8153
    aternative hypothesis:  mean is not equal to 0
# t test intercept = 0
    One-sample t-Test
    data:  Pseudovalues[, 2]
    t = -1.0406, df = 19, p-value = 0.3111
    alternative hypothesis:  mean is not equal to 1
# t test slope = 1
    t.test(Pseudovalues[, 2], mu = 0)
    One-sample t-Test
    data:  Pseudovalues[, 2]
    t = 15.0251, df = 19, p-value = 0
    alternative hy-pothesis:  mean is not equal to 0
```

問題 3.3

```
# Lines that generated the tabulated data
# Set seed for random number generator
    set.seed(1)
    n <- 20 # Number of points
# Construct X values evenly spaced from1 to 10
    x <- runif(n,0,10)
    error <-rnorm(n, mean=0, sd=1) # Generate error term
```

```
    y <- x + error # Construct Y values
    xy <- cbind(x,y) # Data set to be examined
# Jackknife the correlation coefficient
    Jack.r <- jackknife(data=xy, cor(xy[,1],xy[,2]))
# Pseudovalues
    Pseudovalues <- n*Jack.r$observed-(n-1)*Jack.r$replicates
    Jack.r # Output
    t.test(Pseudovalues, mu=0) # t test for = 0
# Repeat using the z transformation
    Jack.r <- jackknife(data=xy, 0.5*log((1+cor(xy[,1], xy[,2]))/
    (1-cor(xy[,1], xy[,2]))))
    Pseudovalues <- n*Jack.r$observed-(n-1)*Jack.r$replicates
    Jack.r
    t.test(Pseudovalues, mu=0)
```

出力

変換されていない推定値

```
Number of Replications:  20
Summary Statistics:
          Observed      Bias       Mean        SE
 Param      0.973    0.001111    0.9731    0.008788
    One-sample t-Test
data:  Pseudovalues = 110.5965, df = 19, p-value = 0
alternative hypothesis:  mean is not equal to 0
95 percent confidence interval:   0.9535018 0.9902877
sample estimates:  mean of x
    0.9718947
```

変換された推定値

```
Number of Replications:  20
Summary Statistics:
          Observed      Bias      Mean       SE
 Param      2.146     0.04788    2.148    0.1672
    One-sample t-Test
data:  Pseudovalues = 12.5489, df = 19, p-value = 0
alternative hypothesis:  mean is not equal to 0
95 percent confidence interval:  1.748053 2.447894
sample estimates:  mean of x
    2.097973
```

問題 3.4

```
# Jackknife the correlation coefficient
    Jack.r <- jackknife(data=xy, cor(xy[, 1], xy[, 2]))
    Pseudovalues1 <- n*Jack.r$observed-(n-1)*Jack.r$replicates
    hist(Pseudovalues1) # Plot histogram
# Repeat using the z transformation
    Jack.r <- jackknife(data=xy, 0.5*log((1+cor(xy[, 1],xy[, 2]))/
    (1-cor(xy[, 1], xy[, 2]))))
    Pseudovalues2 <- n*Jack.r$observed-(n-1)*Jack.r$replicates
    hist(Pseudovalues2) # Plot histogram
# Concatenate two files
    Pseudovalues <- data.frame(cbind(Pseudovalues, Pseudovalues2))
# Calculate basic statistics
# Note that this is the command issued by the dialog box and
# recovered from the history window
    menuDescribe(data = Pseudovalues, variables = "<ALL>", grouping.
    variables = "(None)", max.numeric.levels = 10, nbins = 6, min.
    p = T, first.  quant.p = F, mean.p = T, median.p = T, third.
    quant.p = F, max.p = T, nobs. p = T, valid.n.p = T, var.p = T,
    stdev.p = T, sum.p = F, factors.too.p = T, print.p = T, se.
    mean.p = T, conf.lim.mean.p = F, conf.level.mean = 0.95,
    skew-ness.p = T, kurtosi s.p = T)
# Test for normality
    shapiro.test(Pseudovalues[, 1])
    shapiro.test(Pseudovalues[, 2])
*** Summary Statistics for data in: Pseudovalues ***
                    X1.1              X1.2
       Min:    6.932995e-002     -6.66044450
      Mean:    9.462771e-001      1.79419576
    Median:    9.521449e-001      1.85103918
       Max:    1.106372e+000      3.32400503
   Total N:    1.000000e+003   1000.00000000
  Variance:    8.307094e-003      0.76286892
   StdDev.:    9.114326e-002      0.87342367
   SE Mean:    2.882203e-003      0.02762008
  Skewness:   -2.260647e+000     -2.28551313
  Kurtosis:    1.309023e+001     13.34630679
# Test for normality
    Shapiro-Wilk Normality Test
```

```
data:  Pseudovalues[, 1] W= 0.8599, p-value = 0
data:  Pseudovalues[, 2] W= 0.8583, p-value = 0
```

　変換した値（下の左図）は，変換していないものより明らかに正規的に分布している．しかし，シャピロ・ウィルクス検定によると，どちらも正規分布からは有意に外れている．これだけでは，正規性からの逸脱がジャックナイフ法の効果を損なうかどうかについては明らかではない．更なるシミュレーションが必要である．とくに信頼区間と仮説検定に関する検討が望まれる．

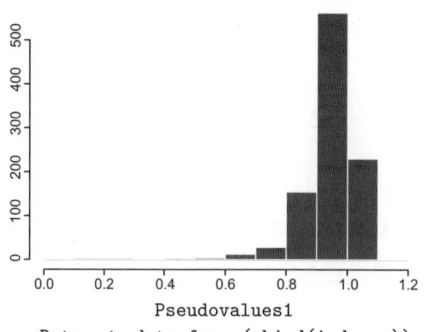

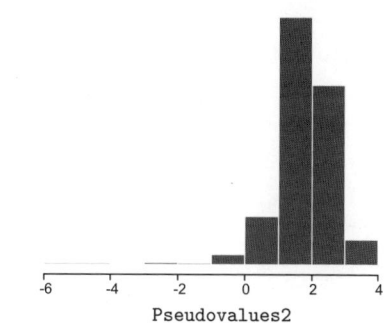

```
           Data <- data.frame(cbind(ind,x,y))              # Concatenate to make a single file
```

問題 3.5

　使用した実際のモデルは次のようなものである：$\text{EGGS} = \theta_1(1 - e^{-\theta_2 \text{Age}}) e^{-\theta_3 \text{Age}} + \varepsilon$. ただし $\theta_1 = 100$, $\theta_2 = 1$, $\theta = 0.1$ であり，ε は $N(0,1)$ に従う確率変数である．

```
# set seed for random number generator
   set.seed(1)
   n <- 20 # Number of observations
# Generate 20 integer ages using uniform probty dist
   x <- ceiling(runif(n,0,5))
# Generate 20 random normal variables N(0,1)
   error <- rnorm(n,0,1)
   y <- 100*(1-exp(-1*x))*exp(-.1*x)+error # Generate eggs
   y <- floor(y+0.5) # set to nearest integer
# Generate individual identifiers
   ind <- seq(1,n)
# Concatenate to make a single file
   Data <- data.frame(cbind(ind,x,y))
# Coding not using the jackknife routine of S-PLUS to fit MLE and
```

```
# jackknife is
# Fit Drosophila model
    Model <- nls(y~b1*(1-exp(-b2*x))*exp(-b3*x), data=Data, start=
    list(b1=50, b2=0.5, b3=.5))
    Obs.Model <- Model # Store results
# Store estimated parameters
    Obs.b <- matrix(Model$parameters)
# Create matrix to store pseudovalues
    Pseudovalues <- matrix(0,n,3)
    for (i in 1:n)
    {
# Delete ith x and y values
    Data.minus.i <- Data[Data$ind!=i,]
    Model <- nls(y~b1*(1-exp(-b2*x))*exp(-b3*x), data=Data.minus.i,
    start=list(b1=50, b2=0.5, b3=.5))
    b.minus.i <- matrix(Model$parameters,3) # Pick out coefficients
    Pseudo.b <- n*Obs.b-(n-1)*b.minus.i # Create pseudovalue
    Pseudovalues[i, ] <- Pseudo.b # Store pseudovalues
    }
# Print out results for least squares
    summary(Model)
# Print out Jackknife values
    print(c(mean(Pseudovalues[,1]), sqrt(var(Pseudovalues[,1])/n)))
    print(c(mean(Pseudovalues[,2]), sqrt(var(Pseudovalues[,2])/n)))
    print(c(mean(Pseudovalues[,3]), sqrt(var(Pseudovalues[,3])/n)))
```

S-PLUSのジャックナイフ作業ルーチンを使った別のプログラムコード

```
# Create function to fit data to equati on using nls
# Note that variables are assumed to be called x and y
    Model <-function(data)
    {
    Fit <- nls(y~b1*(1-exp(-b2*x))*exp(-b3*x), data=data, start=
    list (b1=50, b2=0.5, b3=.5))
    return(Fit$param)
    }
# jackknife estimation
    Jack.Data <- jackknife(data=Data, Model(Data))
# Extract delete-one replicates
    Replicates <- matrix(Jack.Data$rep,n,3)
```

```
    for(i in1:3)
    {
# Create Pseudovalues
    Pseudovalues <- n*Jack.Data$obs[i]-(n-1)*Replicates[,i]
    print(c(mean(Pseudovalues),
    sqrt(var(Pseudovalues)/n)) ) # Print out mean and SE
    }
    Model (Data) # Output stats from model fit to all data
```

出力（順番はプログラムコードの間で異なっている）

```
summary(Model)
Formula:  y ~ b1 * (1- exp( - b2 * x)) * exp(- b3 * x)
Parameters:
        Value      Std. Error    t value
b1   101.948000    2.83085000    36.0131
b2     0.973440    0.04228580    23.0205
b3     0.105853    0.00598384    17.6898
# Print out Jackknife values
  101.47614      2.88243
    0.97701871   0.04457281
    0.10479458   0.006226638
```

問題 3.6

```
# Generate Original data
    set.seed(1) # set seed for random number generator
    n <- 20 # Number of observations
# 20 integer ages from uniform probability distribution
    Age <- ceiling(runif(n,0,5))
# Generate 20 random normal variables N(0,1)
    error <- rnorm(n,0,1)
    Eggs <- 100*(1-exp(-1*Age))*exp(-.1*Age)+error # Generate eggs
    Eggs <- floor(Eggs+0.5) # set to nearest integer
# Produce a bootstrap sample
    n <- 10 # Reset n
# set seed for random number generator
    set.seed(1)
    x <- sample(Age,size=n,replace=T) # Sample with replacement from
    Age
```

```r
# reset seed for random number generator to get same run
   set.seed(1)
# Sample with replacement from Eggs
   y <- sample(Eggs,size=n,replace=T)
   ind <- seq(1:n) # Generate individual identifiers
   Data <- data.frame(cbind(ind,x,y)) # Concatenate to make a single file
# Coding not using the jackknife routine of S-PLUS to fit MLE and
# jackknife is
# Fit Drosophila model
   Model <- nls(y~b1*(1-exp(-b2*x))*exp(-b3*x), data=Data, start=
   list(b1=50, b2=0.5, b3=.5))
   Obs.Model <- Model # Store results
# Store estimated parameters
   Obs.b <- matrix(Model$parameters)
# Create matrix to store pseudovalues
   Pseudovalues <- matrix(0,n,3)
   for (i in 1:n)
   {
   Data.minus.i <- Data[Data$ind!=i,] # Delete ith x and y values
   Model <- nls(y~b1*(1-exp(-b2*x))*exp(-b3*x), data=Data.minus.i,
   start=list(b1=50, b2=0.5, b3=.5))
   b.minus.i <- matrix(Model$parameters,3) # Pick out coefficients
   Pseudo.b <- n*Obs.b-(n-1)*b.minus.i # Create pseudovalue
   Pseudovalues[i, ] <- Pseudo.b # Store pseudovalues
   }
# Print out results for least squares
   summary(Obs.Model)
   print(c(mean(Pseudovalues[,1]),sqrt(var(Pseudovalues[,1])/n)))
# Print out Jackknife values
   print(c(mean(Pseudovalues[,2]),sqrt(var(Pseudovalues[,2])/n)))
# Print out Jackknife values
   print(c(mean(Pseudovalues[,3]),sqrt(var(Pseudovalues[,3])/n)))
# Print out Jackknife values
   shapiro.test(Pseudovalues[,1]) # Test for normality
   shapiro.test(Pseudovalues[,2]) # Test for normality
   shapiro.test(Pseudovalues[,3]) # Test for normality
```

S-PLUS のジャックナイフ作業ルーチンを使った別のプログラムコード

```
# Fit Drosophila model
# Create function to fit data to equation using nls
# Note that variables are assumed to be call x and y
  Model <- function(data)
  {
  Fit <- nls(y~b1*(1-exp(-b2*x))*exp(-b3*x), data=data, start=
  list(b1=50, b2=0.5, b3=.5))
  return(Fit$param)
  }
  Jack.Data <- jackknife(data=Data,Model(Data))
# jackknife estimation
  Replicates <- matrix(Jack.Data$rep,n,3)
# Extract delete-one replicates
  for(i in 1:3)
  {
  Pseudovalues <- n*Jack.Data$obs[i]-(n-1)*Replicates[,i]
# Create Pseudovalues
# Print out mean and SE
  print(c(mean(Pseudovalues),sqrt(var(Pseudovalues)/n)))
  print(shapiro.test(Pseudovalues)) # Test for normality
  }
  Model(Data) # Parameter estimates for full data
```

出力(各プログラムコードで順番は少し異なっている)

```
> summary(Model)
Formula: y ~ b1* (1- exp( - b2 * x)) * exp( - b3 * x)
Parameters:
        Value     Std. Error    t value
  b1  103.104000  2.90365000   35.5084
  b2    0.957489  0.03960900   24.1735
  b3    0.107605  0.00652165   16.4997
# Print out Jackknife values
  98.981087    7.299615
   0.98535813  0.07911545
   0.09784679  0.01672593
    Shapiro-Wilk Normality Test
data:  Pseudoval ues[, 1] W= 0.6508, p-val ue = 0.002
data:  Pseudoval ues[, 2] W= 0.7688, p-val ue = 0.006
```

```
data:  Pseudovalues[, 3] W= 0.6044, p-value = 0.0001
```

発生させた卵数を最も近い整数に変換して用いたため，正規性が崩れている．

4章の解答

問題 4.1

```
set.seed(0) # Set random number seed
n <- 100 # Number of replicates
x <- rnorm(n,0,1) # n random normal values
X.Boot <- bootstrap(data=x, median(x)) # Bootstrap the data
# Create vector of replicates
Replicates <- X.Boot$replicates
Replicates.df <- data.frame(Replicates) # Create data frame
summary(X.Boot) # Print results
shapiro.test(Replicates) # Test for normality
hist(Replicates, probability=T) # Plot data
```

出力

```
Number of Replications:  1000
Summary Statistics:
        Observed    Bias    Mean     SE
Param    0.1517   0.0303   0.182   0.1197
Empirical Percentiles:
           2.5%      5%      95%    97.5%
Param  -0.02264  -0.01038  0.3441  0.4078
BCa Confidence Limits:
           2.5%      5%      95%    97.5%
Param  -0.03375  -0.02345  0.324   0.3405
shapiro.test(Replicates)
    Shapiro-Wilk Normality Test
data:  Replicates
W= 0.9617, p-value = 0
```

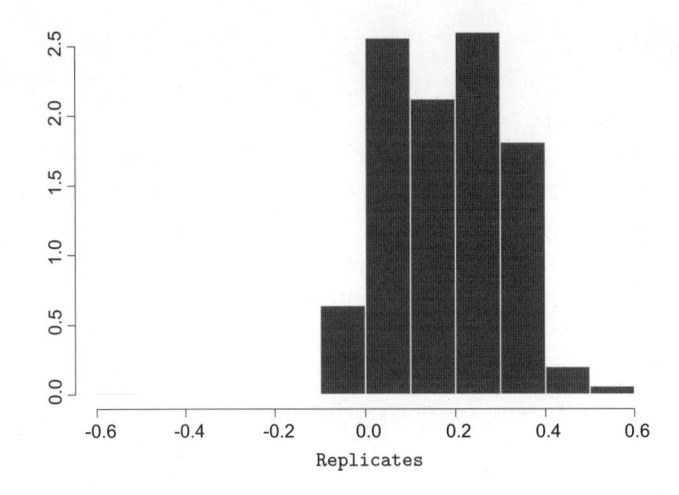

問題 4.2

データは，$y = x + \varepsilon$ というモデルを使って作られた．ただし ε は $N(0,1)$ に従う確率変数である．問題を解くプログラムコードは以下のとおりである．

```
# Data are in dataframe called Linear.data.df
    x <- c(1.63, 4.25, 3.17, 6.46, 0.84, 0.83, 2.03, 9.78, 4.39,
    2.72, 9.68, 7.88, 0.21, 9.08, 9.04, 5.59, 3.73, 7.98, 3.85, 8.18)
    y <- c(2.79, 3.72, 4.09, 5.89, 0.75, -0.13, 1.76, 8.44, 5.15,
    2.16, 9.88, 6.95, 0.03, 7.50, 9.92, 5.37, 3.79, 7.18, 3.37, 7.81)
    Linear.data.df <- data.frame(x, y)
# Bootstrap data
    Boot.LS <- bootstrap(Linear.data.df, coef(lm(y~x, Linear.data.
    df)), B=1000)
    Replicates <- Boot.LS$replicates # Store replicates
    Obs.intercept <- Boot.LS$observed[1] # Observed intercept
    Obs.slope <- Boot.LS$observed[2] # Observed slope
# Set up function for testing hypothesis
    P.Test <- function(Predicted, Observed, Datafile, Col)
    {
# Difference between obs and predicted
    Diff <- abs(Observed-Predicted)
# differences between observed and predicted
    Diff.Boot <- abs(Datafile[, Col]-Observed)
# Probability
    P <- length(Diff.Boot[Diff.Boot Diff])/length(Diff.Boot)
```

```
    return(P)
  }
# Test for intercept = 0
  P.intercept <- P.Test(0, Obs.i ntercept, Replicates, 1)
  P.slope0 <- P.Test(0, Obs.slope, Replicates, 2) # Test for
# slope = 0
  P.slope1 <- P.Test(1, Obs.slope, Replicates, 2) # Test for
# slope = 1
# Output results
  summary(Boot.LS)
  print(c(P.intercept, P.slope0, P.slope1))
```

出力

```
Number of Replications:  1000
Summary Statistics:
              Observed      Bias      Mean        SE
 (Intercept)   0.09087   0.014585    0.1055   0.31571
           x   0.93370  -0.001995    0.9317   0.05794
Empirical Percentiles:
                2.5%        5%       95%     97.5%
 (Intercept)  -0.4489   -0.3710    0.6742     0.794
           x   0.8146    0.8317    1.0279     1.047
BCa Confidence Limits:
                2.5%        5%       95%     97.5%
 (Intercept)  -0.4194   -0.3437    0.7181    0.8364
           x   0.8174    0.8342    1.0308    1.0495
Correlation of Replicates:
              (Intercept)        x
 (Intercept)    1.0000      -0.8649
           x   -0.8649       1.0000
> print(c(P.intercept, P.slope0, P.slope1))
              0.775        0.000      0.261
```

パラメトリック検定

```
               Value   Std. Error   t value   Pr(>|t|)
 (Intercept)  0.0909      0.3111    0.2921     0.7736
           x  0.9337      0.0522   17.8943     0.0000
```

問題 4.3

```
# Data are in dataframe called Linear.data.df
# Do bootstrap
  Boot.Cor <- bootstrap(Linear.data.df, cor(x,y), B=1000)
  Replicates <- Boot.Cor$replicates # Store replicates
# Create vector of transformed values
  z.replicates <- 0.5*log((1+Replicates)/(1-Replicates))
  Obs.r <- Boot.Cor$observed # Observed correlation
# Set up function for testing hypothesis
  P.Test <- function(Predicted, Observed, z.file)
  {
# Transform observed values
  z.obs <- 0.5*log((1+Observed)/(1-Observed))
# Transformpredicted value
  z.pred <- 0.5*log((1+Predicted)/(1-Predicted))
# Difference between observed and predicted
  Diff <- abs(z.obs-z.pred)
# Differences between observed and predicted
  Diff.Boot <- abs(z.file-z.obs)
# Probability
  P <- length(Diff.Boot Diff.Boot>Diff])/length(Diff.Boot)
  return(P)
  }
# Test for r = 0.96
  P.r <- P.Test(0.96, Obs.r, z.replicates)
# Do parametric test
  n <- nrow(Linear.data.df) # Sample size
  SE.z <- sqrt(1/(n-3)) # Standard error of z
  z.pred <- 0.5*log((1+0.96)/(1-0.96)) # Predicted z
  z.obs <- 0.5*log((1+Obs.r)/(1-Obs.r)) # Observed z
  z <- abs((z.obs-z.pred)/SE.z) # z
  P.z <- 1-pnorm(z, mean=0, sd=1) # Proporti on of normal above z
# Output results
  print(c(Obs.r, P.r, z, P.z))
```

出力

```
print(c(Obs.r,   P.r,        z,        P.z))
     0.9730251  0.221   0.8258512  0.2044443
```

ブートストラップ法の結果とパラメトリック検定の結果が極めて類似していることに注目しよう.

問題 4.4

「Corr.df」にあるデータは，前問で与えたプログラムコードを使って解析することができる．そのとき「Linear.data.df」の部分を「Corr.df」に，また0.96の部分を0.0に置き換えて用いればよい．

出力

```
print(c(Obs.r,    P.r,         z,         P.z))
    0.4325173  0.064    1.908953    0.02813406
```

2つの確率の間にはかなりの違いがある．そのため，次の問題で行うように，信頼性はシミュレーションによって検討するしかない．

問題 4.5

プログラムコードは次のようになる.

```
# Set seed for random number generator
  set.seed(0)
  n <- 20 # Number of points
  z.values <- matrix(0, nrow=10000) # Set up matrix for z values
  Obs.r <- 0.0 # Set observed r
  Obs.z <- 0.5*log((1+Obs.r)/(1-Obs.r)) # Calculate observed z
# Iterate over 10000 replicates
  for (i in 1:0000)
  {
  x <- rnorm(n,0,1) # Construct normal x values
  shape <- 2 # Set shape parameter
  rate <-shape # Set rate parameter
  mu <-shape/rate # Set mean
# Generate error term with mean zero
  error <- rgamma(n, shape, rate)-mu
  y <- 0.5*x+error # Construct Y values
  r <- cor(x,y) # Calculate r
  z.values[i] <- 0.5*log((1+r)/(1-r)) # Calculate Fisher's z
  }
  mean(z.values <Obs.z) # Find proportion less than Obs.z
```

出力

```
mean(z.values < Obs.z)
     0.005
```

rが0よりも小さい場合の割合は0.005である．よって問題4.4をシミュレーションで検定すると，このように小さい確率が得られたはずである．パラメトリック検定は，実際，この正しい確率に近い値を与えていたわけである．10個のデータセットにおいて$r=0$という仮説を検定すると，次のような結果となった．

```
print(c(Obs.r,   P.r,       z,      P.z))      Closesttest
     0.3463173    0.257   1.489484   0.06817992     bootstrap
     0.507786     0.002   2.307876   0.01050303     bootstrap
     0.4929078    0.085   2.22604    0.01300574     parametric
     0.4341699    0.074   1.917342   0.02759724     parametric
     0.6701658    0.002   3.344021   0.0004128681   parametric
     0.6194449    0.038   2.985557   0.001415314    parametric
     0.7875485    0       4.390874   5.644794e-006  bootstrap
     0.6127475    0.031   2.941048   0.001635521    parametric
     0.5172109    0.023   2.360579   0.009123207    parametric
     0.6551209    0.002   3.233412   0.0006116045   parametric
```

10個の解析のうち7つで，パラメトリック検定のP値が期待された値に近かったので，この例に対しては良い方法のようである．

問題 4.6

使用した実際のモデルは Eggs $= \theta_1(1 - e^{-\theta_2 \text{Age}})e^{-\theta_3 \text{Age}} + \varepsilon$ である．ただし，$\theta_1 = 100$, $\theta_2 = 1$, $\theta_3 = 0.1$ であり，ε は $N(0,1)$ に従う確率変数である．データは以下のプログラムコードを使って発生させた．

```
  set.seed(1) # set seed for generator
  n <-20 # Number of observations
# 20 integer ages, uniform probty
  x <- ceiling(runif(n,0,5))
# Generate 20 random normal variables N(0,1)
  error <- rnorm(n,0,1)
# Generate eggs
  y <- 100*(1-exp(-1*x))*exp(-.1*x)+error
  y <- floor(y+0.5) # set to nearest integer
```

```
# Generate individual identifiers
    ind <- seq(1,n)
# Concatenate to make a single file
    Drosophila.df <- data.frame(cbind(ind,x,y))
# The following coding does the bootstrap
# Set up function to estimate parameters
    Model .drosophila <- function(D)
    {
    Model <- nls(y~b1*(1-exp(-b2*x))*exp(-b3*x), data=D,
    start=list(b1=50, b2=0.5, b3=.5))
    b <-matrix(Model$parameters, 3) # Pick out coefficients
    return (b)
    }
# Bootstrap
    Boot.LS <- bootstrap(Drosophila.df, Model.drosophila(Drosophila.
    df), B=1000)
    Boot.LS # Print output
```

出力

```
Number of Replications:   1000
Sum-mary Statistics:

            Observed        Bias       Mean         SE
  Param1.1  101.6021    0.0962219   101.6983    2.680841
  Param2.1    0.9778    0.0013379     0.9792    0.041636
  Param3.1    0.1050    0.0001486     0.1051    0.005742
```

方法	b1(SE)	b2(SE)	b3(SE)
ブートストラップ	101.72(2.68)	0.979(0.042)	0.105(0.006)
最尤法	101.95(2.83)	0.973(0.042)	0.106(0.006)
ジャックナイフ	101.48(2.88)	0.977(0.044)	0.105(0.006)

問題 4.7

```
set.seed(1)
n <- 10
x <- rnorm(n,4,1)
cv <- sqrt(var(x))/mean(x)
cv
Boot.cv <- bootstrap(x, sqrt(var(x))/mean(x), B=1000, trace=F)
```

```
    Boot.cv
    Boot.cv$parameters
# Generate 10,000 samples to get estimate of SE
    nreps <- 10000
    CV.replicate <- matrix(0, nreps)
    for (i in 1:nreps)
    {
    x <- rnorm(n,4,1)
    CV.replicate[i] <- sqrt(var(x))/mean(x)
    }
# CV
    summary(Boot.cv)
    sqrt(var(CV.replicate))
    mean(CV.replicate)
```

出力

```
Summary Statistics:
        Observed    Bias      Mean     SE
Param    0.2177    -0.01205  0.2057   0.02855
Empirical Percentiles:
          2.5%      5%       95%      97.5%
Param    0.1358   0.1527    0.2454   0.2513
BCa Confidence Limits:
          2.5%      5%       95%      97.5%
Param    0.1747   0.1839    0.2607   0.2643
sqrt(var(CV.replicate))
           [, 1]
[1, ] 0.0624759
mean(CV.replicate)
[1] 0.2450466
```

問題 4.8

データは以下のプログラムコードを使って発生させた.

```
    set.seed(0)
    n <- 10
    a <- 1
    b <- 19
    Y <- runif(n,a,b) # Generate nuniform random numbers
    X <- floor(sort(Y+0.5)) # Sort Y into ascending sequence
```

C.4.3 からの以下のプログラムコードで問題を解く

```
# Function to calculate Gini coefficient
  Gini <- function(d)
  {
  g <- sort(d)
# Because of jackknife in BCa method it is necessary to have the
# following two lines within the function
  n <- length(g) # Number of observations
  z <- 2*seq(1:n)-n-1 # Generate "numerator"
  return((n/(n-1))*sum(z*g)/(n^2*mean(g))) # Gini coefficient
  }
  boot.x <- bootstrap(X, Gini, B=1000, trace=F) # Call bootstrap
# routine
  summary(boot.x) # Generate stats
# Set up testing procedure
# Initial value of Gini coefficient
  H0 <- 0.05
  inc <- .01 # Increment
  Hmax <- 0.4 # Maximumvalue
  while(H0 < Hmax) { # Increment over values
  b <- unlist(boot.x$estimate[2]) # Get bootstrap estimate
  di <- abs(boot.x$replicates-b) # Calculate $d_i$ vector
  d <- abs(b-H0) # Calculated
  dd <- di-d # Compare values
  print(c(H0, length(dd[dd>0])/1000)) # print H0 and the probability
  H0 <- H0+inc # Increment H0
  }
```

出力

```
      Number of Replications:1000
Summary Statistics:
       Observed      Bias      Mean        SE
  Gini   0.2155  -0.008927    0.2066   0.07537
Empirical Percentiles:
         2.5%       5%        95%      97.5%
  Gini  0.0875    0.1036    0.3513    0.3637
BCa Confidence Limits:
         2.5%       5%        95%      97.5%
  Gini  0.1185    0.1274    0.4262    0.4725
```

H0	P
0.050	0.027
0.060	0.054
0.070	0.065
0.080	0.087
0.090	0.106
...	...
0.350	0.057
0.360	0.032
0.370	0.017
0.380	0.014
0.390	0.014

5章の解答

問題 5.1

```
# Input data
   x <- c(-0.79,0.79,-0.89,0.11,1.37,1.42,1.17,-0.53,0.92,-0.58)
   y <- c(-0.88,-0.17,-1.16,-1.23,2.14,0.86,1.36,-1.46,0.74,-2.15)
   set.seed(1) # Initialize random number
   group <- c(rep(1,10), rep(2,10)) # Set up group identity vector
   Data <- c(x,y) # Concatenate x and y
# Do a t-test
   Test <- t.test(Data[group==1], Data[group==2])
# Do N permutations of Data
   N <- 1000 # Number of permutations
   Meanboot <- bootstrap(group, t.test(Data[group==1], Data[group=
   =2])$statistic, sampler=samp.permute, B=N, trace=F)
# Calculate number of permutations in which absolute difference >
# than observed
   n.over <- sum(abs(Meanboot$replicates)>=abs(Meanboot$observed))
   P <- (n.over+1)/(N+1) # Remember to add 1 for observed value
   Test # Print out results of paired t test on original data
   P # Print P from randomizations
   Standard Two-Sample t-Test
   data: Data[group == 1] and Data[group == 2]
   t = 0.9256, df = 18, p-value = 0.3669
```

```
     alternative hypothesis:  difference in means is not equal to 0
     95 percent confidence interval :
        -0.6272868     1.6152868
     sample estimates:
     mean of x mean of y
          0.299     -0.195
   > # Print out results of randomization estimate of P
            P
         0.3656344
```

平均の差を使うために「bootstrap」の呼び出し方を変更する

```
Meanboot <- bootstrap(group,t.test(Data[group==1],Data[group==2],
paired=T) $estimate,sampler=samp.permute,B=N,trace=F)
```

この統計量を使って推定した P 値は $P = 0.3876124$ である.

問題 5.2

C.5.12 で与えられたプログラムコードにおいて，データを x と y に置き換えて用いた.

データに線形回帰を行ったときの出力

```
Coefficients:
             Value   Std. Error   t value   Pr(>|t|)
 (Intercept) 0.0909       0.3111    0.2921     0.7736
           x 0.9337       0.0522   17.8943     0.0000
Residual standard error:  0.7335 on 18 degrees of freedom
Multiple R-Squared:  0.9468
F-statistic:  320.2 on 1 and 18 degrees of freedom, the p-value
           is 6.513e-013
```

1000 回の並べ替えを基にした無作為化の結果

```
 print(c(Pa,       Pb))
1.000000000   0.000999001
```

「傾き $= 0$」の検定

これは，ベクトル $z : z = y - x$ を作り，次のプログラムコードの 2 行を変更することによって簡単に実行することができる.

```
# Calculate regression stats for observations
```

```
obs.regression <- summary(lm(z~x))
Meanboot <-bootstrap(x, Lin.reg(x,z), sampler=samp.permute, B=N,
trace=F)
```
Linear Regression results
Coefficients:
```
               Value      Std. Error    t value      Pr(>|t|)
(Intercept)   0.0909       0.3111       0.2921       0.7736
          x  -0.0663       0.0522       1.2706       0.2201
```
Residual standard error: 0.7335 on 18 degrees of freedom
Multiple R-Squared: 0.08231
F-statistic: 1.614 on 1 and 18 degrees of freedom, the p-value is 0.2201
Randomization statistics
```
  print(c(Pa,    Pb))
   0.8141858    0.2237762
```

問題 5.3

F 検定と F 比を用いた無作為化検定のためのプログラムコード

```
x <- c(-0.06, -1.51, 1.78, 0.91, 0.05, 0.53, 0.92, 1.75, 0.73,
0.57, 0.17, 0.31, 0.66, 0.01, 0.16)
y <- c(1.86, 0.44, 0.59, 0.18, -0.59, -1.16, 1.01, -1.49, 1.62,
1.89, 0.10, -0.44, -.06, 1.75, 1.74)
# For the purposes of randomization we must set means to common
value, say zero
x <- x-mean(x)
y <- y-mean(y)
Data <- c(x,y) # Concatenate the two groups
Group <- c(rep(1,15), rep(2,15)) # Create group membership
# Function to find F value in F ratio test
F.ratio <- function(Index, X, df1, df2)
{
vx <- var(X[Index==1])
vy <- var(X[Index==2])
return(max(vx/vy, vy/vx))
}
# Maximum F from observed data
obs.Fratio <- F.ratio(Group, Data, 14, 14)
Pobs <- (2*(1-pf(obs.Fratio, df1, df2))) # Pfromparametrictest
N <- 1000 # Number of permutations
```

```
   Meanboot <- bootstrap(Group, F.ratio(Group, Data, 14, 14),
   sampler=samp.permute, B=N, trace=F)
# Calculate number of permutations in which absolute difference >
# than observed
   n.over <- sum(abs(Meanboot$replicates) >= abs(Meanboot$observed))
   P <- (n.over+1)/(N+1) # Remember to add 1 for observed value
   print(c(Pobs,P)) # Print P fromparametric test and randomization
 print(c(  Pobs,        P))
         0.1916366   0.1688312
```

2つの分散の差を使うと確率 0.1428571 が得られる．これは F 比を使って得られる確率と近い値である．

問題 5.4

```
   set.seed(5) # Initiate random number
# The following lines generate the data given in the question
# The population follows logistic growth
   x <- matrix(0,30,1)
   error <- runif(30,-40,40)
   for (i in 1:30){x[i] <- trunc(100/(1+exp(1-0.5*i))+error[i])}
# Do Pollard and Lakhani test
   xlog <- log(x) # Take logs
# calculate the differences
   d <- c(x[2:30],1)-x # Last entry is a dummy to keep lengths the same
   d <- d[1:29] # Discard dummy
   xd <- x[1:29]
# Use bootstrap routine to do permutations
   N <- 1000 # Number of permutations
   Meanboot <- bootstrap(xd, cor(xd,d), sampler=samp.permute, B=N,
   trace=F)
# Calculate number of permutations in which difference > than observed
   n.over <- sum(Meanboot$replicates <= Meanboot$observed)
   P <- (n.over+1)/(N+1) # Remember to add 1 for observed value
# Parametric test
   cor.test(xd, d, alternative="less", method="pearson")
   P #Print P
```

出力

```
Pearson's product-moment correlation
data:  xd and d
t = -4.5061, df = 27, p-value = 0.0001
alternative hypothesis:  coef is less than 0
sample estimates:
        cor
-0.6551566
Randomization    P
           0.000999001
```

両解析法は同じような結果をもたらす.

問題 5.5

この問題を解くために前問のプログラムコードを利用できる.

```
  set.seed(1)
  clutch <- c(1,1,2,2,2,3,4,4,4,5,5,6)
  n.survs <- c(1,1,1,1,1,2,2,2,3,1,2,3)
  survival <- n.survs/clutch
# Use bootstrap routine to do permutations
  N <- 1000 # Number of permutations
  Meanboot <- bootstrap(clutch, cor(survival, clutch), sampler=
  samp.permute, B=N, trace=F)
# Calculate number of permutations in which difference > than observed
  n.over <- sum(Meanboot$replicates <= Meanboot$observed)
# Remember to add 1 for observed value
  P <- (n.over+1)/(N+1)
  cor.test(clutch, survival,
  alternative="less", method="pearson") # Parametric test
  P # Print P
```

出力

```
Pearson's product-moment correlation
data:  clutch and survival
t = -2.7481, df = 10, p-value = 0.0103
alternative hypothesis:  coef is less than 0
sample estimates:
```

```
        cor
-0.6559505
Randomization     P
          0.01 298701
```

両解析法の結果は，生存率が一腹ヒナ数とともに低下することを示している．

問題 5.6

データは次のように作られた．

```
set.seed(5)
Group1 <- c(1,1,1,1,1,2,2,2,2,2,2)
Group2 <- c(1,1,2,2,2,1,1,1,1,2,2)
Group <- cbind(Group1, Group2)
Groups <- Group
Groups[, 1] <- factor(Groups[, 1])
Groups[, 2] <- factor(Groups[, 2])
Data <- matrix(11, 1)
Data <- Group[, 1]+5*Group[, 2]+Group[, 1]*Group[, 2]+rexp(11)
Data <- trunc(Data)
```

データがかなり不均衡で，誤差項は指数分布に従っているため，「anova」の結果は疑わしい．C.5.8 に与えたプログラムコードを使うと，そのデータセットに対して次の結果が得られる．

```
Type III Sum of Squares
                      Df   Sum of Sq   Mean Sq    F Value     Pr(F)
           Groups[, 2]  1    6.537415  6.537415  10.98286   0.0128699
           Groups[, 1]  1    0.463768  0.463768   0.77913   0.4066967
Groups[, 2]:Groups[, 1]  1    0.280702  0.280702   0.47158   0.5143594
             Residuals  7    4.166667  0.595238
"Random P for "    "1" "="    "0.017"
"Random P for "    "2" "="    "0.379"
"Random P for "    "3" "="    "0.474"
```

本文の解析にあるように，「anova」と無作為化検定の結果にほとんど違いはない．

問題 5.7

これは群ベクトルの1つを無作為化することによって行うことができる.「X」を無作為化したときの結果と違いはない.

```
for (iperm in 1:N)
{
    F.values[iperm, ] <- ANOVA(Groups,Data)
    Data <- sample(Data)
    Group1 <- sample(Group1)
    Group <- cbind(Group1,Group2)
    Groups <- Group
    Groups[, 1] <- factor(Groups[, 1])
    Groups[, 2] <- factor(Groups[, 2])
}
```

出力

```
Type III Sumof Squares
                      Df  Sum of Sq   Mean Sq    F Value      Pr(F)
         Groups[, 2]   1   6.537415  6.537415   10.98286   0.0128699
         Groups[, 1]   1   0.463768  0.463768    0.77913   0.4066967
Groups[, 2]:Groups[, 1]  1   0.280702  0.280702    0.47158   0.5143594
           Residuals   7   4.166667  0.595238
[1] "Random P for "   "1"  "="   "0.01"
[1] "Random P for "   "2"  "="   "0.31"
[1] "Random P for "   "3"  "="   "0.39"
```

2つの場合において, 結果は変化し, より小さな P 値を与えたようである. しかし全体の結論を変えるものではない. 同じ効果を検出できるかどうかは, もっと大規模にシミュレーションを行うと分かるはずである.

問題 5.8

```
# Create vector with habitat categories
    Group <- GammarusData$HABITAT
    manova.model <- manova(cbind(OMMATIDI, EYE.L, EYE.W)~Group,
    data=GammarusData)
    Obs.results <- summary(manova.model) # Results for observed data
# Create function to do manova and extract F value
    manova.F <- function(Group, GammarusData)
```

```
   {
   manova.model <- manova(cbind(HEAD, OMMATIDI, EYE.L, EYE.W)~Group,
   data=GammarusData)
   summary(manova.model)$Stats[6]
   }
# Do randomization
   N <- 1000 # Number of permutations
   F.values <- matrix(0,N,1) # Set up matrix to take F values
   for (iperm in 1:N) # Iterate through permutations
   {
# First pass is on original data
   F.values[iperm] <- manova.F(Group, GammarusData)
   Group <- sample(Group) # Randomize data vector
   }
# Print out results
   Obs.results
   print(c("Random P =", mean(F.values>=F.values[1])))
```

出力

```
Obs.results
          Df    Pillai   Trace approx.   F num df   den df   P-value
   Group   1   0.85125           59.1333          3       31         0
Residuals 33
   print(c("RandomP = ", mean(F.values >=F.values[1])))
   "Random P = "."0.001 "
```

無作為化されたデータセットからのどの F 値も観測 F 値を超えなかった．

6章の解答

問題 6.1

データは次のように発生させた．

```
set.seed(1)
x <- runif(20,0,2)
error <- rnorm(20,0,1)
y <- x^2+error
```

解析は次のように行うことができる.

```
# Compare linear and quadratic fits
lin.fit <- lm(y~x) # linear fit
quad.fit <- lm(y~x+x^2) # Quadratic fit
anova(lin.fit, quad.fit, test="F") # Comparison
```

出力

```
> anova(lin.fit, quad.fit, test = "F")
Analysis of Variance Table
Response:  y
```

	Terms	Resid.Df	RSS	Test	Df	Sum of Sq	F Value	Pr(F)
1	x	18	10.29661					
2	x+x^2	17	9.46891	+I(x^2)	1	0.8277026	1.486016	0.2394812

実際のモデルは2次回帰モデルであったとしても, 線形単回帰モデルで十分である.

問題 6.2

プログラムコードは次のとおりである.

```
# Generate data
  set.seed(1)
  x <- runif(20,0,2)
  error <- rnorm(20,0,1)
  y <- x^2 + error
# Create index
  Index <- seq(1:20) # Set up index
  Data <- cbind(x,y,Index) # Combine data
  Data <- data.frame(Data) # Make into data frame
  RSS <- matrix(0,20,2) # Create matrix for residual sums of squares
  for (i in 1:20) # Iterate over index
  {
  Data.training <- Data[Index!=i, ] # Create training set
  lin.fit <- lm(y~x, data=Data.training) # Fit linear model
  quad.fit <- lm(y~x^2, data=Data.training) # Fit quadratic model
# Calculate residual sums of squares for the left-out data
  RSS[i,1] <-(lin.fit$coeff[1]+lin.fit$coeff[2]*Data[i,1]
```

```
                    -Data[i,2])^2
    RSS[i,2] <-(quad.fit$coeff[1]+quad.fit$coeff[2]*Data[i,1]^2
                    -Data[i,2])^2
    }
    t.test(RSS[,1], y=RSS[,2], paired=T) # Paired t test
    print(c(mean(RSS[,1]), mean(RSS[,2]))) # Output means
```

出力（関係する部分だけを示した）

```
    Paired t-Test
data: SS[, 1] and SS[, 2]
t = 0.4168, df = 19, p-value = 0.6815
print(c(mean(SS[, 1]), mean(SS[, 2])))
        0.6546031    0.6193718
```

2次式を回帰させると RSS がもっと小さくなるが，それでも有意ではない．

問題 6.3

プログラムコードは次のとおりである．

```
    set.seed(1)
    n <- 100
    x <- runif(n,0,2)
    error <- rnorm(n,0,1)
    y <- x^2+error
    Curves <- matrix(0,n,2) # Matrix for data
    Curves[,1] <- x
    Curves[,2] <- y
# Create index for cross validation.
# Note that because data is created sequentially index is also
# randomized
    Index <- sample(rep(seq(1,10), length.out=n))
# Do ten-fold cross validation
# Set up matrix to store r^2 values for (i in 1:10)
    Corr.store <- matrix(0,10,2)
    {
# Select subset of data
    Data <- data.frame(Curves[Index!=i,])
    CV.data <- data.frame(Curves[Index==i,]) # Store remainder
    Model <- lm(X1.2 ~ X1.1+X1.1^2, data=Data)
```

```
# Multiple r for fitted values
  R2 <- summary(Model)$r.squared
  Corr.store[i,1] <- R2 # Store R2
# Cal cul ate predicted curve
  Predicted <- predict.lm(Model, CV.data)
# Calculate correlation between predicted and observed
  r <- cor(CV.data[,2], Predicted, na.method="omit")
  Corr.store[i,2] <- r^2 # Store r^2
  print(c(i, r^2, R2)) # Print predicted and observed multiple R
  }
  print (c(mean(Corr.store[,1]),mean(Corr.store[,2]))) # Print mean r^2
```

出力

```
[1]    1.0000000   0.8516866   0.5947113
[1]    2.0000000   0.5038258   0.6247513
[1]    3.0000000   0.8110234   0.6060138
[1]    4.0000000   0.5069817   0.6294819
[1]    5.0000000   0.5321204   0.6245366
[1]    6.0000000   0.5201748   0.6222061
[1]    7.0000000   0.8017032   0.5797304
[1]    8.0000000   0.7014673   0.6014567
[1]    9.0000000   0.5414010   0.6224561
[1]   10.0000000   0.4151990   0.6283841
> print(c(mean(Corr.store[, 1]), mean(Corr.store[, 2])))
[1] 0.6133728 0.6185583
```

この例では，2つの r^2 値はよく一致している．これは提起されたモデルが過適合を起こしてはいないということを示している．

問題 6.4

交差検定を使って2つのモデルを比較するために，C.6.1のプログラムコードを修正する

```
  set.seed(1) # Set random number seed
  Data <- Multiple.regression.example # Pass data to file Data
  Nreps <- 100 # Number of randomizations
# Column of response (dependent) variable
  obs.col <- 1
  Kfold <- 5 # Set value for Kfold
```

```
    ....................................
    ....................................
    ....................................
    ....................................
    Model1 <- lm(INTR.INDEX~FOREST+S.ABLE+S.LENGTH, data=Data
    [Data[, last.col]!=1,])
    Model2 <- lm(I NTR.INDEX~S.LENGTH+FOREST+S.ABLE+S.TEMP, data=
    Data[Data[, last.col]!=1,])
```

出力（修正）

```
Paired t-Test
data:RSS[,1] and RSS[,2]
t = 1.6225, df = 99, p-value = 0.1079
alternative hypothesis:  mean of differences is not equal to 0
print(c(mean(RSS[,1]), mean(RSS[,2])))
[1] 0.1106308 0.1069008
```

　2つのモデルの間に有意な違いはない．
各式を調べるために，個別のプログラムコードを以下のように修正する

```
    set.seed(1) # Set random number seed
    Data <- Multiple.regression.example # Pass data to file Data
    last.col <- ncol(Data)+1 # Find number of columns
    obs.col <- 1 # Observed column
# Number of randomizations
    Nreps <- 100
    Kfold <- 5 # Set Kfold number
# Find number of rows in data set n <- nrow(Data)
# Create an index vector in Kfold parts
    Index <- rep(seq(1, Kfold), length.out=n
# Combine Data and index vector
    Data <- cbind(Data, Index)
# Function to determine correlations
# D=Data; I=Index value; K=col for Index; R=col for obs.value;
# Model=model object
    SS <- function(D,I,K,R,Model)
    {
    Obs <- D[D[,K]==I,R] # Observed value
# Predicted value using fitted model
```

```
   Pred <- predict(Model, D[D[,K]==I,])
   R2 <- cor(Obs, Pred)^2
   return(R2) # r^2 between prediction and observation
   }
   Rsquare <- matrix(0, Nreps, 2) # Matrix for r^2
   for (i in 1:Nreps) # Iterate over randomizations
   {
   Index <- sample(Index) # Randomize index vector
# Place index values in last col(last.col) of Data
   Data[,l ast.col] <- Index
# Compute model objects note that last.col is the column for the
# index values
   Model <- lm(INTR.INDEX~S.LENGTH+FOREST+S.ABLE+S.TEMP, data=Data)
   Rsquare[i,1] <- summary(Model)$"r.squared" # r^2 for fitted model
# Store r^2 for pred vs obs
   Rsquare[i,2] <- SS(Data, 1, last.col, obs.col, Model)
   }
   summary(Rsquare[,1]); summary(Rsquare[,2])
```

出力（上のモデルに対して）

```
> summary(Rsquare[,1])
     Min.    1st Qu.   Median     Mean    3rd Qu.     Max.
  0.558015  0.558015  0.558015  0.558015  0.558015  0.558015
> summary(Rsquare[,2])
      Min.     1st Qu.   Median      Mean    3rd Qu.     Max.
  0.0004780  0.4213802  0.6046154  0.5679942  0.7396240  0.9538082
```

4 母数モデルがデータに過適合することを示す実質的証拠はない．

問題 6.5

プログラムコードは以下のとおりである．

```
# Generate data
   set.seed(1)
   x <- runif(20,0,2)
   error <- rnorm(20,0,1)
   y <- x^2 + error
   Data <- data.frame(x,y) # Combine data & make into data frame
# Create function to plot data
```

```
# Note that data are assumed to be cols 1 and 2
  Model .Plot <- function(Loess.model, Data, xlimits)
  {
  P.model <- predict.loess(Loess.model, x.limits, se.fit=T)
  C.INT <- pointwise(P.model, coverage=0.95) # Calculate values
  Pred.C <- C.INT$fit # Predicted y at x
  Upper <- C.I NT$upper # Plus 1 SE
  Lower <- C.I NT$lower # Minus 1 SE
  plot(Data[,1], Data[,2]) # Plot points
  lines(x.limits, Pred.C) # Plot loess prediction
  lines(x.limits, Upper, lty=4) # Plot plus 1 SE
  lines(x.limits, Lower, lty=4) # Plot minus 1 SE
  Fits <- fitted(Loess.model) # Calculate fitted values
  Res <- residuals(Loess.model) # Calculate residuals
# Plot residuals on fitted values with simple loess smoother
  scatter.smooth(fitted(Loess.model),residuals(Loess.model),
  span=1,degree=1)
  }
  Lin1.smooth <- loess(y~x, data=Data, span=.2, degree=1)
  Lin2.smooth <- loess(y~x, data=Data, span=1, degree=1)
  summary(Lin1.smooth)
  summary(Lin2.smooth)
  anova(Lin1.smooth, Lin2.smooth)
# Plot data
  x.limits <- seq(min(Data[,1]),max(Data[,1]),length=20)
# Set range of x
  par(mfrow=c(2,2), pty="")
  Model.Plot(Lin1.smooth, Data,xlimits)
  Model.Plot(Lin2.smooth, Data,xlimits)
```

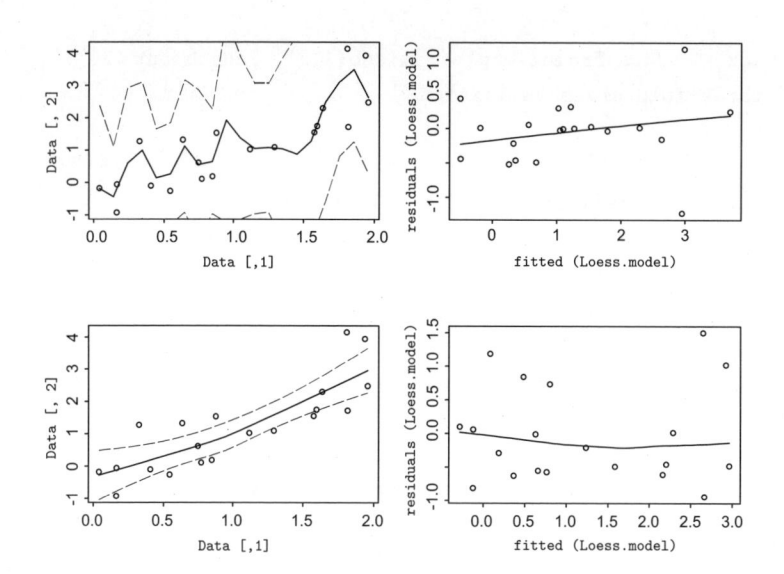

出力（まとめの出力は含まれていない）

```
> anova(Lin1.smooth, Lin2.smooth)
Model1:
loess(formula = y ~ x, data = Data, span = 0.2, degree = 1)
Model2:
loess(formula = y ~ x, data = Data, span = 1, degree = 1)
Analysis of Variance Table
      ENP    RSS     Test   F Value   Pr(F)
1    12.1  4.3000    1vs 2     0.4   0.9114
2     2.3  9.7171
```

スパンを 0.2 に縮小しても，分散の有意な増加はない．

問題 6.6

```
# Generate data
  set.seed(1)
  x <- runif(20,0,2)
  error <- rnorm(20,0,1)
  y <- x^2 + error
  Data <- data.frame(x,y) # Combine data & make into data frame
# Add index for cross validation.
# Note that because data is created sequentially index is also
# randomized
```

```
    Index <- data.frame(sample(rep(seq(1,3), length.out=20)))
# Do three-fold cross validation
    for(i in1:3)
    {
    Data.i <- Data[Index!=i, ] # Select subset of data
    CV.data <- Data[Index==i, ] # Store remainder
# Fit model
    L.smoother <- loess(y~x, data=Data.i, span=1, degree=1)
# Multiple r for fitted values
    R2 <- summary(L.smoother)$covariance
# Calc predicted curve
    Predicted <- predict.loess(L.smoother, newdata=CV.data)
# Calculate correlation between predicted and observed
    r <- cor(CV.data[,2], Predicted, na.method="omit")
    print(c(i, r^2, R2)) # Print predicted and observed multiple R
    }
```

出力

```
[1]  1.0000000  0.2064643  0.8032626
[1]  2.0000000  0.6640947  0.6813835
[1]  3.0000000  0.9060839  0.6559848
```

予測データと観測データの相関はそれほど高くない．重回帰の適合値に対する R から推察されるよりもかなり小さい．

問題 6.7

```
# Generate data
    set.seed(1)
    x <- runif(20,0,2)
    error <- rnorm(20,0,1)
    y <- x^2 + error
    Data <- data.frame(x,y) # Combine data & make into data frame
# Add index for cross validation.
# Note that because data is created sequentially index is al so
# randomized
    Index <- sample(rep(seq(1,3), length.out=20))
# Do three-fold cross validation
    MultR <- matrix(0,100,2)
```

```
    for (Irep in 1:100)
    {
    Index <- sample(Index)
    Data.i <- Data[Index!=1, ] # Select subset of data
    CV.data <- Data[Index==1, ] # Store remainder
# Fit model
    L.smoother <- loess(y~x, data=Data.i, span=1, degree=1)
# Multiple r for fitted values
    R2 <- summary(L.smoother) covariance
# Calc predicted curve
    Predicted <- predict.loess(L.smoother, newdata=CV.data)
# Calculate correlation between predicted and observed
    r <- cor(CV.data[,2], Predicted, na.method="omit")
    MultR[Irep, <- c(r^2, R2)
    }
    t.test(MultR[,1], MultR[,2], paired=T)
    plot(MultR[,1], MultR[,2], cex=1.05, xlab="r^2 between predicted
    and observed", ylab="R^2 for training set")
```

出力

```
Paired t-Test
data:   MultR[, 1] and MultR[, 2]
t = -3.9504, df = 99, p-value = 0.0001
alternative hypothesis:  mean of differences is not equal to 0
95 percent confidence interval :
-0.15021839 -0.04976847
sample estimates:
mean of x - y
-0.09999343
```

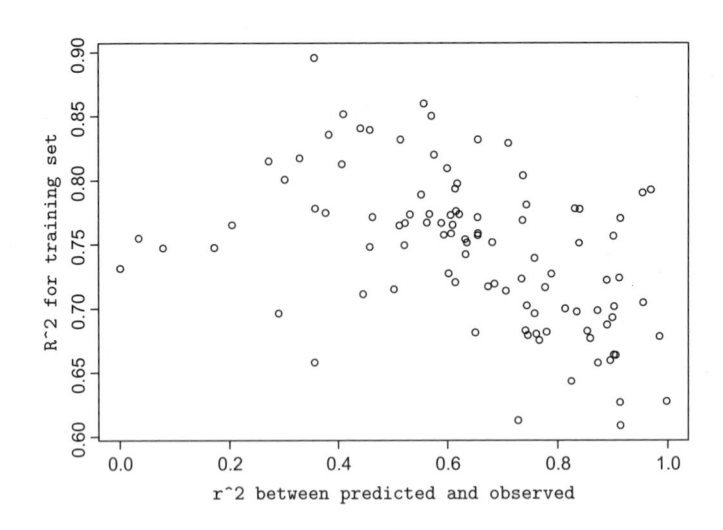

（グラフ：横軸 r^2 between predicted and observed、縦軸 R^2 for training set）

2つの値の差は有意であるが，差の大きさはわずかである．興味深いことに，2つの相関には負の関係がある．

問題 6.8

データは以下のプログラムコードを使って作成した

```
set.seed(1)
X1 <- floor(runif(30,0,10))
X2 <- floor(runif(30,0,10))
X3 <- floor(runif(30,0,10))
error <- rnorm(30,0,10)
Y <- 2*X1+floor(X2^2+exp(X2/10)+X3^3+error)
Data <- cbind(X1,X2,X3,Y)
Data <- data.frame(Data)
```

「gam」関数の適切な配列は次のとおりである

```
Model.1 <- gam(Y~lo(X1)+lo(X2)+lo(X3), data=Data)
anova(Model.1)
Model.2 <- gam(Y~X1+lo(X2)+lo(X3), data=Data)
anova(Model.2, Model.1, test="F")
Model.3 <- gam(Y~lo(X2)+lo(X3), data=Data)
anova(Model.3, Model.2, test="F")
```

出力

```
> anova(Model.1)
DF for Terms and F-values for Nonparametric Effects
            Df  Npar Df   Npar F     Pr(F)
(Intercept)  1
    lo(X1)   1      3     0.7593   0.5322555
    lo(X2)   1      3     9.3432   0.0007132
    lo(X3)   1      3   528.1886   0.0000000
```

この解析は，$X1$ に対する非線形成分はないということを示唆している．

```
> Model.2 <- gam(Y ~ X1 + lo(X2) + lo(X3), data = Data)
> anova(Model.2, Model.1, test = "F")
Analysis of Deviance Table
Response:  Y
              Terms        Resid.Df  Resid.Dev   Test       Df
1    X1+lo(X2)+lo(X3)      20.05509   3458.405
2  lo(X1)+lo(X2)+lo(X3)    17.05387   3143.790   1vs2    3.001222
                                                 F Value    Pr(F)
                                             1
                                             2   0.5686566  0.6432204
```

この解析は前者の検定を支持しており，$X2$ に非線形成分を当てはめてもそれは有意とはならないことを示している．

```
> Model.3 <- gam(Y ~ lo(X2) + lo(X3), data = Data)
> anova(Model.3, Model.2, test = "F")
Analysis of Deviance Table
Response:  Y
              Terms        Resid.Df  Resid.Dev   Test   Df   Deviance
1    lo(X2)+lo(X3)         21.05509   4355.890
2    X1+lo(X2)+lo(X3)      20.05509   3458.405   +X1    1    897.4851
                                                 F Value    Pr(F)
                                             1
                                             2   5.204463   0.03358977
```

上の解析は，$X1$ がモデルに対して有意な貢献をすることを示している．

問題 6.9

数値としての応答変数

ステップ1：樹形を推定し，候補樹形サイズに対してその逸脱度をプロットする．

```
Tree.1 <- tree(P~Wing+Egg+Body+Nest+Habitat, data=Q7.Data)
Tree.pruned <- prune.tree(Tree) # prune tree
plot(Tree.1); text(Tree.1) # Plot full tree
plot(Tree.pruned) # Plot deviance vs size
Tree.pruned$size # Text of sizes used in deviance plot
```

出力

```
Tree.pruned$size
[1] 38 37 34 32 29 28 24 21 19 18 17 13 12 9 8 5 4 3 1
```

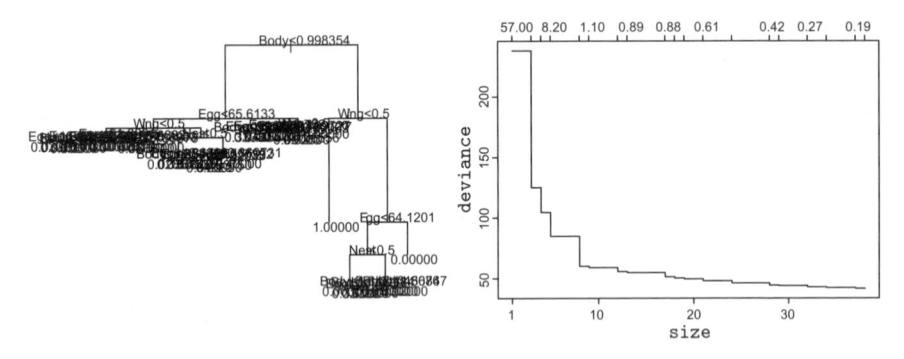

上の樹形は，ルートノードにおいて飛翔能力ではなく体重に従って枝が分けられている点で，「真」の樹形とは異なっている．逸脱度は10リーブあたりで下げ止まっているように見える．それは「真」の樹形が持つ5リーブよりもかなり多い．サイズ2, 6, 7などの樹形は，損失-複雑性測度に従うと採用できないことに注目しよう．またHABITATは使えないことにも注意しよう．

ステップ2：樹形に対して交差検定を行い，最適な樹形サイズを求める（付録C.6.7）．C.6.7のプログラム文を修正した．

```
Tree <- tree(P~Wing+Egg+Body+Nest+Habitat, data=Q7.Data) # Create tree
```

出力（表示のための剪定．グラフ出力は示されない）

```
> # Print best Size for the ten runs
> Size
[1] 8 8 8 8 8 8 8 8 8 8
> # Output results summary(Tree.pruned)
```

```
Regression tree:
snip.tree(tree = Tree, nodes = c(29., 18., 28., 5., 19., 8.))
Variables actually used in tree construction:
[1] "Body" "Egg" "Wing" "Nest"
Number of terminal nodes:  8
Residual mean deviance:  0.06066 = 60.18 / 992
Pruned.Tree$size
[1] 38 37 34 32 29 28 24 21 19 18 17 13 12 9 8 5 4 3
```

10回の交差検定のすべてが，最適な樹形サイズは8であることを示した．

ステップ3：8個のリーフを持つ樹形に対して無作為化検定を行う（付録C.6.8）．次のように関数を呼び出す．

Tree.R <-Tree.Random(P~Wing+Egg+Body+Nest+Habitat, Q7.Data, Ypos=6, Ibest=8, N.Rand=100)

出力

```
[1] "Probability of random tree having smaller deviance (SE)"
[1] 0.010000000 0.009949874
[1] "Summary of sizes actually used in randomization"
 Min.   1st Qu.  Median   Mean   3rd Qu.   Max.
 8.00   8.00     11.00    12.49  14.25     53.00
```

1つの樹形（観測樹形）だけが，観測樹形と同じかあるいはそれより小さい逸脱度を与えた．よって元の観測樹形とは無関係であるとする帰無仮説は棄却される．最終的に決定された樹形は次のようなものである：

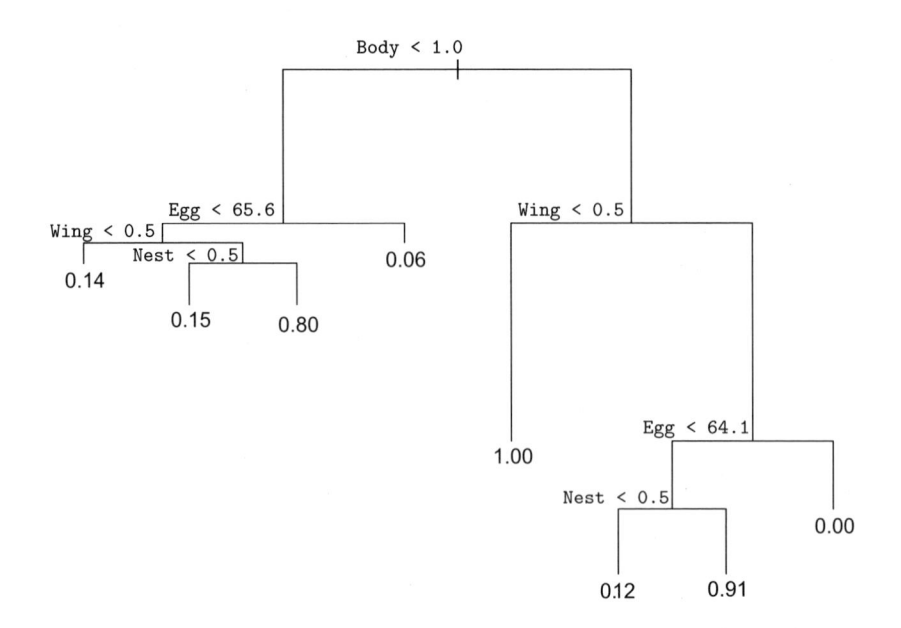

```
                        Body < 1.0
           ┌────────────────┴────────────────┐
       Egg < 65.6                        Wing < 0.5
     ┌─────┴─────┐                    ┌──────┴──────┐
 Wing<0.5    Nest<0.5   0.06        1.00         Egg < 64.1
  0.14      ┌───┴───┐                         ┌──────┴──────┐
          0.15    0.80                     Nest<0.5         0.00
                                          ┌───┴───┐
                                        0.12    0.91
```

一瞥するに，上の樹形は「真」の樹形と非常に異なっているように見える．しかし「真」の樹形を，体重による分岐から始めて書き直すと，次のような樹形が得られる（枝の長さは任意に設定された）：

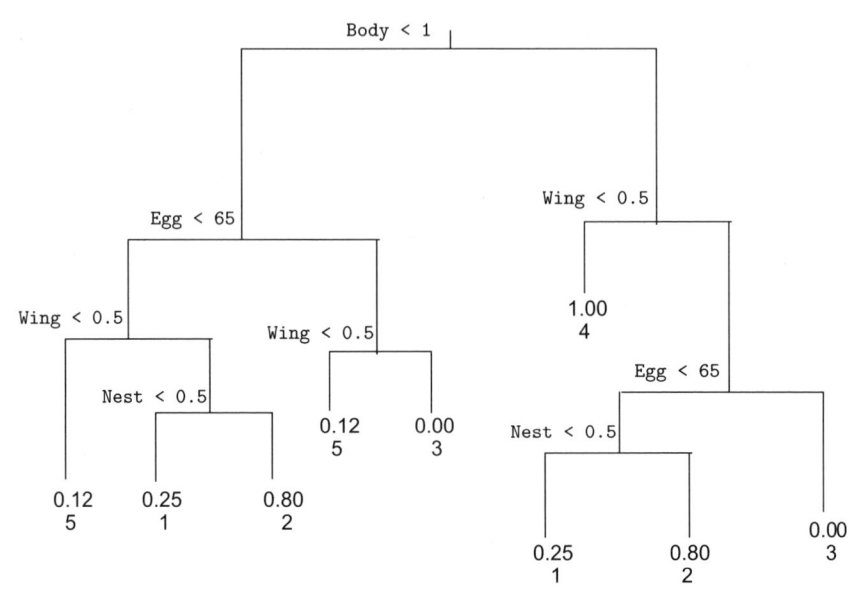

```
                          Body < 1
             ┌──────────────┴──────────────┐
          Egg < 65                      Wing < 0.5
       ┌─────┴─────┐                ┌──────┴──────┐
  Wing<0.5      Wing<0.5          1.00         Egg < 65
   ┌──┴──┐       ┌──┴──┐           4         ┌────┴────┐
 Nest<0.5        0.12  0.00             Nest<0.5      0.00
 ┌──┴──┐          5     3               ┌──┴──┐        3
0.12 0.25  0.80                       0.25  0.80
 5    1    2                            1    2
```

上記の樹形は，回帰木モデルを用いて得られた樹形と良く似ている．基本的な違いは次のとおりである：(1) リーフNo.1の確率が過小評価されている（正しい

値が 0.25 であるところを，0.14 と 0.12 となっている），(2) 回帰木モデルで推定された樹形のある分岐点（$P = 0.06$ のところ）は，さらに飛翔タイプに従って分割されるべきである．これらの結果は，様々な異なる方法でも同じ樹形が作れるであろうということを示している．

7 章の解答

問題 7.1

「簡単な分類問題」の節で用いた用語を使うと，次のようになる：
感染個体が不調状態 B を示す確率：$p_A = 0.97$
非感染個体が不調状態を示す確率：$p_{A^c} = 0.67$
個体群での感染個体の割合：$P(A) = 1 - 0.83 = 0.17$
個体群での非感染個体の割合：$1 - P(A) = 0.83$
不調状態を示す個体が感染している確率：$P(A|B) = 0.97 \times 0.17/(0.97 \times 0.17 + 0.67 \times 0.83) = 0.2287$

問題 7.2

$L(\theta|x) = (\theta^x \mathrm{e}^{-\theta}/x!c)/\int_0^{.1} \theta^x \mathrm{e}^{-\theta}/(x!c)\mathrm{d}\theta = \theta^x \mathrm{e}^{-\theta}/\int_0^{.1} \theta^x \mathrm{e}^{-\theta} \mathrm{d}\theta$. ただし，$\theta$ の範囲を $0 - 0.1$ に限定していることに注意しよう．

問題 7.3

$$L(\theta|1) = \frac{\theta \mathrm{e}^{-\theta}}{\int_0^{.1} \theta \mathrm{e}^{-\theta} \mathrm{d}\theta}$$

データは，次のように発生させればよい

```
theta <- seq(from=0, to=.1, by=.001)
Prob <- theta*exp(-theta)
Prob <- Prob/sum(Prob)
```

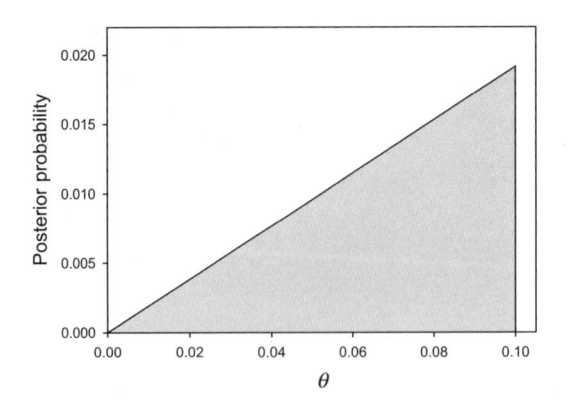

θが0から0.1になるまで，事後確率は増加し，その後0になるという大変奇妙な確率分布をとる．これは，このように事前確率をとったことに問題があることを強く示唆するものである．

$\theta = 0$から$\theta = 10$まで計算を何度も繰り返すことによって，より意味のある曲線を作ることができる．そして，これは最初の事前分布がおかしい，あるいは最も最近のデータがおかしい，あるいは2つのデータセットが異なる状況を代表しているということを示唆している．

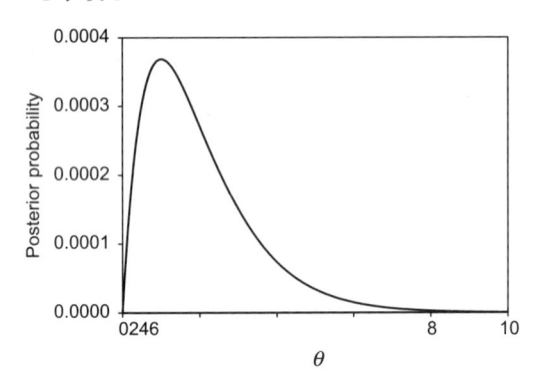

問題 7.4

$$\hat{\mu} = 0.52, \quad \sum_{i=1}^{5}(\hat{\mu}_i - \hat{\mu})^2 = 48.088$$

$$\mu_i = \hat{\mu} + (\hat{\mu}_i - \hat{\mu})\left(1 - \frac{n-3}{\sum_{i=1}^{5}(\hat{\mu}_i - \hat{\mu})^2}\right) = 0.52 + (\hat{\mu}_i - 0.52)\left(1 - \frac{2}{48.09}\right)$$

$$\mu_i = 0.498 + 0.958\hat{\mu}_i$$

種番号	1	2	3	4	5	6	7	8	9	10
真の値	-1.88	-1.02	-0.36	-0.13	-0.04	-0.03	0.00	0.01	0.34	1.21
観測値	-3.85	-1.74	1.74	0.32	4.10	-1.47	1.80	2.03	1.81	0.46
EB推定値	-3.22	-1.41	1.56	0.35	3.58	-1.18	1.61	1.81	1.63	0.47

EB：経験ベイズ法

誤差平方和が減少している（観測値を使うと 38.24 であり，経験ベイズ推定値を使うと 28.29 である）．

索　引

数字
1 元配置 ANOVA, *125*
1 個抜き交差検定, *180*
1 データ除去のジャックナイフ法, *48*
1 母数モデル, *38*
2 元配置 MANOVA, *56*
2 元配置混合モデル ANOVA, *132*
2 項確率関数, *21*
2 項分布, *9*
2 分割法, *179*
2 母数モデル, *38*
50 ％多数決原理, *104*
95 ％信頼区間, *29*

アルファベット
BC_a 百分位法, *80*
BC 百分位法, *78*

Ford-Walford 法, *18*

K 分割交差検定, *179*

loess, *183*

OLS 回帰モデル, *95*

T 法, *153*

WORD, *285*

Z スコア統計量, *99*
Z スコア法, *99*

あ行
赤池の情報量基準, *178*
アメリカジョウビタキ, *146*
アメリカニシンダマシ, *138*

閾値形質, *21*
育種家の式, *21*
イースターンツノトカゲ, *125*
一元配置 ANOVA, *49*
逸脱度, *35, 202*
一般化加法モデル, *194*
一般化モンテカルロ法, *158*
一般疑似ニュートン最適化法, *281*
遺伝分散共分散行列, *52*
遺伝率, *21*

エントロピー, *204*

オイラーの式, *3*
応答変数, *175*
オブジェクト, *272*
重み付けジャックナイフ推定量, *64*

か行
回帰木解析, *199*
外群, *103*

下位信頼限界値, 120
階層ベイズ推定量, 236
階層ベイズ法, 236
各段毎の検査, 201
確率質量関数, 250
確率密度関数, 10
下限値, 30
仮説検定, 10
カタツムリ, 255
偏りを調整したブートストラップ推定値, 75
過適合, 185
カテゴリカル変数, 54
カナダオオヤマネコ, 157
カマドウマ, 176
カリブモンクアザラシ, 253
環境収容力, 62
環境的相関, 304
患者同胞対法, 87
完全モデル, 37, 176

幾何平均回帰, 154
疑似値, 48
記述子, 73
木の剪定, 210
逆正弦平方根変換, 129
級内相関係数, 128
共役事前分布, 233
胸高直径, 196
共分散, 52
行列, 272
局外母数, 13
局所1次式適合, 187
局所2次式適合, 187
局所重み付け回帰平滑化, 183
局所平滑化関数, 182
距離行列, 148
ギルド, 159
均衡計画, 91
均衡性, 134
近似的F統計量, 187
近似無作為化検定, 131
近傍, 183

区間推定, 10
群集係数, 61
訓練データセット, 179

経験百分位法, 86
経験ベイズ推定, 245
経験ベイズ推定量, 236
計算統計学的方法, 1
形質置換, 155
決定係数, 188
検査データセット, 179
減少主軸回帰, 154
ケンドールのτ, 151

コウチョウ, 248
交差検定, 176
交絡, 131
コオロギ, 129
個眼, 56
固定効果, 132
ゴールデンジャッカル, 118
混入, 89

さ行

再現可能性, 106
最高モデル, 34
最小2乗法, 16
サイズ, 199
サイズ構造, 162
最大尤度の原理, 9
最頻値, 11
最尤推定法, 9
最尤法, 9
削減モデル, 37
砂漠ネズミ, 160
残差平均逸脱度, 210
残差平方和, 35
算術平均, 10

シェイプ, 93
ジェームス-スタイン推定量, 245
事後確率, 229
事後確率分布, 227
次数, 185
指数関数的増加, 62
事前確率, 229
事前確率分布, 227
尺度化された逸脱度, 35
ジャック化, 22
ジャックナイフ-MANOVA分析, 57

ジャックナイフ-MANOVA 法, 57
ジャックナイフ推定値, 48
ジャックナイフ法, 47
シャピロ・ウィルクスの正規性検定, 83
終着ノード, 199
収斂進化, 106
種の共出現, 162
樹木サイズ, 211
樹木モデル, 199
純誤差成分, 35
上位信頼限界値, 120
上限値, 30
条件付き確率, 228
情報量指数, 204

ズキンアザラシ, 27
スケール, 93
スパン, 183
スピアマンの ρ, 151

正確さ, 106
正規確率密度関数, 11
正規近似法, 122
正規性, 20
正規分布, 9
制限付き最尤法, 91
正則な事後分布, 233
精度, 232
節点, 190
説明変数, 175
絶滅確率, 215
全域最尤推定値, 32
全体集合, 228
選択差, 21
選択反応, 21
全被覆確率, 60
全平方予測誤差, 248

相加遺伝分散, 52
相関係数, 148
損失関数, 229
損失-複雑性測度, 210

た行

第 1 百分位法, 76
第 2 百分位法, 77

ダイアログボックス, 285
第 1 種の過誤, 58
対数尤度, 13
対数尤度関数, 14
対数尤度比法, 31
タイプ III の平方和, 136
タイプ I の平方和, 135
タカ類, 167
多項分布, 26
正しさ, 106
多変量 loess プロット, 199
多変量正規近似法, 88
ダミー変数, 38
短翅型, 129
単純な情報事前分布, 236

逐次回帰法, 177
チャップマン・リチャードの方程式, 196
中央値, 11
中心的傾向, 114
長翅型, 129
超事前分布, 237
超平滑化, 188
超母数, 231
直接無作為化検定, 131

適合性の悪さ, 35
データフレーム, 271
デルタ法, 61
点推定, 10

等価パラメータ数, 185
トカゲ, 120
途切れた正規分布, 23
独立変数, 175
ドリフト母数, 155

な行

内的自然増加率, 62
ナマズ, 139
並べ替え検定, 115
ナンヨウネズミ, 214

ニッチ重複, 61, 162

根井の遺伝距離, 67

ノード, *199*

は行

罰則付き残差平方和, *190*
ハット, *10*
ハット行列, *185*
繁殖率関数, *3*

ピアソンの積率モーメント相関係数, *150*
被覆確率, *53*
百分位-*t*-法, *81*
百分位法, *124*
表現型相関, *304*
表現型分散, *52*
表現型分散共分散行列, *52*
標識再捕法, *244*
標準誤差, *33*
標準誤差法, *76*
標準主軸回帰, *154*
標準偏差, *10*
ヒラタコクヌストモドキ, *24*
頻度主義学派, *227*
頻度ポリゴン, *351*
ビン幅, *351*

フィッシャーの *z* 変換, *58*, *109*
フィッシャーの直接確率検定, *243*
ブートストラップ合意系統樹, *104*
ブートストラップ合意樹形, *103*
ブートストラップ支持値, *104*
ブートストラップ反復値, *74*
ブートストラップ法, *73*
ブートストラップ割合, *106*
フルーリーの階級, *153*
プロファイル尤度法, *88*
分散, *13*
分散安定化ブートストラップ-*t*-法, *82*
分散成分, *50*
分散の均一性, *137*
分散の不均一性, *125*
分類木解析, *199*

平均, *10*
平均百分位法, *123*
平均不純度, *204*
平均平方, *19*

平行法, *162*
ベイズ因子, *251*
ベイズの定理, *229*
ベイズ法, *227*
ベータ分布, *233*
ベン図, *228*
変数減少法, *177*
変数増加法, *177*
変数増減法, *177*
変則な事前分布, *232*
変量効果, *133*

ポアソン分布, *256*
飽和モデル, *34*, *176*
ホーンの指数, *61*
ボンフェローニの補正, *163*
ボン・ベルタランフィ（von Bertalanffy）の成長曲線, *17*

ま行

窓, *183*
マルハナバチ群集, *167*

ミカエリス・メンテンの関数, *67*
ミジンコ, *242*
密度依存性, *154*
ミトコンドリア DNA, *138*

無作為化法, *114*
無情報事前分布, *232*

森下の指数, *61*
モリツグミ, *251*
モンテカルロ法, *155*

や行

尤度, *9*
ユークリッド距離, *61*

ヨコエビ, *55*
予測分布, *248*
予測変数, *175*

ら行

リスト, *272*
立方指数, *134*
立方スプライン, *189*
罹病度, *22*
リーフ, *199*
リリエフォール検定, *125*
リンカーン・ピーターセン推定量, *244*

累積正規分布, *239*
ルートノード, *199*
ルベーン検定, *137*

レート, *93*
レパートリー, *146*
連続一般化モンテカルロ検定, *162*
連続法, *162*

ロジスティック回帰, *24*
ロジスティック型成長式, *62*
ロジスティックユニット, *24*
ロジット, *24*
ロッグオッズ, *24*
ロバスト適合, *183*

Memorandum

Memorandum

訳者紹介

野間口眞太郎（のまくち しんたろう）

1955年：生まれ
1987年：九州大学理学研究科博士課程修了
1992年：日本国際協力事業団の専門家として1年間パプアニューギニアに赴任
1993年：佐賀大学教養部・助教授
1997年：佐賀大学農学部・助教授を経て2007年より現職
現　在：佐賀大学農学部応用生物科学科・教授・理学博士
専　攻：行動生態学
著訳書：『一般線形モデルによる 生物科学のための現代統計学』（共訳，共立出版），
　　　　『トンボ博物学—行動と生態の多様性』（共訳，海游舎），
　　　　『生態学のためのベイズ法』（訳，共立出版）など

生物学のための計算統計学 ——最尤法，ブートストラップ，無作為化法 *Introduction to Computer-Intensive Methods of Data Analysis in Biology* 2011年3月10日　初版1刷発行	訳　者　野間口眞太郎　©2011 発行者　南條光章 発行所　**共立出版株式会社** 　　　　郵便番号 112-8700 　　　　東京都文京区小日向 4-6-19 　　　　電話 03-3947-2511（代表） 　　　　振替口座 00110-2-57035 　　　　URL http://www.kyoritsu-pub.co.jp/ 印　刷　加藤文明社 製　本　中條製本 　　　　社団法人 　　　　自然科学書協会 　　　　会員

検印廃止
NDC 461.9, 350.1
ISBN 978-4-320-05714-2　　Printed in Japan

JCOPY ＜(社)出版者著作権管理機構委託出版物＞
本書の無断複写は著作権法上での例外を除き禁じられています．複写される場合は，そのつど事前に，(社)出版者著作権管理機構（電話 03-3513-6969，FAX 03-3513-6979，e-mail: info@jcopy.or.jp）の許諾を得てください．

Enciclopedia of Ecology
生態学事典

編集：巌佐　庸・松本忠夫・菊沢喜八郎・日本生態学会

「生態学」は、多様な生物の生き方、関係のネットワークを理解するマクロ生命科学です。特に近年、関連分野を取り込んで大きく変ぼうを遂げました。またその一方で、地球環境の変化や生物多様性の消失によって人類の生存基盤が危ぶまれるなか、「生態学」の重要性は急速に増してきています。

そのような中、本書は日本生態学会が総力を挙げて編纂したものです。生態学会の内外に、命ある自然界のダイナミックな姿をご覧いただきたいと考えています。

『生態学事典』編者一同

7つの大課題

- Ⅰ. 基礎生態学
- Ⅱ. バイオーム・生態系・植生
- Ⅲ. 分類群・生活型
- Ⅳ. 応用生態学
- Ⅴ. 研究手法
- Ⅵ. 関連他分野
- Ⅶ. 人名・教育・国際プロジェクト

のもと、298名の執筆者による678項目の詳細な解説を五十音順に掲載。生態科学・環境科学・生命科学・生物学教育・保全や修復・生物資源管理をはじめ、生物や環境に関わる広い分野の方々にとって必読必携の事典。

A5判・上製・708頁
定価13,650円（税込）

共立出版

http://www.kyoritsu-pub.co.jp/